液化天然气接
维修技术手

中石油江苏液化天然气有限公司◎编著

中国石化出版社

图书在版编目(CIP)数据

液化天然气接收站维修技术手册 / 中石油江苏液化天然气有限公司编著. — 北京 : 中国石化出版社, 2020. 1

ISBN 978-7-5114-5629-8

Ⅰ. ①液… Ⅱ. ①中… Ⅲ. ①液化天然气储存-设备-维修-技术手册 Ⅳ. ①TE82-62

中国版本图书馆 CIP 数据核字(2019)第 285848 号

中国石化出版社出版发行

地址:北京市东城区安定门外大街 58 号
邮编:100011 电话:(010)57512500
发行部电话:(010)57512575
http://www.sinopec-press.com
E-mail:press@sinopec.com
北京科信印刷有限公司印刷
全国各地新华书店经销
*
787×1092 毫米 16 开本 21.25 印张 484 千字
2020 年 6 月第 1 版 2020 年 6 月第 1 次印刷
定价:148.00 元

编 委 会

前　言

天然气作为一种清洁能源，在国民经济发展中的使用越来越多，但中国天然气储量不足，面对这种情况，越来越多的液化天然气（LNG）接收站如雨后春笋般在沿海地区建立起来。当前，各LNG接收站内使用的多为国外进口的关键设备，如LNG高压输送泵、LNG低压输送泵、BOG压缩机、海水泵、卸料臂、罐表系统等，设备大修多依赖于设备制造厂家，维修周期长、成本高，维修不及时，无法满足生产要求。随着各个新建LNG接收站进入设备大修周期，需要陆续开展进口LNG关键设备的大修工作，迫切需要相应的资料给予维修技术上的支持，然而目前关于LNG设备维修相关的书籍非常缺乏。据此，为满足该领域设备维修的需要，编写出版《液化天然气接收站维修技术手册》是适时和必要的。

江苏LNG接收站自2011年投产以来，以设备管理为基础，以自主掌握的维修技术为主导，建立了一支检维修专业人才队伍，持续探索接收站关键进口设备的自主维修技术。经历了设备故障和大修的高峰期，接收站内高压泵、低压泵、BOG压缩机、海水泵、卸料臂和开架式汽化器等重要进口设备都陆续开展了自主性大修，设备维修技术水平经过了重要阶段的考验，持续不断地从理论研究到维修实践中做了大量工作和积累了宝贵的经验。本书以江苏LNG接收站维修技术团队为创作核心，由行业资深工程师、高级技师和一线技术人员组成，还邀请了国内在LNG设备领域从事研究、设计和制造的厂家进行了丰富的交流和合作。希望本书的出版发行，能使广大读者对LNG接收站设备维修有更具体、更详尽的了解。

本书除了有LNG接收站内设备的基本介绍外，还涵盖接收站内关键设备的故障诊断、维修步骤、专业工具和应用实例等机械、电气和仪表的维修技术等多个方面。核心内容包括：卸料臂、BOG压缩机、海水泵、高压输送泵、低压输送泵、海水开架式汽化器、浸没式燃烧汽化器、低温阀门、海水蝶阀、回流鼓风机等机械设备的维修；登船梯、脱缆钩、装车撬、DCS控制系统、SIS系统、船岸连接系统、调节阀、变送器等仪表控制设备的维修；电动机、电力电缆、高压真空断路器、变压器、电源装置等接收站涉及的电气设备的维修等。

本书在以贺永利为主任的编委会统一指导下撰写完成，戴俊明任主编，梅丽、黄帆任副主编。参编人员有：雷凡帅撰写了第一章，郝飞撰写了第二章、第十章，刘龙海撰写了第三章，杨林春撰写了第四章，梅伟伟撰写了第五章，薛志勇撰写了第六章，陈猛撰写了第七章、第九章，葛宁撰写了第八章，田海星撰写了第十一章、第十六章，阚宝义撰写了第十二章，李强撰写了第十三章，黄亮撰写了第十四章，张勇撰写了第十五章，张希友撰写了第十七章、第十八章，陈旭振撰写了第十九章、第二十一章、第二十三章，黄帆撰写了第二十章，孙威撰写了第二十二章。

在本书的编写过程中，得到了LNG领域大量企业领导、专家和工程技术人员的关心和支持，查阅了大量文献、厂家资料，在此对所有资料的原作者和提供者表示衷心的感谢。

限于笔者水平，书中不妥之处在所难免，敬请各位读者指正。

编著者

目　　录

第一篇　机械设备维修技术

第三篇　电气设备维修技术

第一篇　机械设备维修技术

第一章　卸料臂

第一节　概　　述

LNG 卸料臂是液化天然气接收站码头接卸 LNG 货船的专用设备，承担着将 LNG 介质从 LNG 货船接卸到 LNG 接收站储罐的作用，LNG 接收站的工艺流程如图 1-1 所示。当 LNG 货船停在码头卸货时，由于风浪、水流、潮汐等原因，货船和码头之间有相对起伏或移动，卸料臂是能够适应这种工作条件的特殊连接装置，LNG 卸料臂能随着 LNG 货船的运动在 6 自由度上相应地自动作出位移补偿，允许 LNG 船和码头之间在一定的幅度范围内有相对运动。

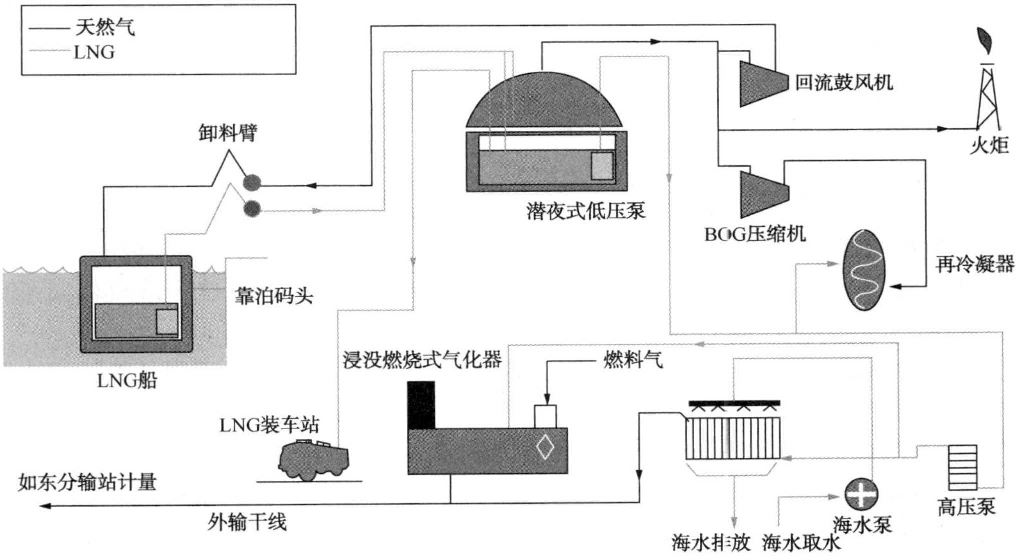

图 1-1　LNG 接收站工艺流程示意图

按照品牌分类，目前国内应用普遍的包括德国 SVT、法国 FMC（已合并为 Technip FMC）、日本 NIIGATA 等进口品牌。从国内应用现状来看，早期建成投产的大鹏 LNG、福建 LNG 采用了 NIIGATA，在之后陆续建设投产的 LNG 接收站中 FMC、SVT 应用更为广泛，中国石油下属建成投产的江苏 LNG、大连 LNG、唐山 LNG 三家接收站均采用 FMC 卸料臂。

按照卸料臂输料管径规格分类，国内目前通用的有 16in 和 20in 两大类。国内早期投产运行的 LNG 接收站如大鹏 LNG、福建 LNG 投用的卸料臂多为 16in。近年来，随着 LNG 接收站和 LNG 船大型化的发展，Q-max 级的 LNG 船单船容量已经达到 $26.7\times10^4m^3$，20in 规格的卸料臂在各接收站的应用越来越普遍。

按照平衡方式分类，国内普遍应用的 LNG 卸料臂的形式主要分为 RCMA-S 和 DCMA-S 两大类。RCMA-S 如图 1-2 所示，主要用于中型、大型船舶的装卸作业的海上用装载臂，其采用了一个配重同时控制内臂、外臂平衡的构造。与 DCMA-S 相比，该类型设备要轻便很多；DCMA-S 主要特点在于采用了两个独立配重的结构，如图 1-3 所示，可以在所有位置上都取得完全平衡。因为采取了内臂与外臂分别平衡，使得每个部分可以进行独立的合理操作与控制。与 RCMA-S 相比，DCMA-S 最大的特征是装载臂后方的配重的动作范围小。

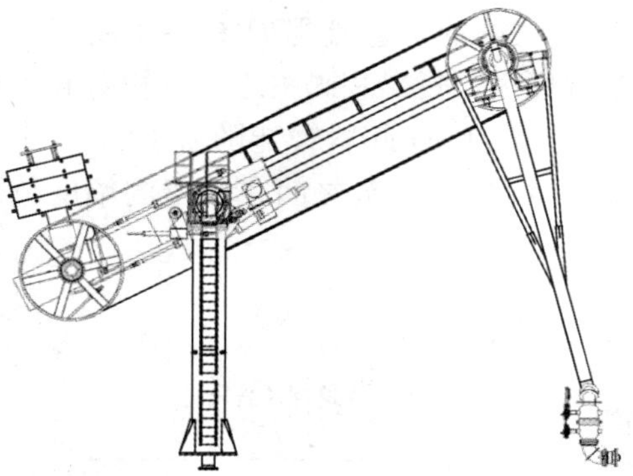

图 1-2　RCMA-S 形式卸料臂示意图

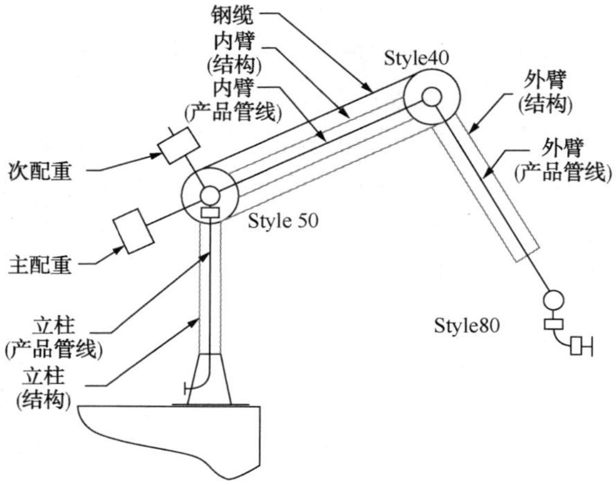

图 1-3　DCMA-S 形式卸料臂示意图

从功能模块来看，卸料臂主要由平衡系统和刚性架架构、旋转接头组件和管线、结构(支撑)轴承组件、液压动力单元、控制系统、紧急释放装置，以及位置监测装置等模块组成。

鉴于 FMC 卸料臂在昆仑能源下属 LNG 接收站中应用广泛，虽然不同品牌间的卸料臂在细节方面存在差异，但各功能模块原理相似。为便于参考和使用，后续章节主要结合江苏 LNG 接收站投用的 FMC 卸料臂的特点和检修维护要点展开介绍。

截至 2018 年 1 月，江苏 LNG 接收站码头配备 4 台卸料臂，形式为 20in DCMA-S 型，卸料臂内臂长 9.5m，外臂长 10.4m，基座高 17.2m。其中，L-1101A/B/C 三台臂用于液体输送，L-1102 用于将接收站 BOG 气体返输至 LNG 船舱，另外 L-1101B 为混合型卸料臂，可以在气相返回臂 L-1102 故障停用状态下作为气相返回臂使用。相关工艺参数见表 1-1。

表 1-1　FMC 卸料臂工艺参数

<table>
<tr><td colspan="2">卸料臂位号</td><td>L-1101A</td><td>L-1101B</td><td>L-1101C</td><td>L-1102</td></tr>
<tr><td colspan="2">输送介质</td><td>LNG</td><td>NG</td><td>LNG</td><td>NG</td></tr>
<tr><td rowspan="3">压力/bar</td><td>工作</td><td>9</td><td>0.18</td><td>9</td><td>0.18</td></tr>
<tr><td>设计</td><td colspan="4">17.9</td></tr>
<tr><td>流体静压测试</td><td colspan="4">26.85</td></tr>
</table>

续表

卸料臂位号		L-1101A	L-1101B	L-1101C	L-1102
温度/℃	工作	-161.5	-131	-161.5	-131
	设计	-170~60			
设计流速/(m^3/h)		4000/6000	1200	4000/6000	1200
风速极限/(m/s)	操作过程中	22.5			
	停车位置上	45.2			
	维护过程中	15			

第二节 平衡系统和刚性架结构

一、工作原理

DCMA-S 型卸料臂是采用主配重和次配重来独立平衡内臂和外臂上的管道和刚性架结构。卸料臂的产品管线和结构支撑通过水平旋转装置在外结构臂末端处的结构轴承连接在一起，通过两个共轴旋转装置在立柱处连接在一起。

在卸料臂的平衡系统中，次配重通过两个滑轮和钢索平衡外结构臂和与外结构臂末端轴承连接的 Style50 以上的产品管线的重力矩；主配重用于平衡内结构臂以及作用在内结构臂前端的 Style40 处的结构轴承上的合力形成的重力矩。在主配重和次配重的作用下，卸料臂的内外臂能够在工作范围内始终处于平衡状态，以便在无外部机械力干扰下能在所有条件下保持空平衡。

LNG 卸料臂均应用了刚性架结构，和无刚性架支撑的设计方式相比，这种设计方式有效降低了工艺管线和旋转接头的作用力，主要的机械负荷由刚性架结构承受。产品管线上的旋转接头承受了较小的机械负载，提高了旋转接头旋转和密封的可靠性；LNG 介质温度低于-163℃，刚性架和工艺管线的独立设计避免了结构轴承处于极端低温的工作状态，能够应用润滑脂进行润滑，延长了结构轴承的寿命。

二、维护维修

使用过程中平衡系统的常规维护包括松弛钢索调整，钢索的完整性检查；卸料臂处于高盐高湿的海洋大气环境，刚性架结构、配重、飞轮等部件均为碳钢材质，需要定期采取除锈防腐措施，以下针对相应的维护进行简要说明。

（一）松弛钢索的调整

1. 外臂驱动钢索松弛

对于和外臂飞轮连接的钢索，在内臂处于水平位置，外臂与内臂夹角为 45°时，岸侧钢索的挠度约为 2~3cm；当外臂与内臂夹角为 135°时，海侧钢索的挠度约为 2~3cm。

应注意钢索不能调整得过度张紧，钢索中的过度张力有可能导致旋转接头卡住，并且在内结构臂、滑轮、回转头和钢索上施加过载。

当外臂驱动钢索发现显著钢索松弛现象时，应首先查明松弛原因，全面检查钢索是否发生损坏，各连接部位是否出现脱扣、移位。对于因初始拉伸造成的松弛，应松开钢索螺丝扣两端螺母并转动螺丝扣，重新将松弛钢缆调整到位，如图 1-4 所示。

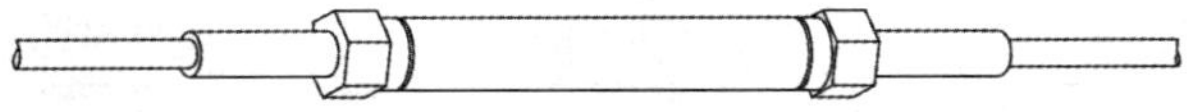

图 1-4　钢索螺丝扣

松弛钢索调整后应注意检查外臂和次配重是否平行。外臂和次配重梁必须平行，公差在 0°~0.5°。

2. 内臂驱动钢索松弛

内臂驱动液压缸相连的钢索松弛的原因较多，相对于外臂驱动钢索来说，内臂驱动钢索较短，仅约 2.8m。当出现显著松弛而连接钢缆又没有明显异常时，内臂驱动液压缸活塞内漏也是造成钢缆松弛的原因，如图 1-5 所示，对于双液压缸驱动形式，钢缆对活塞内漏较为敏感，长期内漏累积的液压油会导致两液压缸尾部相连的腔体内积液增多，使液压杆伸长量比正常状态增加，导致钢索松弛，如图 1-6 所示。可以采用调整内臂驱动液压缸活塞杆的伸长量的方法将松弛钢索重新张紧。而如图 1-7 所示的某些型号卸料臂采用的改向轮辅助驱动的形式，则有效避免了液压缸活塞内漏造成的钢索松弛问题。

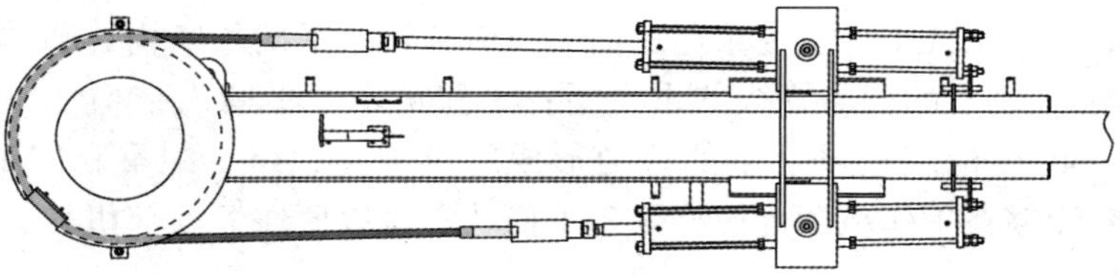

图 1-5　双液压缸驱动方式

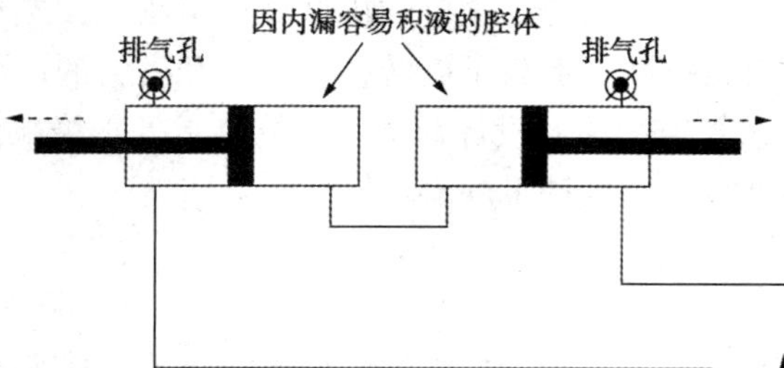

图 1-6　双液压缸驱动原理示意图

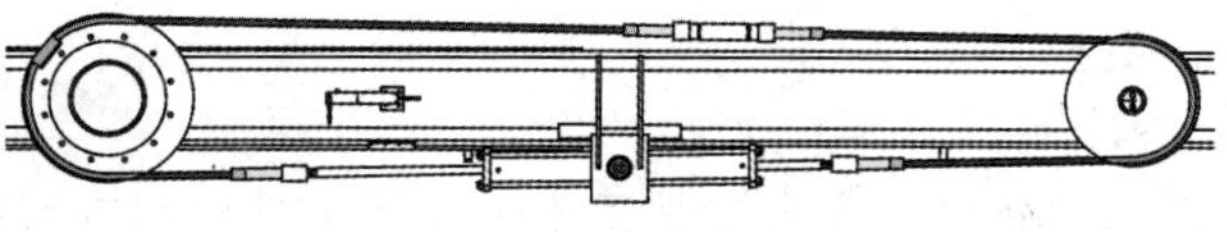

图 1-7　单液压缸配合改向轮的驱动方式

对于内臂驱动液压缸相连的钢索松弛的处理方法，以岸侧钢缆松弛为例，调整步骤如下：

(1)内臂解锁后，将内臂驱动液压缸排气堵头打开。

(2)操作卸料臂内臂向前微微转动，此时岸侧钢缆自然张紧，同时有少量液压油从排气孔处溢出。

(3)将液压缸排气孔重新紧固。

(4)进行常规操作检查钢缆张紧情况，如有必要重复以上操作。

(5)择机更换或维修内漏液压缸。

(二) 钢索完整性检查

钢索具有多种损坏类型：腐蚀、线材断裂、直径减小、冲击负载等。通常有可能出现并观察到这几种损坏的综合情况，当观察到其中一种损坏类型时，应立即检查是否存在其他类型的损坏。

1. 腐蚀

腐蚀很难评估，但却是造成劣化的重要原因，通常这是缺乏润滑的标志。图 1-8 所示，在肉眼观察到钢索表面的外部迹象之前，腐蚀往往已发生在内部。生锈所引起的少许褪色意味着需要立即进行润滑。如果这种情况一直存在，则会导致严重腐蚀，造成线材与绞线的过早疲劳破坏，需要立即拆除钢索进行检修。如果按如上所述方式保持对钢索的润滑，则不会出现腐蚀风险。

钢索润滑油脂推荐牌号：Total Copal OGL2。

2. 线材断裂

每个搓纹均由绞线组成，而每个绞线均由一组线材组成。当第一次出现断线迹象时，如图 1-9 所示，则必须更换钢索，这是由于不可能看到内部的断裂线材。

图 1-8　钢缆腐蚀

图 1-9　钢索线材断裂

3. 直径减小

一定要检查正常负载情况下的钢索直径。在钢索寿命期间，必须在同一位置及等效的负载条件下定期测量钢索的直径。但是，如果直径减小仅出现在一个区域或者迅速出现，则必须预定钢索更换日程。直径减小可能诱因：缺乏润滑；内部或外部腐蚀；负载过大；内部线材或线芯断裂。

正确的方式是用适当的游标卡尺在任一对相对钢绞线上方进行测量，正确的测量方式如图 1-10 所示，在最外侧的线材上方测量钢索直径。最好在不同位置进行多次测量。

4. 冲击负载

钢索的冲击负载(笼状)是更换钢索的另一个原因。冲击负载是由于突然释放钢索张力并且由于随后的过载回弹而引起的，如图 1-11 所示。这样造成的损坏是永远无法校正的，必须更换钢索。

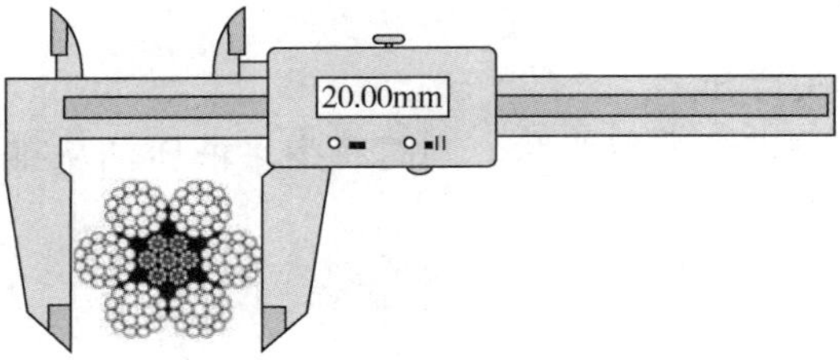

图 1-10　测量钢索直径方法示意

图 1-11　冲击负载受损钢索

（三）表面除锈防腐

除产品管线和连接附件的材质为 304 不锈钢材质外，其余的部件例如内外结构臂、基础立柱、平台等位置均为碳钢材质，由于卸料臂常年处于环境恶劣的海洋大气环境，需要定期对腐蚀部位进行除锈，并进行防腐处理。

除锈方法通常采用钢丝轮、百叶轮等进行彻底除锈，对于电动工具无法操作的角落或缝隙可以采用专用除锈液进行除锈，并用钢丝刷进行清理。除锈完成后应及时刷漆防腐。原厂推荐油漆如表 1-2 所示。

表 1-2　卸料臂厂商推荐油漆

油漆类型	油漆型号	涂刷厚度/μm
底漆	CARBOZINC 658P	75
中间漆	CARBOGUARD 893	150
面漆	CARBOTHANE PU134	60

除锈防腐时应注意对卸料臂上的重要零部件进行遮罩保护，避免在例如接近开关、液压杆、旋转接头密封等关键部位上误刷、滴落油漆或其他杂物。

第三节　旋转接头组件

一、工作原理

旋转接头是 LNG 卸料臂的核心部件，用于产品管线间的连接和自由旋转，保证无泄漏，承载产品管线的机械负荷。一台常规 LNG 卸料臂配置 6 个旋转接头，根据功能分为 Style50、Style40、Style80 共计三个旋转接头组件。旋转接头为卸料臂前端接口提供六个自由度的运动，使卸料臂与船舶连接后，允许卸料臂前端随 LNG 货船六个角度的摆动而自由运动。

Style50 由 1 号和 2 号旋转接头组成，如图 1-12 所示。在产品线立柱顶部用“Style50”旋转接头支撑内臂，它能够让整个臂绕垂直轴旋转，并使内臂绕水平轴旋转。

Style40 由 3 号旋转接头组成，如图 1-13 所示，Style40 用于连接外臂和内臂上的产品管线；Style50 和 Style40 提供了卸料臂前端在三个维度上的平移运动，以覆盖操作范围。

Style80 由 4 号、5 号和 6 号旋转接头组成，如图 1-14 所示，Style80 保证卸料臂前端在三个维度上的自由旋转。

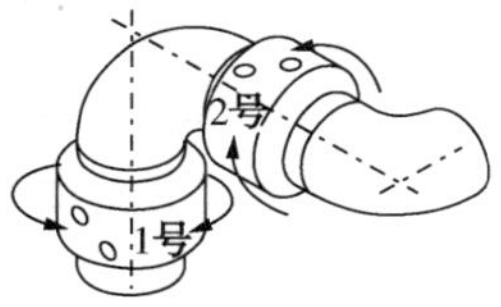

图 1-12 Style50 组件

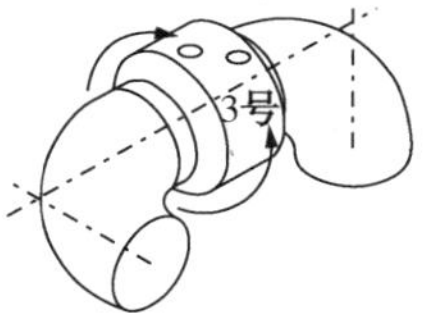

图 1-13 Style40 组件

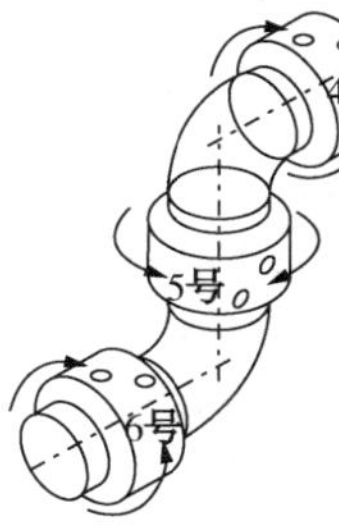

图 1-14 Style80 组件

旋转接头由通过两个滚道连接的外圈和内圈件组成，采用弹簧蓄能式密封圈对旋转接头进行密封。动密封由两个弹簧蓄能式密封圈组成，主密封与 LNG 直接接触，二级密封是安全屏障。在主次密封之间安装了检漏接口，便于检测主密封的封装状态。为避免在 -165℃左右运行时旋转接头内部结冰，需要在滚道位腔体内持续通入干燥氮气。

旋转接头内外圈上与密封圈接触的密封面进行了硬化处理，用低摩擦专用硬化涂层覆盖密封槽，目的是限制密封面上的磨损，也避免低温下的摩擦振动。为防止介质泄漏，动密封面面粗糙度要求 *Ra* 在 0.1~0.2。

根据旋转接头和法兰连接的形式不同，可分为四件式旋转接头和三件式旋转接头：四件式旋转接头是由外滚道连接法兰、外滚道、内滚道、内滚道连接法兰四个主要机械部件组成的旋转接头，如图 1-15 所示。而三件式旋转接头与之最大的不同是内滚道部件和产品管道为一体式结构，减少了一个法兰密封结构，如图 1-16 所示。四件式旋转接头的优点是无须解体卸料臂主要部件就能更换密封件和滚珠、可拆卸滚道等易损件，缺点是需要一个额外的静密封。

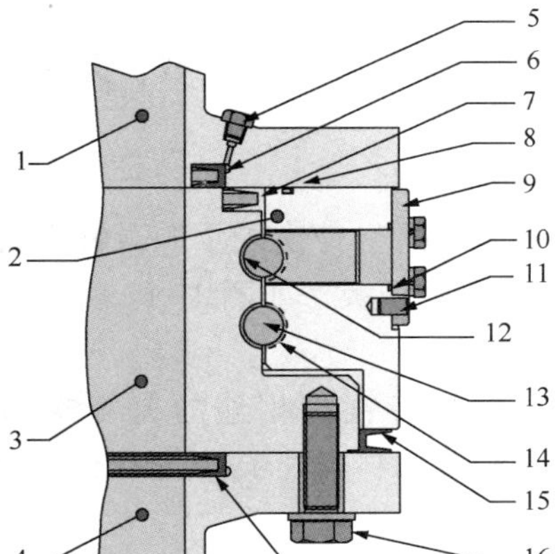

图 1-15 四件式旋转接头典型结构

1、4—法兰；2—旋转接头外圈；3—旋转接头内圈；
5—渗漏端塞子；6—主密封；7—二级密封；
8—法兰密封；9—滚珠塞子；10—O 形圈；
11—定位销；12—公压扣式座圈；13—滚珠；
14—母压扣式座圈；15—氮气密封件；
16—法兰螺栓；17—静态密封件

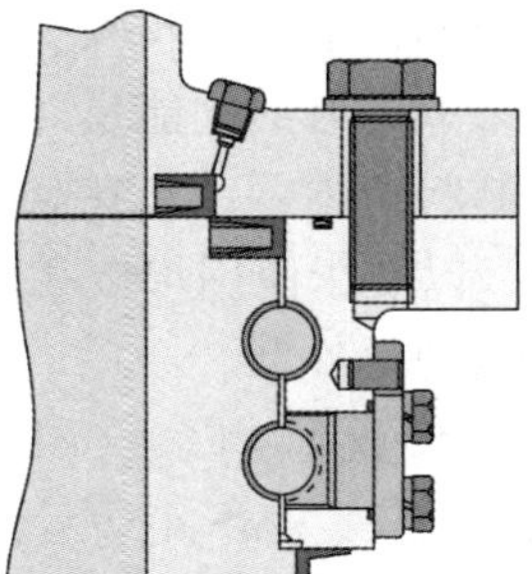

图 1-16 三件式旋转接头典型结构

FMC 卸料臂中，Style50 和 Style40 组件均采用四件式旋转接头，维修这些位置的旋转接头可以不拆卸产品管道，维修极为便利；Style80 的三个旋转接头位于卸料臂的外臂的最前端，缺少支撑和固定位置，均采用了更为经济可靠的三件式旋转接头。

依照厂商建议，FMC 卸料臂的旋转接头的设计寿命为 20 年，5 年免维护。使用 5 年后，建议进行预防性维护，包括更换密封件、扣压式滚道和滚珠。在此之后，旋转接头筒可再使用 5 年。

二、维修维护

作为卸料臂的核心组件，日常应对旋转接头采取以下必要的维护和检查，以确保卸料臂的可靠运行。

（1）定期检查最后一个旋转接头(氮气出口)处是否具有氮气流量。

（2）定期检查所有氮气软管安装情况，如需要，应进行更换。

（3）定期检查旋转接头上的氮气密封圈以及塞销，如需要，应进行更换。

（4）打开旋转接头塞销，检查滚道滚珠等磨损状况(建议每两年检查一次)。

（5）每年对旋转接头法兰上的紧固转矩检查一次。

当检查发现旋转接头出现泄漏、磨损或计划进行全面的预防性维护，以下列出了常见的卸料臂旋转接头维修方法。

（一）Style 旋转接头维修

Style50 组件的旋转接头属于四件式旋转接头，当因泄漏等原因需要更换低温密封件时，不需要拆卸滚珠座圈，拆开法兰即可直接接触密封件。但是建议完全拆卸滚珠座圈，并清洁和检查所有零件的运转情况。当检查确认到 Style50 处旋转接头存在滚珠咬合、滚道磨损、静密封损坏、氮气密封圈损坏等情况时，应完全拆下旋转接头维修，拆装 Style50 处旋转接头遵循以下主要步骤。

维修前采取了有效的能量隔离并确保卸料臂处于锁定位置。

（1）将卸料臂内臂锁止在竖直位置，操作卸料臂打开外臂，使次配重顺时针方向转动一个角度 B，以便于使用焊接在内臂结构臂上的旋臂起重机锚板，如图 1-17 所示，然后操作选择阀组锁死外臂。

（2）拆除位置监测系统(PMS)支架和与待检修的旋转接头相连的氮气吹扫软管(图 1-18)，在拆除 PMS 电位计式传感器之前，一定要记录卸料臂处于 PARKED(停车)位置时传感器的电阻值。

（3）将卸料臂专用工具平板和方钢与其他相关部件(螺钉、螺母和垫圈)用螺栓固定在一起，使内臂产品管线和下方位于转盘轴承上的锚固点连接并固定，如图 1-18 所示。

（4）调整夹具组件的长度使支撑电木与产品管线相接触并将螺母紧固，确保产品管线和支撑立柱同心，如图 1-19 所示。

（5）将连接螺栓安装在结构支撑立柱和产品管线的螺栓孔上并紧固，以避免拆卸 1 号旋转接头时产品立柱下沉，如图 1-20 所示。

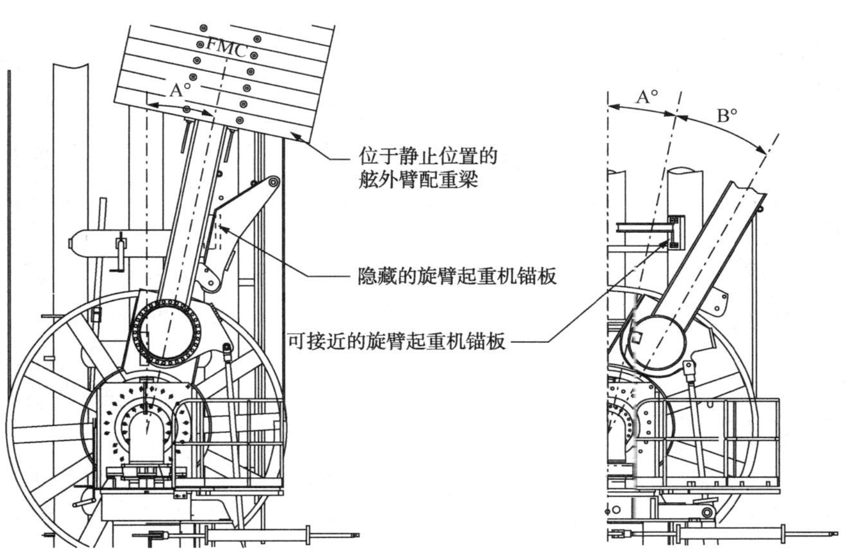

图 1-17　操作卸料臂使锚板处于适当位置

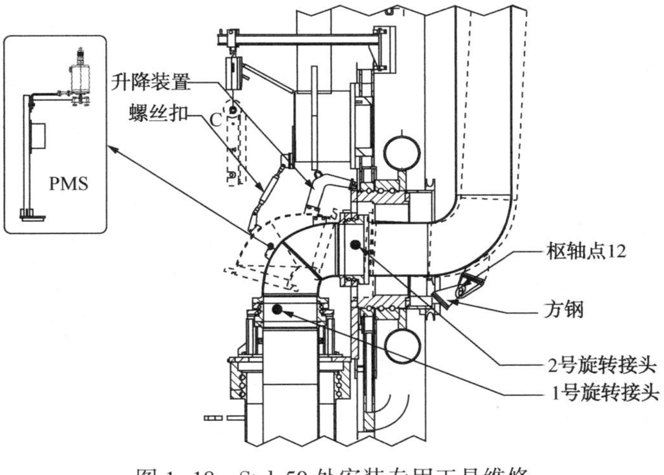

图 1-18　Style50 处安装专用工具维修

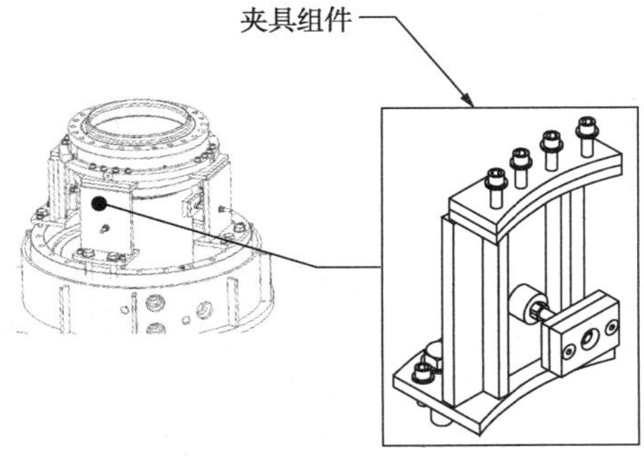

图 1-19　拆除 1 号旋转接头前调整支撑电木

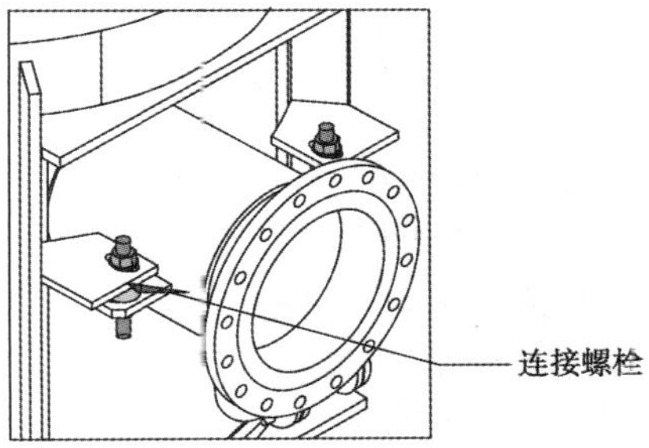

图 1-20　固定立柱的连接螺栓

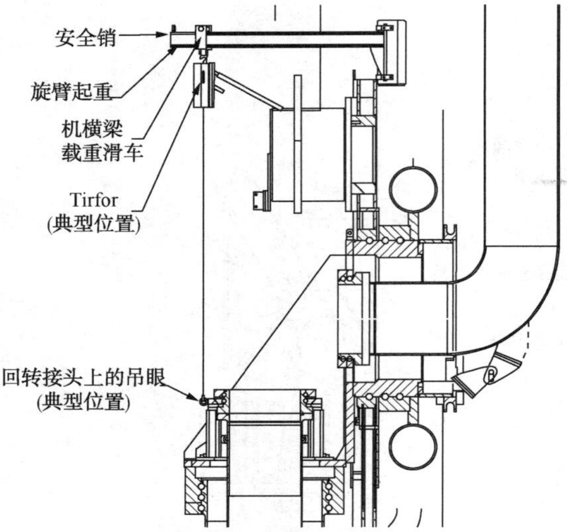

图 1-21　支撑和吊装工具准备

（6）安装含横梁、载重滑车以及安全销和 Tirfor 的可拆除旋臂起重机，如图 1-21所示。

（7）将维护工具安装在 Style40 处：将两枚螺丝扣安装在外臂产品管线和外结构臂之间，如图 1-22 所示。将牵引缸安装在内臂和 Style40 的专用吊耳之间，然后对其施加张力，以便于拆除弯头时对内臂产品管线进行支撑，如图 1-23 所示。

（8）用旋臂起重机拆除短管并将其降到卸料臂底部。

（9）将 Tirfor 的吊钩挂到旋转接头的吊环上，松开被吊装旋转接头另一侧的连接螺栓。

（10）提起旋转接头并将其从 Style50 释放出来，将其放下运回厂房进行维护。

（11）回装旋转接头时，以相反顺序重复以上步骤按照附件建议的扭矩拧紧螺栓。

（12）拆除先前安装的维护工具。

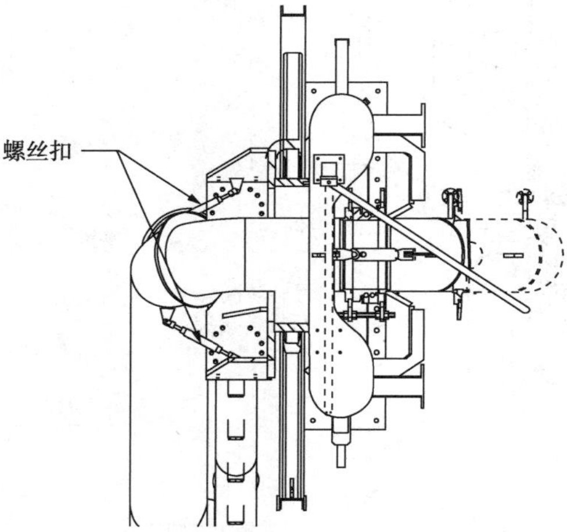

图 1-22　Style40 处安装螺丝扣

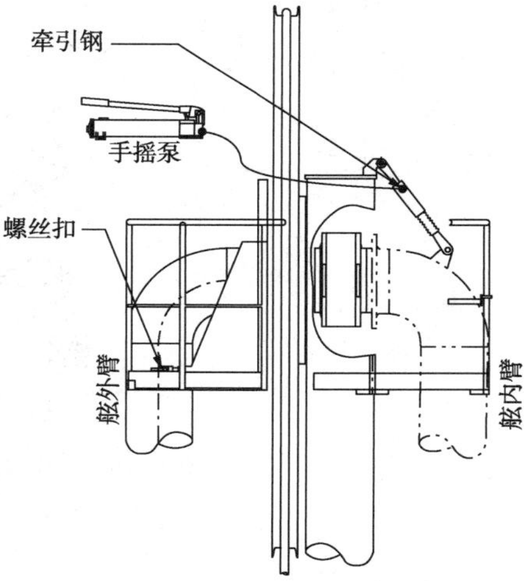

图 1-23　Style40 处安装牵引液压杠

（二）Style40 旋转接头维修

Style40 组件的旋转接头属于四件式旋转接头，当因泄漏等原因需要更换低温密封件时，不需要拆卸滚珠座圈，拆开法兰即可直接接触密封件。但是建议完全拆卸滚珠座圈，并清洁和检查所有零件的运转情况。当确认到 Style40 处旋转接头存在滚珠咬合、滚道磨损、静密封损坏、氮气密封圈损坏等情况时，则需要完全拆下旋转接头维修，拆装 Style40 处旋转接头遵循以下主要步骤。

（1）将装载臂锁止在竖直位置。将可拆除旋臂起重机安装在内臂结构上。起重机包括立柱、横梁、载重滑车、安全销和 Tirfor。

（2）在 Style40 处，确认干燥管线的氮气循环终止并断开入口和出口孔处的橡胶软管。

（3）在 Style40 处，将两枚螺丝扣安装在外臂产品管线和外臂结构臂之间，将牵引缸安装在内结构臂和产品管线间的专用吊耳之间，然后对其稍稍施加张力，如图 1-23 所示。

（4）在 Style40 处，在旋转接头上安装专用螺杆螺母组件，如图 1-24 所示。

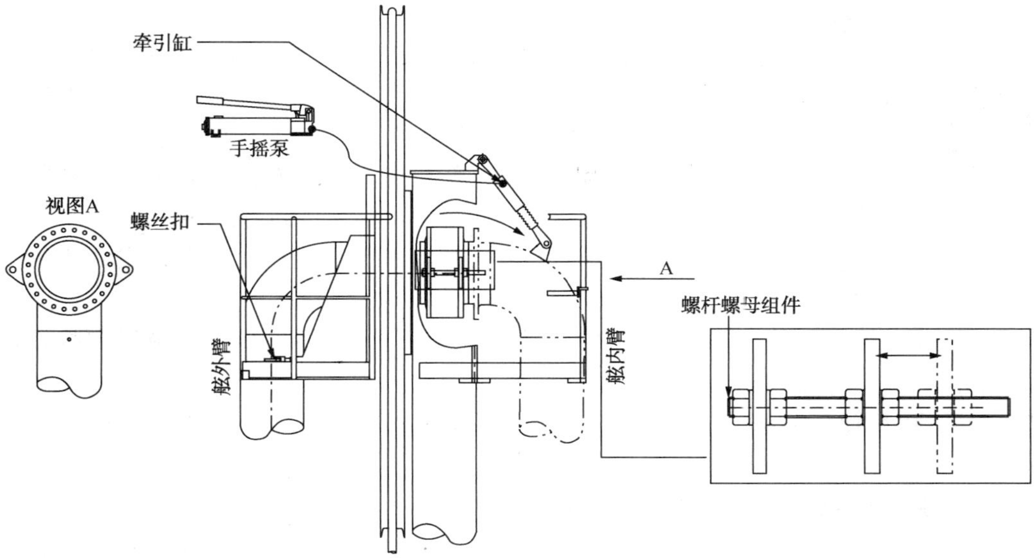

图 1-24　安装专用的螺杆螺母扩张组件

（5）在 Style50 处，拆除位置监测系统（PMS）支架和与待检修的旋转接头相连的氮气吹扫软管，如图 1-18 所示。

（6）在 Style50 处，将专用连接件和其他相关部件（螺栓、螺母和垫圈）固定在一起，将升降装置和螺丝扣放置就位，如图 1-18 所示。

（7）在 Style50 处，松开并拆除短管两侧法兰的螺栓，用螺丝扣打开并旋转 Style50 的短管，如图 1-18 所示。

（8）在 Style40 处，将 Tirfor 吊钩挂在旋转接头的吊耳上，松开并拆除旋转接头与内臂产品管线法兰的连接螺栓。

（9）保证拧紧专用螺杆螺母组件，然后释放牵引缸的压力。

（10）用专用螺杆螺母组件将内臂产品管线与外臂产品管线分离，此时内臂产品管线可绕吊耳的枢轴点旋转，如图 1-18 所示。

（11）松开旋转接头另外一侧的法兰连接螺栓，提起旋转接头并将其从 Style40 放下运回维修车间进行维护。

（12）回装旋转接头时，以相反顺序重复以上步骤，按照附件建议的扭矩拧紧螺栓。

（13）拆除先前安装的维护工具。

（三）Style80 旋转接头维修

Style80 组件旋转接头均属于三件式旋转接头，当因泄漏等原因需要更换低温密封件时，不需要拆卸滚珠座圈，拆开法兰即可直接接触密封件。但是建议完全拆卸滚珠座圈，

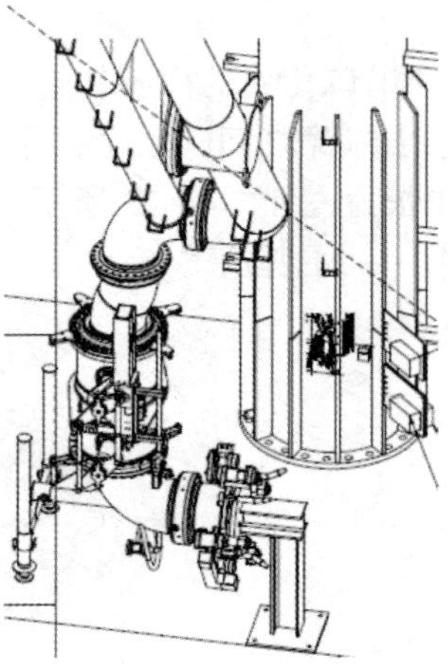

图 1-25　Style80 旋转接头维护时典型维护位置

并清洁和检查所有零件的运转情况。当确认到 Style80 处旋转接头存在滚珠咬合、滚道磨损、氮气密封圈损坏等情况时，则需要完全拆下旋转接头维修，拆装 Style80 处旋转接头遵循以下主要步骤。

（1）拆解 Style80 旋转接头之前，一定要确保正确固定卸料臂以补偿失衡。

（2）操作卸料臂至处于维护位置，QCDC 卡爪锁定在前端下方的支撑座上，并将机械千斤顶放置在工作位置，如图 1-25 所示。

（3）为保持外臂平衡状态，用倒链或 Tirfor 将外臂拉紧，以免造成外臂倾覆。同时，为了避免拆卸后的 Style80 下半部分倾倒，在拆解 5 号和 6 号旋转接头的连接法兰前，用倒链在三个方向将 Style80 下半部分固定住。

（4）拉伸固定到位后，将该卸料臂处于不被选中状态，此时，卸料臂处于浮动状态。

（5）松开并取下连接法兰螺栓，通过操作倒链或 Tirfor 缓慢移动卸料臂前臂，以便于对旋转接头滚珠、滚道进行更换和维修。

（四）旋转接头滚珠座圈和密封件更换

拆除滚珠并解体旋转接头后，一定要更换全套部件，包括内外圈上的压扣式滚珠座圈、滚珠、滚珠安装塞以及密封件，表 1-3 所示为一台卸料臂 6 套旋转接头的易损件汇总。

表 1-3　一台卸料臂旋转接头易损件汇总

序　号	旋转零部件(零件号/名称)	数　量
1	70V400064617　BALL D 1in AISI 440 C	816
2	243102750000　SNAP F 20in B. 1in D. P 23in 5/8	12
3	243102751000　SNAP M 20in B. 1in D. P 20in 1/8	12
4	2442808131401　BALL PLUG	3
5	2442808131402　BALL PLUG	3
6	244280100762　BALL PLUG	6
7	246860000152　BLOCKING BALL PLUG	2
8	243125740010121　PACKING PRIMARY 20in CRYO	6
9	243125741010121　PACKING SECONDARY 20in CRYO	6
10	243125770000　WATER SEAL	3
11	243152778000　WATER SEAL	5
12	2461508131401　WATER SEAL CRYO FORM V，20in	3
13	70X680313926　O RING ID 32. 92 X 3. 53 PTFE	12
14	70X691720022　JOINT FLEX. EMB. SPLE INOX+PTFE	3

续表

序　号	旋转零部件(零件号/名称)	数　量
15	244200500169　ELEC. INSUL. RING CRYOPACK 20in	1
16	247060100676　INSUL. WASH. 55X8 L143 CRYO	12
17	247060601066　INSUL. WASH. 20in #150 CRYO IE	1
18	247590101016　INSUL. TUBE 30X24 L55 CRYO	24
19	00Y680008926　LARG.：5 TH.：2 LG：1M UNIV. JOINT	4

安装前，仔细检查旋转接头本体的外圈上的座圈凹槽处是否有毛边、划痕或其他表面疵点以及异物，这会妨碍压扣式滚珠座圈的恰当配合。公压扣式滚珠座圈完全正确就位之后，在座圈端部之间应始终留出一个小间隙。在安装一套新的压扣式滚珠座圈之前，要确保其无毛边、清洁无润滑剂，并且端部的锐缘(与滚珠接触)稍作倒角。

拆解和安装旋转接头的滚珠座圈按照以下步骤进行，其中第5小节列出了安装三件式旋转接头滚珠时的操作要点。

1. 公压扣式滚珠座圈拆除(图1-26)

(1) 清理滚珠座圈，以定位压扣式座圈的各个端部。

(2) 首先拆除距离填料密封面最近的压扣式座圈，将螺丝刀或类似工具插入缝隙中(座圈端部之间)。然后转动螺丝刀来分开端部，并提起一端。

(3) 将锥形棒插入座圈下，环状移动锥形棒来拆除压扣，直至座圈压扣沿本体滑动，或者沿下一个座圈凹槽滑动。

(4) 重复以上操作，拆除其他公压扣式滚珠座圈。

2. 母压扣式滚珠座圈拆除(图1-26)

(1) 清理滚珠座圈，以定位压扣式座圈的各个端部。

(2) 首先拆除距离填料密封面最远的压扣式座圈，用黄铜棒或手锤将压扣式座圈转到凹槽中，使一端位于塞孔前端，利用该工具推动压扣端部通过球形塞孔，从而抽出压扣。

(3) 将锥形棒插入座圈下，将压扣传送到相邻凹槽中，然后继续进行环形动作直至座圈压扣沿本体或者沿下一个座圈凹槽滑动。

(4) 重复以上操作，将其从旋转接头外圈中拆除。

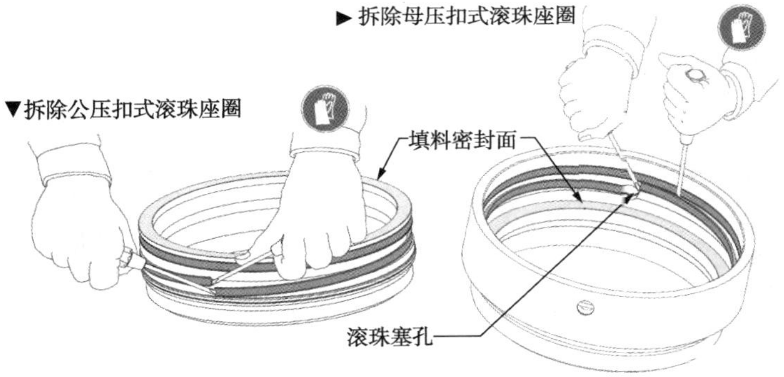

图1-26　拆除旋转接头滚珠座圈

3. 母压扣式滚珠座圈安装

(1) 将压扣式座圈一端插入后部凹槽中并保持住，然后压挤另一端，使其强行进入后部凹槽内。

(2) 检查压扣式座圈的两端是否与球形塞孔稍稍分离，并且在两侧孔轴线上均匀隔开。可推动黄铜棒一端来调整压扣式座圈的位置。

(3) 在开始装配滚珠之前，必须将压扣式座圈端部对称定位在塞孔两侧。

(4) 第(1)步也可以从滚珠安装孔处插入黄铜棒，使其穿到内部。然后抵着棒将压扣式座圈的一端放在凹槽座圈内，同时将其推入座圈凹槽中完成压扣安装。

4. 公压扣式滚珠座圈安装

(1) 将压扣式座圈的一端放到前部座圈凹槽内，然后采用环形动作在接头的外径上方推动压扣式座圈。将大约 3/4 长度的座圈插到前部凹槽中。然后握住一端，将棒插到压扣式座圈下部，使其越过前部凹槽却不完全啮合，从而将另一端放到后部凹槽内并将压扣式座圈完全推送到后部凹槽处。

(2) 安装其他压扣式滚珠座圈。

(3) 检查压扣式座圈是否坐稳。

(4) 朝凹槽座圈推动压扣式座圈，检查两个端部之间的缝隙。根据规定的公差，安装后的最终缝隙不得与下表相差过多。

(5) 如果压扣两端互相接触或搭接，则将其拆下重新加工，缩短至要求的缝隙大小(1in 滚珠对应的缝隙应为 3.5~4.5mm)。

(6) 注意不要使不同的凹槽内的压扣座圈端部处于相同位置，应错开 180°放置。

(7) 如果后部凹槽的压扣式座圈掉入前部凹槽座圈中，则在座圈端部之间插入一把螺丝刀或类似工具，将压扣式座圈从前部凹槽送到后部凹槽。然后转动螺丝刀来分开端部，并提起一端。

(8) 在升起的座圈后部插入另一把螺丝刀或螺杆，将端部放在后部凹槽上方并送入。继续施加环形动作，直至座圈压扣进入后部凹槽。

5. 三件式旋转接头滚珠回装

三件式旋转接头采用了内圈和管道一体的结构特点，在安装滚珠时，由于氮气密封圈的预应力作用，使内外圈滚道的精确对准变得困难，不便于滚珠安装，可以借鉴图 1-27 所示的专用工具(主要由两个半轴环和螺杆组成)。

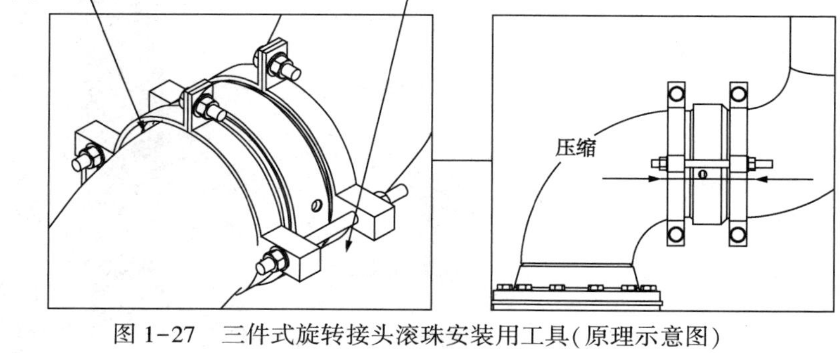

图 1-27　三件式旋转接头滚珠安装用工具(原理示意图)

(五)产品线上的电气装置检查

1. 电绝缘法兰测试

Style80 处的 5 号旋转接头上的电绝缘法兰用于隔绝和防止 LNG 货船与卸料臂法兰连接上的火花。绝缘法兰是电绝缘隔板，用于防止在卸料期间卸料臂与 LNG 船之间产生电流，如图 1-28 所示。电绝缘实验应每年做一次。测量主要内容如下：

(1) 在空臂、完全干燥和环境温度条件下对装料臂进行测量。

(2) 在 20V DC 下用兆欧姆表测量电绝缘电阻，电阻必须等于或大于 1000Ω。

(3) 如实验失败，应拆卸和检查电绝缘装置接头，更换缺陷元件，并对绝缘接头重新进行组装和实验。但在未获得重新安装所需备件的前提下，建议不要拆解电绝缘法兰。

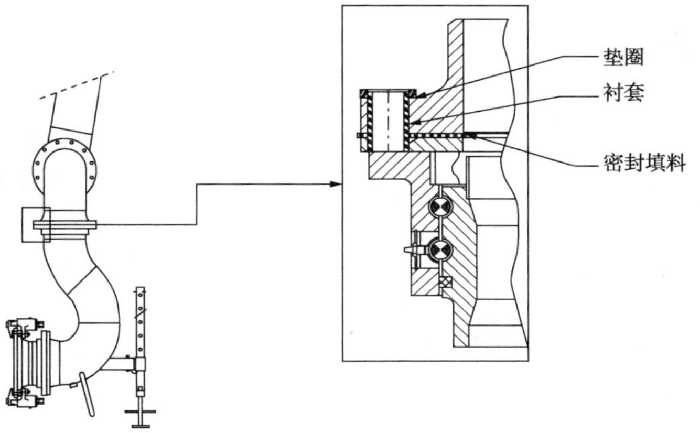

图 1-28　5 号旋转接头电绝缘法兰结构图

2. 电气连续性检查

为了保证卸料臂的连续性，以免在发生电位差时，滚珠/滚道间的偶发性接触对旋转接头的旋转带来潜在的破坏性，每个卸料臂及其管线都需具有电气连续性，如图 1-29 所示。

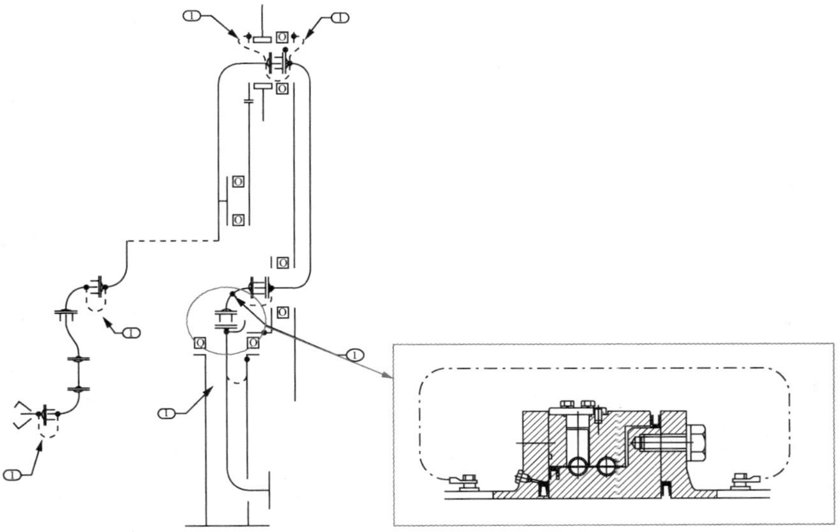

图 1-29　卸料臂的电气连续性检查

如未保证电气连续性，卸料臂充静电时可能产生火花。由于卸料臂管道 LNG 流动时产生静电集聚，必须考虑装料臂与地面的电气连续性。

电气连续性年度预防性维护方法：每年检查一次铜电缆、吊耳和螺钉的紧固状态。如发生损坏，必须更换部件。

第四节　转盘轴承组件

一、工作原理

转盘轴承是 LNG 卸料臂上最关键的核心部件。卸料臂 DCMA-S 结构使产品管线上旋转接头上承载了较低机械负荷，由结构上转盘轴承(也称回转支承)承载主要负荷。由于产品管线旋转接头在卸料时处于-160℃左右的低温状态，在这种极端低温度下没有性能足够优良的润滑脂对滚珠进行润滑，DCMA-S 分离式卸料臂的设计特点使转盘轴承不与 LNG 直接接触，能够采用低温润滑脂对滚珠滚道进行润滑，这种巧妙的设计方法有效延长了卸料臂的使用寿命。由于产品管线上所有旋转接头能够实现在线维修，转盘轴承只要维护保养得当，通常整台卸料臂不需要解体大修，常规大修周期可长达 10~15 年，依据过量腐蚀、磨损来确认是否需要大修。

与旋转接头结构类似，转盘轴承由内圈、外圈、滚珠、可拆卸滚道、滚珠塞等基本机械零件组成。一台 DCMA-S 型卸料臂包含 5 套旋转轴承组件，按照位置和功能列举见表 1-4。

表 1-4　卸料臂转盘轴承表

序　号	转盘轴承位置	滚道数	可更换滚道	生产厂家
1	Style50 处水平旋转转盘轴承	3	是	FMC
2	Style50 处平衡轮支撑转盘轴承	1	是	FMC
3	Style50 处内结构臂支撑转盘轴承	2	是	FMC
4	Style40 处内外臂连接转盘轴承	2	否	SBI
5	产品管线和外结构臂连接转盘轴承	1	否	SBI

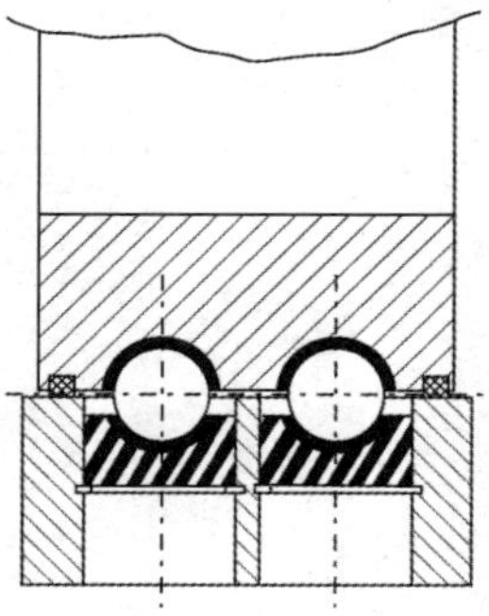

图 1-30　Style50 内臂支撑双滚道转盘轴承

以 Style50 处内结构支撑转盘轴承为例，如图 1-30 所示，转盘轴承由轴承内圈、轴承外圈、轴承内圈可拆卸滚道、轴承内圈可拆卸滚道、滚珠、塞销、卡簧、防水/防尘密封、润滑脂加注口组成。轴承外圈通过螺栓固定在内结构臂上，内圈通过螺栓连接固定在支撑立柱上方的焊件上。卸料臂转盘轴承为 43in 双滚道特殊结构，回转速度最大 0.2r/min，配置特殊设计的嵌入式滚珠座圈，座圈材质为 AISI440C，有良好的抗点蚀性能和较好的抗应力腐蚀性能，嵌入式的滚道有利于损伤滚道的更换。

卸料臂常年处于湿度高、盐分重的海洋大气环境中，寿命的离散性大。未达到大修时间的转盘轴承出现隐患如果没有被及时监测和维修，可能导致发生不可预知的故障，甚至使卸料臂运转时卡死陷于瘫痪状态，只能解体大修。由于卸料臂解体大修时必须使用船吊吊装，总体维修成本极为高昂。

卸料臂转盘轴承具有低速(转动速度小于0.2r/min)、重载、间歇运动的特点，常规的滚动轴承的振动诊断方法不能对故障特性有效提取，对转盘轴承进行状态监测和故障诊断具有较大难度。因此，在大修周期内执行严格的预防性维修维护策略，使转盘轴承全周期得到充分保养，在当前是最有效和经济的设备维护模式。

二、维修维护

据统计润滑保养不当是造成转盘轴承过早出现潜在故障现象的主要原因，有必要制定与卸料臂运转特点一致的定期维护保养规程，在定期润滑的基础上根据转盘轴承异响等工况以及冬季接船多的特点，视情提高润滑频次，同时加强对转盘轴承异响、轴承密封等结构完整性的检查和维护，及时排查解决早期转盘轴承隐患，避免进一步恶化带来严重损失。

(一) 转盘轴承的润滑点和润滑频次

结构轴承的每个润滑点都组合在一起，朝向操作者便于接近的区域，一般位于平台附近。各转盘轴承的润滑点如下：

1. Style50 处水平旋转转盘轴承

Style50 处水平旋转转盘轴承如图 1-31 所示，有 4 个润滑点。

2. Style50 处平衡轮支撑转盘轴承

Style50 处平衡轮支撑转盘轴承如图 1-32 所示，有 4 个润滑点。

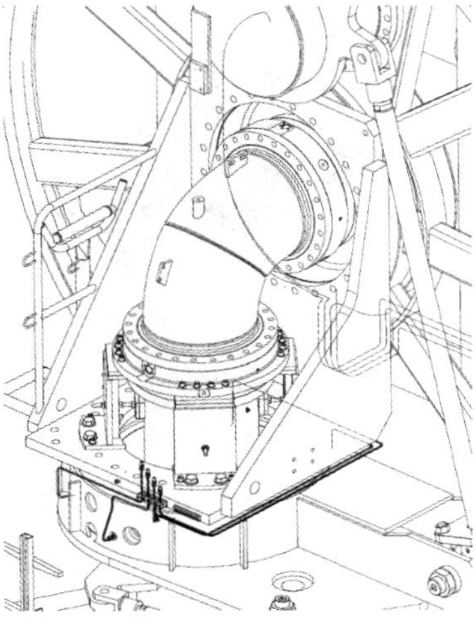

图 1-31　水平旋转转盘轴承润滑点

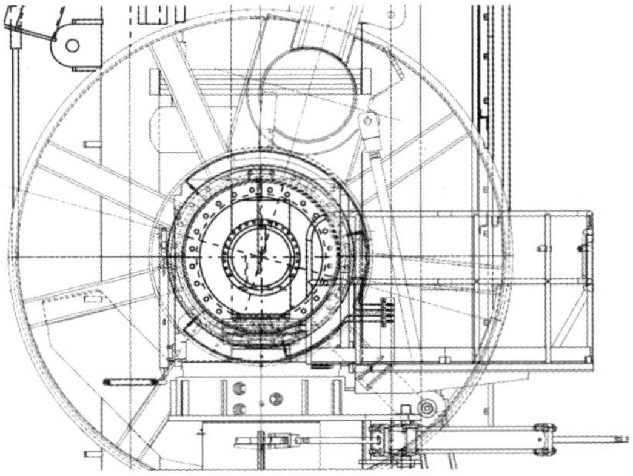

图 1-32　Style50 处平衡轮支撑转盘轴承润滑点

3. Style50 处内结构臂支撑转盘轴承

Style50 处内结构臂支撑转盘轴承如图 1-33 所示，有 4 个润滑点。

4. Style40 处内外臂连接转盘轴承

Style40 处内外臂连接转盘轴承如图 1-34 所示，有 4 个润滑点。

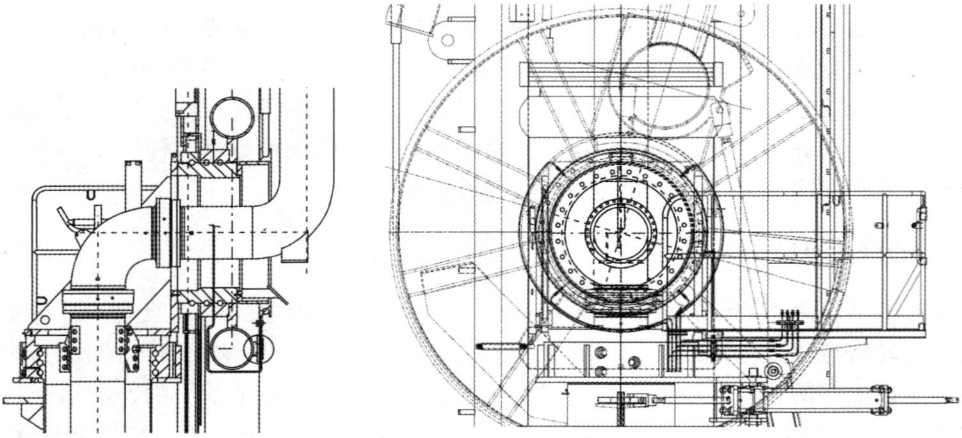

图 1-33　Style50 处平衡轮支撑转盘轴承润滑点

5. 产品管线和外结构臂连接转盘轴承

产品管线和外结构臂连接转盘轴承如图 1-35 所示，有 4 个润滑点，该位置每年润滑一次。

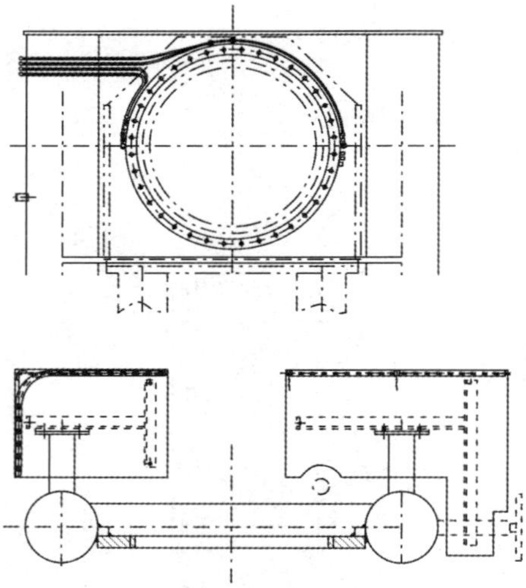

图 1-34　Style50 处平衡轮支撑转盘轴承润滑点

图 1-35　Style50 处平衡轮支撑转盘轴承润滑点

转盘轴承推荐润滑脂牌号：Kluber Isoflex Topas L32。

平均每 6 个月要对转盘轴承进行一次润滑，在接船高峰月份以及存在异响等工况时，视情增加润滑频次。

（二）转盘轴承常规检查方法

除润滑外，还需要对转盘轴承定期进行其他必要的检查，检查项目如下：

（1）检查运行期间是否具有异常噪声。

（2）对所有固定部件进行定期检查，每年定期检查一次螺栓的预紧力，始终确保对结构螺栓进行良好保护。

（3）对 Style50 型和 Style40 型上的结构轴承密封件和密封保护装置目视检查。

（4）定期补漆：检查涂漆表面是否受损和生锈。如需要，采用适当的补漆程序来恢复保护。

（三）转盘轴承滚珠掉落故障维修

FMC 卸料臂的结构特点在于可以实现对旋转接头的在线维修，转盘轴承只要保养得当，通常整臂不需要进行解体吊装大修。一旦转盘轴承发生故障，常规做法是对卸料臂解体大修。由于大修拆解只能借助船吊吊装，整体维修费用极其昂贵。某年曾发生 3 颗轴承滚珠从卸料臂的 Style50 处结构轴承滚珠安装孔处意外掉落的故障。因该轴承起关键承重作用，轴承滚珠缺失造成了严重的风险和隐患。检维修部门进行了技术攻关并采用一种既安全经济，又快捷有效的转盘轴承滚珠在线维修技术。

基于转盘轴承的工作特点，设计并制作了一种转盘轴承滚珠在线安装专用工具如图 1-36所示，用于辅助转盘轴承滚珠的在线维修回装，同样也适用于滚珠的更换。专用工具由圆柱体、半圆形沟槽、滚珠推动块、提拉把手等特征构成，工具由 45# 钢加工、焊接而成。通过支撑件、推动块和轴承外圈之间的配合，定向操作卸料臂使轴承外圈转动，推动轴承滚珠定向滑动，专用工具推动轴承内的滚珠使其重新分布，挤出足够空隙，然后安装滚珠，实现轴承滚珠的回装或更换，安装位置示意如图 1-37 所示。

图 1-36　专用工具

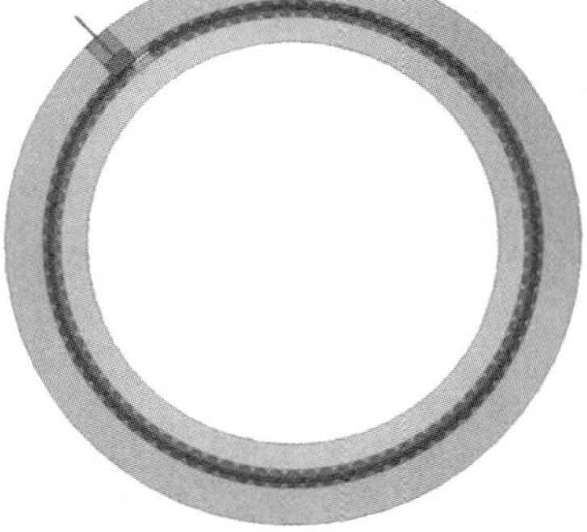

图 1-37　专用工具在转盘轴承上的安装位置示意图

使用专用工具回装卸料臂转盘轴承滚珠的方法如下：

（1）拆除转盘轴承滚珠防尘帽和安装塞后，从滚珠安装孔内取出一个滚珠，把专用工具依照正确方向放入转盘轴承的滚珠安装孔中，使滚珠挡块的受力面垂直于滚道方向。

（2）操作液压控制系统，匀速向前转动卸料臂内臂，使转盘轴承外圈正向转过约 7°，然后反方向点动卸料臂约 1°。由于滚珠挡块 3 对转盘轴承滚道内的滚珠的推动作用，此时在专用工具反方向的滚道上形成了足够装入一个滚珠的空间。

（3）从滚珠安装孔中取出专用工具，向滚道内装填一个完好的滚珠至安装孔，并将滚珠移动到形成的间隙内。

（4）将专用工具放入轴承滚珠安装孔，重复步骤（1）~（3），直至将全部掉落至轴承外的滚珠完全装入滚道。

第五节　液压控制系统

一、工作原理

卸料臂液压控制系统由一组电气和液压设备构成，用于实现内外臂水平方向回转、内外臂垂直方向回转、ERS 阀启闭、PERC 连接器动作以及 QCDC 启闭等动作的驱动和控制。液压控制系统主要由以下五个部分构成：

（1）动力元件：两台电机驱动的齿轮油泵。

（2）控制元件：液压阀组件、本地控制面板、PLC 机柜、无线电遥控装置。

（3）执行元件：液压缸及液压马达。

（4）辅助元件：液压软管总成及接头、油箱、蓄能器、过滤器、测压接头、压力表、油位计等。

（5）液压油：Shell Tellus T32。

为便于参考，以下将按照液压动力单元、选择器阀组、ERS 蓄能器、卸料臂上的液压设备四个主要的功能模块进行概述，并对部分关键元器件进行简要说明。

（一）液压动力单元

液压动力单元是 4 台卸料臂的共用装置，用于提供液压动力操作控制阀、卸料臂液压缸和液压马达等执行机构，液压动力单元的现场布置如图 1-38 所示，液压回路图和对应的元件图如图 1-39、图 1-40 所示。

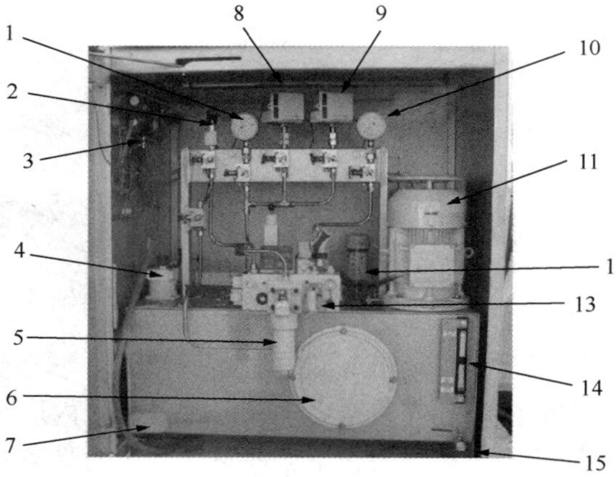

图 1-38　液压动力单元现场

1—蓄能器压力的压力表；2—压力开关/压力过滤器堵塞；3—本安型接线盒(用于压力开关)；4—两个回流过滤器 10μm 和堵塞指示器；5—压力过滤器 10μm 和堵塞指示器；6—检修门；7—液压油罐：300L；8—压力开关/低油压报警；9—压力开关/蓄能器充填；10—主压压力表；11—与浸没式液压泵相连的两个防爆电机；12—空气干燥器；13—手动泵；14—带可视指示器和并入式温度指示器的油位计；15—排放阀

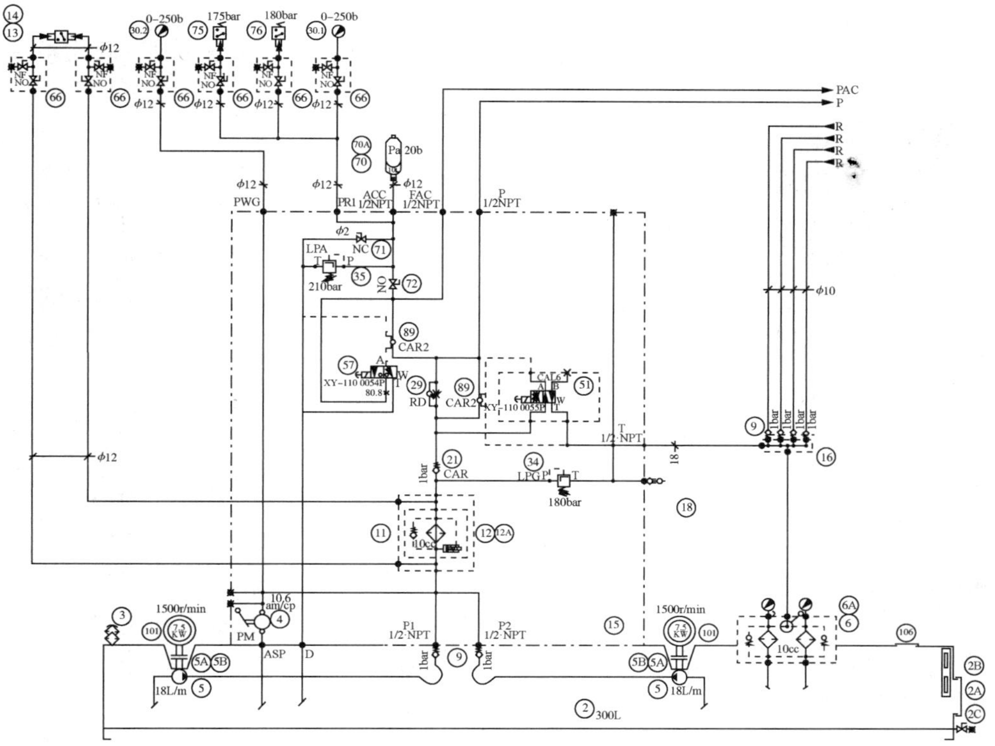

图 1-39 液压动力单元回路图

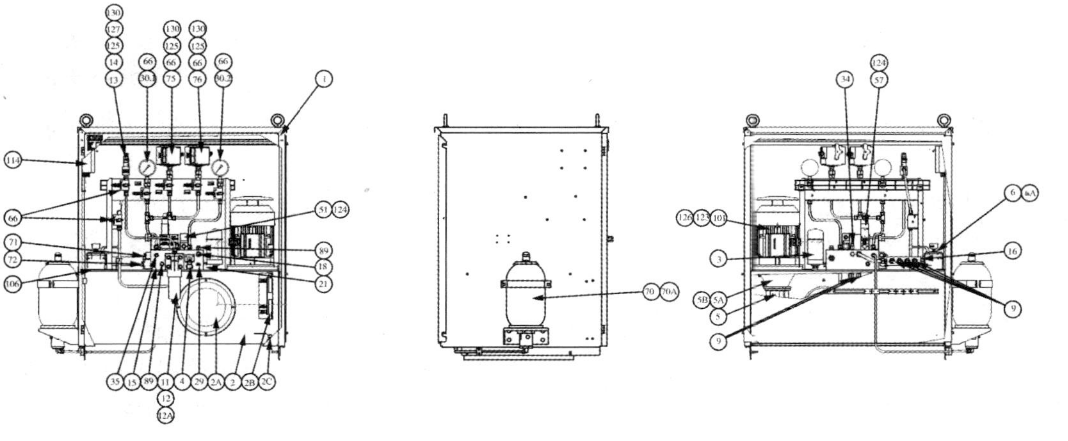

图 1-40 液压动力单元(零部件序号与图 1-39 对应)

液压动力单元主要组成部件如下：

1. 防爆电机驱动的齿轮泵⑤

齿轮泵一备一用，每个泵排量 18L/min，转速 1500r/min，当液压齿轮泵损坏时，不能维修并且必须要用新的更换。齿轮泵品牌和型号为 REXROTH：AZPF－1X－014RCB20MB。

2. 应急手动泵④

如果由于某种原因不能启动液压泵，可以使用手动泵实现低速度运动。每次按其手柄时，大约 10.6 立方米/冲程的液压油就会被抽起。

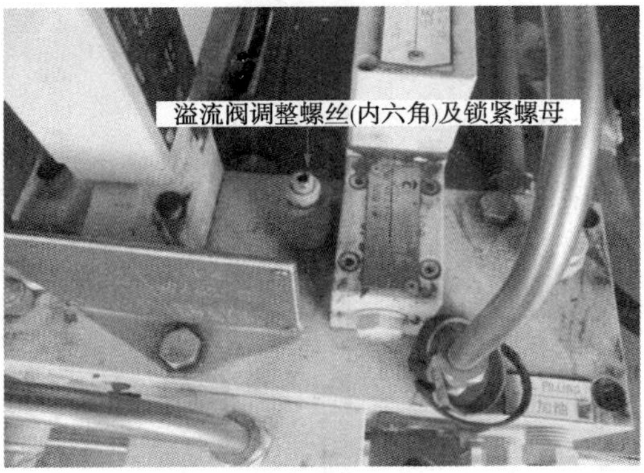

图 1-41　溢流阀调整位置

3. 溢流阀㉞

该直动式溢流阀为常闭压力限制阀，用来保护液压元件，防止受瞬态压力冲击。液压执行机构需要的标称工作压力(190bar)是通过此泄压阀调节的，压力在进口达到阀的设定值(190bar)，阀开始向油箱溢流以限制压力上升。

调节螺杆的密封暴露在系统压力下，只有当压力被移除时，此阀才可被调节。设定流程为：检查压力设定值→移除压力→重新调整阀(调整位置如图 1-41 所示)→检查新设定。

4. 筒式过滤器⑫

该过滤器是上游泵出口端过滤器，过滤精度 10μm，带堵塞指示器和压力开关。当过滤器堵塞时，可视堵塞指示器由绿色变为红色，同时压差开关激活并触发报警“压力过滤器堵塞”。当压差过大时，油可以从内部旁路止回阀通过。

过滤器的压差开关报警“压力过滤器堵塞”的设定值为 5bar。滤芯品牌型号为：HYDAC 0110D010BN/4HC。

5. 双回路过滤器⑥

该双回路过滤器一备一用，是 HPU 下游回流管路过滤器。过滤精度 10μm，带堵塞指示器和压力开关。当过滤器堵塞时，可视堵塞指示器由绿色变为红色，当压差过大时，油可以从内部旁路止回阀通过。手动操作手柄以选择另一过滤器并使用 6# 内六角扳手拆开压盖后更换滤筒。

当从加油孔快速连接器⑱处加注或更换液压油时，也通过该过滤器过滤后流入油箱。滤芯品牌型号为：HYDAC 0160R010BN/4HC。

6.“慢速”控制阀

慢速控制阀由两位选择阀㉛、液控单向阀㊴和节流阀㉙组成，当电磁阀 XY-1100055 通电时，油流通过节流阀，该节流阀减小油流量用于所有运动，即遥控器上的“龟速”选择。如果电磁阀没有通电，油流通过电磁阀并打开先导开启单向阀，此时为标称流量(液压运动的正常速度)。如果电磁阀通电，油不能流经电磁阀，先导开启单向阀处于关闭状态，只能从节流阀通过，此时为慢速流量。

节流阀：当电磁阀“慢速电磁阀”通电时，油就流经节流阀，该节流阀减小油流量用于所有运动。节流调节是调试期间在现场完成的。

7. 蓄能器

蓄能器容积 10L，用作供应备用动力，保持压力状态，蓄能器组件包括一个压力表，一个隔离阀，一个排放阀和一个泄压阀，设置在 210bar。一个压力开关，保持蓄能器压力在 178~180bar。一个压力开关，设置在 175 bar，检测蓄能器的低压。紧急情况下，一个双位电磁阀㊼将释放蓄能器压力。易损件橡胶气囊牌号：HYDAC SB BLADDER 10-L-1-30-22。

8. 空气干燥过滤器③

空气干燥过滤器位于液压油箱上方，用于保持液压油罐内干燥，避免颗粒污染物和水汽对液压油的污染。液压油必须保持无污染和无水，油箱必须能够通气，这样容易使水蒸气和固体污染物进入其中，油箱中的温度波动将引起此水蒸气冷凝，冷凝水不只引起油的氧化，而且还能导致机械损坏。空气干燥器能有效脱去固体颗粒和水蒸气，水分摄取可以通过凝胶颗粒的颜色变化来观察，颗粒物吸水后从红色变到淡黄色，日常检查时应观察颜色变化并根据变色情况适时更换。空气干燥器品牌型号：RMF ACL96R-0. 6L-3/4in G。

9. 液压油箱②

所有上述设备都安装在液压油箱的顶部，油箱容积 300L，带有可视液位指示器和低点排放阀。加注或更换液压油时应特别注意参考液位指示器上的英文标签(现场中文翻译标签有误)，区分蓄能器泄压和未泄压时的两种刻度，避免液压油加注时过量或不足。

卸料臂液压油牌号：Shell Tellus T32。

(二)选择器阀组

选择器阀组件位于每个卸料臂下方的选择器阀门箱内，具有控制对应卸料臂的运动以及卸料臂上的 QCDC、ERS、PERC 等执行机构的动作、锁定外臂及电源故障时的紧急操作等功能，如图 1-42 所示为选择器阀组实物的部分功能，选择器阀组液压回路图和对应的元器件图如图 1-43、图 1-44 所示。

图 1-42 部分选择器阀组

1—快速定位臂/左-右；2—外臂/进-出；3—内臂/向后-向前；4—臂选择；
5—用锁定装置关闭/打开 QCDC；6—带手动手柄阀的 ERS 电磁阀组：关闭/打开 ERS DBVV；
7—用锁定装置激活 PERC；8—提升式方向阀冗余紧急断开；
9—手动紧急阀：释放 ERS 蓄能器压力(常闭)

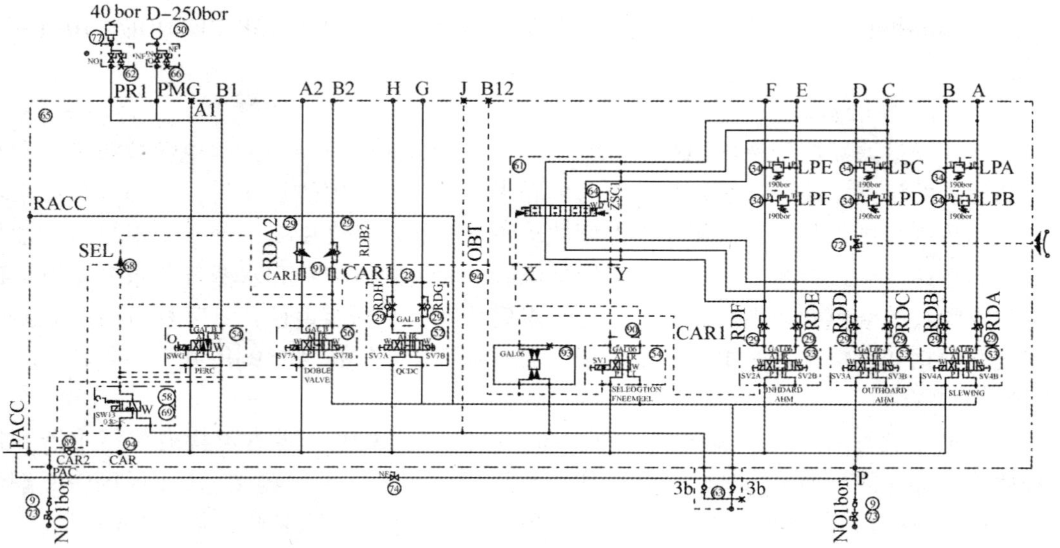

图 1-43　选择器阀组回路图

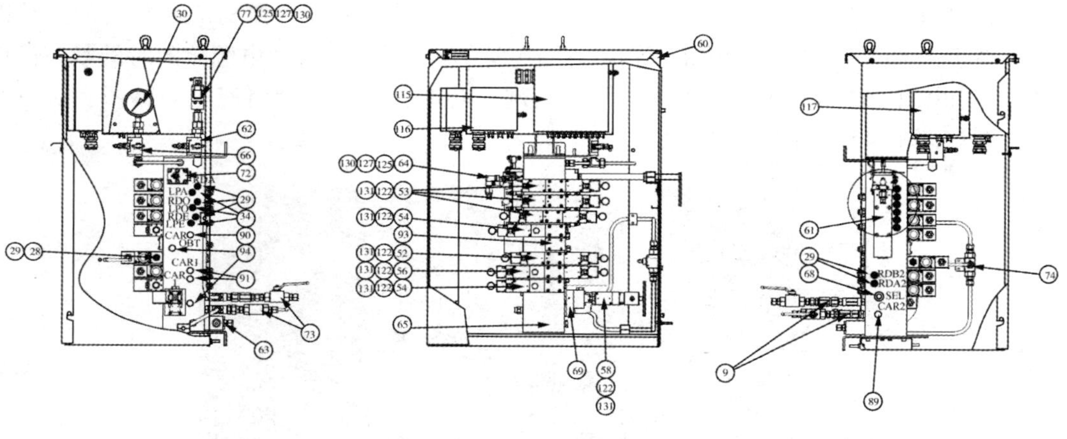

图 1-44　选择器阀组(零部件序号与图 1-43 对应)

选择器阀组元器件按照功能分类，主要由以下 5 个功能模块组成：

1. 控制臂的运动

三个方向控制阀53用于直接控制操作卸料臂的内臂、外臂和水平旋转的运动，控制阀为三位四通电磁阀，均配置手动驱动手柄，当电磁阀用遥控器或本地控制面板无法正常操作时，可以手动操作电磁阀。方向控制阀牌号：ACE 4ED6E - 6X/EX700 - 24DCT5PAPBH6d。

一个选择器阀61为两位六通阀，驱动方式为手动/液动，安装在臂的驱动液压缸和其对应的方向控制阀之间，有两个功能：在选定模式上时，允许油在液压单元和臂的驱动液压缸之间传送；在浮动模式下时，允许臂在卸料期间自由运动，以确保和货船间的随动。注意在接船期间卸料臂和货船法兰连接到位后，应立即取消对应臂的选定，使卸料臂处于浮动模式，以避免货船对卸料臂施加不可接受的负荷。选择器阀牌号：ACE SEL-3-B-3X/-D（1 detecteur）。选择器阀由一个两位四通电磁阀驱动，电磁阀牌号：ACE 4ED6D-6X/HIA-X/EX700-24DCT5PAH6d。

一个外臂锁定阀⑫，用于外臂的液压锁定（而内臂通过机械结构锁定），只有当卸料臂处于直立备用状态时才设定在“外臂锁定”状态，该阀在接船期间应始终处于“外臂浮动”位置，否则货船的浮动将对卸料臂施加不可接受的负荷，对卸料臂造成严重损坏。外臂锁定阀牌号：HYDAC KHP-10-1114-04X-G。

六个泄压阀㉞，设定在190bar，以在管路超压时将压力泄放至回流管线，泄压阀的标识为LP，牌号：SUN RDDA-LAN。

六个流量控制阀㉙，用于调节臂的运动速度，流量控制阀标识为RD，牌号：SUN FDBA-LAN。

2. ERS双阀控制

ERS双球阀的开合由一个三位四通方向控制电磁阀㊻组成，该阀具有手动、电动和液动三种驱动方式，用于操作Style80位置双球阀的打开或关闭，方向控制阀的牌号：4ED6J-6X/HIA-X/EX700-24DCT5PAPBH6d。

两个流量控制阀㉙，用于调节臂的运动速度，流量控制阀标识为RDA2和RDB2。

3. PERC连接器控制

PERC连接器由一个两位四通方向控制阀㊹控制，驱动方式包括手动、电动和液动，手动驱动装置上有安全销避免PERC意外打开，方向控制阀阀牌号：4ED6D-6X/HIA-X/EX700-24DCT5PAH6d。

PERC管线上配置一个压力表和压力开关及变送器，压力开关设定值是40bar。正常工况下，PERC液压回路必须没有压力，除ESD2以外。当PERC液压线路压力异常情况下（大于40bar且ESD2程序未激活），控制面板上有红灯“PERC管路压力异常”报警，需要进行检查维修避免该问题。

4. 液压连接器控制

一个方向控制阀㊸用于控制QCDC的打开和关闭，控制阀为三位四通电磁阀，均配置手动驱动手柄，当电磁阀用遥控器或本地控制面板无法正常操作时，可以手动操作电磁阀。在手动驱动装置上有安全销避免QCDC在接船期间意外打开。控制阀牌号：ACE 4ED6J-6X/EX700-24DCT5PAPBH6d。

5. 电源故障时卸料臂的紧急操作

一个两位三通选择阀㊽，用于在电源故障时手动操作该阀，用蓄能器备用液压能量驱动PERC、ERS以及臂选择阀，选择阀牌号：M-3SEW6C-3X-7/420-B08/EX700-24DCT5PH6D ACE 15 1。

（三）ERS蓄能器

ERS蓄能器位于每台卸料臂的下方，公称容积50L，当发生电源故障或两台泵故障时，为卸料臂的紧急断开和卸料臂的动作提供备用动力，蓄能器配置压力表、隔离阀、排放阀，泄压阀设定在210bar。蓄能器液压回路图和对应元器件如图1-45、图1-46所示。蓄能器易损件橡胶气囊牌号：HYDAC SB BLADDER 50-L-1-30-22。

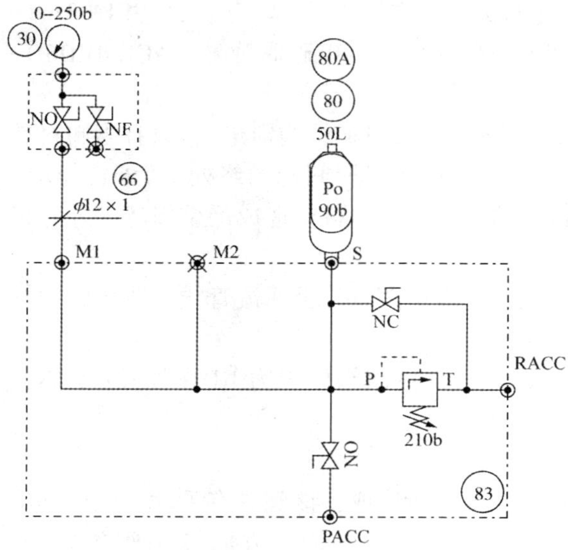

图 1-45　ERS 蓄能器回路图

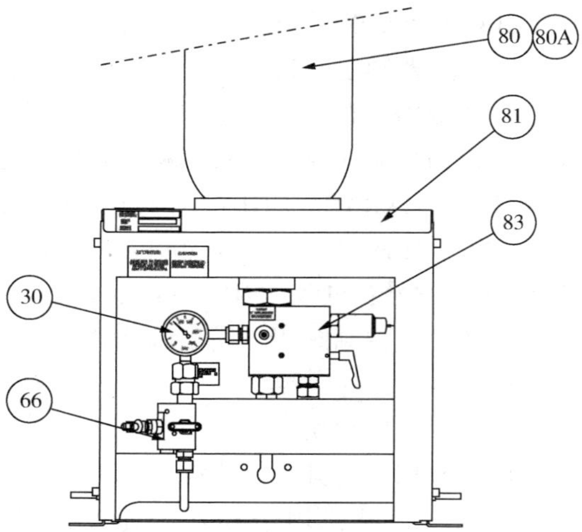

图 1-46　ERS 蓄能器(零件号和图 1-44 对应)

(四) 卸料臂上的主要液压组件

1. 不锈钢液压钢管

卸料臂上的金属管均为不锈钢洁净管，材质为 316L，包括 φ18mm×1.5mm 和 φ12mm×1mm 两种规格，适用标准 ASTM A269 中的 TP316L 系列。

2. 液压软管总成

液压软管总成是整台卸料臂液压系统中极为关键的一部分，它的选择和使用直接关系到设备的使用安全及运行寿命。卸料臂上的原装液压软管类型为两层钢丝编织软管，包括3/8in 和 5/8in 两个规格，原装液压软管的标识分别为“Futuris-Line EN853-2SN DN 10-3/8 in WP330 bar in 和“Futuris-Line EN853-2SN DN16⅝in WP250 bar”，标识定义了液压软管的品牌、类型、型号、最大压力等参数。单台卸料臂的液压软管分类汇总见表 1-5。

表 1-5　单台卸料臂液压软管汇总

FMC 编码	管径/in	长度/m	数　量	位　置
116	3/8	4	2	外臂缸处
115	3/8	3	2	水平旋转缸处
740	5/8	2	2	双球阀下
736	3/8	1	1	钥匙到 PERC 缸
1025	3/8	9	1	Style50 处
1026	5/8	9	4	
1044	3/8	9	2	Style50 至内臂缸
1055	3/8	8.5	1	Style40 处
1056	5/8	8.5	4	

续表

FMC 编码	管径/in	长度/m	数 量	位 置
1161	3/8	1	1	外臂弯曲处
1162	5/8	1	3	
1163	5/8	1	1	
1501	3/8	3	1	Style80 偏上处
1502	5/8	3	1	
1503	5/8	3	1	
1504	5/8	4	2	

液压软管的接头材质为 316 不锈钢，接头的相关参数见表 1-6。

表 1-6　液压软管接头参数

软管类别	接头类型	接头螺纹规格	密封形式	材 料	标 准
3/8in	扩口式接头	3/4-16 UNF 内螺纹	JIC 37°内锥	316	ISO 8434—2
5/8in	扩口式接头	1- 1/16-12UN 内螺纹	JIC 37°内锥	316	ISO 8434—2

3. 液压缸

卸料臂内外臂的运动和水平旋转由表 1-7 所示液压缸提供动力。

表 1-7　单台卸料臂上的液压缸

液压缸位置	规 格	数 量	类 型	零件码
水平旋转液压缸	110X45 S：1010	1	双作用双活塞杆	241103003444020
外臂液压缸	160X85 S：2800	1	双作用双活塞杆	2411008131401
内臂液压缸	160X65 S：1600	2	双作用单活塞杆	2411099303004

以双作用双活塞杆液压缸为例，如图 1-47 所示，对液压缸结构进行简要说明。图示液压缸均为四拉杆式结构，密封件由防尘圈、液压杆密封件、导向环、活塞密封圈、丝堵密封垫片五个部分组成。生产厂商为无锡长江液压缸厂。

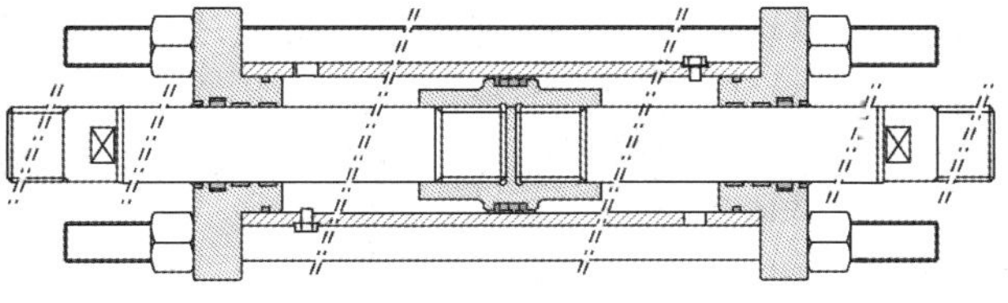

图 1-47　卸料臂双作用双活塞杆液压缸结构

4. QCDC 液压分配模块

QCDC 液压分配模块通过控制 5 个液压马达使其处于串联或并联模式，实现液压连接器的打开和关闭，如图 1-48 所示。当从打开位置关闭时，液压连接器处于串联模式，卡爪以相同的油流量关闭；当一个卡爪抓紧时，液压管路中的压力增大，此时并联模式自动打开，卡爪继续用单独的流量关闭，如图 1-49 所示。

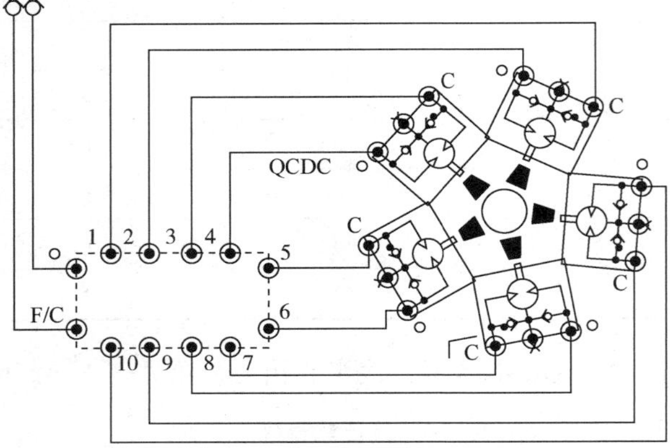

图 1-48　QCDC 液压回路图

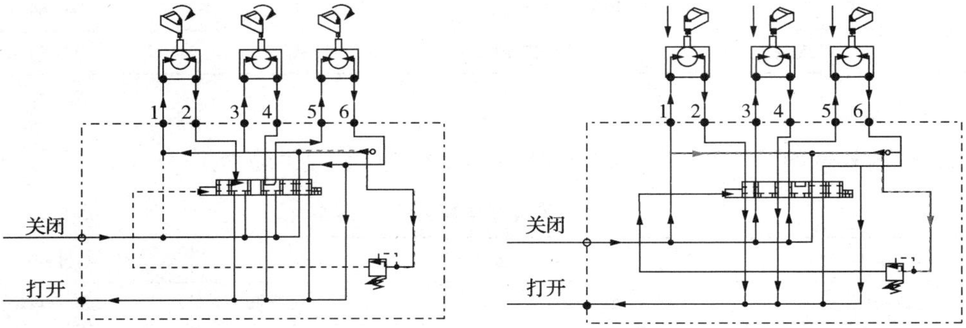

串联模式关闭　　并联模式关闭

图 1-49　QCDC 液压分配器的两种工作状态(示意图)

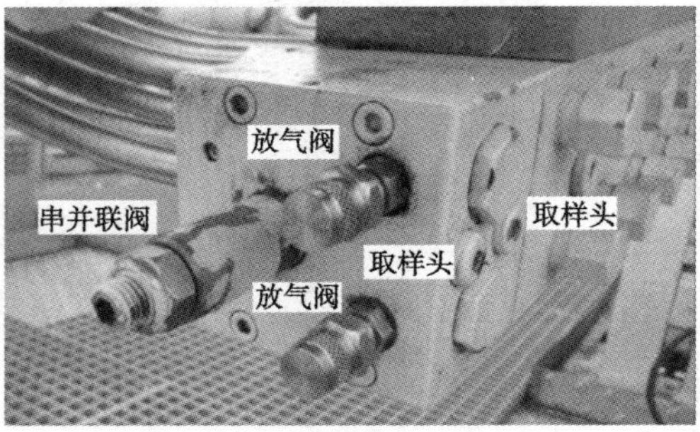

图 1-50　节流孔所在位置(取样头内)

液压分配器串联和并联的转换的变化，取样点是通过一个节流孔测量压力。如果节流孔有脏污堵塞，势必取样压力发生变化，不在原设定的压力，引起串联模式向并联模式的转换出现故障，从而导致卡爪无法夹紧；当出现个别卡爪不能锁紧或关闭、全部卡爪动作缓慢时，应注意检查该 ϕ0.5mm 节流孔是否堵塞，如堵塞用压缩空气清洁。节流孔位于如图 1-50 中的取样头内。

5. Quikcon 3 低温液压连接器

Quikcon 3 低温液压连接器安装在卸料臂的 Style80 上，它能够将卸料臂与 LNG 运输船的法兰快速连接及分离。连接器由卡爪、液压驱动马达、马达液压模块三个部分组成；卡爪由液压马达通过齿轮传动动力，卡爪组成如图 1-51 所示。

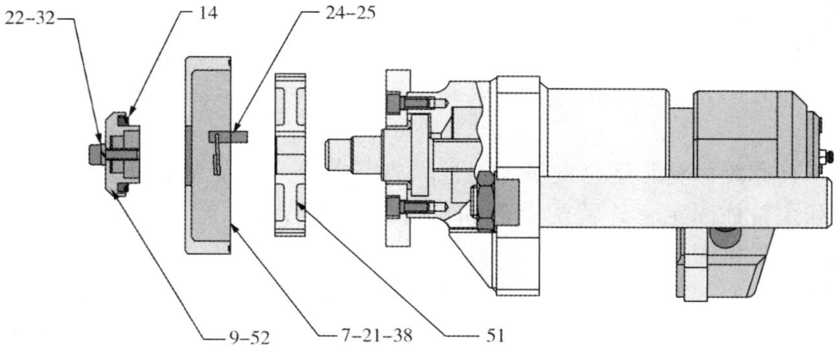

图 1-51 Quikcon 3 低温连接器卡爪

二、维修维护

（一）蓄能器检查

应每 5 年对蓄能器做一次内部检查，更换蓄能器气囊和活塞密封件；每年检查一次蓄能器气囊内的氮气压力，如压力低于 9bar，应对蓄能器充装氮气。

手动检查蓄能器气囊里的氮气充装压力的标准步骤如下：

（1）关掉液压动力单元，隔离蓄能器（隔离阀处于关闭位置），完全排放蓄能器（排放阀处于打开位置）。

（2）拆下蓄能器顶部的保护罩，安装充压工具到蓄能器顶部。

（3）旋紧顶部手柄，能够看到气囊里的氮气压力，如果压力正确，则旋松顶部手柄，以隔离蓄能器气囊。

（4）在拆卸它之前，要卸掉充压工具的压力(旋松左手柄)，拆卸充压工具并重新装上带保护脂的保护塞。

（5）如果氮气压力太低，需要连接一个 200bar 氮气瓶到充压工具装置，将蓄能器气囊压力充气到 90bar。

（二）液压软管和液压缸检查

强烈建议每 5 年更换一次臂上的所有软管，特别是液压软管。每年全面检查一次液压软管，检查液压柔性软管和配件是否漏油，外层保护皮有否损坏，液压柔性软管的线路是否与产品线有物理接触，检查所有液压管道固定件(塑料夹)，必要时更换。

液压缸大修周期为 5~7 年，通常依据过量腐蚀、部件磨损来确认是否需要大修。每年应对液压缸进行日常检查，液压缸的常规检查如下：

（1）检查防尘圈密封(双杆液压传动缸两侧)上是否漏油及其状态。

（2）检查固定部件(枢轴、螺母、锁紧螺母、缸套螺纹杆、钢丝绳、绳套等)的状态。

（3）检查缸体连接的转动部件是否出现松弛、松动，以及是否得到充分润滑保护等。

（4）检查杆相对于缸体的偏差。

（5）检查缸杆清洁度，是否有刮痕、划痕、锈斑，建议在活塞杆上安装波纹管，以进行保护。

（6）检查涂漆表面是否受损和生锈。如需要，适当地补漆以恢复涂层。

（三）更换液压缸

卸料臂液压缸维修的主要难点在于没有大型设备的前提下，如何可靠、安全地将待检修的液压缸拆卸并吊装至码头平台。以更换卸料臂外驱动液压缸为例，以下列出完整的维修步骤供参考。

（1）将工具和维修材料运至现场，能量隔离完成后，搭设脚手架。卸料臂扎固定，将内臂配重侧和主管柱固定，外臂配重侧和外臂侧结构管道固定。内臂顶端引出 3 条钢丝绳，通过张紧器强化固定卸料臂。

（2）在液压缸根部，拆除液压软管，两端接头用自封袋包裹捆扎。注意用记号笔分别标注接口编号，拆除液压缸体连接的金属管道，拆除液压缸根部的 2 处连接件，用 1/2in NPT 丝堵堵上。

（3）在内臂结构管道上生根，悬挂 2t 倒链，吊在液压缸上部。在地面的东西方向两个固定位置生根，拉住液压缸下方。加装的固定柱上生根 2 个倒链，分别拉住油缸的上方和下方，平衡液压杆作用力。用钢丝钳拆除液压杆开口销，铜棒锤出圆柱销轴。注意定位环和挡圈。用 115# 梅花锤击扳手松开缸体固定销锁紧螺母，用重型套筒头移出缸体固定销。协调配合拉动倒链，吊带，接力将液压缸送至二层平台。送至二层平台的接力倒链生根位置：液压缸的两个固定耳。将固定柱下方的格栅板移开，通过固定柱固定液压缸首尾两端，其他方向辅助送至地面，注意在固定柱的反方向加 1 个辅助拉力以平衡立柱弯曲。将液压缸活塞杆两端的接头和固定块拆下安装到新液压缸上。反螺纹连接，注意拆卸方向。

（4）将新液压缸倒链接力吊运至码头二层钢结构平台，吊运至安装位置，倒链生根位置和拆除时的位置一致。安装缸体固定销，紧固锁紧螺母。连接液压缸上方的液压接头和管件，连接上方金属管道和软管，缸体下方接口连接打压泵。将外臂打到浮动位置，打压泵打压，至液压杆接近连接位置，同时可通过倒链调整缸体方向。安装液压杆固定销等连接件。将外臂打到固定位置。移除打压泵，连接管件，金属管和软管。复核各连接螺母紧固力矩，注意检查丝堵。

（5）液压系统测试。

（四）Quikcon 3 液压连接器的手动应急操作

在接卸 LNG 货船期间，当 QCDC 卡爪无法通过液压操作打开时，可以采用以下方式手动打开卡爪：

（1）旋开对应卡爪背侧的螺钉、垫圈，取下带 V 形密封环的盖子。

（2）传动螺杆为左旋螺纹，用 21mm 扳手顺时针方向转动卡爪背侧的六角头即可打开夹紧装置。

（3）再次组装上带 V 形密封盖子、垫圈和螺杆螺栓。

第二章　BOG 压缩机

第一节　概　　述

压缩机的作用是输送气体并提高气体压力，是 LNG 接收站对蒸发气体(BOG)增压和输送处理的关键设备。通过处理过量的蒸发气，维持 LNG 储罐内压力的恒定。

压缩机有往复式、离心式(或轴流式)、螺杆式等多种形式。往复式压缩机通常用于天然气处理量比较小(100m³/min 以下)的液化装置。轴流式压缩机从 20 世纪 80 年代开始用于天然气液化装置，主要用于混合制冷剂循环装置。离心式压缩机早已在液化装置中广为采用，主要用于大型液化装置。大型离心式压缩机的功率可高达 41000kW。LNG 接收站目前使用比较多的是低温往复式无油压缩机。

江苏某接收站采用瑞士迷宫式 BOG 压缩机各项技术参数见表 2-1。

表 2-1　迷宫式 BOG 压缩机技术参数

压缩机型号	2DL250B-2A_ 1	压缩机型号	2DL250B-2A_ 1
压缩机质量(不带飞轮)	19050 kg	吸气温度/℃	-157
制造年份	2010	吸气压力/MPa	0.119
工艺气体	甲烷(CH_4^+)	排气压力/MPa	0.801
质量流量/(kg/h)	9010	旋转速度/(r/min)	495
标准体积/(Nm³/h)	12285	轴功率要求/kW	531
吸气容积/(m³/h)	4296	电动机额定功率/kW	670

第二节　油循环系统

尽管压缩机采用无油导向环和无润滑活塞杆填料的密封形式，但是压缩机其他所有的运动部件都是使用一个主润滑油泵(曲轴驱动)来进行压力润滑的。备用一台由电动机驱动的辅助油泵，在开/停车或主油泵不能运转时向压缩机提供润滑油。压缩机的油箱是曲轴油箱。主油泵的进口在油箱的下部，并装有一个网状过滤器。

一、润滑油撬过滤器清洗

润滑油撬过滤器清洗可以在不停机的状态下进行，也可以在停机状态下进行。清洗工作在不停机的状态下进行时，要注意切换操作。具体位置如图 2-1 及外形图 2-2 所示。操作顺序如下：

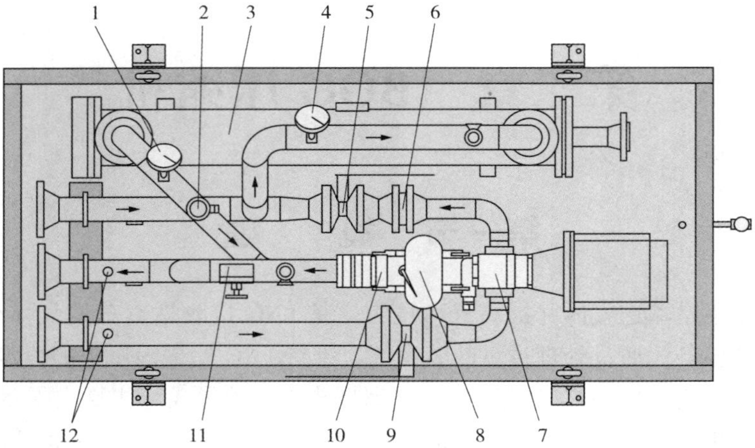

图 2-1　典型的润滑油系统

1、4—温度计；2—温度变送器；3—油冷却器；5、9—切断阀；6—止回阀；7—后润滑油泵；8—复式机油滤清器；10—差压表或差压变送器；11—压力表；12—压力表或变送器

图 2-2　复式机油滤清器

（1）将过滤器的切换手柄转动 90°，切换时，将手柄转动到中间位置时停留半分钟左右，让润滑油充满另一个干净的过滤器后再转到最终位置。这样做的目的是防止润滑油压力波动过大，引起仪表系统误操作造成停机。

（2）把过滤器中的润滑油放掉。有排油阀的从排油阀放，没有的从丝堵放，同时将润滑油引出润滑油撬，保持环境干净。

（3）拆卸过滤器顶部的螺栓。拿掉过滤器盖，取出滤芯。

（4）将取出的滤芯放入清洗液中浸泡一阵，让油垢溶解。

（5）用自制的临时堵头堵住滤芯的两头，接上压缩空气进行反向吹气，同时不断地交替把滤芯放入清洗液中吹，直到从滤芯出来的气体无杂质为止。

（6）清洗过滤器筒体。用海绵清洗筒体，清洗完成后用面团把筒体粘一遍，彻底清除筒体内的杂质。

（7）组装：按第(3)步的逆顺序安装滤芯，端盖。组装时检查 O 形密封圈是否完好，O 形密封圈有变形应更换。

二、主油泵系统的粗滤器

位置如图 2-3～图 2-6 所示。

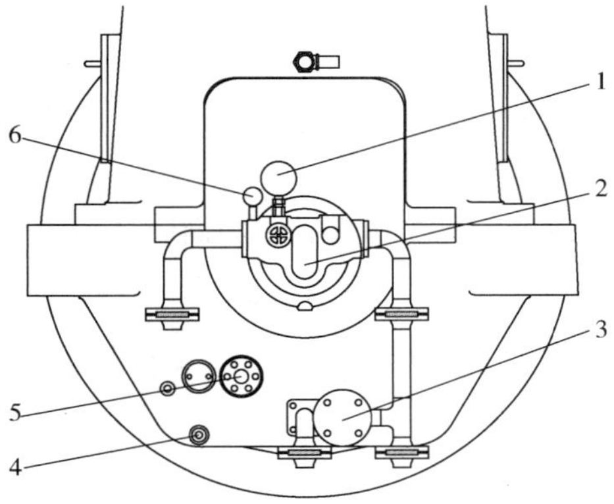

图 2-3 齿轮油泵

1—油的压力计；2—齿轮油泵；3—油过滤器和加热器；4—放油口；5—油视镜；6—温度指标

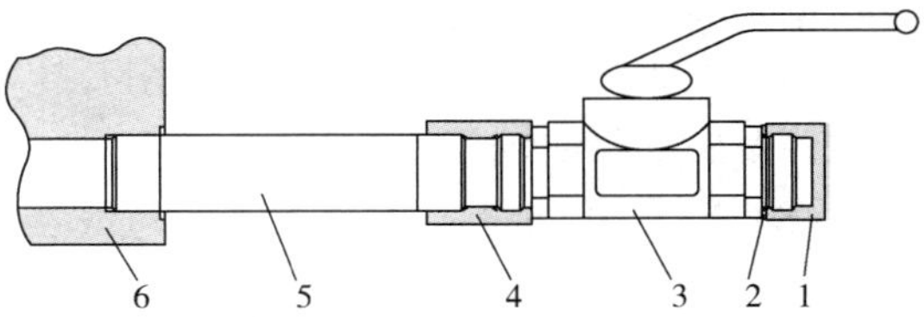

图 2-4 放油口

1—螺帽；2—垫片；3—球阀；4—双向短接管；5—管；6—机身

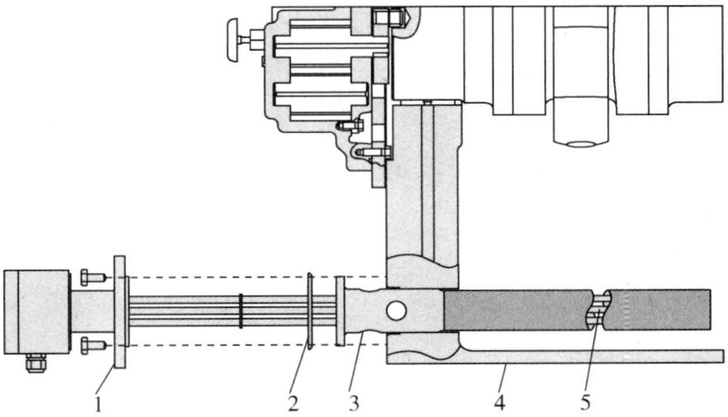

图 2-5 拆卸油加热器和滤油器

1—外盖；2—O 形环；3—滤油器；4—曲柄机构；5—油加热器

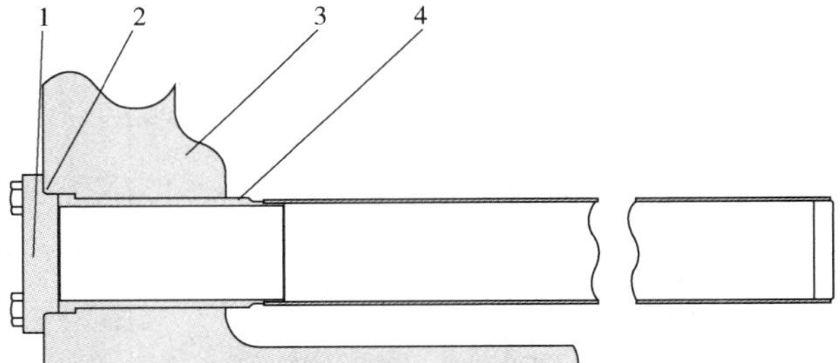

图 2-6 油粗过滤器

1—封头；2—O 形圈；3—机身；4—油过滤器

清洗操作顺序如下：

(1) 通过放油口(图 2-3)，把油底壳的油放尽。放油时，在球阀出口接软管把油引出撬体(图 2-4)。

(2) 从润滑系统管路排出润滑油。

(3) 打开曲轴箱边盖。

（4）拆卸润滑油电加热器，取出并清洗压缩机的油粗过滤器(见油过滤器)。

（5）将取出滤芯放入清洗液中浸泡一阵，让油垢溶解。

（6）用自制的临时堵头堵住滤芯的出口端，接上压缩空气进行反向吹气，同时不断地交替把滤芯放入清洗液中吹，直到从滤芯出来的气体无杂质为止。

（7）用海绵清洗曲轴箱(不能使用有纤维的纺织物)。清洗完成后，用面团把曲轴箱粘一遍，彻底清除曲轴箱内的杂质。

（8）按第(4)步的逆程序装上粗过滤器、电加热器。

三、主油泵系统的细过滤器

见齿轮泵图 2-3 的位置。

（1）卸掉过滤器盖的螺栓，取出过滤器芯子。

（2）将取出的滤芯放入清洗液中浸泡一阵，让油垢溶解。

（3）用自制的临时堵头堵住滤芯的两头，接上压缩空气进行反向吹气，同时不断地交替把滤芯放入清洗液中吹，直到从滤芯出来的气体无杂质为止。

（4）清洗过滤器筒体。用海绵清洗筒体，清洗完成后，用面团把筒体粘一遍，彻底清除筒体内的杂质。

（5）组装：按第(1)步的逆顺序安装滤芯，端盖。组装时，检查 O 形密封圈是否完好，O 形密封圈有变形应更换。

四、主齿轮油泵的维护

主齿轮油泵的位置在曲轴非驱动端，如图 2-7、图 2-8 所示。拆除程序如下：

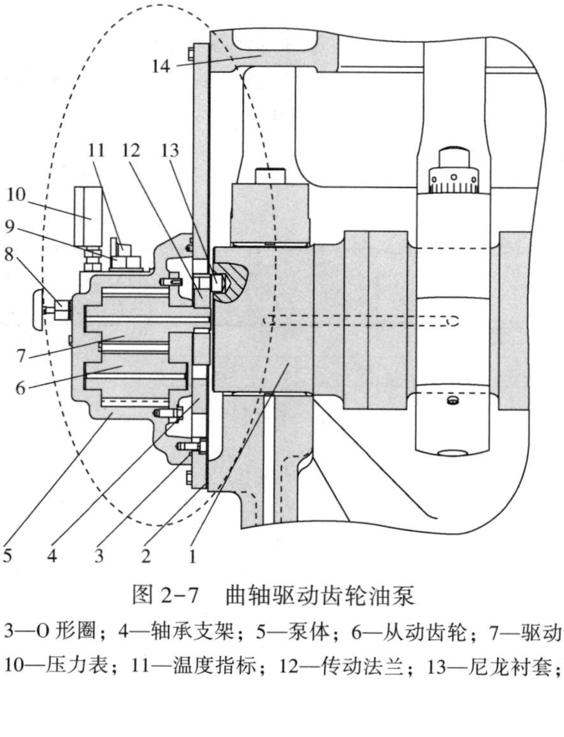

图 2-7　曲轴驱动齿轮油泵

1—曲轴；2—垫片；3—O 形圈；4—轴承支架；5—泵体；6—从动齿轮；7—驱动齿轮；8—节流阀；9—减压阀；10—压力表；11—温度指标；12—传动法兰；13—尼龙衬套；14—机架

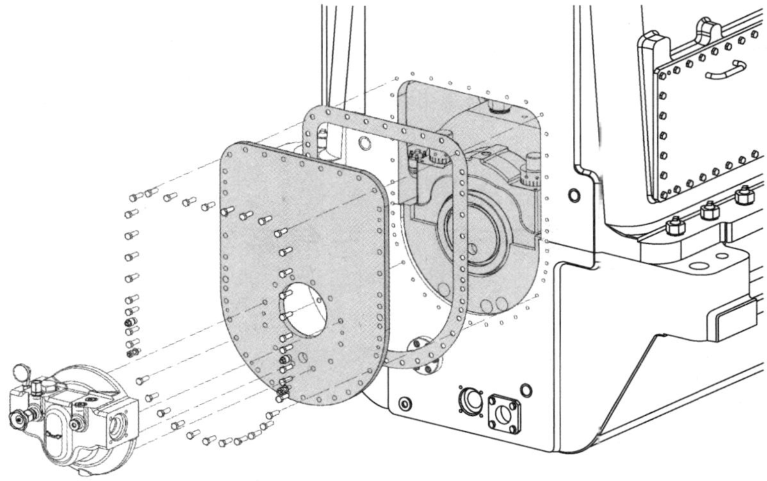

图 2-8 拆卸齿轮油泵(典型视图)

(1) 拆除外部油管及各个附属部件(节流阀、减压阀)。
(2) 根据图 2-7 拆除油泵与机架的连接螺栓，整体取下齿轮油泵。
(3) 拆卸齿轮油泵内盖的螺栓，取下内盖、从动齿轮和主动齿轮。
(4) 清洗内盖、从动齿轮和主动齿轮。
(5) 检查各零部件磨损情况及配合间隙。
(6) 再次清洗各零件及各个附属部件(节流阀、减压阀)。
(7) 按(3)～(1)的顺序安装齿轮泵。

五、加油

加油程序如下(图 2-9)：
(1) 关闭放油口。
(2) 打开边盖通过过滤机加油，把压缩机油底壳加润滑油到视镜刻度 3/4 处。
(3) 启动后润滑油泵，进行润滑系统循环。

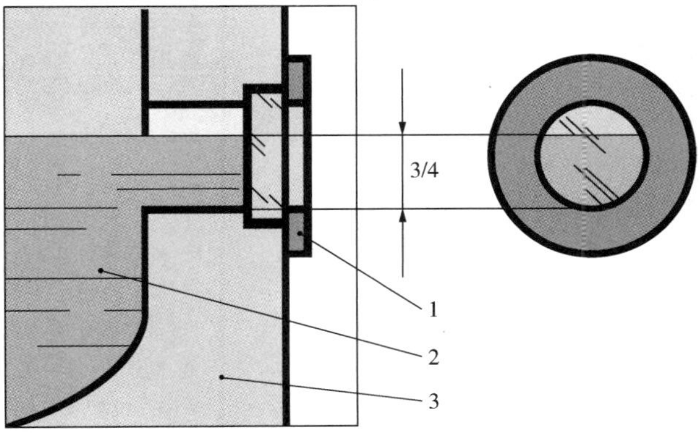

图 2-9 检查油位
1—油视镜；2—润滑油；3—曲轴箱

压缩机机身存放润滑油的所需数量约 270L。对于相关的管道，油冷却器和过滤器的额外润滑油是必需的。润滑油总数量约为 310L。该压缩机润滑油存放在机身。从视镜检查润滑油的水平位置。当压缩机处于停顿状态时，视镜 3/4 的油位必须得到保障。

第三节 工艺气系统

一、阀门负荷执行器的维护

（一）第一、第二级吸气阀执行器（图 2-10、图 2-11）

第一级阀门负荷执行器和第二级阀门负荷执行器维护程序基本一样，其不同点是结构略有不同，如图 2-12 所示。

图 2-10~图 2-12 表明阀门控制执行器的基本结构与相互关系及间隙位置，要求见表 2-2。

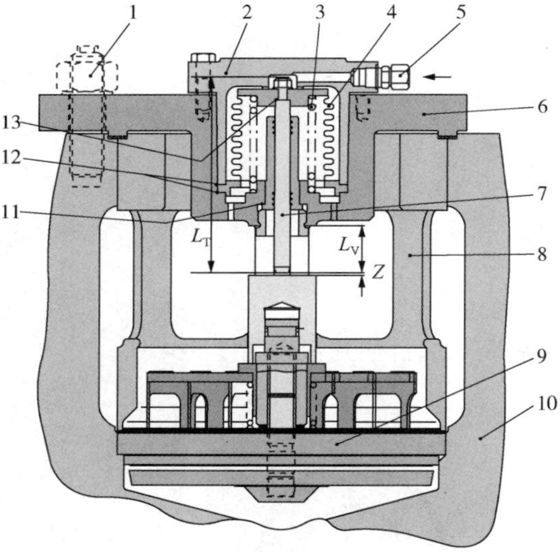

图 2-10 吸气阀控制执行器（没有漏气出口）

L_T—压力销总长度；L_V—参考尺寸；Z—间隙；
1—螺纹螺栓；2—执行器活塞盖；
3—弹簧 F；4—薄膜式执行器活塞；
5—控制介质进口；6—阀盖；
7—压力销；8—压筒；9—可控吸气阀；
10—气缸；11、12、13—衬垫

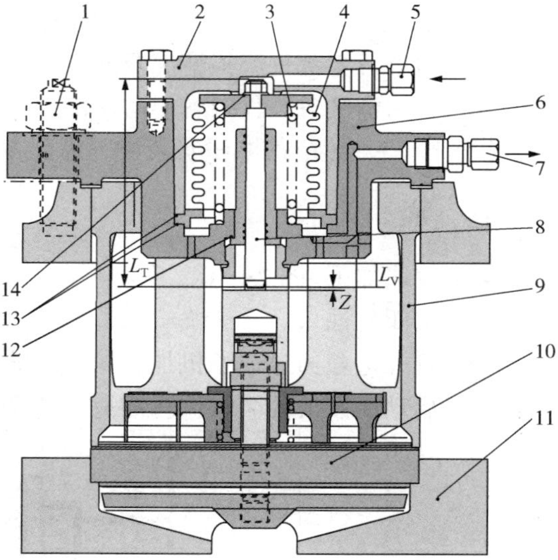

图 2-11 吸气阀控制执行器（带漏气出口）

1—螺纹螺栓；2—执行器活塞盖；
3—弹簧 F；4—薄膜式执行器活塞；
5—控制介质入口；6—阀盖；
7—漏气出口；8—压力销；9—压阀筒；
10—可控吸气阀；11—气缸；
12、13、14—衬垫

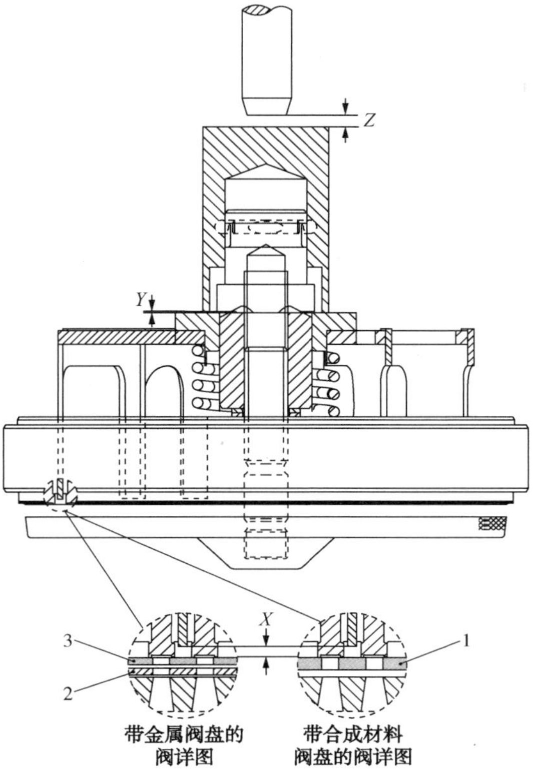

图 2-12 吸气控制阀

1—合成材料阀盘；2—阻尼板；3—金属阀盘；

X、Y、Z—间隙

表 2-2 气阀参数表

项　目	第一段		第二段	
	编号	尺寸/mm	编号	尺寸/mm
弹簧	C31445	6.5×53×105	C32445	6.5×53×105
总长度		160.7		140.7
L_T 压脚	C31421	Dia. 14×221.8	C32421	Dia. 14×156
L_V 压脚		83.8		18
	设计	公差范围	设计	公差范围
X 间隙	2.0	0.5~2.5	2.0	0.5~2.5
Z 间隙	1.5	1.5~3.0	1.5	1.5~3.0
Y 间隙	0.5	0.3~0.8	0.5	0.3~0.8

(二)维护程序

1. 执行器的拆除

(1) 拆除控制气和泄漏气管线。

(2) 从汽缸上拆除阀门阀盖螺栓，取下整个阀盖及执行器。

(3) 从阀盖上拆下执行器盖。

(4) 拆下波纹管活塞。

(5) 拆下压力销。

2. 检查并修整

(1) 检查并矫正“弹簧 F”的尺寸。

(2) 检查波纹管活塞是否有损坏。有损坏应更换。

(3) 检查压力销的伸出量。

(4) 检查平垫圈，损坏严重要更换。

(5) 检查压力销与相配合的孔是否有毛刺、卡涩现象，若有用水磨砂纸或油石细心打磨。

3. 执行器的组装

按拆除程序的逆程序进行。

4. 试验与测量

通气试验及测量执行器动作是否正常。

二、进、排气阀的维护

阀门位置如图 2-13 所示。

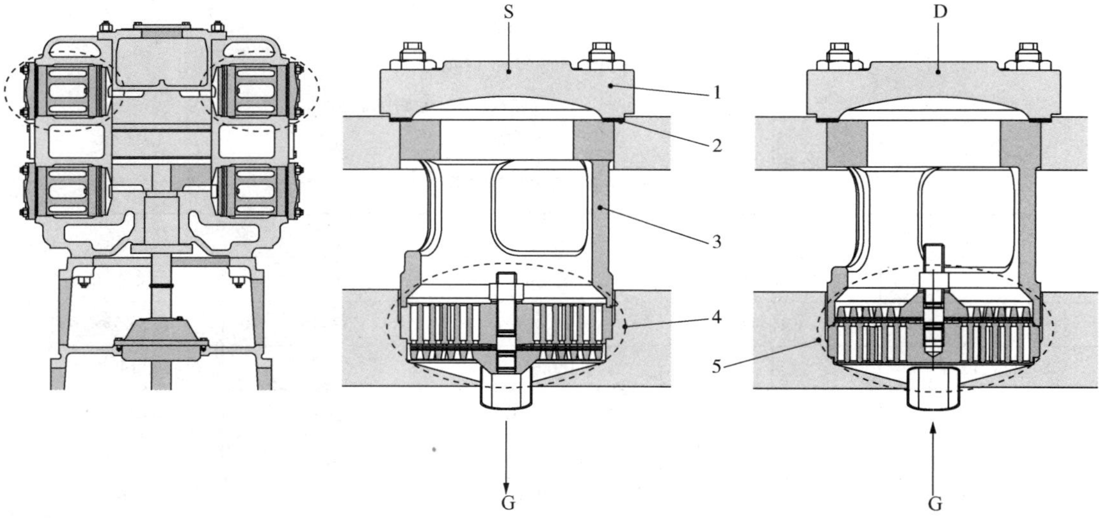

图 2-13　阀门位置

1—阀盖；2—垫片；3—压阀罩；4—吸气阀；5—排气阀；S—安装就位的吸气阀；D—安装就位的排气阀；G—气流

(一) 进排气阀拆卸

(1) 拆除进、排气阀盖，包括阀门控制执行器。

(2) 拆除阀门的压阀罩。

(3) 用拉阀杆拉出进、排气阀。

（4）拆除阀门的密封铜垫。

（5）将进、排气阀浸泡在清洗液中浸泡。

（6）拆除阀座螺母，取出 NORD-LOCK©垫圈一对（止退垫）。

（7）取出阀座、阀片、阻尼器盘、弹簧和限程盘(图 2-14)。

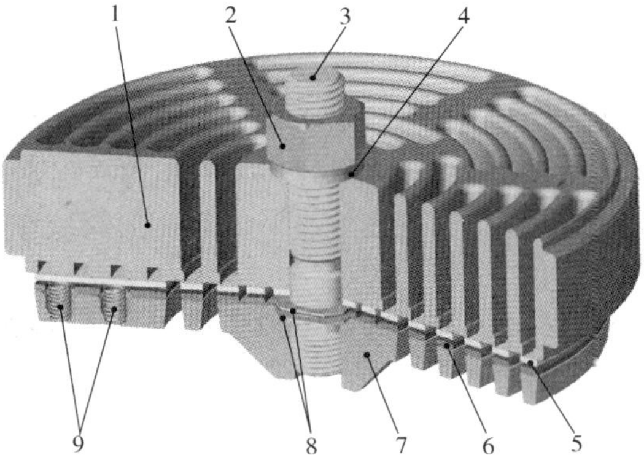

图 2-14　布氏阀截面图

1—阀座；2—螺母；3—中心螺栓；4—垫圈一对（止退垫）；
5—蝶阀；6—阻尼器盘；7—阀门后盖；8—限程盘；9—气门弹簧

要点：在拆卸进、排气阀体时，一定要使用专用夹具，防止错误操作损坏阀体（图 2-15）。

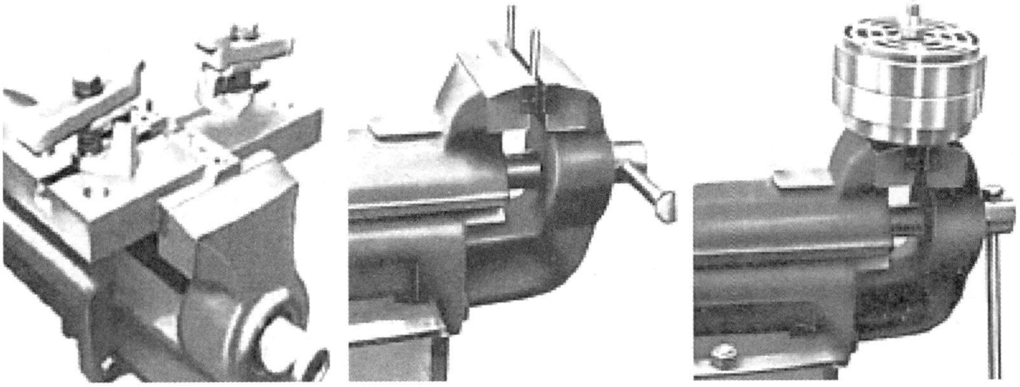

图 2-15　固定阀门图例

（8）使用清洗液和软刷子清洁所有部件。特别要清洁阀座和阀盖上的杂质，保证所有区域都清洗。不要使用金属刷子或者锋利边缘的工具来清洁阀座密封面。

（9）检查阀门零部件的磨损状况，如损坏就必须更换。

（10）检查阀座及密封面，要求阀座无裂纹或阀座密封面无任何损坏。如密封面有磨损痕迹，就应进行研磨，同时阀片也要进行研磨。

（11）检查弹簧的高度。在平台或厚玻璃板上把弹簧放在一起排列成排，用直尺检查其的高度，把过高或过低的弹簧进行更换，最好是整个阀的弹簧一起更换，如数量不够，则按每圈的数量进行更换。一级进、排气阀的弹簧因钢丝直径不同，不能互换（表 2-3）。

表 2-3 进排气阀参数表

项　目	每阶段数量	阀门类型	隔距盘片	弹簧数量	钢丝直径/mm
1 段吸气阀	6	277-8-16	3×0.7	24	0.7
1 段排气阀	6	277-8-16	3×0.7	24	0.9
2 段吸气阀	4	218-16-32	3×0.6	18	0.9
2 段排气阀	4	218-16-32	3×0.6	18	0.9

(12) 经检查阀的各个零件都合格，按第(7)~(6)步的逆程序进行组装。

(13) 组装完毕的进、排气阀，需要进行渗漏试验。把阀装在气箱上看每分钟渗漏气量多少。

(14) 将渗漏试验合格后的阀门放入丙酮溶液中进行脱水处理，尤其是经过研磨的阀门。脱水处理合格后的阀门进行晾干。

(二)气阀装配(图 2-16)

(1) 进、排气阀的密封垫圈，有油的压阀罩、阀门控制执行器下部同样需要进行脱水处理与晾干。

(2) 进、排气腔用丙酮溶液擦洗进行脱脂处理。

(3) 按第(4)~(1)步的逆程序进行气阀的组装。

(4) 拧紧阀盖螺栓要按对角拧紧的顺序进行，拧紧力矩见表 2-4。

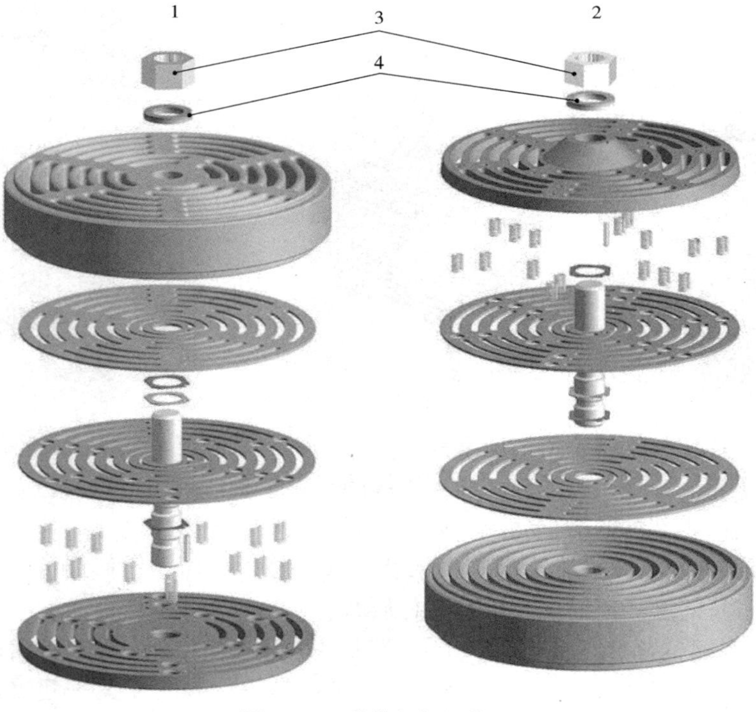

图 2-16 进排气阀组装图

1—吸气阀；2—排气阀；3—螺母；4—垫圈

表 2-4　阀盖螺栓扭矩表

螺纹直径/mm	Ma 中心螺栓		Ma 螺母	
	最小值/Nm	最大值/Nm	最小值/Nm	最大值/Nm
8	5	6	11	13
10	11	13	21	26
12	19	23	38	47
16	42	53	95	116
20	84	105	189	231
24	126	158	315	368

三、附加余隙控制装置

附加余隙控制装置与气阀控制执行器的原理是一样的，维护程序相同（图 2-17～图 2-19、表 2-5）。

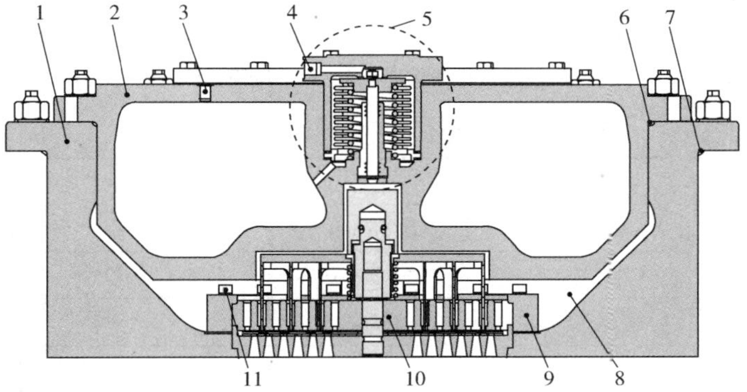

图 2-17　附加余隙控制装置部件（典型视图）

1—气缸盖；2—附加余隙控制装置外壳；3—通向隔离段的漏气出口；4—控制介质进口；5—薄膜式执行器；6、7—O 形环；8—附加余隙；9—压盖；10—附加余隙控制装置吸气阀；11—内六角螺钉及锁定盘

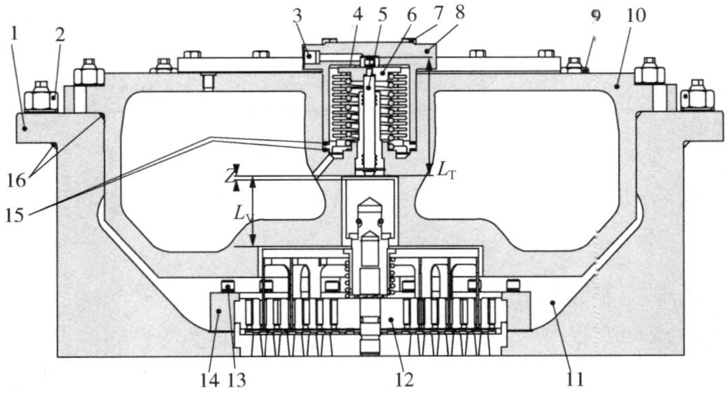

图 2-18　第一级附加余隙控制装置部件

L_T—压力销总长度；L_V—参考尺寸；Z—间隙；

1—气缸盖；2—六角螺母；3—控制介质进口；4—弹簧 F；5—压力销；6—薄膜式执行器活塞；7—六角螺钉；8—薄膜式执行器活塞盖；9—外壳的六角螺母；10—附加余隙控制装置外壳；11—附加余隙；12—附加余隙控制装置吸气阀；13—内六角螺钉及锁定盘；14—压环；15—扁平衬垫（上和下）；16—O 形环

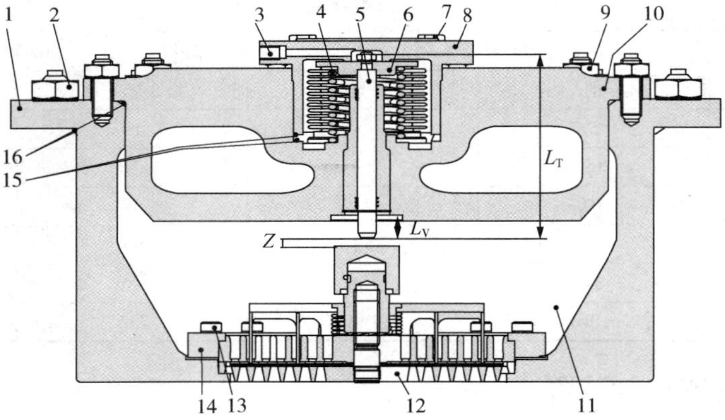

图 2-19　第二级附加余隙控制装置部件

L_T—压力销总长度；L_V—参考尺寸；Z—间隙

1—气缸盖；2—六角螺母；3—控制介质进口；4—弹簧 F；5—压力销；6—薄膜式执行器活塞；7—六角螺钉；8—薄膜式执行器活塞盖；9—外壳的六角螺母；10—附加余隙控制装置外壳；11—附加余隙；12—附加余隙控制装置吸气阀；13—内六角螺钉及锁定盘；14—压环；15—扁平衬垫(上和下)；16—O 形环

表 2-5　执行器/附加余隙控制装置的尺寸

项　目	第一段		第二段	
	编号	尺寸/mm	编号	尺寸/mm
弹簧 F	C31629	6.5×53×105	C32629	6.5×53×105
总长度 G_H		182.7		154.7
压力销 L_T	C31604	ϕ14×146	C32604	ϕ14×211
压脚 L_V		79		16
	设计/mm	公差范围/mm	设计/mm	公差范围/mm
间隙 X	1.3	1.2~2.2	1.2	1.2~2.2
间隙 Z	3.3	1.0~6.0	1.3	1.0~6.0
间隙 Y	0.5	0.3~0.8	0.5	0.3~0.8

(一) 拆卸程序

(1) 从气缸盖处取下附加余隙控制装置的外壳。

(2) 取下压环。

(3) 取下附加余隙控制装置的吸气阀。

(4) 检查附加余隙控制装置外壳的 O 形环是否状态良好。

(5) 检查附加余隙控制装置的执行器和吸气阀。检查方法同进排气阀一样。

(6) 清洗气阀和其他零部件并脱脂。

(二) 组装

(1) 将附加余隙控制装置吸气阀插入气缸盖。

(2) 检查吸气阀座是否正确。

(3) 安装压环。
(4) 在扣环上放置带锁定盘的内六角螺钉，并以对角线方式拧紧它们。
(5) 插入带 O 形环和薄膜式执行器的附加余隙控制装置外壳。
(6) 润滑外壳的螺栓和螺母，并稍微拧紧。
(7) 采用规定扭矩，以对角线方式拧紧螺母。

表 2-6 为余隙阀参数表。

表 2-6 余隙阀参数

类型	每级数量	阀门号	间隔盘片	升程/mm	弹簧数量	钢丝直径/mm
一级附加余隙控制装置吸气阀	1	277-8-16	3×(0.7mm)	2.10	24	0.7
二级附加余隙控制装置吸气阀	1	218-16-32	3×(0.6mm)	1.80	18	0.9

四、余隙控制装置的气阀维护

余隙控制装置的气阀维护与进、排气阀的维护相同。

第四节 活 塞

压缩机的活塞位置如图 2-20 所示。

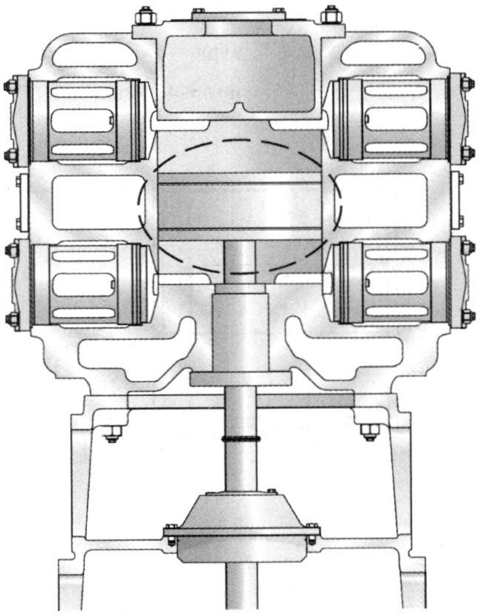
图 2-20 活塞的位置(虚线框内)

一、活塞的拆装程序

(一) 拆卸前检查

在拆装活塞前，首先通过气阀孔进行活塞行程的顶间隙的测量(图 2-21)。用压铅法进行测量并记录。

检查气缸的间隙(图 2-22)，并进行记录。通过阀孔，用塞规检查下止点处的气缸间隙。在上止点处重复上述程序。

(二) 拆卸程序(图 2-23)

(1) 拆除气缸盖上的所有附件，包括管道等。
(2) 拆除缸盖螺栓，用顶丝把缸盖顶松，装上吊耳，把缸盖吊离气缸。
(3) 把活塞盘到上死点，用塞尺测量活塞与气缸的间隙。每隔 90°测量一点并记录。
(4) 把活塞盘到下死点，用塞尺测量活塞与气缸的间隙。每隔 90°测量一点并记录。
(5) 拆除边盖。
(6) 松开上活塞杆螺母。
(7) 在活塞上安装吊耳，行车吊钩上挂上倒链或花兰螺栓，吊住活塞。
(8) 松开螺栓。
(9) 松开下活塞杆螺母，同时使用倒链或花兰螺栓提高活/塞杆，直至活塞杆螺母完全拧松。

（10）拧下上活塞杆螺母。小心提升活塞和活塞杆。

（11）当活塞杆离开十字头体达到一定高度时，用封箱带把活塞杆的螺纹全部屏蔽起来，确保活塞杆密封，刮油环及导向轴承不被活塞杆螺纹损坏。

（12）松开导向轴承盖、弹簧板，以及除3个刮油环。

（13）继续提升活塞，拿掉挡油圈后，把活塞提出气缸。

（14）拆除活塞后，可以进行活塞、活塞杆密封、导向轴承、刮油环的维护。

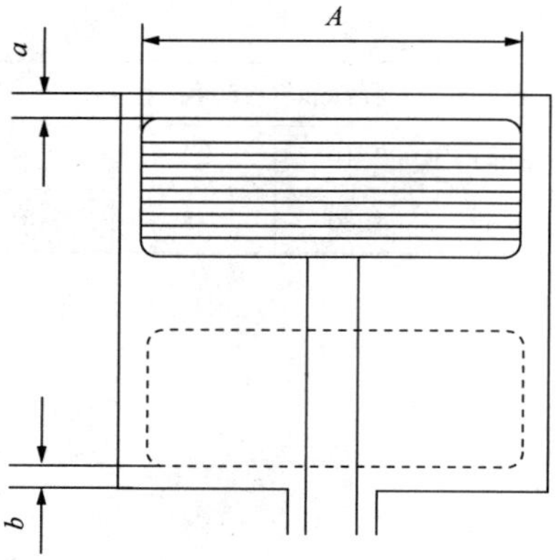

图 2-21　测量气缸间隙

$a_{最小值}=2.30$mm；$a_{最大值}=2.70$mm；

$b_{最小值}=1.30$mm；$b_{最大值}=1.70$ mm；

$a+b\leqslant 4.40$mm

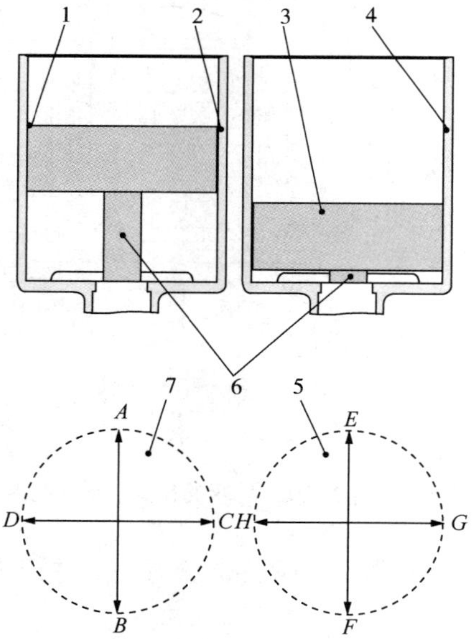

图 2-22　测量活塞间隙

1—1号塞规；2—2号塞规；3—活塞；4—气缸；5—下止点测量点（E与F，G与H）；6—活塞杆；7—上止点测量点（A与B，C与D）

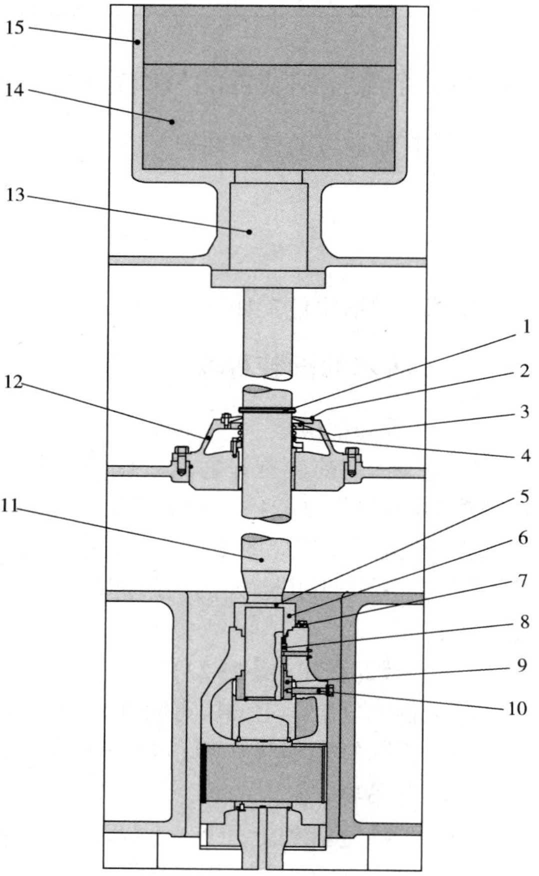

图 2-23　十字头与活塞杆连接及导向轴承组件

1—油挡；2—导向轴承盖；3—弹簧板；4—刮油环；5—肩部；6—上活塞杆螺母；7—定位板；8—键；9—下活塞杆螺母；10—定位螺钉；11—活塞杆；12—导向轴承；13—活塞杆密封；14—活塞；15—气缸

二、活塞的维护

（1）清洗检查活塞外观，如果活塞螺母出现松动，就需要重新测量活塞顶预紧力(图2-24、图2-25、表2-7)。如发现活塞裙有磨损情况，就需要更换活塞裙部件。如活塞杆有轻微的刮伤，或有磨损情况，进行修复。磨损严重就需要更换活塞杆。

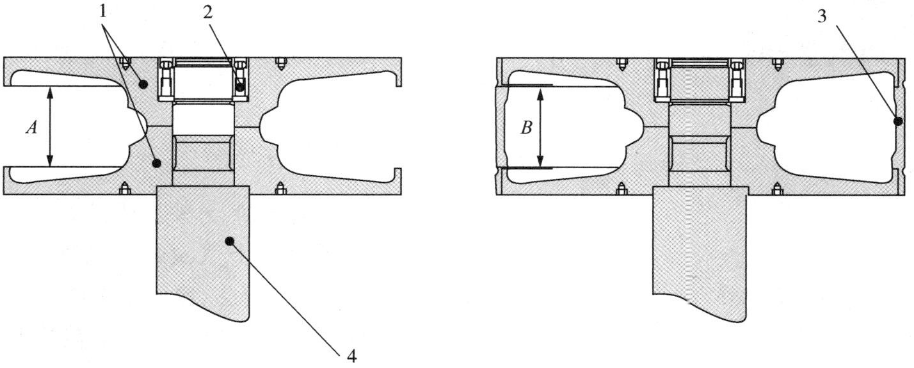

图2-24　检查活塞冠预紧

1—活塞冠；2—活塞螺母；3—活塞裙；4—活塞杆

图2-25　活塞螺母

1—润滑剂号；2—压紧螺杆；3—O形圈沟(用于污染气体)；4—硬化垫圈；5—尺寸；6—活塞扳手孔；7—紧固扭矩与布氏润滑脂BLG05；8—活塞螺母

表2-7　活塞冠预紧力矩

分　类	直径/mm	预紧/mm
1段	760	2.00~2.50
2段	445	0.36~0.40

（2）活塞检查合格，就进行脱脂处理。处理后可进行组装。有其他问题就进行以下程序。

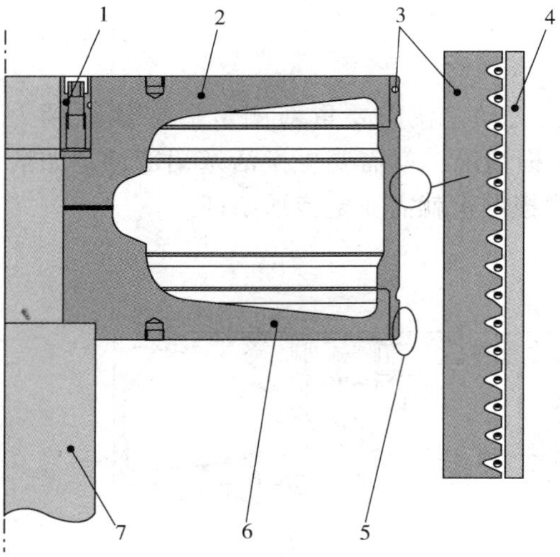

图 2-26　迷宫原理

1—活塞螺母；2—活塞冠(上)；3—活塞裙；4—气缸壁；5—倒角；6—活塞冠(下)；7—活塞杆

三、解体活塞

(1) 测量活塞上、下盖的尺寸并做记录。

(2) 松开活塞螺母的锁紧螺栓(见活塞螺母图 2-25)。

(3) 用专用工具插入孔，转动活塞螺母。

(4) 取下活塞螺母、活塞上盖、活塞裙、活塞下盖、活塞杆。根据需要更换零件(图 2-26)。

四、组装活塞

(1) 清洗新零件及不需要更换的零件。

(2) 在活塞杆上依次装上活塞下盖、活塞上盖、活塞螺母(图 2-27、图 2-28)。

(3) 松开活塞螺母，取下上盖装上活塞裙，再装上活塞上盖。

(4) 在拧活塞螺母前，活塞杆上涂上专用布氏润滑脂 BLG05。

(5) 用手拧紧活塞螺母，再用套筒扳手扳动螺母扳手拧紧活塞螺母。

(6) 拧紧后回转约 1/4 圈。根据活塞尺寸大小，缺口“X”将调整到约 1mm。

(7) 按对角拧紧顺序拧紧活塞螺母的锁紧螺栓。

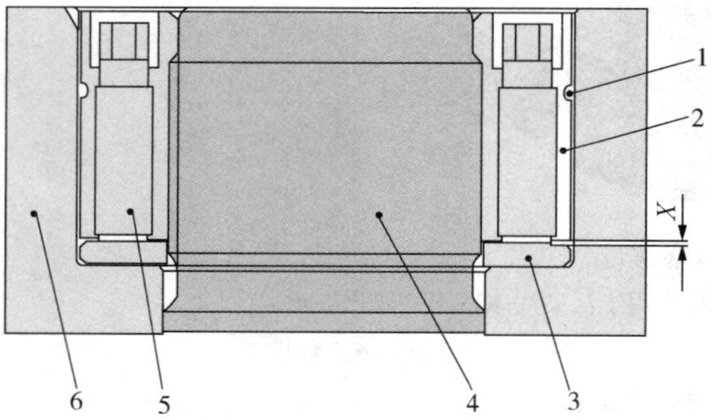

图 2-27　X＝缺口约 1mm

1—O 形圈沟(有污染的气体)；2—活塞螺母；3—硬化垫圈；4—活塞杆；5—压力螺杆；6—活塞

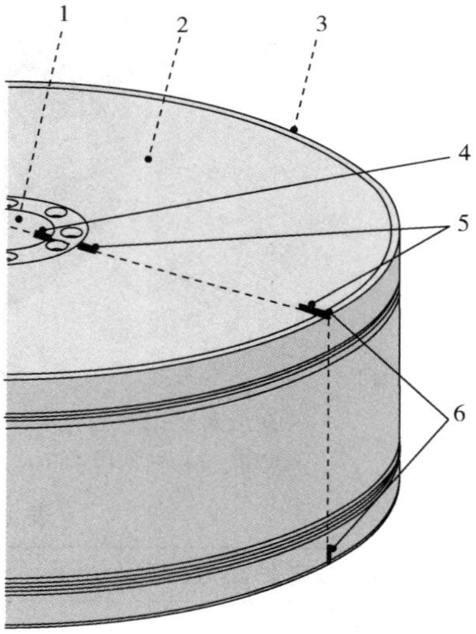

图 2-28　活塞、活塞顶和裙的标记

1—活塞杆；2—上活塞顶；3—活塞顶；4—活塞杆上的标记；5—上活塞顶上的标记；6—活塞裙上的标记

① 有 8 个压力螺丝拧紧方法(图 2-29)。

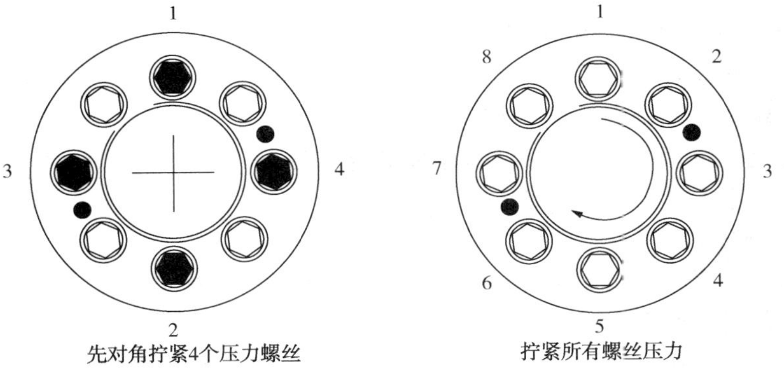

图 2-29 有 8 个压力螺丝拧紧方法

a. 先对角拧紧 4 个压力螺丝，用 25%的拧紧扭矩拧一遍。再拧紧另外 4 个。

b. 再对角拧紧 4 个压力螺丝，用 50%的拧紧扭矩拧一遍。再拧紧另外 4 个。

c. 再对角拧紧 4 个压力螺丝，用 100%的拧紧扭矩拧一遍。再拧紧另外 4 个。

d. 现在更改为圆形顺序拧紧方法，采用 100%扭矩拧紧所有压力螺丝。直到所有的压力螺丝都同样拧紧。

② 有 6 个压力螺丝拧紧方法(图 2-30)。

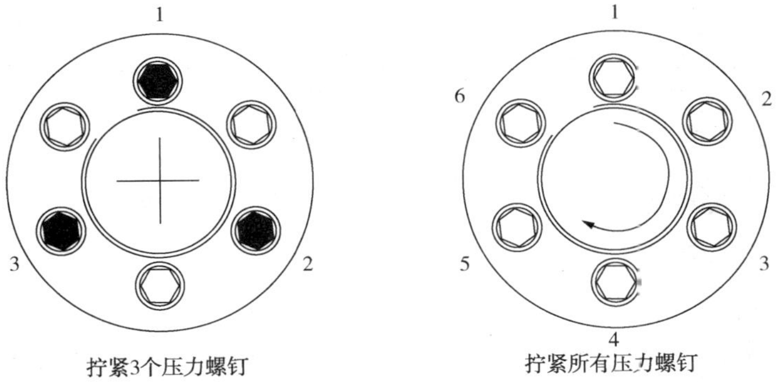

图 2-30 有 6 个压力螺丝拧紧方法

a. 先拧紧 3 个压力螺丝，用 25% 的拧紧扭矩拧一遍。再拧紧另外 3 个。

b. 再拧紧 3 个压力螺丝，用 50% 的拧紧扭矩拧一遍。再拧紧另外 3 个。

c. 再拧紧 3 个压力螺丝，用 100% 的拧紧扭矩拧一遍。再拧紧另外 3 个。

d. 现在更改为圆形顺序拧紧方法，采用 100% 扭矩拧紧所有压力螺丝。直到所有的压力螺丝都同样拧紧。

图 2-31 为超级螺母结构示意图。

图 2-31 超级螺母结构示意图

五、活塞杆密封的维护

(一) 拆卸活塞杆密封(图 2-32~图 2-34)

(1) 松开活塞杆密封漏气管道及法兰螺栓，并取出。
(2) 用专用工具将活塞杆密封压紧。
(3) 用力或轻敲专用工具，让密封体脱出密封腔。
(4) 松开专用工具，拿出密封体。
(5) 解体密封并清洗各个部件。
(6) 检查各个部件有无磨损及毛刺。磨损严重则必须更换。
(7) 测量密封的锥度。

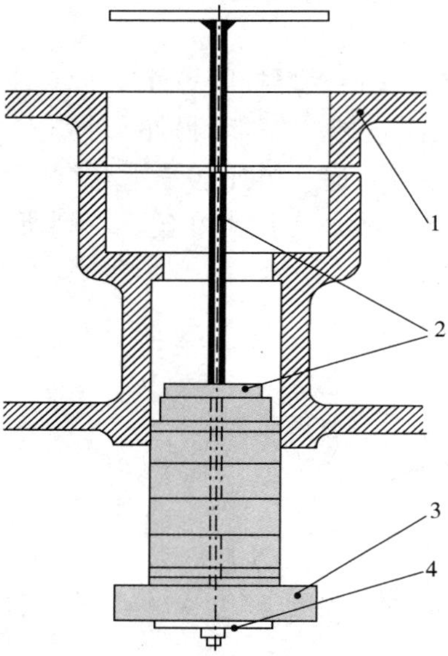

图 2-32　活塞杆密封装置拆除和组装
1—气缸；2—活塞杆压盖的拆卸和组装器件；3—活塞杆压盖；4—拆卸和组装器件的底盘

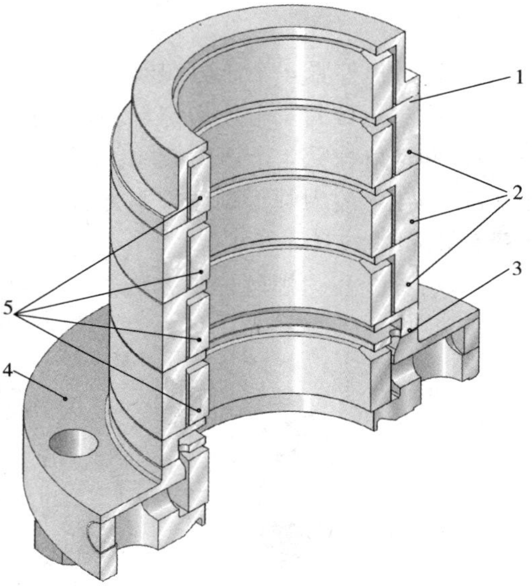

图 2-33　典型活塞杆密封视图
1—密封腔(上)；2—密封腔(中)；3—中级环(数量、位置等，根据应用)；4—密封法兰；5—密封环(数目根据应用)

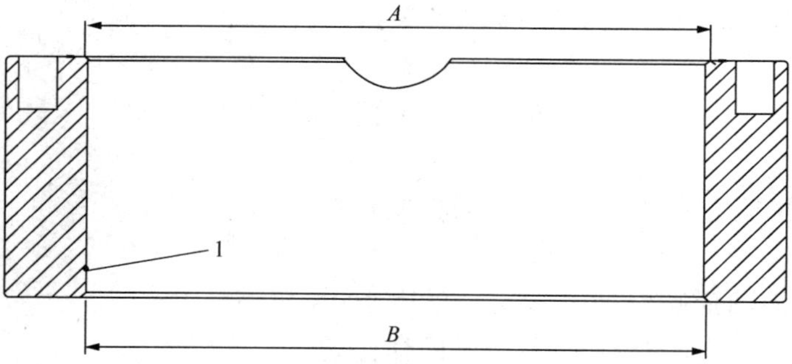

图 2-34　检查活塞杆密封环圆锥度
1—锥形；A—上端直径；B—下端直径

（二）组装活塞杆密封

（1）按图 2-35 组装密封。

（2）组装完毕，把密封体放入丙酮内脱脂。

（3）脱脂完的密封体用专用工具装入密封腔。

（4）对角拧紧密封体法兰螺栓，恢复密封体的漏气管道。

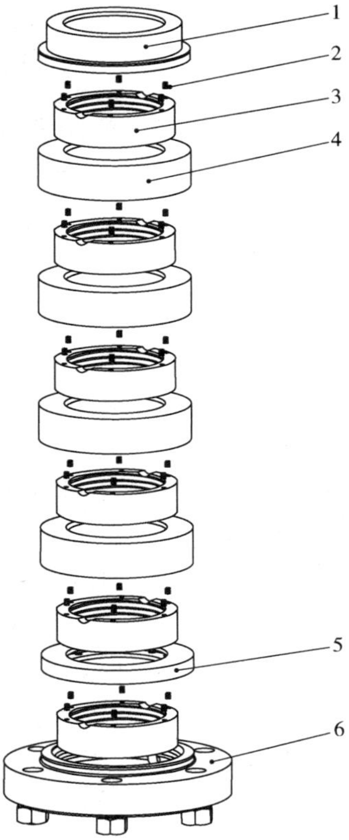

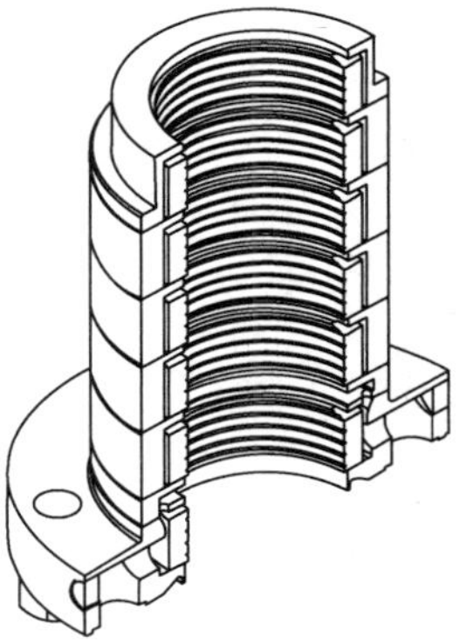

图 2-35 组装活塞杆密封顺序

1—密封腔（上）；2—弹簧；3—密封环；4—密封腔（中）；5—中间环；6—密封法兰

六、活塞杆导向轴套和刮油环维护

（一）活塞杆导向轴套和刮油环拆卸

（1）松开导向轴承座螺栓及刮油环压盖螺栓（图 2-36）。取掉导向轴承座螺栓。

（2）从机身内，在十字头上放上自制的专用工具，从下往上顶整体拿出导向轴承座。

（3）取掉刮油环压盖螺栓及刮油环压盖，拿出刮油环。

（4）松开导向轴承压盖螺栓，拿出导向轴承压盖。

（5）从反面顶出导向轴承。

（6）清洗并检查各个零部件。

（7）测量导向轴承与活塞杆的配合间隙及导向轴承的圆锥度、不圆度，如果这些指标超过标准，就需要更换。

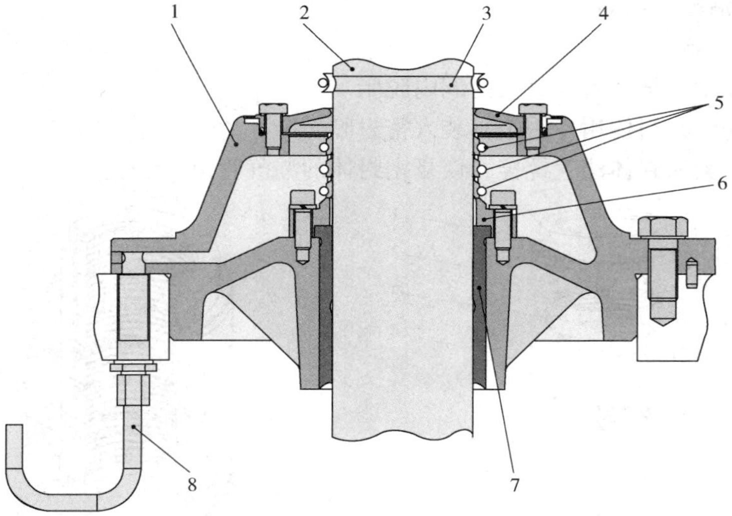

图 2-36　典型导向轴承视图

1—轴承壳；2—活塞杆；3—油挡；4—导向轴承盖；5—刮油环；
6—冠状环；7—轴承衬套；8—油虹吸管

（8）把刮油环（图 2-37）套在活塞杆上，检查每组刮油环上不得有任何损坏迹象，且必须紧密卡在活塞杆的整个圆周上。活塞杆上的环表面（运行表面）高度应为 1.5mm 至最大值 2mm。刮油刃应尽量锋利，且在收尾处应形成锐角。将刮油环推至活塞杆上时，即使没有卡紧弹簧，也必须具有较小的预紧度。若安装了卡紧弹簧，处于直立位置时，不准从活塞杆上滑脱。刮油环的开口间隙小于标准间隙就要修整，一般经过二次修整开口间隙后，需要更换。刮油环的刮油刃，有缺损应更换，角度不够时且不能修整时也应更换。

（二）第二种方法：不从机身上取下导向轴承座。

（1）取掉刮油环压盖螺栓及刮油环压盖，拿出刮油环。

（2）松开导向轴承压盖螺栓，拿出导向轴承压盖。

（3）从机身内，在十字头上放上自制的专用工具，反向顶出导向轴承。

这样做的好处是导向轴承的位置不容易改变，缺点是导向轴承顶出不太容易，往往会损坏导向轴承。

（三）导向轴承及刮油环组装

清洗导向轴承及刮油环组件，按拆卸程序的逆顺序进行。

七、活塞杆与十字头的组装

活塞、密封、导向轴承维护完成，且已安装在机身上。活塞系统基本具备与十字头的连接，只要连杆十字头系统维护完成，就可以连接（图 2-38）。

（1）用葫芦吊起活塞。在活塞杆的螺纹上用胶带缠绕遮盖，以保护密封、刮油环、导向轴承。

（2）缓慢地放入汽缸，并穿过密封、套上油挡稍微固定。

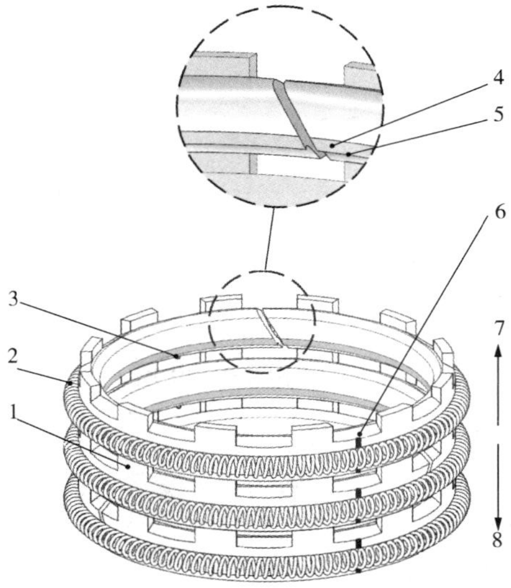

图 2-37 刮油环配备整片刮油环(组件)

1—刮油环；2—卡紧弹簧；3—曲头钉；
4—运行表面；5—刮油刃；
6—标记(安装时要对准)；7—顶部；8—底部

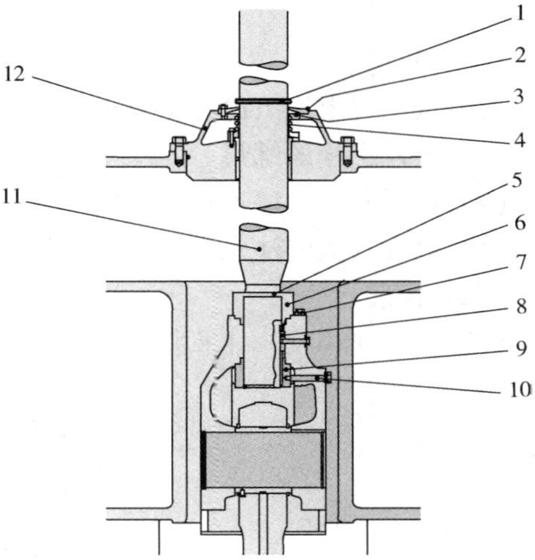

图 2-38 活塞杆，十字头连接

1—油挡；2—导向轴承盖；3—盘形弹簧；4—刮油环；
5—肩；6—上活塞杆螺母；7—锁紧垫片；8—键；
9—下活塞杆螺母；10—定位螺丝；
11—活塞杆；12—导向轴承

(3) 在活塞杆与导向轴承接触部位加油，通过导向轴承壳体到上方密封体约 50mm。

(4) 缓慢下降活塞组件，套上刮油环盖，盘形弹簧、刮油环、导向轴承压盖。

(5) 缓慢下降活塞组件进入导向轴承，下降时，随时注意活塞杆上的部件不能妨碍活塞杆的下降。直至进入十字头组件。

(6) 拆除活塞杆螺纹上的缠绕和用运行的压缩机油加至活塞杆螺纹进行润滑。

(7) 将活塞杆上螺母装上活塞杆，拧紧，直到它占活塞杆肩约一半。

(8) 将活塞杆与十字头的键槽对正，装上键。

(9) 小心降低活塞杆进入导向轴承，直至降低到下活塞杆螺母可以拧上。

(10) 慢慢地，同时继续降低，拧下活塞杆螺母，直到上活塞杆螺母触及十字头。

(11) 对正下活塞杆螺母，使螺钉可拧进去。

(12) 用扳手手工拧紧上活塞螺母到标记的位置。

(13) 测量活塞与气缸的下止点的间隙，并与拆卸前气缸与活塞下止点的间隙比较，尽可能与原数据相同，且不能小于最小的下止点的间隙。

(14) 然后，用最终要求的扭矩拧紧螺母。用锁紧垫片锁定上螺母。

(15) 拧紧导向轴承盖螺钉，用手旋转至少一个机身全长。

(16) 清洗气缸盖及 O 形圈并脱脂，一般情况下 O 形圈应更换。

(17) 安装气缸盖，用手拧紧气缸盖螺栓后，按规定的扭矩的 30%、60%、100%分几次对角拧紧气缸盖螺栓，最后用 100%扭矩按圆周方向检查一遍气缸盖螺栓。

(18) 安装气缸盖上的管道附件。

八、气缸

(一) 拆卸

(1) 从气缸上拆下冷却剂管道。

(2) 松开螺栓的螺母。

(3) 按照吊装程序连接承载绳索。

(4) 提升气缸，注意螺栓不能接触机架上的孔。

(二) 组装

与拆卸步骤相反，注意将对中销正确插入气缸中正确孔内，如图 2-39 所示。

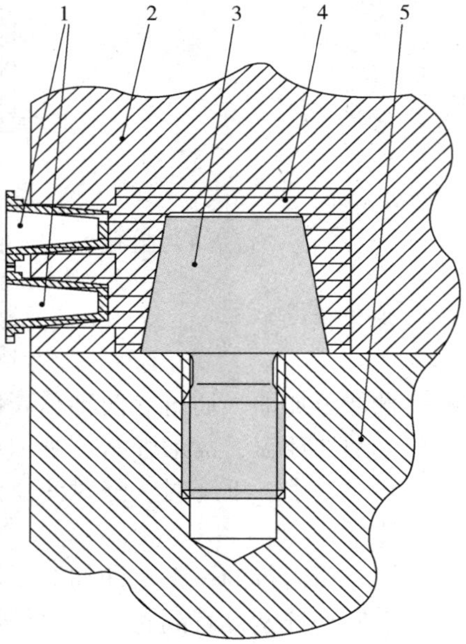

图 2-39　对中销示意图

1—堵塞；2—气缸；3—对中销；4—环氧树脂；5—机架

第五节　连杆、十字头的维护

拆卸连杆、十字头，一般有两种情况：一是在拆除活塞组件后进行连杆、十字头维护。二是不需要拆除活塞组件进行维护。本机的连杆质量较大，因此最主要的是考虑安全操作，怎样安全地把连杆从十字头上分离，怎样安全地把连杆从机身内取出。

一、十字头的拆卸

可通过导向轴承的开孔，拆除十字头。

(1) 打开机身边盖，将十字头盘到能够拆除十字头销的位置，并固定飞轮，防止飞轮转动影响拆除十字头销。另外，在十字头上做好位置标记，防止在重新组装时装反。

(2) 用卡簧钳取掉十字头销上的弹簧挡圈。使用吊车或在隔离段用绳索吊住十字头。

（3）装上拉十字头销的专用工具，将十字头销拉出。

（4）提起十字头，注意，此时连杆是自由悬空的，扶住连杆慢慢盘动飞轮，使连杆的小头降低脱离十字头体，当连杆大头在最低位置，用软垫垫着把连杆靠在机身上。即起吊时，不能损坏十字头的滑道。

（5）把十字头旋转 90°，从机身窗口拿出。

（6）清洗十字头体，用压缩空气吹扫油道，清除里面的油污及杂质。

（7）检查十字头滑履，是否有损伤的地方，如有就用刮刀进行修复。

二、连杆的拆卸

（1）拆除十字头后，连杆拆卸可通过机身边孔进行。在拆卸连杆前，应测量连杆大头瓦间隙。

（2）按图 2-40 把压头与连杆螺栓连接好。

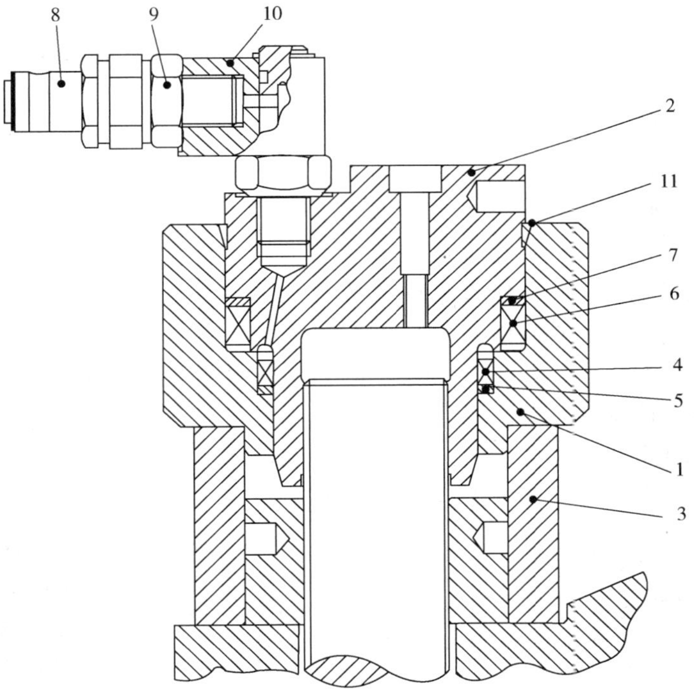

图 2-40　压头布置

1—气缸；2—活塞；3—支承套；4、6—衬垫；5、7—支承环；8—螺纹接套；9—适配器；10—回转弯管接头；11—行程指示器

（3）按图 2-41 安装好连杆拆卸专用工具。

（4）检查要拆卸的连杆的曲柄是否在下止点位置，并放上连杆支撑座（图 2-42）。

（5）正确安装高压软管，并且连接油泵。

（6）确认拉力头活塞处于零位，随后回转 1/2 圈。

（7）拉力头长期存放后，首先应松开拉力头排空螺钉，使用泵对拉力头进行排空。

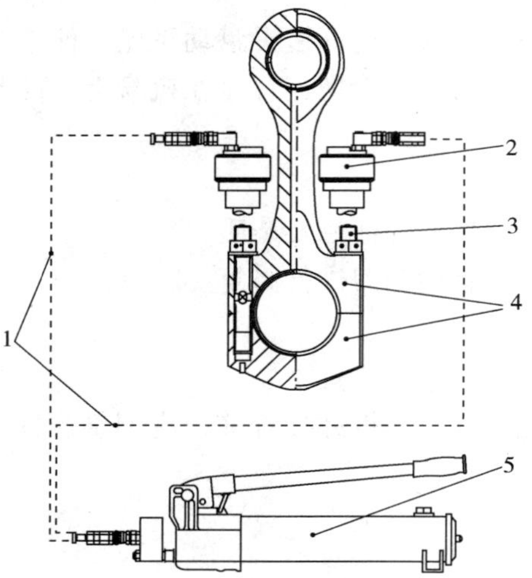

图 2-41　拆卸连杆布置图
1—高压软管；2—压头；3—连杆螺栓；
4—连杆；5—泵

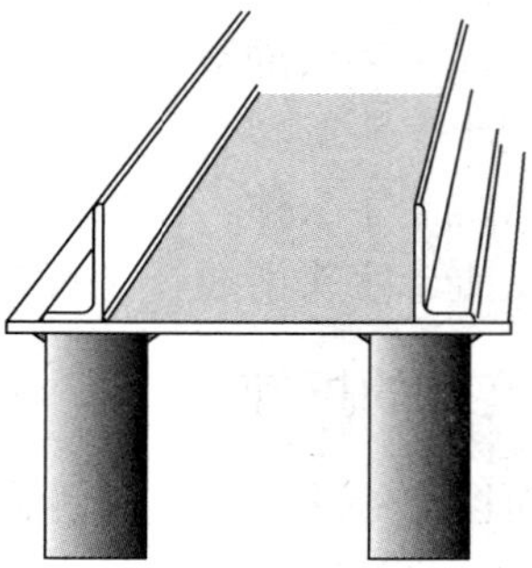

图 2-42　连杆轴承拆卸和组装用的支架

（8）压油泵将油压升高到 1400bar，直到螺母松开，确保不超过油缸允许的活塞行程。
（9）转动连杆螺母几圈。
（10）使油泵的压力降低到 0bar。
（11）打开油泵的泄压阀，使活塞的位置下降到零位。
（12）取下拉力头的所有部件。拆除液压装置。
（13）用铜棒轻轻冲击连杆螺栓，使之慢慢退出连杆螺栓孔。
（14）将连杆盖降落至支架上。
（15）将曲柄往上止点位置转动，把连杆下瓦盖取出。
（16）清洗连杆及部件，用压缩空气吹扫连杆中心孔。

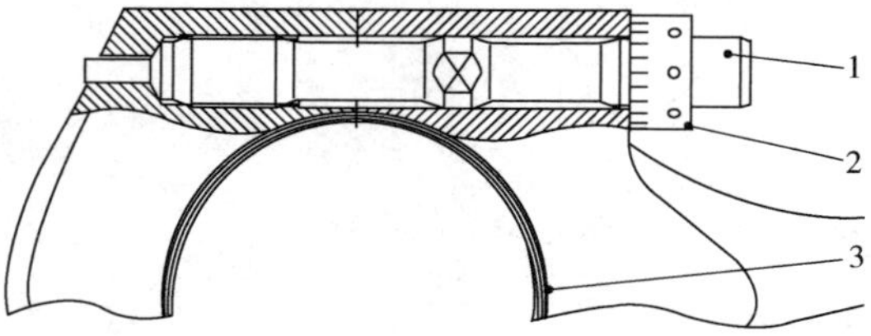

图 2-43　安装时连杆螺栓长度伸长量的测定
1—连杆螺栓；2—螺母；3—轴瓦

（17）检查连杆大头瓦及铜套，测量其配合间隙。对瓦片有怀疑时，进行着色检查。铜套与十字头销间隙大时，应更换铜套。

（18）清洗检查曲轴的曲柄，如正常就要重新组装连杆十字头组件。

（19）按拆卸连杆的逆程序进行组装。

（20）组装完成的连杆螺栓要进行长度伸长量的测定（图 2-43）。

三、不拆卸十字头的连杆拆卸

此方法用于正常检查连杆大头轴瓦。

（1）打开气缸盖，用专用工具把活塞吊住，再按拆卸十字头销的程序进行拆卸。

（2）取出十字头销后，起吊活塞使十字头在十字头滑道最高点，同时转动飞轮，降低连杆的位置。

(3) 按拆卸连杆的程序进行拆卸、检查连杆大头轴瓦与组装。

四、铜套的更换

(1) 将连杆水平放在压力机下，用油压机的力将铜套压出。

(2) 检查新铜套与连杆小头孔的配合间隙及是否有毛刺等。

(3) 将铜套放入冰箱进行冷冻 12h。

(4) 将连杆体放入油中，加热到 60~80℃，并恒温一段时间，让连杆小头孔充分膨胀。

(5) 从冰箱中拿出铜套，插入连杆小头孔，要求在几秒钟内完成，否则因铜套膨胀和连杆收缩而无法到位。

(6) 等连杆完全冷却后，检查与连杆销的配合间隙。如果间隙小只有靠手工进行刮削了。或者靠厂家的专用工具进行镗削。

五、大头瓦的更换

大头瓦一般采用的是薄壁瓦，基本是不用刮削的。

提起瓦片，轻轻敲击瓦背，听发出的声音，如声音嘶哑就应该考虑瓦的巴氏合金是否存在脱层，此时应该做瓦的作色检查。有脱层的瓦是不能使用的。

六、事故连杆的鉴定

压缩机发生撞缸事故后的检修，连杆一定要做连杆的弯曲检查。

(1) 按连杆的大头瓦和小头瓦的直径制作两根假轴。长度要求每边超出 300mm 以上。

(2) 将假轴固定在检测平台上。穿在大头的轴要与测量平台保持平行。

(3) 测量穿在连杆小头的假轴，测量点相交 90°。

(4) 计算测量出来的数值，两孔平行度在 100mm 超过 0.03mm，扭曲(共面性)超过 0.05mm，就要进行校正。校正不了的连杆就需要更换。

七、内部气体泄漏管道

拆卸组装如图 2-44 所示。

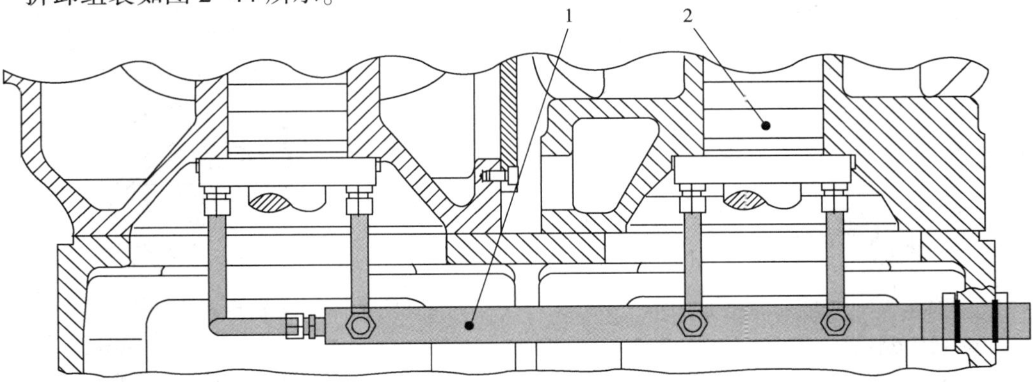

图 2-44 活塞杆压盖气体泄漏管道

1—气体泄漏管道；2—活塞杆压盖

第六节　曲轴及主轴瓦的维护

一般情况下，曲轴很少进行专门、单独的维护，大多数是维护主轴瓦。主轴瓦的拆卸有两种情况：

一种是把机身全部拆除后维护，这种维护模式花费的时间相当长，工作量很大，需要将机身上的部件几乎全部拆除，但是这种维护的检查质量相对不拆除机身要高。如果不拆除气缸活塞组件，只除拆连杆及曲轴上的部件，严格固定活塞组件后整体吊离机身，进行主轴瓦的检查维修。这种方法只用在主轴瓦发生单纯性烧瓦事故而其他部件未损坏的维修。

另一种是不拆除机身，单独取出轴承进行维护，这种方法一般是清洗轴瓦，只刮研轴瓦是不行的。

一、不拆卸机身的主轴瓦的拆卸(图 2-45)

(1) 打开边盖。

(2) 整体拆除润滑油泵，从非驱动端开始进行主轴瓦的维护。

(3) 安装拆卸主轴瓦螺栓的液压装置及拉力头(油缸)。

(4) 拧紧拉力头的活塞。随后回转 1/2 圈(180°)。

(5) 按压油泵将液压油压小心升高至 1400 bar，确保不超过油缸的允许活塞行程。

(6) 用一根铁棍松开螺母。确保螺母不接触活塞。将压力降至 0bar。

(7) 打开油泵泄压阀，并拧紧活塞，确保油能流回泵槽。

(8) 取下液压装置的所有部件。

(9) 用提升器件(图 2-46)提升轴承盖。

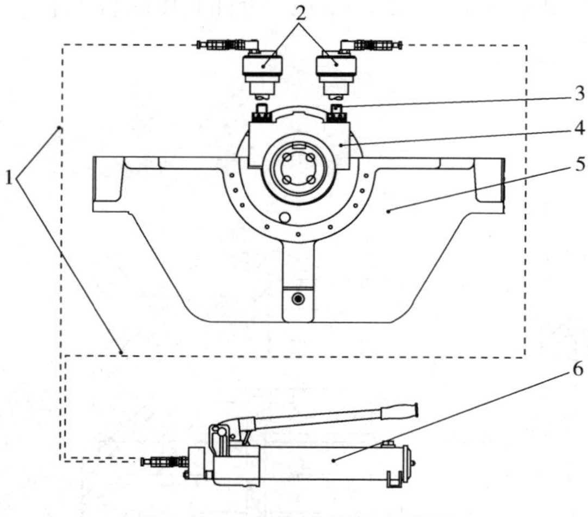

图 2-45　主轴承拆卸布置图

1—高压软管；2—压头；3—螺纹螺栓；4—轴承盖；5—底板；6—手泵

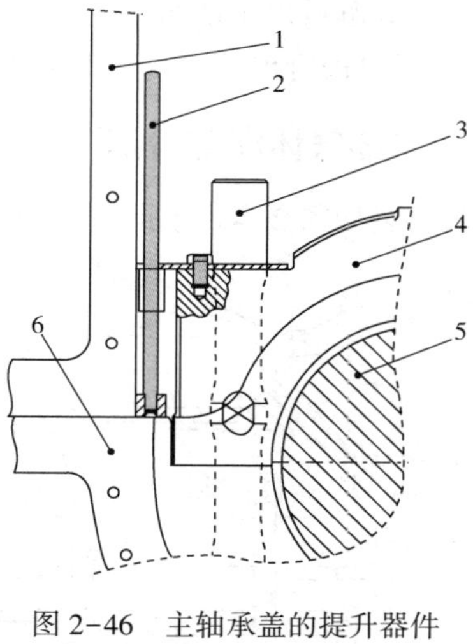

图 2-46　主轴承盖的提升器件

1—机架；2—提升器件；3—螺栓；4—主轴承盖；5—曲轴；6—底板

(10) 松开第二道轴承，用千斤顶稍微顶起曲轴，把下瓦拿出。

(11) 清洗检查瓦块，检查后再清洗并加润滑油，按原方向放回瓦块并盖上瓦盖。清洗下道瓦。

(12) 清洗最后也就是靠近飞轮的瓦时，顶起飞轮才可取出轴瓦。

二、安装轴瓦

(1) 紧固时，先用手将瓦盖螺栓拧紧，再装上拉力头及液压装置。

(2) 拧紧拉力头活塞。

(3) 用一根铁棍转动定位螺母。

(4) 将液压增加至 500bar。

(5) 用一根铁棍拧紧螺母。将油压降至 0bar。

(6) 用塞尺检查间隙是否"X"=0mm。

(7) 将液压增加至 1400 bar。确保不超过张紧装置允许的活塞行程。

(8) 用一根轴柄拧紧螺母。随后将油压降至 0 bar。

(9) 检查螺母上的冲刻标记是否对准轴承盖上相应的标记。如果不对准，松开螺母，并重复步骤(1)~(9)。

(10) 打开油泵安全阀，并拧紧拉力头活塞，确保油能流回泵槽。

(11) 取下张紧装置的所有部件(图 2-47、图 2-48)。

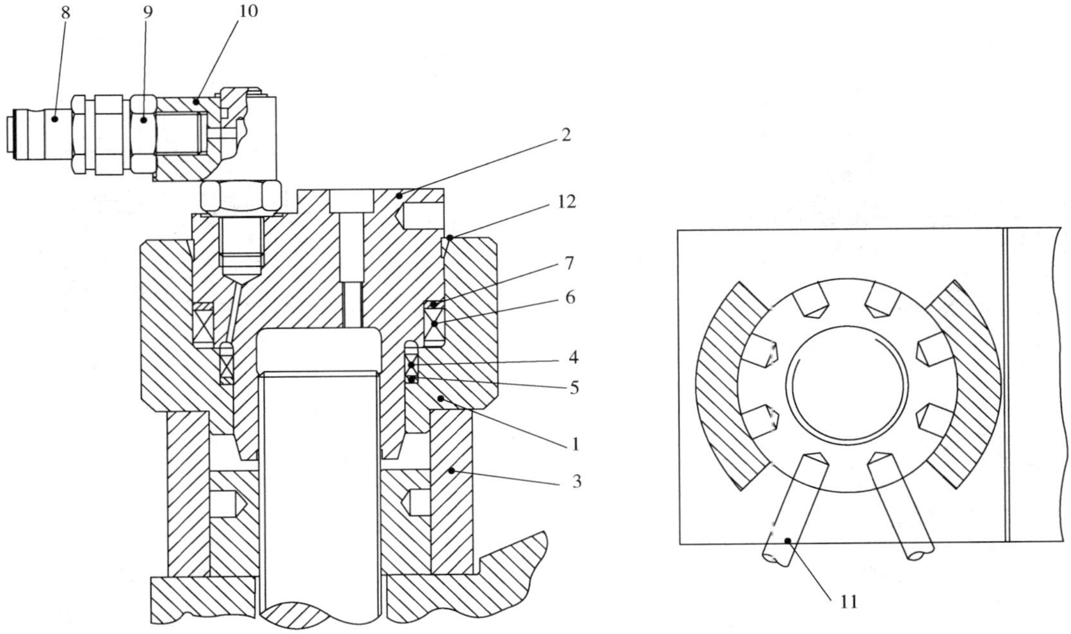

图 2-47　安装张紧装置

1—气缸；2—活塞；3—支承套；4、6—衬垫；5、7—支承环；
8—螺纹接套；9—适配器；10—回转弯管接头；11—轴柄；12—行程指示器

三、拆卸机身的主轴瓦的拆卸

（1）先拆除联轴器。

（2）拆除机身及附件，暴露出整个底座。

（3）按上节的程序拆除曲轴瓦。把曲轴吊离机身。

（4）清洗轴瓦及曲轴并测量曲轴的曲柄圆度及圆柱度。

（5）将下瓦放入瓦窝，把曲轴吊入机身并放在瓦上。

（6）首先进行瓦间隙的测量，如果间隙不符合标准，就需要更换轴瓦。

（7）再进行轴瓦的脱层检查和着色检查。

（8）以上检查都合格后，可开始重新组装。组装程序按拆卸程序的逆程序进行。

四、曲轴推力瓦的维护

（1）在拆卸机身后，在曲轴非驱动端的轴头打上百分表，旋转曲轴向一边，推动直到百分表不变化，进行百分表调零，再反向旋转推动曲轴直到百分表不变化，此时的数字即是推力瓦的间隙。为了准确得到推力瓦的间隙数据，应至少进行两次测量。

（2）在曲轴的推力面涂上红丹，分别向两边旋转推动曲轴几圈后，拆开检查推力瓦着色情况。如果着色情况不太好，少量修刮一下。

（3）清洗轴瓦后，加少量润滑油组装(图 2-49)。

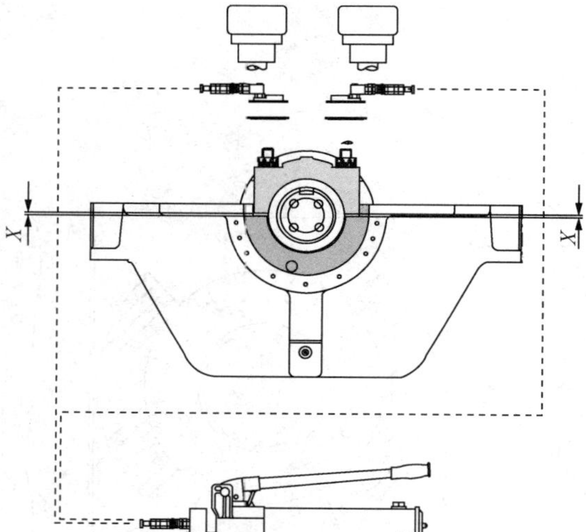

图 2-48　主轴承安装

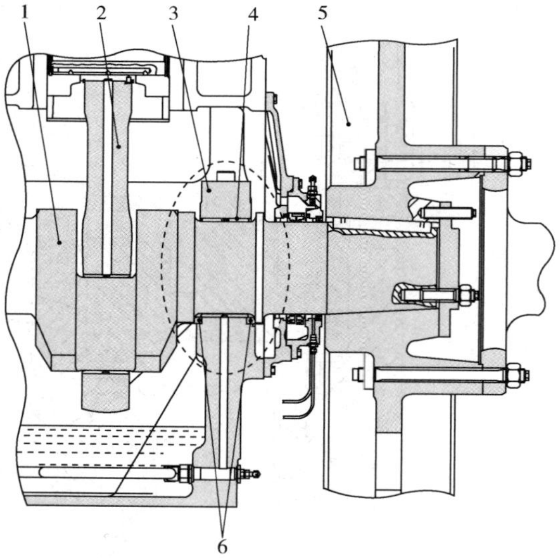

图 2-49　驱动端主轴承与推力轴承的视图

1—曲轴；2—连杆；3—轴承盖；4—驱动端主轴承；5—飞轮；6—推力轴承

五、飞轮的拆卸与组装

（1）拆除联轴器护罩、联轴器。

(2) 以本使用说明手册中描述和图示的安全方式，把飞轮挂在提升装置上，并用绳索仔细扎好(图 2-50)。

(3) 取下法兰。

(4) 翻转法兰，将其安装在曲轴上，使法兰面的凸起侧朝向曲轴。

(5) 拧紧外侧螺栓，直至飞轮从锥体拉出(图 2-51)。

(6) 在检查完毕其他项目后，清洗飞轮安装的锥孔。

(7) 检查飞轮接触面以及对可能造成的损坏或曲轴不平衡。使用锉刀或刮刀消除任何不平衡。

(8) 清洗和稍微润滑曲轴、飞轮轮毂圆锥形的接触面。

(9) 系上起重绳索，小心地推动飞轮进入曲轴圆锥形部分。

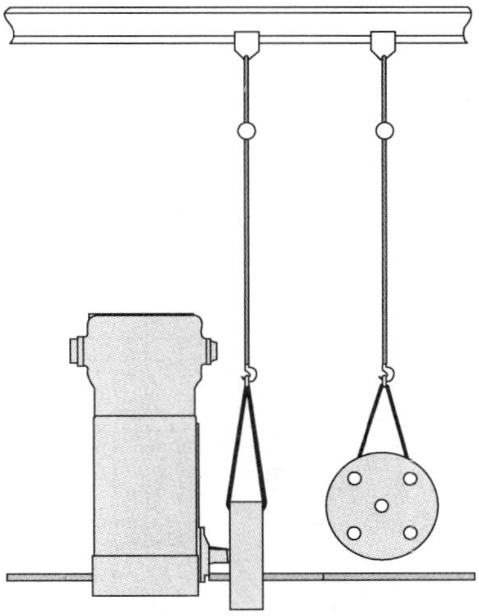

图 2-50　飞轮的运输和吊装

(10) 将法兰的平端对准曲轴，装上螺栓，微拧紧螺母直到飞轮正确定位。

(11) 拆除法兰，检查键和飞轮之间的间隙(图 2-52)。

(12) 装上法兰，然后交叉拧紧螺母，拧紧扭矩的标准是强制性。

(13) 需要检查飞轮端面与径向跳动，如图 2-53 所示。

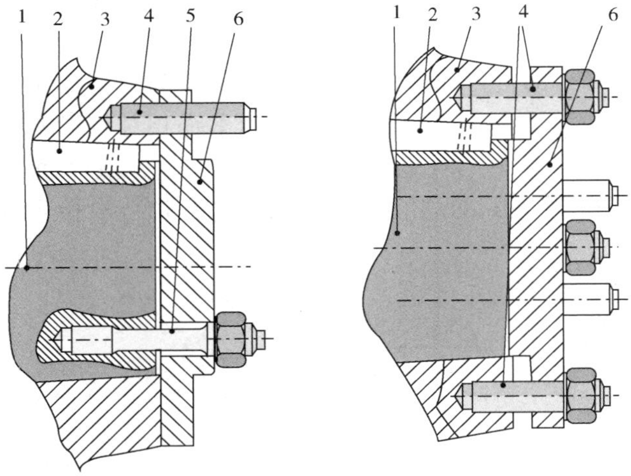

图 2-51　拉出飞轮

1—曲轴；2—键；3—飞轮；4—螺纹螺栓；5—螺栓；6—法兰

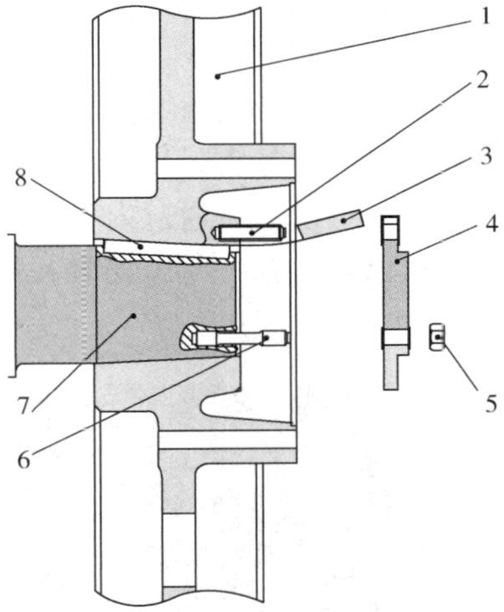

图 2-52　飞轮的装配

1—飞轮；2、6—螺栓；3、4—法兰；5—螺母；7—曲轴；8—键

六、曲轴密封的维护

曲轴密封结构为气密型结构，位于压缩机驱动端一侧，始终保持集油器浸在润滑油中。这样，曲轴不会直接接触 BOG。压缩机运行时，循环的润滑油可以冷却曲轴密封结

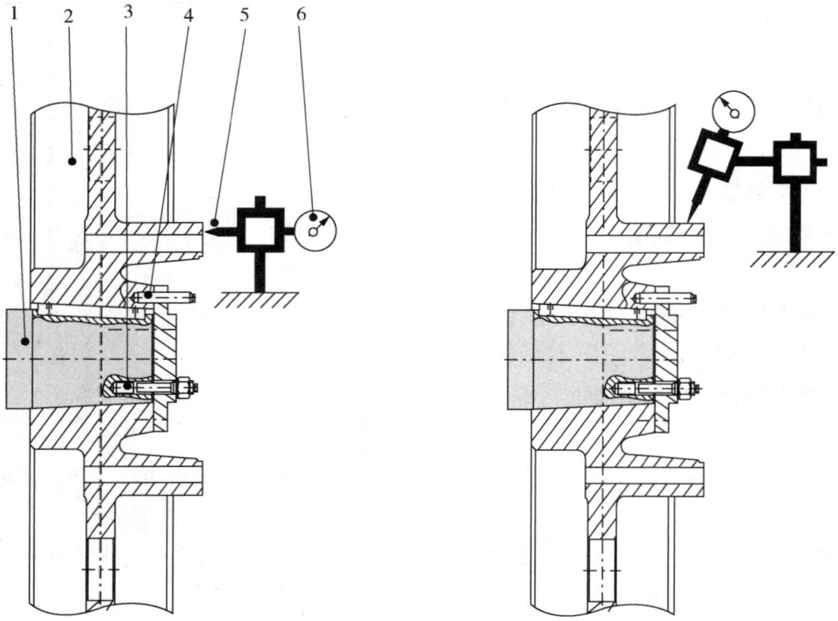

图 2-53　径向和端面跳动

1—曲轴；2—飞轮；3—内螺栓；4—外螺栓；5—测量头；6—千分表

构。曲轴密封结构的漏油，通过漏油管导出压缩机之外。曲轴密封结构正常工作时，漏油速度一般为每分钟 3~5 滴。

气密型曲轴密封结构如图 2-54 所示。动密封环、O 形密封圈、弹簧和弹簧导环一起随曲轴转动。静密封环被固定，不能旋转。当曲轴移动时，动密封环表面相对 O 形密封圈上对应部分滑动。通过内置弹簧施加适当的压力。动密封环和 O 形密封圈的接触表面在装配前就已经叠在一起。安装在外壳上的唇形密封可防止灰尘进入曲轴密封结构和压缩机内部。

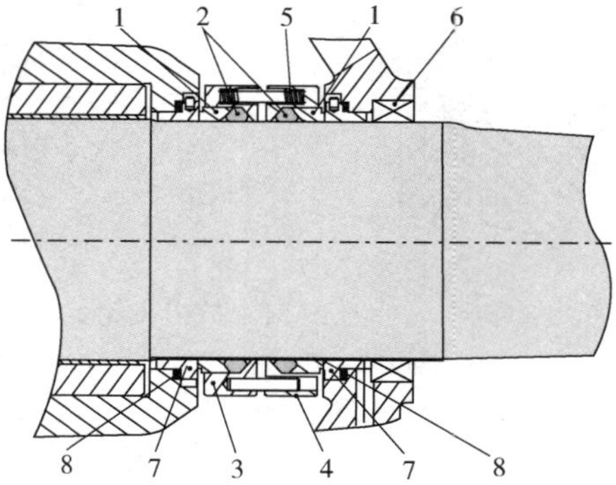

图 2-54　气密性曲轴密封部件

1—运行环；2—O 形环；3—带圆柱销的弹簧导环；4—弹簧导环；

5—弹簧；6—唇形密封；7—密封环；8—扁平衬垫(橡胶)

在拆除飞轮后进行密封部件的维护：

（1）拆除密封盖。

（2）拆除唇形密封。

（3）依次拆卸曲轴密封各个部件。

（4）检查运行环和轴之间的径向间隙。规定的间隙：0.4~0.5 mm。

（5）检查弹簧导环和运行环之间的径向间隙。规定的间隙：0.4~0.5 mm。

（6）检查曲轴表面。曲轴密封的安装区表面必须状态良好。

（7）检查两个弹簧导环之间的距离(图 2-55)。间距必须至少为 1.5mm。

（8）测量完毕，清洗后按拆卸的逆程序进行组装。

（9）在运行中，检查密封的漏油量，漏油量不应超过每分钟 3~5 滴。

七、联轴器的半联轴短节的安装测量

（1）清洗飞轮半联轴节。

（2）按图 2-56 安装好飞轮半联轴节。

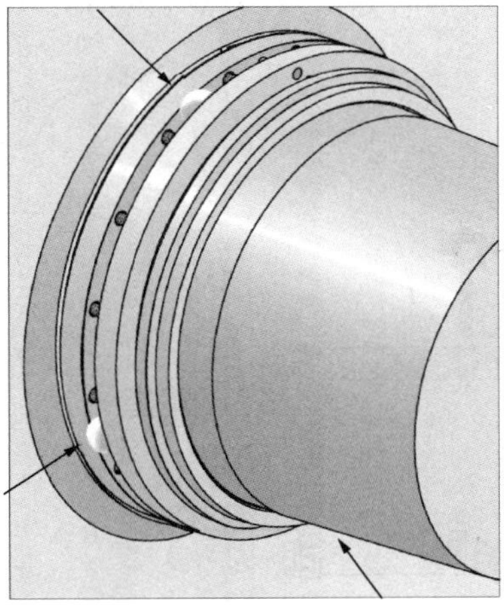

图 2-55 相隔 120°放置石膏测量弹簧导环之间的距离

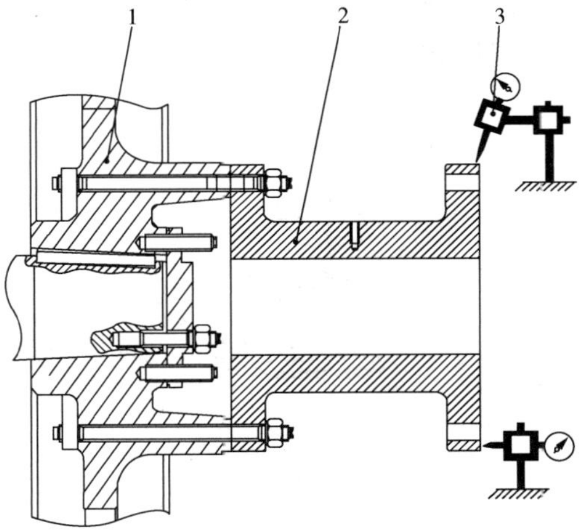

图 2-56 飞轮半联轴节测量

1—飞轮；2—半联轴节；3—百分表

（3）安装好百分表，轴向测量应采用两块表以减少轴向窜动而造成误差。

（4）转动飞轮，尽量缓慢转动，在圆周等分 4 点，进行计数并且计算。

（5）如果计算结果超出 0.05mm，就要检查半联轴节与飞轮的结合面是否存有毛刺等影响装配的因素并清除。

八、联轴器的找正

半联轴节找正完毕后，可以进行联轴器的找正。

图 2-57 是布尔哈克公司推荐的两表找正。此种方法的优点是简单，但是无法克服曲轴轴向窜动所带来的测量误差。

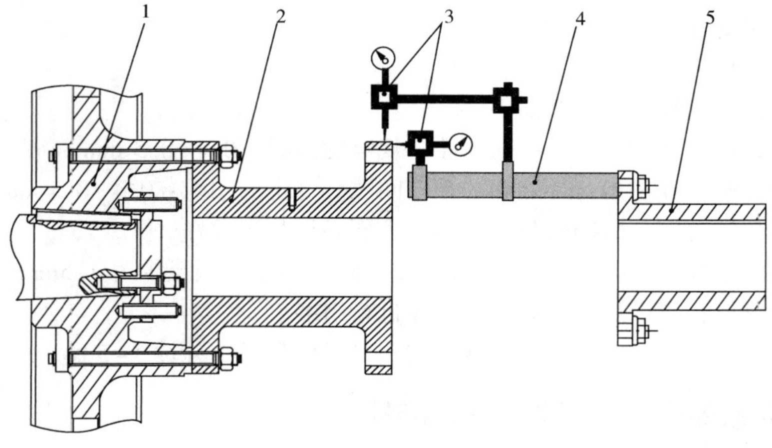

图 2-57　两表找正

1—飞轮；2—半联轴节；3—百分表；4—表杆；5—电机半联轴节

我们所使用的方法应该采用三表找正的方法。两块轴向表进行测量时可以消除曲轴轴向窜动带来的测量误差(图 2-58)。

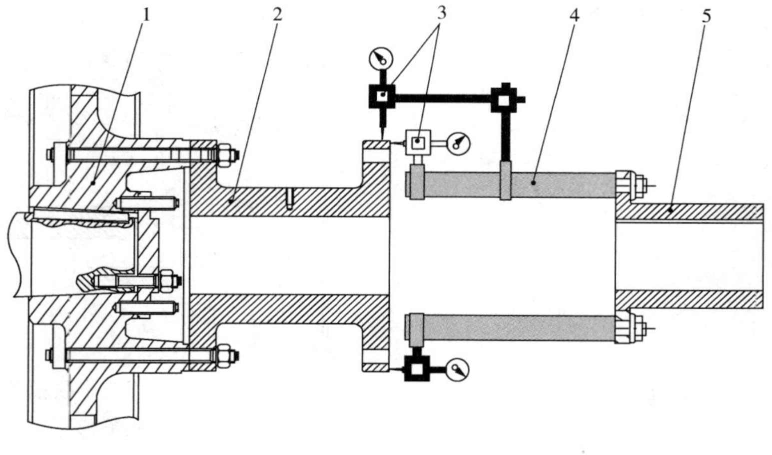

图 2-58　三表找正

1—飞轮；2—半联轴节；3—百分表；4—表杆；5—电机半联轴节

在电动机上按 90°的角度作出 4 个测量转动位置点。

(1) 装上半联轴节及其他附件，让电动机与压缩机一起转动。

(2) 安装测量接杆及百分表或者激光找正装置。

(3) 盘动飞轮进行测量，得到 4 组数据，进行计算。

(4) 按要求增减电动机垫片或者左右调整后拧紧螺栓，重复测量计算，直到完全符合机组对中要求。

(5) 最后拧紧电动机紧固螺栓，检查测量对中数据并作记录。

九、找正完毕后的工作

(1) 安装联轴器膜片、螺栓，按螺栓拧紧扭矩拧紧螺栓。
(2) 安装联轴器护罩。
(3) 安装润滑油泵及附件。
(4) 加润滑油。

第七节 常见故障及维修

一、维修检查内容

维修检查内容见表 2-8。

表 2-8 维修检查内容

<table>
<tr><th rowspan="2">检查内容</th><th colspan="6">设备运行时间/kh</th></tr>
<tr><th>8</th><th>16</th><th>24</th><th>32</th><th>40</th><th>48</th></tr>
<tr><td>视觉检查活塞杆和刮油环表面(不拆)</td><td rowspan="4">●</td><td rowspan="4">●</td><td rowspan="4">●</td><td rowspan="4">●</td><td rowspan="4">●</td><td rowspan="4">●</td></tr>
<tr><td>清洗油滤网和压缩机，更换机油(曲轴箱第一次运行后 4000h)</td></tr>
<tr><td>止回阀、压阀罩和垫圈</td></tr>
<tr><td>检查导向轴承和活塞杆之间的间隙(用塞尺或千分表)</td></tr>
<tr><td>检查密封环，如果需要更换</td><td colspan="6">隔离段如果漏气</td></tr>
<tr><td>检查刮油环和活塞杆表面</td><td colspan="6">如果刮油环功能不好</td></tr>
<tr><td>检查间隙：曲轴轴承、连杆轴承、十字头销轴承和十字头滑道(由塞尺或千分表)</td><td rowspan="4"></td><td rowspan="4">●</td><td rowspan="4"></td><td rowspan="4">●</td><td rowspan="4"></td><td rowspan="4">●</td></tr>
<tr><td>检查连杆螺栓紧固</td></tr>
<tr><td>用塞规检查活塞间隙，并检查活塞螺母的预加载力/ 拧紧程度</td></tr>
<tr><td>检查活塞顶配合间隙(活塞直径 480mm 和更大)</td></tr>
<tr><td>检查弹性联轴器对中</td><td colspan="6">至少每 16000h，每次在电动机连接后</td></tr>
<tr><td>检查间隙：曲轴轴承、连杆轴承、十字头销轴承和十字头滑道(由塞尺或千分表)</td><td></td><td></td><td>●</td><td></td><td></td><td>●</td></tr>
<tr><td>清洗的机架、气缸、气缸盖和油冷却器冷却水室，检查相应的垫圈</td><td colspan="6">根据污染因子和水处理</td></tr>
<tr><td>检查曲轴密封(如有必要更换)</td><td colspan="6">如果轴封泄漏</td></tr>
</table>

注：上述指标仅作为一般指引。

二、螺栓拧紧力矩

一般情况下压缩机的螺栓按表 2-9 进行。

表 2-9　压缩机螺栓

规　格	螺栓质量标准 4.6-2，5.6，G，YK			螺栓质量热处理 6.9，8.8，VCN 35		
	N·m	mkp	ft·lbs	N·m	mkp	ft·lbs
M12	25	2.5	18.4	39	4	28.8
M14	39	4	28.8	64	6.5	47.2
M16	59	6	43.5	93	9.5	68.6
M18	83	8.5	61.2	132	13.5	97.4
M20	113	11.5	83.3	177	18	130.6
M22	147	15	108.4	245	25	180.7
M24	186	19	137.2	324	33	239
M27	265	27	195.5	461	47	340
M30	343	35	253	638	65.1	470.6
M33	422	43	311.3	834	85	615.2
M36	530	54	390.9	1080	110.1	796.6
M39	667	68	492	1373	140	1012.7
M42	—	—	—	1766	180.1	130.2
M45	—	—	—	2256	230	1664

注：特殊螺栓拧紧力矩在每项操作程序中列出。

第三章　海 水 泵

第一节　概　　述

海水泵是保证接收站平稳运行的关键转动设备之一，它为开架式汽化器(ORV)提供海水作为热源与LNG进行热交换，将LNG气化为天然气。江苏LNG接收站共有日本酉岛泵四台，湖南耐普泵一台，均为立式混流湿坑泵。

本手册对中石油江苏液化天然气有限公司LNG接收站海水输送(P-2301A/B/C/D)型号SPV900作了介绍。使维修人员详细了解泵的结构及维修维护方法，以便对泵进行正确的维修维护及运行管理。

第二节　结构与构造

一、泵

海水泵为竖轴驱动，湿坑型，酉岛独特设计的SPV型，单级式。叶轮是混流型，壳体是扩散碗型。共有4根泵轴，泵轴之间通过壳型联轴器连接。该泵装有6个赛龙轴承、6个支承轴套、1个填料轴套、1个扩压器密封轴套，通过从外部水源供的水和轴密封管内泵送的水来进行润滑。可更换的耐磨环分别配备在叶轮和壳体上。水力轴向推力和转子质量由泵轴承支撑。该轴密封形式是无石棉的填料密封。电机是安装在独立的钢结构电机座上的，通过油脂润滑的齿轮式联轴器连接在泵上。从顶部往下看，泵的旋转方向是顺时针方向。

二、电机

当供应6000V、50Hz的电源时，电机以单速740r/min运行。

三、泵组数据

(一) 泵

(1) 名称：海水泵。

(2) 型号：SPV900。

(3) 介质：海水。

(4) 介质温度：30.1℃。

(5) 额定扬程：41m。

(6) 额定流量：8930m^3/h。

(7) 额定转速：740r/min。

(8) 最小持续流量：6000m³/h。

(二) 电机

(1) 额定功率：1500kW。

(2) 额定电压：6000V。

(3) 相位：3。

(4) 额定频率：50Hz。

(5) 极数：8。

(6) 绝缘等级：F。

第三节 维 护

一、压盖填料维护

(一) 压盖填料调整(每周)(图 3-1)

(1) 当泵在运行使用时，填料压盖在正确安装的状态下，小量的水(汽)渗漏是正常的。如果出现大量的水泄漏或者当压盖异常发热时，就必须要对压盖进行一些调整。如果太多的水喷泻出来，调整拧紧压盖螺栓，每个螺母拧紧半圈，直到喷泻的状况变成适量滴漏。如果压盖处产生过热，将每个压盖螺栓拧松 1/4 圈，直到看到有适量的水从压盖内泄漏出来。如果有更大的疑虑，则停机检查，重新更换填料。

图 3-1 填料压盖图

(2) 应当注意：压盖螺栓都要均匀紧固，而且压盖内孔间隙在轴周围保持均等距离，压盖不应紧靠一侧贴到轴上或紧固过度。

(3) 当填料漏水且填料压盖不能再压紧时，应停泵彻底更换填料，不许添加一道或两道填料来维持运行。

(二) 填料密封的更换(需要更换时或每年)

一般来讲，如果安装正确，填料密封的使用寿命是相当长的。不过建议填料要至少每年更换一次。

填料更换步骤：

(1) 确保电机断电并上锁。

(2) 拆下压盖螺栓，提起压盖。

(3) 用压盖填料拔出器拔出密封环。

(4) 确保更换的填料密封是经过批准使用的正确尺寸规格。

(5) 密封环有接点，可将每个密封环沿接点刮插压入填料函内。接点应该错开一定角度，如呈 90°分开。

（6）重新安装上压盖，并拧紧压盖螺栓。详见上述的："压盖填料调整"。

二、润滑维护(参考润滑油清单)

润滑维护见表 3-1。

表 3-1 润滑油清单表

设备名称	供给项	供给要求	使用品牌	消耗量	备 注
海水泵	推力轴承	46 号润滑油	壳牌	27 升/台	更换周期 8000h
	电机驱动端轴承	2 号锂基脂	ESSO	100 克/台	加脂周期 5900h
	电机非驱动端轴承	2 号锂基脂	ESSO	70 克/台	加脂周期 7300h

三、拆修检查

定期拆检应一年或两年一次。

拆检各部分尺寸要求：

（1）当泵进行大修时，都应检查填料轴套表面的摩擦情况。如果磨损过度，填料轴套应进行更换，轴套允许磨损深度≤2mm。轴套与轴承配合间隙为 0. 60~1. 20mm(图 3-2)。

（2）检查推力轴承单元内的止推轴承瓦块，不能有任何损伤，比如异常裂纹划伤以及巴氏合金属脱落等(图 3-3)。

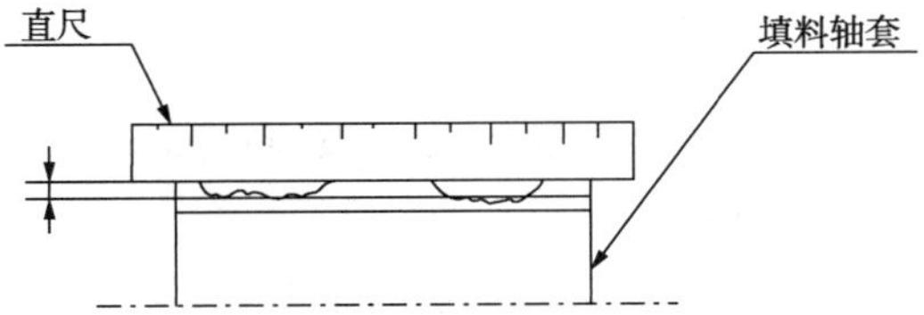

图 3-2 填料轴套磨损测量图

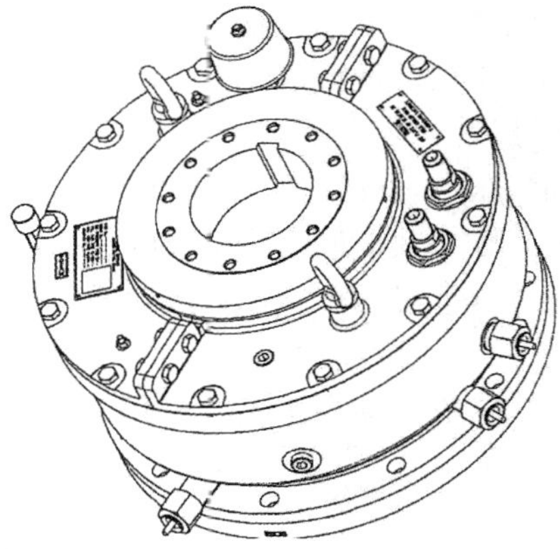

图 3-3 推力轴承总图

（3）检查轴圆跳动值时，将轴放置在一个滚动装置 V 形铁上进行精确测量，且支点距轴端应为 1300mm。记百分表表上的读数。如果跳动值超出允许限值，那么该轴就需要进行矫正或者更换(图 3-4)。

轴跳动允许偏差：

① 下端轴(与叶轮配合连接)：0. 23mm；

② 中间轴：0. 33mm；

③ 上端轴：0. 18mm。

（4）检查扩压器密封衬套允许间隙值为 1.5~4.0mm。

（5）叶轮间隙：

泵进行大修时，每次都必须检查叶轮耐磨环和壳体耐磨环之间的间隙。如果间隙超出允许的范围，叶轮耐磨环或壳体耐磨环就要更换为新的(图 3-5)。

① 间隙设计值[径向(2a)]：1.6 ~1.925mm；

② 间隙允许值(径向)：5.775mm。

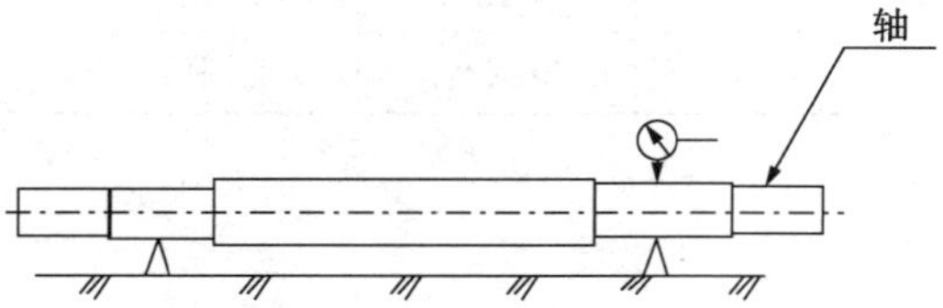

图 3-4　轴跳动检查图

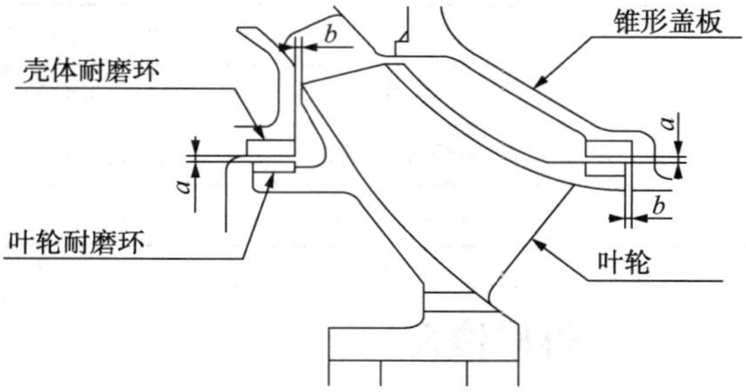

图 3-5　叶轮间隙图

第四节　故障指示

（1）如果听到泵和电机轴承有任何异常噪声，应立即进行检查。

（2）电机负荷有任何异常都应仔细监控，如果负荷继续攀升到正常运行负荷以上，应将泵停机并对其进行调查。

（3）在正常运行条件下，填料密封有一定的水漏量，如果漏量过多或不漏都要检查出原因并处理。

（4）压力表读数的波动，可能是系统中存在空气。将空气排净，泵才能继续运行。

（5）推力轴承最大使用温度是 75℃。如果超过此温度，应立刻停机并查找原因。

（6）当常规运行模式下振动增加时，要进行仔细检查。如果轴承振动异常增加，就应该停机检查，查找出原因。

（7）电机振动高报值：6.1mm/s，停机值：9.5mm/s；泵振动高报值：230mm，停机值：460mm。

第五节　拆卸与组装

一、安全预防措施

在进行维修操作前，一定要阅读以下内容：

（1）当维修操作人员在作业时，必须严格遵守 HSE 安全规定。

（2）对以下相关的安全内容，所有的操作人员和作业人员必须理解并按照要求进行作业。

（3）在取水池内作业时，必须穿救生衣、系安全带。

(4) 在取水池内作业时，必须佩带空气检测仪、防爆灯具。

(5) 在进行拆装作业时，要把衣服的口袋内的物件取出或将口袋拉链拉紧，防止物件掉入泵内。

(6) 当泵基础座拆除后，在拆卸或安装泵时都要将泵井盖好，防止人或物件掉入泵井内。

(7) 更换下来的配件及污油等物件放到指定的地点。

(8) 使用吊篮作业时要系好安全带。

二、泵拆卸前的确认事项

(1) 确认已办理好相关作业手续，按规章制度作业。

(2) 确认电机动力线已拆除断开。

(3) 确认仪表类相关探头等已拆除。

(4) 确认吊装设备及吊具合格好用。

(5) 设置好警戒隔离带，并挂警示牌，确保现场施工安全。

(6) 排净轴承箱内的润滑油(注：用专用器具放置在指定地点，以便再利用)。

(7) 确认人员可以安全进入海水泵出口平台作业，并往池内注入空气。

(8) 确认关闭海水泵冷却水阀门。

(9) 确认相关的工具、配件及消耗材料已准备好。

(10) 确认辅助设施，马凳、枕木、支撑座等已准备好。

三、泵的拆卸

泵的拆卸应当按照以下步骤进行：

(1) 拆卸泵的附属冷却水管线保温层，拆卸泵的附属冷却水管线连接法兰及静电刷。

(2) 拆卸泵的出口法兰螺栓。将螺栓提至地面以便清洁检查。

(3) 拆卸联轴器护罩，拆卸中间联轴器，测量两轴之间距离做好记录(范围 200mm±1mm)。

(4)拆卸电机与支座的 8 个 M24 的螺栓。用 2 个 5t 手动葫芦和 2 根 10t 吊带挂在行吊吊钩，将电机吊出移走，放到专用支撑架或枕木上，并将电机侧联轴器齿轮用塑料布包裹好，防止沙尘雨水进入(图 3-6)。

(5) 拆卸电机支撑座 M24 螺栓，行吊吊出移走放置到指定地点。

(6) 拆卸泵侧联轴器齿轮封盖，6 个 M10 螺栓。在齿轮上用明火加热到 100℃左右，利用拆卸专用工具提出齿轮和齿套，再取出平键(图 3-7)。

(7) 测量联轴器定位螺母到轴头顶端的距离和定位螺母到平衡螺母的距离，做好记录。松开齿轮联轴器定位螺母 M8 顶丝，拆除定位螺母。测量轴头到止推平衡螺母的距离，做好记录(图 3-8)。

(8) 轴头挂手动葫芦(5t)将轴上提 4mm，清理干净螺纹，并在螺纹上涂抹润滑脂 blue moly，利用钩 头扳手把转子定位螺母往上旋出 4mm 以上，再将轴放回到泵底部，此时叶轮落在入口的锥形盖板上。将螺纹清理干净后涂润滑油，旋出平衡螺母。

图 3-6 电机吊装图

图 3-7 齿轮联轴器拆卸图

（9）拆卸止推轴承箱与基座固定盖板的两个定位用的螺尾锥销和固定螺栓 M20。

（10）用 3 个手动葫芦吊出轴承箱，起吊前用顶丝顶开轴承箱使之与基座盖板分离，用 2t 倒链拉紧上提轴承箱，吊离轴承箱至指定位置。

注意：轴承箱上放水平尺，用 2 个 0.5t 的葫芦来调节平衡，上提时要保持平衡均匀，不能有卡涩现象。

（11）拆卸连接止推轴承平键。取出挡水圈、拆卸填料压盖、填料函。

（12）拆卸泵基座定位盖板螺栓，在基础盖板上安装好 4 个起重专用吊耳。利用 4 根 10t 的吊带吊起升至 3m 高处停下，安装专用拆装泵槽钢卡具，对称拆卸 6 个预放到卡具上的法兰螺栓 M20，再将泵平稳放在卡具上。

注意：拧紧 2 根 M20 槽钢卡具螺栓，确保提升管法兰最大面积平稳落在卡具上（图 3-9）。

图 3-8 轴头与止推平衡螺母距离测量图

图 3-9 槽钢卡具安装图

（13）拆卸泵提升管筒剩余法兰螺栓 M20。垂直吊出基础定位盖板（标记为第六节提升管筒），移到空地平置摆放到枕木上。

（14）取下提升管法兰结合面的密封胶圈，安装好防坠落盖板，松开连接在轴承支架上的冷却水管螺栓，在冷却水管的吊耳上挂上吊装用的绳子，一边用专用链子钳旋转松动承插在泵筒里的冷却水管，一边用吊车吊出冷却水管。

（15）清理泵上联轴器的玻璃胶并用清洗油擦拭干净再用净化风吹净，在轴上涂上润滑脂。松开筒式联轴器密封压盖的顶丝将其提至上面轴肩处，月顶丝固定好，将轴头上端装上吊耳后配合 2t 倒链吊起轴（此时，倒链恰好受力此根轴的力），利用卸联轴器的专用卡具安装在联轴器上，在轴上挂 2 个 0.5t 的倒链，松开联轴器上的顶丝，利用 2 个 0.5t 的倒链均匀受力同步缓慢上提联轴器至顶部压盖处（注意：缓慢提升时要反复试探进行，以免被异物卡住，造成咬合现象），将顶丝顶紧，2 个人配合用一字螺丝刀或小型撬棍和橡胶锤取下两个半环和键，以断开上部轴和中间轴，移走上部轴（标记为第四根轴）（图 3-10）。

（16）2 个 0.5t 的倒链同步垂直缓慢下降，使联轴器平缓下滑至地面，取下压盖和键，再将轴平稳放置在马凳上。

注意：在拆装联轴器时，2 个 0.5t 倒链需拉力一致、均匀，使联轴器均匀、缓慢地上提或下滑。

（17）取下中间轴联轴器密封压盖。提升管筒上安装专用吊耳，利用 2 根 10t 吊带，拆除第五节提升管筒。

（18）在 3t 电动葫芦上挂 2 个 2t 手动葫芦，将 2t 手动葫芦挂在提升管吊耳上。利用电动葫芦和手动葫芦将第四节提升管筒吊出（由于原行车的吊装高度不够，后在小行车上安装了 3t 电动葫芦，解决吊装高度的问题），将其平稳放置在枕木上（图 3-11）。

注：首先用 2 个手动葫芦同步上提管筒 3m 以上高度，然后再用电动葫芦上提超过轴头顶端面。

图 3-10 联轴器拆卸吊装图

图 3-11 电动葫芦吊装提升管图

（19）同上，拆除第三根轴及联轴器。

注：拆卸轴时，首先利用行车吊起吊篮将维修人员送至轴头处安装吊耳。

（20）参照第五节提升管筒拆卸步骤，拆除第三节提升管筒。

（21）参照第四节提升管筒拆卸步骤，拆除第二节提升管筒。

（22）重复第一根轴拆除步骤，拆除第二根轴及联轴器。

（23）将第一节提升管筒上安装吊耳后，连同泵整体提出泵井，垂直吊到指定位置下降至入口滤网底端距离地面 10mm 左右。拆卸入口滤网，M24 螺栓。

（24）将泵吊至指定位置落下(下面平整铺好枕木和胶板)。

（25）拆卸提升管筒法兰(标记为第一节提升管筒)与泵导流扩压器筒法兰的螺栓 M20。将第一节提升管筒吊出，平放至指定位置。

（26）在泵导流扩压器上安装 4 个吊耳后，利用 4 根 10t 等长的吊带挂至行车大钩上。拆卸泵导流扩压器与泵入口锥形盖板连接螺栓 M24。垂直吊离泵导流扩压器平置放至指定位置。

（27）用吊篮将维修人员送至轴头处，在轴头安装吊耳后，大钩上挂上 2t 倒链，利用倒链将轴吊离锥形盖板 20mm 以上后，再用行车垂直调离轴同叶轮。

（28）利用叶轮上的 4 个平衡孔穿吊带挂上 2 个 0.5t 的葫芦，2 个葫芦生根挂在泵轴上，调整好叶轮的水平，拉紧倒链。

（29）拆卸叶轮压盖螺栓 M12，用顶丝取下压盖。拆下叶轮固定卡环。同时，缓慢下落 2 个 0.5t 的倒链，使叶轮垂直缓慢下降直至脱离轴，使叶轮平稳落在枕木上。

注：此时，2 个 0.5t 的倒链受力应一致，拉链要同步。如遇到卡涩，要使 2 个葫芦反复上下拉动，可用橡胶锤振动。

（30）将轴平置落在马凳上。

四、泵的零部件检查修理

（1）检查各个轴套，如有损坏或磨损超差则应更换。去除清洁定位卡环上的密封胶。

（2）取下定位卡环的稳钉 M8，取下卡环套和卡环(图 3-12)。

（3）在轴套上安装专用拆装卡具，用明火加热，对称敲击取出轴套，取下轴套上的平键。

（4）清洁检查轴表面，如有拉毛、裂纹或损坏则修复或更换。

（5）检查各个轴承，如有损坏或磨损超标则更换。

（6）拆除轴承挡盖螺栓，取下压盖。取下轴承与壳体连接稳钉。

（7）用专用工具，配合液压千斤顶拉出轴承(图 3-13)。

（8）清洁检查各壳体与轴承配合部位，如有损伤则及时修复。

（9）检查清洗各个连接结合面，如有碰伤或腐蚀需及时修复。

（10）检查清洗所有螺栓及各个零部件，如有损坏需修理或更换。

（11）制作粘接提升管筒结合面等处的 O 形圈。

（12）检查 4 根轴各位置的圆跳动。

图 3-12 轴套定位卡环拆除图

图 3-13 轴承拆卸图

注：第一根轴跳动最大允许值 0.23mm，第二根、第三根轴跳动最大允许值 0.33mm，第四根轴最大允许值 0.18mm，如有超出标准则校直修复。

（13）检查叶轮与锥形盖板的磨损程度，如有损伤则修复或更换。

（14）检查叶轮及泵导流扩压器密封耐磨环，如超差则更换。

（15）检查泵导流扩压器顶部密封口环与轴套配合间隙，如有超差则更换（允许值 1.5~4.0mm）。

（16）止推轴承的检查与维修待定。

（17）检查各联轴器和平键，如有拉伤或损坏及时修复或更换达到试装检验合格标准。

（18）检查需更换的零件部件，轴承、轴套需要试装，符合要求好用。

五、泵的重新组装

（一）回装轴套

（1）轴上轴套位置一端处装入轴承定位卡环套，轴定位槽和两半卡环涂上密封胶装入，将卡环定位套推到位，用稳丝固定。

（2）在轴与轴套配合处涂上黏合剂 648，装上平键，将轴套推入到定位卡环处。

注：轴套与定位卡环结合面处须涂上密封胶。

（3）轴上轴套位置另一端处装入轴承定位卡环套，轴定位槽和两半卡环涂上密封胶装入，再将卡环定位套推到位，用稳丝固定。

（4）在各个接合缝隙处涂抹玻璃胶。

（二）回装轴承

（1）将轴承与壳体结合面处涂抹黏合剂 648，将轴承推入壳体。

（2）安装轴承挡盖，连接螺栓上涂防松剂 242。

（3）在各个接合缝隙处涂抹玻璃胶。

（三）回装叶轮

（1）行车大钩挂上 2t 倒链，将第一根轴垂直吊起，并在轴上固定好 2 个 0.5t 的倒链。

（2）用 2 个 0.5t 的倒链挂在叶轮上，调整好水平。

（3）将轴与叶轮配合处安装平键，再涂抹润滑脂。

（4）2 个 0.5t 的倒链同时上拉，缓慢将叶轮装入轴内至轴肩处。

注：2 个倒链受力要一致，如有卡滞现象及时停止检查调整。

（5）叶轮定位卡块上涂抹防腐剂后，安装到轴槽处。

（6）安装叶轮固定盖（在与叶轮结合面处涂抹防腐剂）。

（7）在各接合面缝隙及顶丝孔处涂上玻璃胶。

（四）泵体的回装

重新组装是按照泵体拆卸的相反顺序来进行。但需要注意以下两点：

（1）将电机安装到电机座上，带上螺栓即可。调整电机与泵的同心度到规定数值（轴向、径向都小于 0.05mm）。

（2）将电机固定螺栓拧紧到扭矩。安装泵联轴器齿轮密封盖，测量两轴间距是否在 200mm±1mm 范围内（图 3-14）。

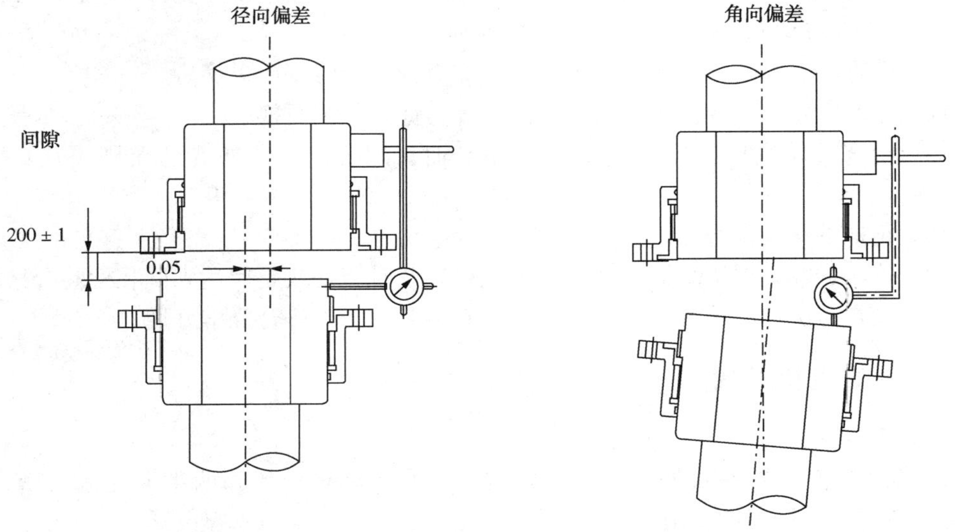

图 3-14　联轴器找正图（单位：mm）

第六节　故障排除指南

表 3-2 为故障排除表。

表 3-2　故障排除表

故　障	可能原因	解决方法
电机不运转，泵不能启动	没有送电	检查启动装置和电源供给的故障，并进行必要的纠正
电机跳闸，泵不能启动	超载设置有误	必要的话，重新设置
	电机过载了	检查运转额定点/额定范围，必要时进行维修纠正
	泵或电机卡住	拆下联轴器。检查每个设备都能够自由地转动。需要时，进行维修

续表

故　障	可能原因	解决方法
泵能启动，但出口压力在较大范围内上下波动	入口堵塞	检查入口过滤器或管内是否有障碍物
	出口系统损失	关闭出口阀，直至产生的扬程稳定下来。并对照运行数据检查
	泵汽蚀	为了达到正常的运行状态，要确保在入口有充足有效的吸入压头
来自泵组的严重的振动	安装螺栓不稳定或松动	检查所有的紧固螺栓并再次进行上紧
	底座松动	检查垫铁是否在正确位置。再次拧紧地脚螺栓
	泵或电机轴承受损	检查轴承，必要时进行更换
泵在出口阀关闭时的扬程正常，但在运行过程中压头急剧下降	泵中有堵塞或异物	将泵拆卸，清理堵塞物
	因电机配有防反转装置（可以不考虑反转）	
泵在入口叶轮部位有噪声	泵发生汽蚀	为了达到正常的运行状态，要确保在入口叶轮有充足的有效吸入压头
	泵内有异物	拆开泵去除异物。检查叶轮等部件有无损坏
泵推力轴承处有噪声	推力轴承有故障	检修或更换
电机振动噪声	电机轴承故障	检查或更换
泵填料压盖泄漏过度	填料密封磨损或失效	检查，调整或更换
出口压力低	运行条件变化	重新检查，进行纠正
	出口侧管道泄漏	检查并修复
	泵内部磨损	拆卸泵，维修或更换磨损部件
电机电流过高	泵的效率低，转动部件与静止部件摩擦	拆泵检查磨损状况，修复或更换相关部件。
	泵转子接触到壳体	拆泵维修纠正
轴承温度过高	止推轴承缺油	仔细检查，并添加适量的润滑油
	冷却水不足	检查冷却水管，适当增加水流量
	轴承损坏	检修、更换
	使用了不正确的（错误规格牌号）润滑油	排掉轴承内的油，添加正确规格的油
	轴承内有杂质异物	检查并清除异物杂质
泵突然停止运转	泵或电机内存在过度摩擦	拆下联轴器。检查每个设备是否能自由运转。如有必要进行纠正

第七节　附件螺栓力矩表

表 3-3 为螺栓拧紧扭矩表。

表 3-3　螺栓拧紧扭矩表　　N

螺栓尺寸	材质					
	SS400	S45C	SUS316L SUS304L	SUS316 SUS304	SUS329J3L	SCM435
M5	2	2.5	1.5	1.7	3.8	6.7
M6	3	4.5	2.5	2.9	6.5	11.3
M8	8	12	6	7	15	27
M10	16	24	12	14	31	54
M12	28	41	21	24	54	95
M16	70	100	50	60	135	235
M20	130	200	100	120	260	460
M24	230	350	170	200	450	800
M30	470	690	350	410	900	1580
M36	820	1200	610	720	1580	2770
M42	1300	1900	980	1100	2530	4430

第四章　高压输送泵

第一节　概　　述

一、高压泵的介绍

高压泵是维持 LNG 接收站外输的关键设备，江苏 LNG 接收站采用的是美国 EBARA 公司生产的高压泵。目前，江苏 LNG 接收站共安装了 7 台 EBARA 公司生产的十五级潜液式立式屏蔽泵，LNG 高压泵的泵体和电机连接成一体，安装在深约 5m 的 LNG 储罐的泵井中，浸没在-162℃的 LNG 中。

二、主要技术参数

泵参数见表 4-1。

表 4-1　泵参数

型　号	8ECC-1515	型　号	8ECC-1515
部件号	7001148-01	电源	6000V/50Hz/3 相
工作介质	液化天然气(LNG)	满载电流/A	242.5
相对密度	0.427/0.465	起动电流/A	1506
设计压力/bar	130.8/17.9	泵质量/kg	8980
泵容量/m^3	450	盖板/kg	2267
泵扬程/m	2275	电气系统/kg	236
转速/(r/min)	3000	泵长/m	4.722
电机/kW	2096		

第二节　维护与故障诊断

一、每日常规维护巡检

(1) 检查电机的电压和电流。
(2) 检查泵和电机的振动。
(3) 检查出口压力。

二、定期维护

这种泵一般在运行 8000h 以上进行维护检查。轴承及轴衬套由介质提供内部润滑，它们是正常情况下可能磨损的部件。轴承及衬套的紧急故障通常伴随着噪声与振动水平的上升或电机电流消耗的增加。这些变化能借助适当的仪表和定期检测检查出来。

三、计划性维护

在正常情况下，无须计划例行维护。除非泵的性能退化或者严重振动而表明泵正在发生问题，并且很快将可能发生故障，否则，不需要将正在运行的泵停机拆除。

四、不定期维护

只有在发生可疑的、紧急的或实际的故障时才需要进行不定期维护。除了实际中断运转之外，其他紧急性故障的迹象包括：

（1）异常运转噪声。

（2）过度振动。

（3）过大电流消耗。

（4）液压性能退化。

注：如果在泵运转期间发生这些状况，则停泵，拆除并进行检查。

五、故障诊断

表 4-2 为故障诊断表。

表 4-2　故障诊断表

故　障	可能的原因	维修措施
未达到额定压力或液位	漏气	更换垫片和 O 形圈
	磨损环已磨损	拆卸更换
	叶轮或扩压器管堵塞	拆卸并清理
	叶轮损坏	更换
液体不上量	泵转向错误	调整转向
气穴	液位太低	升高液位或降低泵的流量
泵振动	轴承磨损	拆卸更换
	泵在最小流量下运行	增加流量
	旋转部件损坏	修理或更换
	气穴	降低流量或停泵
	叶轮堵塞	必要时清理

续表

故　障	可能的原因	维修措施
泵转速提高所需的时间增加	内部间隙受损	修理或更换
	轴承磨损	修理或更换
	转子故障或在单相状态下运行	检查电压以获得平衡，如不平衡则进行修理
	电气问题	检查系统并修理
电流损耗过高	内部间隙受损	修理或更换
	轴承磨损	修理或更换
	转子故障或在单相状态下工作	检查电压以获得平衡，如不平衡则进行修理

第三节　高压泵的大修

一、前期准备

(一) 工艺隔离

办理作业手续，断电，工艺隔离。

(二) 主要工具材料的准备

表 4-3 为工具材料表。

表 4-3　工具材料表

序　号	名　称	数　量	用　处
1	12in 300#特薄插板	1	入口管线
2	2in 300#插板	1	入口预冷
3	48in 150#盲法兰	1	泵盖
4	10in 1500#盲法兰	1	出口管线
5	6in 300#盲法兰	1	放空管线
6	40in 盲法兰	1	垫泵用
7	法兰分离器	2	出口管线
8	10t 吊带	4	
9	3t 吊带	4	
10	5t 吊带	4	
11	2t 倒链	2	
12	枕木		
13	8 字形垫片	1	

续表

序号	名称	数量	用处
14	记号笔	2	
15	65 的扳手	2	泵壳和电机壳连接处螺栓
16	扭力倍增器	1	
17	1in 旋转吊耳	4	
18	1/2in 旋转吊耳	2	
19	氧乙炔		
20	橡胶锤	2	
21	电机端盒轴承 6320	1	
22	19 的扳手	1	电机端盒轴承压盖
23	螺栓锁片	8	电机端盒轴承压盖
24	四氟垫圈	2	电机端盒壳体及电机定子上端面
25	50 的套筒	2	主轴承壳体和电机壳体连接螺栓
26	螺栓锁片	36	电机定子上、下端面
27	四氟垫片	24	出口导流管
28	红色 O 形圈	12	出口导流管
29	中间轴承(6320)	1	
30	中间轴承垫环	1	
31	中间轴承锁片	1	
32	中间轴承锁圈	1	
33	专用工具	1 套	
34	唇式密封	1	中间壳体端上部
35	橡胶 O 形圈	1	平衡盘密封圈
36	平衡盘	1	
37	锁片	8	平衡盘螺栓锁片
38	14 的扳手	1	平衡盘螺栓
39	锁片	1	平衡叶轮
40	螺母	1	平衡叶轮
41	平衡叶轮	1	
42	填隙片	1 套	
43	11 的扳手	1	叶轮卡环螺栓

续表

序　号	名　称	数　量	用　处
44	螺栓锁片	90	叶轮卡环螺栓
45	唇式密封	1	叶轮中间套环
46	密封圈	1	诱导轮壳体
47	19 的扳手	1	尾轴承压盖
48	螺栓锁片	6	尾轴承压盖
49	橡胶 O 形圈	2	回流管
50	8in-900# 吊法兰	1	吊泵头用
51	55 岔口扳手	2	8 字法兰处连接螺栓
	30-31 岔口锤击扳手		8 字法兰处连接螺栓
52	MS 叶轮	14	多级叶轮
53	吸液叶轮	1	
54	诱导轮		
55	叶轮耐磨环	14	多级叶轮 13 个、平衡叶轮入口 1 个
56	平衡叶轮壳体耐磨环	1	SST
57	叶轮耐磨环		平衡叶轮出口
58	叶轮壳体耐磨环	14	SST
59	轴套	14	
60	叶轮耐磨环	1	吸液叶轮
61	内部五金件	1 套	
62	外部五金件	1 套	
63	吊耳	2 套	吊泵壳用
64	轴承衬套	2	中间及端盒轴承
65	轴承 6314	1	尾轴承
66	节流环	1	铜、电机壳体处
67	卡环	12	出口管 sst
68	孔板	2	回流管接头处

（三）拆保冷

拆除泵盖法兰、出口管线、入口管线、预冷管线、放空管线法兰处的保冷，露出连接螺栓。

（四）机械隔离

此步骤需要在设备断电及工艺能量隔离完成后进行。对 12in 300# 入口管线打插板及 2in 300# 入口预冷管线打插板。

（五）其他检查及准备

在泵检修前，准备好吊泵及运泵用的吊车，并提前在车间内准备好拆装高压泵的固定支架。

二、从泵井里吊出泵

（1）工艺给点微正压的氮气，拆除出口管线、放空管线及泵盖连法兰处连接螺栓。

注：先对称松几个螺栓，再依次松开其他的，松最后几个螺栓时人要侧开，注意泵井内及管线中漏出的 NG。

（2）电气拆电缆头，仪表拆表支架；吊车将泵连着泵顶板大盖一起从泵井内吊出，水平放置在随车吊中，运到车间准备拆检。

（3）泵吊出后，对泵出口管线、放空管线及泵盖打盲板隔离。

三、高压泵的解体

（1）车间内拆除泵的两个回流管，仪表拆除探头。

（2）55 及 30 的岔口扳手拆除泵顶板大盖处的连接螺栓，吊走泵顶板大盖。

注：吊泵顶板大盖时，注意保护好电缆线。

（3）拆除泵其中一根支腿，将泵倒立放置在固定支架上（吸入口朝上），并固定。

（4）19 的套筒扳手拆除尾轴承压盖螺栓，取出尾轴承压盖。

（5）65 的扳手拆除泵壳体和电机壳连接螺栓，氧乙炔加热入流壳体中上部分位置（回流管下面一点一点即泵法兰密封圈位置），测温仪测量温度 50℃ 即可，M24 吊耳吊出泵壳体。

注：吊泵壳体注意诱导轮的壳体可能因低温结冻连着泵壳一起，吊装时须留意。

（6）连着尾轴承一起吊走入流外壳及密封圈。

（7）11 的扳手拆除诱导轮卡环螺栓，取出卡环，取走诱导轮和键。

（8）11 的扳手拆除吸入口叶轮卡环螺栓，取走卡环，取走叶轮和键。

（9）挂 2 个 1/2in 旋转吊耳在吸入口扩散管外壳体上，氧乙炔加热吸入口扩散管外壳中上部至 50℃，吊走吸入口扩散管外壳。

注：不要加热下部以防热传到下一级扩散管壳体上，造成 2 个壳体都受热膨胀，加热时注意扩散壳体上的连接口环可能会因加热的缘故而松动，回装时一定要检查好，如果松动则直接用橡胶锤敲击到位即可。

（10）参考（8）、（9）以同样的方式拆除泵中间叶轮及中间扩散壳体一节。

（11）参考（8）取出中间叶轮，两人用手托起扩散壳体（带平衡孔），取走。

（12）取走密封环及唇式密封，参考（8）、（9）以同样的方式取出其他中间叶轮及中间扩散壳体 11 个；取走扩散壳体的支撑壳体及中间轴承壳体端面的唇式密封。

（13）安放专用工具，拆除平衡叶轮锁紧螺母及锁紧垫片，取出平衡叶轮及调整垫片。

（14）14 的套筒扳手拆除平衡盘的紧固螺栓，取走平衡盘及 O 形圈。

（15）安放拆中间轴承的专用工具，泵轴上挂 1in 的旋转吊耳及 2t 的倒链，将泵轴吊起 1mm 高度，拆除中间轴承的锁紧螺母、锁紧垫片及垫环，取出中间轴承。

（16）50 的扳手拆除电机壳体连接螺栓，连着中间轴承壳体及电机壳体整体吊出，吊走壳体时注意三根电缆线须顺着吊出。

注：如果中间轴承壳体段零部件有损坏则还需断开中间轴承壳体和电机壳体进行检查；50 的扳手拆除连接螺栓后加热连接止口后，取出。

（17）吊走泵轴，并水平放置在 V 形铁上。

（18）吊走 5 个出口管。

（19）19 的扳手拆除电机端盒轴承压盖，取出电机轴承。

四、零部件的检测

测量各配合零部件数据，并记录。见表 4-4。

表 4-4 各零部件配合尺寸测量表

位　置	名　称	设计尺寸/mm	实际尺寸/mm
尾轴承	尾轴承衬套内径 ϕ_1	150. 22/150. 26	
	轴承外径	150	
诱导轮	诱导轮入口腔内径 ϕ_2 诱导轮外径 ϕ_3 配合间隙	226. 19 /226. 31 224. 92 /224. 79 1. 27/1. 52	
第一级	入流壳耐磨环内径 ϕ_4 叶轮下磨损环外径 ϕ_5 配合间隙	247. 85/247. 88 247. 68/247. 65 0. 18/0. 23	
	扩散壳体口环内径 ϕ_6 对应轴径 ϕ_7 配合间隙	76. 43/76. 45 76. 20/76. 17 0. 23/0. 28	
第二级	扩散壳体耐磨环内径 ϕ_8 叶轮下耐磨环外径 ϕ_9 配合间隙	241. 76/241. 78 241. 38/241. 35 0. 38/0. 43	
	扩散壳体口环内径 ϕ_{10} 对应轴径 ϕ_{11} 配合间隙	76. 43/76. 45 76. 20/76. 17 0. 23/0. 28	

续表

位置	名称	设计尺寸/mm	实际尺寸/mm
第三级	扩散壳体耐磨环内径 ϕ_{12} 叶轮下耐磨环外径 ϕ_{13} 配合间隙	241.76/241.78 241.38/241.35 0.38/0.43	
	扩散壳体口环内径 ϕ_{14} 对应轴径 ϕ_{15} 配合间隙	76.43/76.45 76.20/76.17 0.23/0.28	
第四级	扩散壳体耐磨环内径 ϕ_{16} 叶轮下耐磨环外径 ϕ_{17} 配合间隙	241.76/241.78 241.38/241.35 0.38/0.43	
	扩散壳体口环内径 ϕ_{18} 对应轴径 ϕ_{19} 配合间隙	76.43/76.45 76.20/76.17 0.23/0.28	
第五级	扩散壳体耐磨环内径 ϕ_{20} 叶轮下耐磨环外径 ϕ_{21} 配合间隙	241.76/241.78 241.38/241.35 0.38/0.43	
	扩散壳体口环内径 ϕ_{22} 对应轴径 ϕ_{23} 配合间隙	76.43/76.45 76.20/76.17 0.23/0.28	
第六级	扩散壳体耐磨环内径 ϕ_{24} 叶轮下耐磨环外径 ϕ_{25} 配合间隙	241.76/241.78 241.38/241.35 0.38/0.43	
	扩散壳体口环内径 ϕ_{26} 对应轴径 ϕ_{27} 配合间隙	76.43/76.45 76.20/76.17 0.23/0.28	
第七级	扩散壳体耐磨环内径 ϕ_{28} 叶轮下耐磨环外径 ϕ_{29} 配合间隙	241.76/241.78 241.38/241.35 0.38/0.43	
	扩散壳体口环内径 ϕ_{30} 对应轴径 ϕ_{31} 配合间隙	76.43/76.45 76.20/76.17 0.23/0.28	

续表

位 置	名 称	设计尺寸/mm	实际尺寸/mm
第八级	扩散壳体耐磨环内径 ϕ_{32} 叶轮下耐磨环外径 ϕ_{33} 配合间隙	241.76/241.78 241.38/241.35 0.38/0.43	
	扩散壳体口环内径 ϕ_{34} 对应轴径 ϕ_{35} 配合间隙	76.43/76.45 76.20/76.17 0.23/0.28	
第九级	扩散壳体耐磨环内径 ϕ_{36} 叶轮下耐磨环外径 ϕ_{37} 配合间隙	241.76/241.78 241.38/241.35 0.38/0.43	
	扩散壳体口环内径 ϕ_{38} 对应轴径 ϕ_{39} 配合间隙	76.43/76.45 76.20/76.17 0.23/0.28	
第十级	扩散壳体耐磨环内径 ϕ_{40} 叶轮下耐磨环外径 ϕ_{41} 配合间隙	241.76/241.78 241.38/241.35 0.38/0.43	
	扩散壳体口环内径 ϕ_{42} 对应轴径 ϕ_{43} 配合间隙	76.43/76.45 76.20/76.17 0.23/0.28	
第十一级	扩散壳体耐磨环内径 ϕ_{44} 叶轮下耐磨环外径 ϕ_{45} 配合间隙	241.76/241.78 241.38/241.35 0.38/0.43	
	扩散壳体口环内径 ϕ_{46} 对应轴径 ϕ_{47} 配合间隙	76.43/76.45 76.20/76.17 0.23/0.28	
第十二级	扩散壳体耐磨环内径 ϕ_{48} 叶轮下耐磨环外径 ϕ_{49} 配合间隙	241.76/241.78 241.38/241.35 0.38/0.43	
	扩散壳体口环内径 ϕ_{50} 对应轴径 ϕ_{51} 配合间隙	76.43/76.45 76.20/76.17 0.23/0.28	

续表

位　置	名　称	设计尺寸/mm	实际尺寸/mm
第十三级	扩散壳体耐磨环内径 ϕ_{52} 叶轮下耐磨环外径 ϕ_{53} 配合间隙	241.76/241.78 241.38/241.35 0.38/0.43	
	扩散壳体口环内径 ϕ_{54} 对应轴径 ϕ_{55} 配合间隙	76.43/76.45 76.20/76.17 0.23/0.28	
第十四级	扩散壳体耐磨环内径 ϕ_{56} 叶轮下耐磨环外径 ϕ_{57} 配合间隙	241.76/241.78 241.38/241.35 0.38/0.43	
	扩散壳体口环内径 ϕ_{58} 对应轴径 ϕ_{59} 配合间隙	76.43/76.45 76.20/76.17 0.23/0.28	
第十五级	扩散壳体耐磨环内径 ϕ_{60} 叶轮下耐磨环外径 ϕ_{61} 配合间隙	241.76/241.78 241.38/241.35 0.38/0.43	
	主轴承壳体耐磨环内径 ϕ_{62} TEM 叶轮上耐磨环外径 ϕ_{63} 配合间隙	292.38/292.40 292.13/292.10 0.25/0.30	
主轴承壳体	主轴承壳体轴套内径 ϕ_{64}	215.42/215.47	
电机端盒	端座轴套内径 ϕ_{65}	215.32/215.37	
	轴向窜动	1.68/2.11	

五、回装高压泵

（1）清理轴及高压泵各零部件（如加工后的零件去毛刺，受伤的表面去高点，轴配合面用砂纸、油石打磨），用90%煤油和10%透平油清洗轴承并用风吹干后用塑料袋子装好。

注：回装高压泵时，要保持清洁干燥的作业环境。

（2）回装终端盒处轴承（注意轴承方向），回装轴承压盖。更换5个出口管的密封圈及垫片，回装出口管。

（3）将泵轴垂直吊起，一端插入终端盒轴承内，到位后，螺栓涂抹专用润滑脂，拧紧轴承压盖螺栓到力矩50N·m。

(4) 终端盒法兰面处O形圈上涂抹专用O形圈密封胶，回装。吊起电机壳，回装电机壳。

(5) 对号记号后，螺栓涂抹专用润滑脂，紧固电机壳和终端盒的连接螺栓到力矩860N·m。

(6) 回装中间轴承到电机壳内，注意方向。

(7) 放上轴承垫圈、装上轴承锁紧垫片、螺母及专用工具，将轴吊起一段距离直至轴承往上移到1mm即可。

(8) 专用工具紧固轴承锁紧螺母至550N·m，橡胶锤敲击螺母至锁紧垫片可以嵌到螺母槽内。松开吊车，拆除装用工具，锁好垫片。

(9) 仔细检查平衡盘有无拉伤磕碰，回装O形圈，螺栓涂抹专用润滑脂。紧固螺栓到力矩20N·m，稳钉滴上一滴专用螺纹防松剂，拧紧。

(10) 依次装入调整垫片、专用工具、锁紧垫片及螺母，紧固，用塞尺检查配合间隙。模拟平衡叶轮装入后的状况。

注：紧固后，要能自由盘车，保证塞尺检查间隙值为0~0.05mm。

(11) 拆除专用工具，取出调整垫片，测量下厚度并留作记录。回装调整垫片、键、平衡叶轮、锁紧垫片及螺母、专用工具，紧固到力矩400N·m左右，橡胶锤敲击至垫片可以嵌到螺母槽内，紧固垫片。

(12) 装入百分表架，吊车缓缓吊起轴至提不动为止，百分表打泵轴轴向窜量，注意打跳动时不要让叶轮转动。

(13) 按照高压泵解体的反顺序依次回装叶轮壳体的基座壳、叶轮壳体及叶轮。

注：叶轮壳体的4个销子要对齐，叶轮中间密封套环处唇式密封开口向下。

(14) 回装诱导轮，回装诱导轮壳体及密封圈。

(15) 打轴向串量，并记录。

(16) 回装尾轴承，紧固尾轴承压盖螺栓至力矩50N·m。

(17) 加热入流壳体(回流管下一点点位置)至50℃，回装入流壳体，紧固螺栓至力矩1650N·m。

(18) 仪表连接探头。

六、将泵安装到泵井里

(1) 现场准备一块盲法兰，用斜铁找好水平，并搭设回装泵顶大盖的脚手架。

(2) 将高压泵泵体和泵顶大盖用吊车运至现场。

(3) 高压泵出口8字法兰处安装专用吊装法兰，将高压泵垂直吊起落在已在现场找好水平的盲法兰上。

(4) 吊起泵顶大盖，回装至泵体上，并紧固至力矩1200N·m。

(5) 吊起泵整体，将高压泵放置在泵井里。

(6) 连接出口管线法兰至力矩3200N·m、入口管线850N·m、预冷200N·m、放空300N·m及泵大盖法兰850N·m。

第四节　泵试运行

泵全部回装完成后。解除能量隔离，试机。记录运行参数，见表 4-5。

表 4-5　运行参数表

流量	
振动	
出口压力	
电流	

第五节　图　　纸

一、装配图

泵装配图和泵总体布置图如图 4-1～图 4-4 所示。

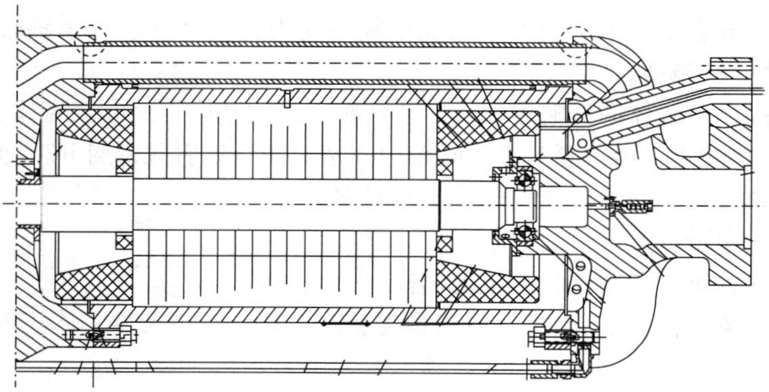

图 4-1　泵装配图(1)

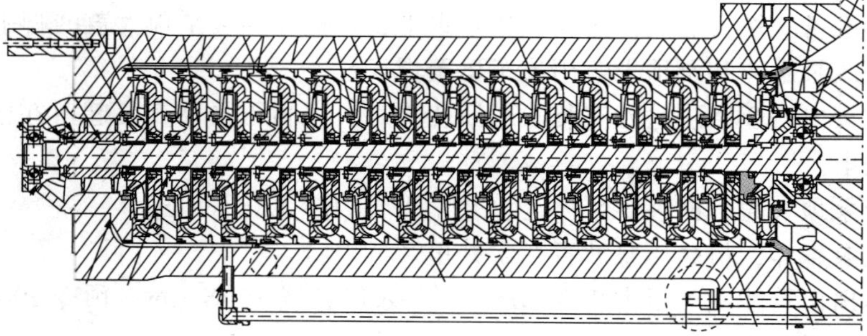

图 4-2　泵装配图(2)

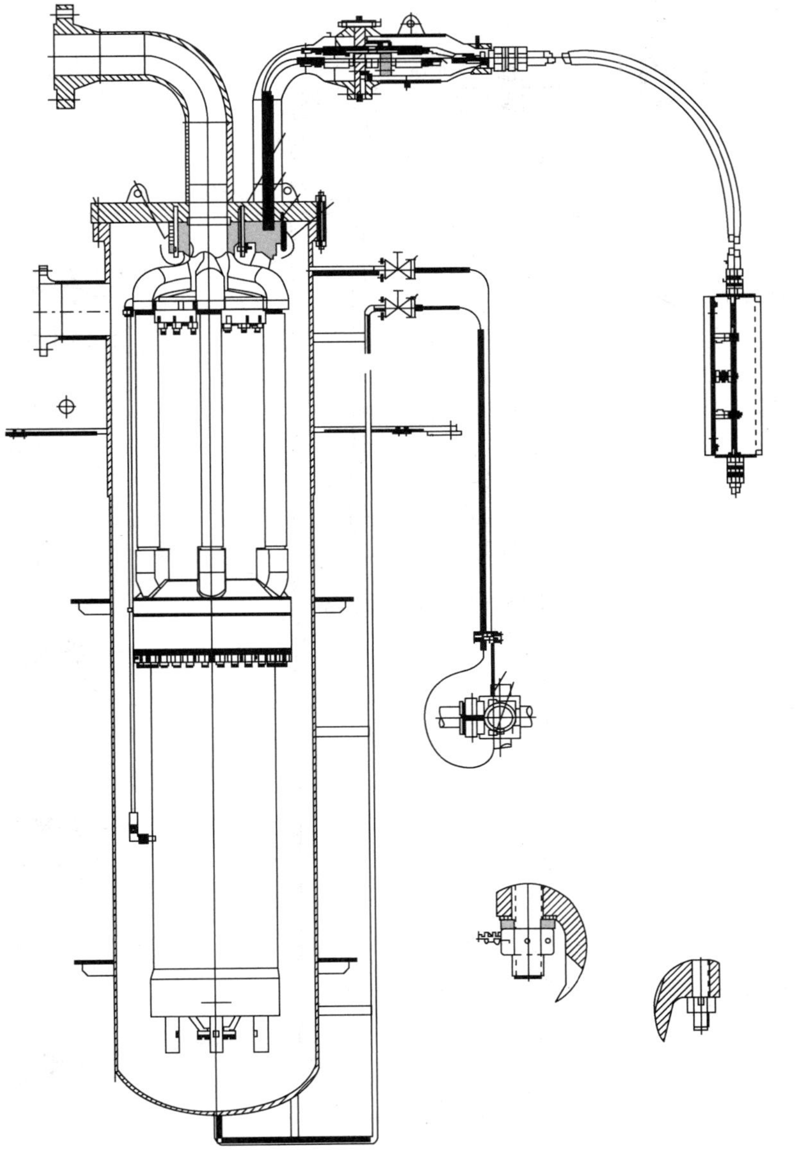

图 4-3　泵总体布置图(1)

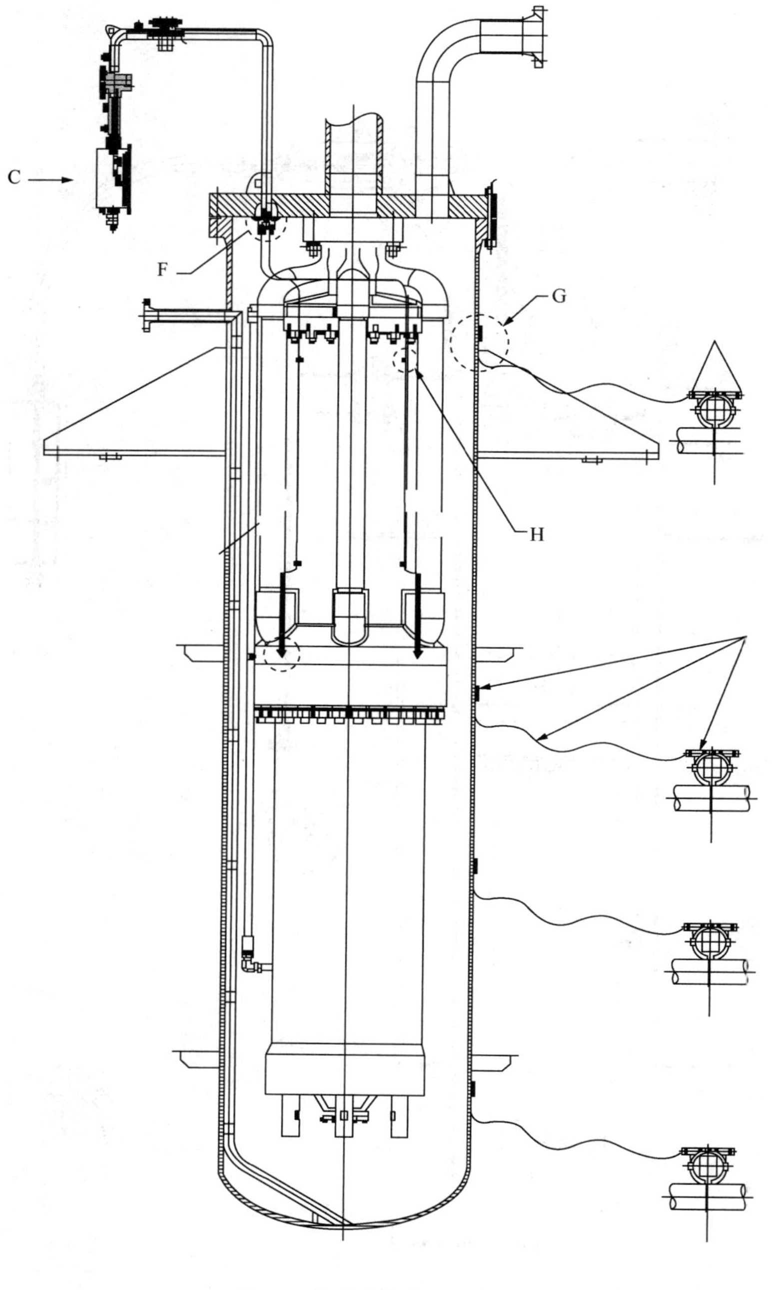

图 4-4　泵总体布置图(2)

二、零部件图

图 4-5~图 4-12 依次为电机端盒图、电机外壳图、中间轴承外壳图、泵轴图、叶轮壳体图、诱导轮壳体图和叶轮图。

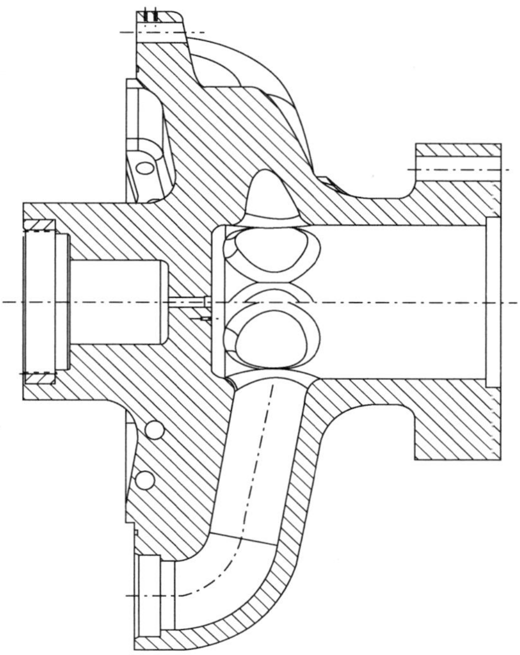

图 4-5 电机端盒图

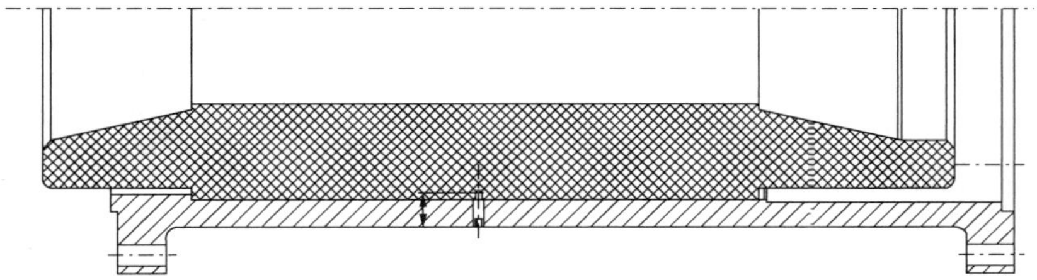

图 4-6 电机外壳图

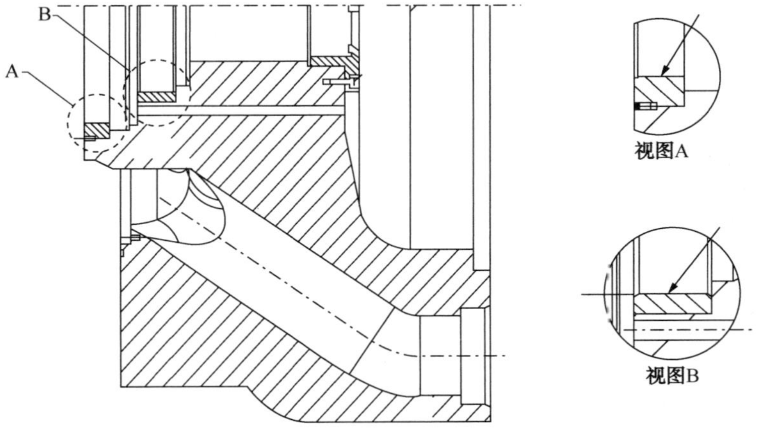

图 4-7 中间轴承外壳图

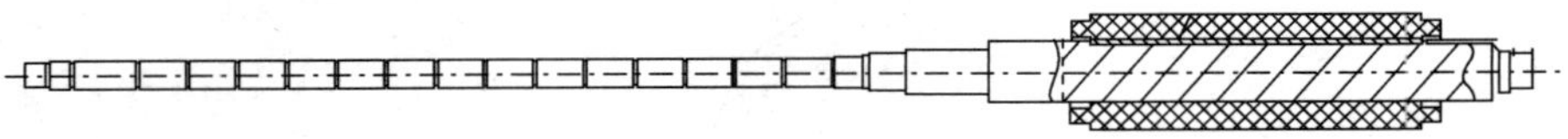

图 4-8　泵轴图

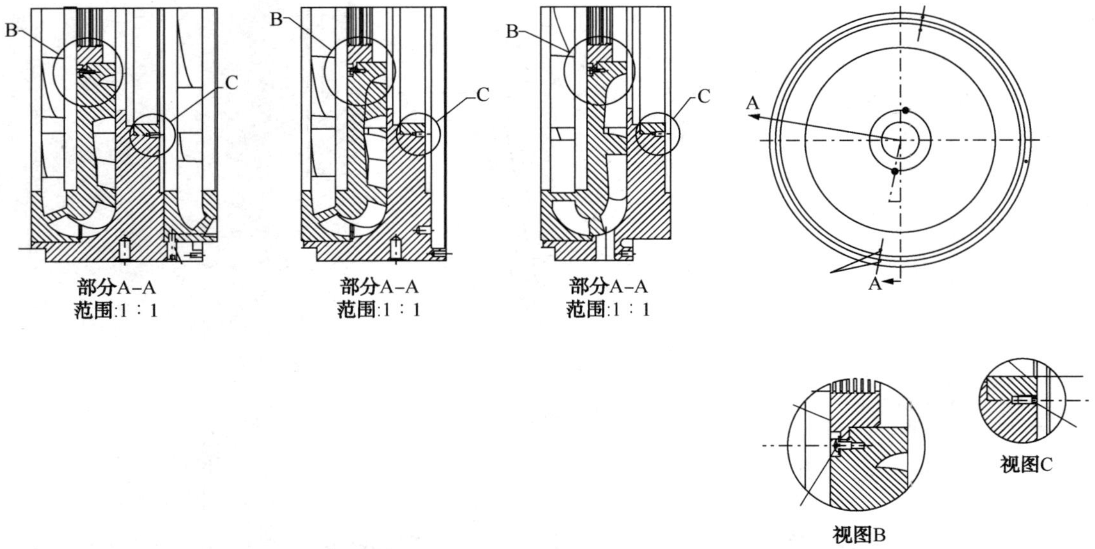

图 4-9　叶轮壳体图

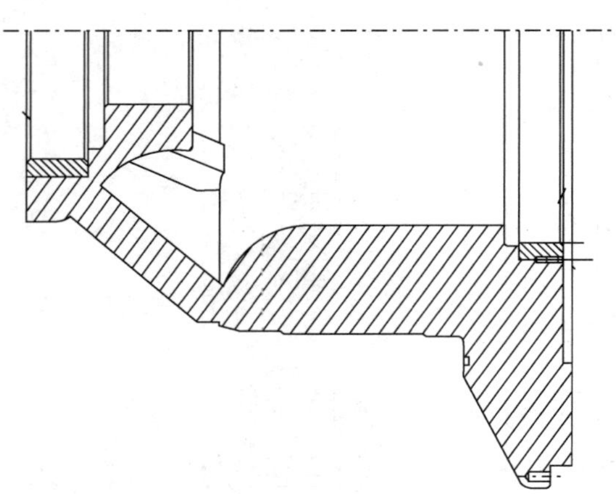

图 4-10　诱导轮壳体图

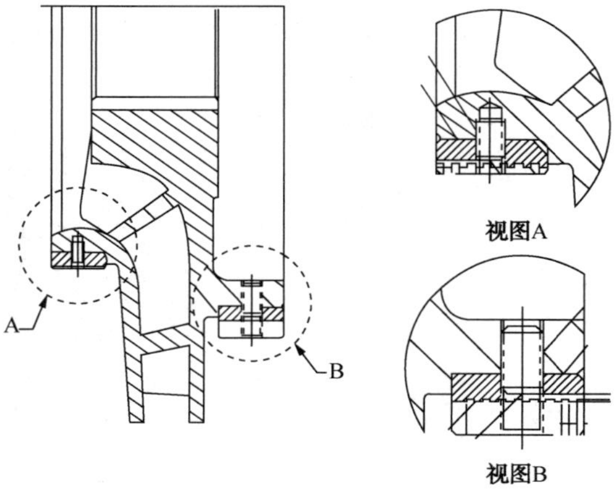

图 4-11　叶轮(1)

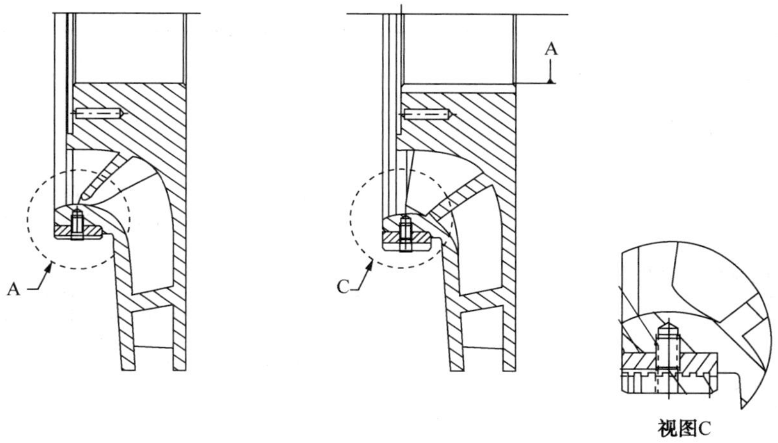

图 4-12 叶轮(2)

第六节 主要备品备件

主要备品备件见表 4-6。

表 4-6 备品备件表

名 称	用 处	规格型号	单 位	数 量
止回垫圈	尾轴承压盖	ϕ500mm，SST 18-8	件	14
6314 轴承压盖	尾轴承压盖	AL ALY 6061-T6	件	1
轴承 6314	尾轴承	SST 440C WITH MOLDED RESIN SEPARATOR	口	1
轴衬	尾轴承处	NITRONIC 60	件	1
耐磨环	泵吸入口壳体上部	SST 304	件	15
O 形圈 2-281	入口组件外壳与一级壳体间	PTFE 聚四氟乙烯	件	1
止回垫圈	导叶轮底部、级间扣环处	ϕ6mm，SST 18-8	件	90
耐磨环	每级叶轮	COP ALY C93200，PER ASTM B584	件	1
耐磨环	每级叶轮	COP ALYC93200，PER ASTM B584	件	14
内六角固定螺钉	每级叶轮	375-16UNC-3A X. 625 LG.，SST 18-8	件	X
内六角固定螺钉	每级叶轮	250-20UNC-3A X. 375 LG.，SST 18-8	件	60
耐磨环	每级叶轮	COP ALY C93200，PER ASTM B584	件	1
轴衬套	每级扩压器	COP ALY C93700	件	14
平垫片	每级扩压器	DIA.，164，SST 18-8	件	28
平锥头螺钉	每级扩压器	138-32UNC-2A X. 250 LG.，PH，SST 18-8	件	28
内部密封 O 形圈（轴向压力密封）	3、4 级间	TEFLON 持氟龙	件	1

续表

名　称	用　处	规格型号	单　位	数　量
6317 轴承锁紧螺母	TEM 叶轮底部	SST 303	件	1
6317 轴承锁紧垫圈	TEM 叶轮底部	SST 304	件	1
TEM 叶轮 8EC-15 型	TEM 叶轮	IMP：AL ALY AA-A356.0-T6 WR：COP ALY C93200	件	1
薄垫片套组(调整间隙)	平跟盘与 TEM 叶轮间	SST 18-8	件	1
平衡盘	平衡盘	COPY ALY，CDA NO.93200，ASTM B-584	件	1
止回垫圈	平衡盘法兰	WASHER，TAB LOCK ϕ375mm，SST 18-8	件	10
O 形圈 2-276	平衡盘法兰	NITRILE 腈	件	1
6320 轴承锁紧螺母	中间轴承底部	SST 303	件	1
6320 轴承锁紧垫圈	中间轴承底部	SST 304	件	1
6320 轴承定距环	中间轴承底部	SST 304	件	1
中间轴承 6320	泵中部中间轴承	SST 440C WITH MOLDED RESIN SEPARATOR	件	1
内部密封 O 形圈(内压力密封)	一级壳体与二级壳体间	TEFLON 特氟龙	件	1
耐磨环	中间轴承处	SST 304	件	1
轴衬	中间轴承处	NITRONIC 60	件	2
连接盘	二级壳体中心上部	COP ALY C93700	件	1
加速度计	泵二级壳体外侧	SST 316	个	2
止回垫圈	三级壳体与二级壳体连接螺栓处	ϕ1.250mm，SST 18-8	件	36
垫圈 2-246	出口管两端	PTFE	件	24
O 形圈 2-246	出口管两端	FEP TEFLON JACKET，SILICONE CORE	件	12
O 形圈 210	四级壳体与三级壳体间	TEFLON 特氟龙	件	2
O 形圈 2-322	压力平衡管顶端	NITRILE 腈	件	2
6320 轴承固定架	顶部轴承	AL ALY 6061-T6	件	1
顶部轴承 6320	转子顶端	Part，Bearingh Related Bearing Assy，6320，Ceramic 陶瓷轴承装置	件	1
排放口垫圈	泵出口与大盖间法兰处	SILICA-FILLED PTFE	个	1
顶板密封圈	泵出口与大盖间法兰处	STT 15-5PH	个	1
石墨缠绕垫片 2in-300LB	预冷管线 N4 处		件	2

续表

名称	用处	规格型号	单位	数量
石墨缠绕垫片 6in-300 LB	PSV 放空管线 N3 口	SST 316/FLEXICARB	件	2
石墨缠绕垫片 12in-300LB	LNG 入口法兰用		件	2
石墨缠绕垫片 48in-150 LB	泵大盖法兰处	SST 316/FLEXICARB	件	1
金属环垫 R54 25MPa 304 椭圆垫	10in 1500LB 出口法兰用	SUS 304	件	1
乐泰银基抗咬合剂 76764	耗材		件	2
乐泰螺纹锁固剂 271	耗材		件	2
道康宁硅脂 G 111	耗材		件	1
低温钢丝	耗材		件	1

第七节 力矩表

紧固件的扭矩要求见表 4-7。

表 4-7 紧固件的扭矩要求(最大)

标称尺寸/in	TPI	名称	张应力面积/in^2	预紧力(1)/lbf	紧固件扭矩(2)			
					in·lbf	ft·lbf	kg·m	N·m
0. 1900	24	UNC	0. 0175	335	20	-	-	2
0. 2500	20	UNC	0. 0318	608	50	-	-	6
0. 3125	18	UNC	0. 0524	1002	100	-	-	11
0. 3750	16	UNC	0. 0775	1482	178	-	-	20
0. 4375	14	UNC	0. 1063	2033	285	-	-	32
0. 5000	13	UNC	0. 1419	2714	435	36	-	50
0. 5625	12	UNC	0. 1816	3473	-	52	-	71
0. 6250	11	UNC	0. 2260	4322	-	72	-	98
0. 7500	10	UNC	0. 3345	6397	-	128	18	173
0. 8750	9	UNC	0. 4617	8830	-	206	28	279
1. 0000	8	UNC	0. 6057	11684	-	309	43	419
1. 1250	7	UNC	0. 7633	14598	-	438	60	594
1. 1250	8	UN	0. 7905	15118	-	454	63	615
1. 2500	7	UNC	0. 9691	18534	-	618	85	838

续表

标称尺寸/in	TPI	名 称	张应力面积/in^2	预紧力(1)/lbf	紧固件扭矩(2)			
					in·lbf	ft·lbf	kg·m	N·m
1.2500	8	UN	0.9997	19119	–	637	88	–
1.3750	6	UNC	1.1549	22087	–	810	112	–
1.3750	8	UN	1.2335	23591	–	865	120	–
1.5000	6	UNC	1.4053	26876	–	1075	149	–
1.5000	8	UN	1.4918	28531	–	–	158	–
1.6250	8	UN	1.7747	33941	–	–	203	–
1.7500	8	UN	2.0822	39822	–	–	257	–
1.8750	8	UN	2.4141	46170	–	–	319	–
2.0000	8	UN	2.7706	52988	–	–	391	–
2.2500	8	UN	3.5573	68033	–	–	564	–
2.5000	8	UN	4.4421	84955	–	–	783	–
2.7500	8	UN	5.4251	103755	–	–	1052	–
3.0000	8	UN	6.5063	124433	–	–	1376	–

第八节 专用工具

高压泵的大修，需要准备一些特制的工器具，以方便作业，见表4-8。

表4-8 专用工具表

序 号	名 称	规格型号	说 明
1	吊耳法兰		8字法兰处用
2	带金属环的盲法兰	10in 1500#	泵出口法兰
3	泵盲法兰盖	48in 150#	封泵井盖
4	轴抱箍		固定轴
5	锁紧螺母套把		拆装叶轮、中间轴承
6	叶轮模块		模拟平衡叶轮
7	旋转吊耳	1/2in	吊装高压泵
8	旋转吊耳	1in	吊装高压泵
9	吊耳		吊装泵壳体用

第九节 检修记录

高压泵检修记录包括故障说明、原因分析、检修时间、检修内容、检修过程、相关尺寸数据、更换的零部件及试运行等记录。

第五章　低压输送泵

第一节　概　　述

一、低压泵的介绍

低压泵是维持 LNG 接收站外输和站内冷态的关键设备，江苏 LNG 接收站采用的是美国 EBARA 公司生产的低压泵。目前，江苏 LNG 接收站共有 4 个 LNG 储罐，安装了 13 台 EBARA 公司生产的两级潜液式立式屏蔽泵，LNG 低压泵的泵体和电机连接成一体，安装在深约 55m 的 LNG 储罐的泵井中，浸没在-162℃的 LNG 中。

二、技术参数

泵参数见表 5-1。

表 5-1　泵参数

型　号	8ECR-152	电　源	6000V/50Hz/3 相
部件号	7001150-01	满载电流/A	38.3
工作介质	液化天然气（LNG）	起动电流/A	249
相对密度	0.434/0.465	泵质量/kg	1210（2668LBS）
设计压力/bar	15.8/17.9	盖板质量/kg	545（1200LBS）
泵容量/m^3	460	底阀质量/kg	340（750LBS）
泵扬程/m	289	电缆及钢丝绳质量/kg	1031（2271LBS）
转速/（r/min）	3000	泵长/m	3.512
电机/kW	310		

第二节　维护与故障诊断

一、每日常规维护巡检

（1）检查电机的电压和电流。

（2）检查泵和电机的振动。

（3）检查出口压力。

二、定期维护

这种泵一般在运行 8000h 以上进行维护检查。轴承及轴衬套由介质提供内部润滑，它们是正常情况下可能磨损的部件。轴承及衬套的紧急故障通常伴随着噪声与振动水平的上升或电机电流消耗的增加。这些变化能借助适当的仪表和定期检测检查出来。

三、计划性维护

在正常情况下，无须计划例行维护。除非泵的性能退化或者严重振动而表明泵正在发生问题，并且很快将可能发生故障，否则，不须将正在运行的泵停机拆除。

四、不定期维护

只有在发生可疑的、紧急的或实际的故障时才需要进行不定期维护。除了实际中断运转之外，其他紧急性故障的迹象包括：

(1) 异常运转噪声。

(2) 过度振动。

(3) 过大电流消耗。

(4) 液压性能退化。

注：如果在泵运转期间发生这些状况，则停泵，拆除并进行检查。

五、故障诊断

表 5-2 为故障诊断表。

表 5-2　故障诊断表

故　障	可能的原因	维修措施
未达到额定压力或液位	漏气	更换垫片和 O 形圈
	磨损环已磨损	拆卸更换
	叶轮或扩压器管堵塞	拆卸并清理
	叶轮损坏	更换
液体不上量	泵转向错误	调整转向
气穴	液位太低	升高液位或降低泵的流量
泵振动	轴承磨损	拆卸更换
	泵在最小流量下运行	增加流量
	旋转部件损坏	修理或更换
	气穴	降低流量或停泵
	叶轮堵塞	必要时清理

续表

故　障	可能的原因	维修措施
泵转速提高所需的时间增加	内部间隙受损	修理或更换
	轴承磨损	修理或更换
	转子故障或在单相状态下运行	检查电压以获得平衡，如不平衡则进行修理
	电气问题	检查系统并修理
电流损耗过高	内部间隙受损	修理或更换
	轴承磨损	修理或更换
	转子故障或在单相状态下工作	检查电压以获得平衡，如不平衡则进行修理

第三节　低压泵的大修

一、前期准备

（一）能量隔离

办理作业手续，断电，工艺隔离。

（二）主要工具材料的准备

表 5-3 为工具材料表。

表 5-3　工具材料表

名　称	数　量	单　位	规　格
套筒扳手	2	套	4～19
套筒扳手	2	套	24～50
套筒扳手	2	套	8～32
防爆岔口扳手	2	把	14～17
防爆岔口扳手	2	把	17～19
锤击扳手	2	把	50
大锤	2	把	16lb
活络扳手	2	把	6in
活络扳手	2	把	12in
活络扳手	2	把	24in
管钳	1	把	12in
一字螺丝刀	2	把	6×150
尖嘴钳	1	把	6in
平口钳	1	把	8in

续表

名　称	数　量	单　位	规　格
水泵钳	1	把	10in
橡胶锤	2	把	700g
铜手锤	2	把	2lb
组锉	1	套	
卷尺	1	个	5m
记号笔	2	个	
旋转吊耳	4	个	0. 5in
内六角扳手	1	套	
吊带	2	个	1t
吊带	4	个	3t
吊带	4	个	5t
倒链	1	个	2t
卸扣	2	个	3t
卸扣	6	个	5t
枕木	若干		
钢丝刷	2	把	
洗油	若干		
洗油盆	2	只	
塑料布	若干		
白布	若干		
美工刀	2	把	
剪刀	1	把	
胶板	若干		
安全带	2	个	
绳子	2		
手绳	2	捆	100m
警戒线	2	卷	
保冷手套	4	只	
塑料袋	20	只	
透明胶带	2	卷	
垃圾桶	2	只	
砂纸	10	张	360 目
砂纸	10	张	800 目

续表

名称	数量	单位	规格
砂纸	10	张	1000 目
卷线轴	1	个	随机带的工具
泵盖盲板	1	个	
带销插板	1	个	随机带的工具
二硫化钼	1	袋	
石墨缠绕垫片	1	个	24in 150lb
重力称	1		随机带的工具
聚四氟乙烯带	2	盒	

（三）拆保冷

拆除泵盖法兰处的保冷，露出泵盖的连接螺栓。

（四）关底阀

此步骤须在设备断电及工艺能量隔离完成后进行。

（1）从防雨罩上拆下堵头，排出罩内残余气体。

（2）拆卸防雨罩上的连接螺母和锁紧垫圈，吊走防雨罩。

（3）测量拆之前阀打开状态下，吊杆的高度数据，并做记录。

（4）松开锁紧环的螺母及填料压盖螺母。

（5）吊起吊杆一定高度，直至重量秤读数恰好为 600～700lb（即为钢缆的质量，此时泵刚好要被提起），测量吊杆高度数据，并做记录。

注：重量秤不同角度示值有偏差，秤上读数须考虑有无液体浮力影响。

（6）继续吊泵，直至质量秤读数为 3200lb，此时再吊一点，重量秤读数不会增加，说明底阀刚好关闭。测量吊杆高度数据，并做记录。

（7）工艺向低压泵容器柱内充氮气，压力大约至 0.2MPa 时，压力表读数会突然下降，说明此时泵容器柱内的 LNG 被排尽了。

底阀开关数据测量，如图 5-1 所示。

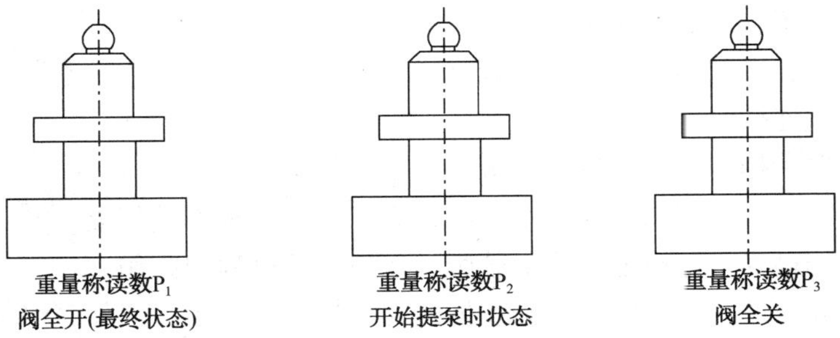

图 5-1　底阀开关数据测量

（五）其他检查及准备

在泵检修前，检查吊车是否安全好用，并提前一天将拆泵用的卷线轴、泵盖盲法兰、插板销、枕木等工器具运到罐顶。

二、从储罐里吊出泵

（1）工艺给点微正压的氮气，拆除泵盖连接螺栓。

注：先对称松几个螺栓，再依次松开其他的螺栓，松最后几个螺栓时人要侧开，注意罐内漏出的NG。

（2）电气专业人员断法兰电缆并吊走放置在枕木上，仪表专业人员拆走架子，机械专业人员拆泵盖螺栓，吊起泵高约500mm；仪表专业人员拆探头、仪表线及仪表架，电气专业人员拆接地并抽走电缆，机械专业人员剪开捆绑铁丝，并拆走绕钢丝绳的柱子；上插板销，吊车上泵钢丝绳。

注：作业过程中，泵井口须用塑料布遮挡，工具须用手绳固定，以防坠物掉落在泵井里。

（3）不断吊起泵，拆掉固定钢缆的大小夹板。

（4）泵从储罐里吊出，平稳放置在插板平面上。

（5）拆除电气罩壳上的连接螺栓，吊起罩壳，断开电气连接。

注：断开时，里面可能有残余LNG，要小心操作。

（6）吊走电气罩壳，抽出电缆。

（7）完整卷起整个电缆钢缆组件。

（8）吊起电气罩，回装电气罩。

（9）泵出口处挂上2根50m的手绳做牵引，罐顶吊车吊起泵从(罐顶落到地面。

（10）地面上随车吊配合罐顶悬臂吊吊起低压泵到随车吊上，由吊车运到车间，准备拆卸检修。

（11）将泵口用泵盖封上，至此将泵从储罐里吊出作业完成。

三、低压泵的解体

（1）拆除低压泵上两个振动探头，车间行车将泵平放在垫有胶板的地上。

（2）拆除电气罩，取走泵防护罩。

注：泵解体时，泵里面可能含有重烃气体，人员作业时要注意。

（3）断开电气连接，取走电气组件及垫片。

（4）拆除尾轴承挡板螺栓，取出挡板，拿出尾轴承。

（5）泵上挂上吊带，利用车间行车将泵立起来，尾轴承那端朝上。

注：翻转泵的过程中，泵上须垫上胶版，以免吊装过程中刮伤。

（6）入流外壳组件法兰处做好标记，拆除连接螺栓，吊走入流外壳组件。

（7）拆除诱导轮固定卡环螺栓，拆走固定卡环，移走诱导轮及键。

（8）专用工具拆除一级叶轮锁紧螺母。

（9）取下一级叶轮和键。

(10) 一级导流壳体上挂 2 个旋转吊耳，做好标记后，吊走一级导流壳体。

(11) 用专用工具拆除二级叶轮锁紧螺母，取走二级叶轮及键。

(12) 取出调整垫片，并测量记录垫片厚度。松开平衡盘的固定螺栓，顶丝顶出平衡盘，小心取出平衡盘。

(13) 安装拆除止推轴承锁紧螺母的专用工具。

(14) 轴端装上旋转吊耳，行车吊起泵轴恰好吊带受力即可。用专用工具拆除锁紧螺母及垫片。

(15) 电机壳体上安装 2 个旋转吊耳，做好标记，拆除电机壳体和终端盒体连接螺栓，行车吊走电机壳体。

(16) 从电机壳体上取走止推轴承。

(17) 行车将插在终端盒上的泵轴吊起移走，平放在铺有胶皮板的地面上。

(18) 拆除终端盒上的轴承压盖螺栓，移走压盖和轴承。

(19) 清洗好轴表面后，轴打跳动，允许值不超过 0. 02mm。

(20) 拆尾轴承架固定螺栓，以便后面测量入流壳体耐磨环口径。

四、零部件的测检

测量各配合零部件数据，并记录，见表 5-4 所示。

表 5-4 各零部件配合尺寸测量表

名　称	设计尺寸范围/mm	实　测
尾轴承架轴承孔	φ90. 10～φ90. 17	
入流壳体诱导轮口环 诱导轮直径 配合间隙值	φ219. 96～φ220. 09 φ218. 31～φ218. 44 1. 52～1. 78	
入流壳体耐磨环 一级叶轮耐磨环 配合间隙	φ238. 43～φ238. 48 φ238. 05～φ238. 00 0. 38～0. 48	
一级导流壳体口环(级间套) 轴径 配合间隙	φ52. 35～φ52. 40 φ52. 07～φ52. 12 0. 23～0. 33	
一级导流壳体耐磨环 二级叶轮入口耐磨环 配合间隙	φ212. 98～φ213. 03 φ212. 65～φ212. 70 0. 28～0. 38	
电机壳耐磨环 二级叶轮出口耐磨环 配合间隙	φ292. 58～φ292. 66 φ292. 07～φ292. 10 0. 48～0. 59	
电机壳轴口环	φ83. 44～φ83. 79	

续表

名　称	设计尺寸范围/mm	实　测
轴径	ϕ82. 04～ϕ81. 79	
配合间隙	1. 40～2. 00	
电机壳轴承孔径	ϕ150. 27～ϕ150. 31	
终端轴承孔径	ϕ150. 27～ϕ150. 31	
轴向窜动	1. 45～1. 94	
泵轴跳动	≤0. 02	

五、回装低压泵

（1）清理轴及低压泵各零部件（如加工后的零件去毛刺，受伤的表面去高点，轴配合面用砂纸、油石打磨），用90%煤油和10%透平油清洗轴承并用风吹干后用塑料袋子装好。

注：回装低压泵时，要保持清洁干燥的作业环境。

（2）回装终端盒处轴承（注意轴承方向），回装轴承压盖。

（3）将泵轴垂直吊起，一端插入终端盒轴承内，到位后，螺栓涂抹专用润滑脂，拧紧轴承压盖螺栓到力矩 20N · m。

（4）终端盒法兰面处 O 形圈上涂抹专用 O 形圈密封胶，回装。吊起电机壳，回装电机壳。

（5）对号记号后，螺栓涂抹专用润滑脂，紧固电机壳和终端盒的连接螺栓到力矩 240N · m。

（6）回装止推轴承到电机壳内，注意方向。

（7）放上轴承垫圈、装上轴承锁紧垫片、螺母及专用工具，将轴吊起一段距离直至轴承往上移到 1mm 即可。

（8）专用工具紧固轴承锁紧螺母至 240N · m，橡胶锤敲击螺母至锁紧垫片可以嵌到螺母槽内。松开吊车，拆除装用工具，锁好垫片。

（9）仔细检查平衡盘有无拉伤磕碰，将平衡盘放入冰箱冷冻后装入，螺栓涂抹专用润滑脂。紧固螺栓到力矩 20N · m，稳钉滴上一滴专用螺纹防松剂，拧紧。

（10）依次装入调整垫片，专用工具，锁紧垫片及螺母，紧固，用塞尺检查配合间隙。模拟二级叶轮装入后的状况。

注：紧固后，要能自由盘车，保证塞尺检查间隙值为 0～0. 05mm。

（11）拆除专用工具，取出调整垫片，测量厚度并留作记录。回装调整垫片、键、二级叶轮、锁紧垫片及螺母，用专用工具紧固到力矩 140N · m 左右，橡胶锤敲击至垫片可以嵌到螺母槽内，紧固垫片。

（12）装入百分表架，吊车缓缓吊起轴至提不动为止，百分表打泵轴轴向窜量，注意打跳动时不要让叶轮转动。

（13）一级导流壳体 O 形圈涂抹专用密封胶，电机壳法兰处两个回流孔 O 形圈涂抹润滑脂后安上，吊起一级导流壳体，对好记号，回装导流壳体。

（14）装上一级叶轮键和叶轮，装入锁紧垫片和螺母，装上专用工具，紧固螺母到力矩 100N·m，橡胶锤敲击螺母至垫片可以嵌入螺母槽内。

（15）取出专用工具，盘车，装上诱导轮键及诱导轮，装入卡环，螺栓涂抹润滑脂后紧固。

（16）回装尾轴承支架，螺栓涂抹润滑脂，紧固。

（17）吊起入流壳体，对好标记，回装至电机壳上，螺栓涂上专用润滑脂，紧固到力矩 240N·m，回装过程中可能需要重熔炬加热入流壳体。

（18）回装尾轴承，回装轴承挡板，螺栓涂抹润滑脂，紧固。

（19）将泵平稳横放在铺有胶板的地面上，电气遥表测电阻，回装仪表探头。电气接线。

（20）回装泵防护罩及终端盒，紧固连接螺栓。

六、将泵安装到储罐里

（1）用板车将泵运到罐底，放下储罐悬臂吊，配合随车吊，泵上系两根手绳，将泵运到罐顶。

（2）将泵平稳立放在罐顶插板平面上，拆除终端盒螺栓，吊走终端盒。机械接钢丝绳，电气接电缆，仪表接探头。

（3）打开泵口，将泵吊起落在泵井处。

（4）泵对正泵井后，垂直下落，扳手系上安全手绳，安装大、小固定线板。

注：安装时，中间起支撑作用的钢缆要保持拉紧；由于底阀不一定严，在泵落到 LNG 液里时发生冷热交换，产生大量的 NG，并且下放泵的速度应以每 5min 下降 10cm 进行。

（5）待泵落下去之后，插上销板，换钢丝绳。

（6）换上新的法兰垫片，用手绳系在泵盖上。提起吊杆至最高位置，将泵盖吊起落在泵井处，连接吊杆和钢丝绳插上销轴，连接螺母，螺母不需要紧死。

（7）取走插板销及插板。穿电缆，连接电气接地，接信号线，安装钢缆固定杆及电缆固定卡，绕钢丝绳并用安全钢丝绑扎在固定杆上，钢丝绳最后要留一点余量。

注：作业时，泵井处罩上塑料布，扳手需用安全手绳固定，清理上衣口袋。

（8）电气接线，连接电气组件法兰，紧固泵盖法兰螺栓至 1040N·m。

（9）泵静置一夜，待泵在冷态下温度均匀后，悬臂吊钩上挂上重量秤，提起吊杆至秤读数 3200lb 左右，松开锁紧螺母，上下吊泵，左右旋转吊杆，保证将泵垂直落在底阀上。将泵垂直落到底阀上，秤的读数恰好要下降时记录吊杆高度；继续下降至秤的读数恰好为 600~700lb，且读数不会再下降为止（此读数即为钢缆组件的质量），记录吊杆高度；此时底阀全开，再下降吊钩 20~30mm（即钢缆组件下降了 25mm），紧固填料压盖螺母及锁紧螺母，测量吊杆的高度，并记录。

（10）吊起防雨罩，连接螺栓紧固至力矩 120N·m。

（11）电仪连线接管，恢复备用，至此，泵回装完成。

第四节　泵试运行

泵全部回装完成后。解除能量隔离，试机。记录运行参数，见表5-5。

表5-5　运行参数表

流量	
振动	
出口压力	
电流	

第五节　图　　纸

一、装配图

图5-2~图5-12依次为泵装配图、插板销安装图、底阀安装图、顶板安装图、电缆安装图、泵总体布置图、测量平衡盘间隙图、安装专用工具图和总体吊装示意图。

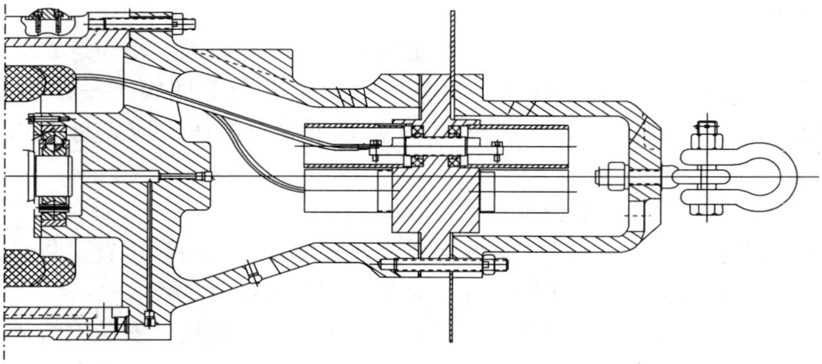

图5-2　泵装配图(1)

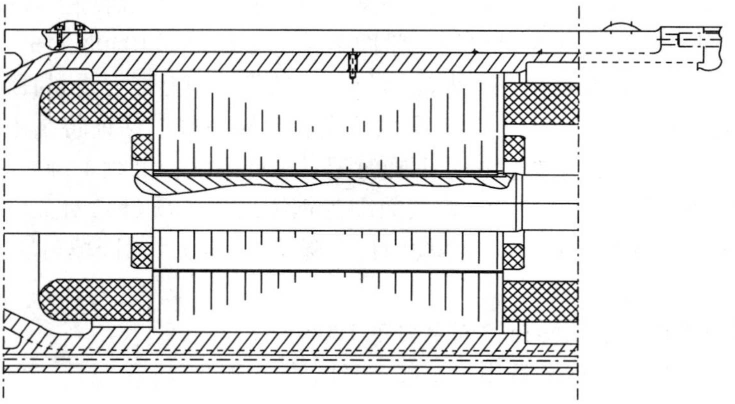

图5-3　泵装配图(2)

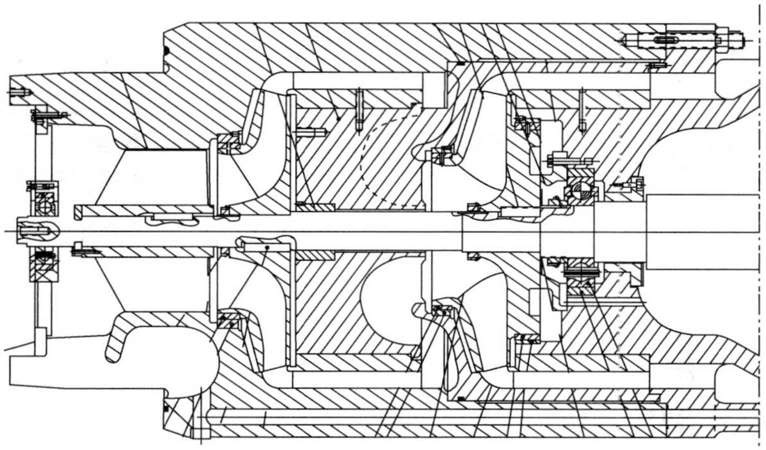

图 5-4 泵装配图(3)

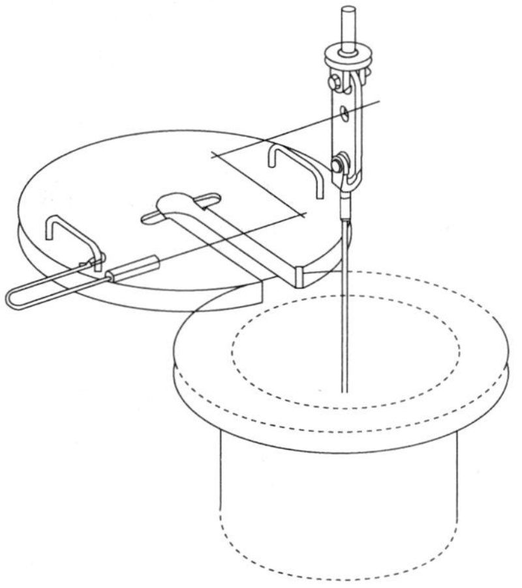

图 5-5 插板销安装图

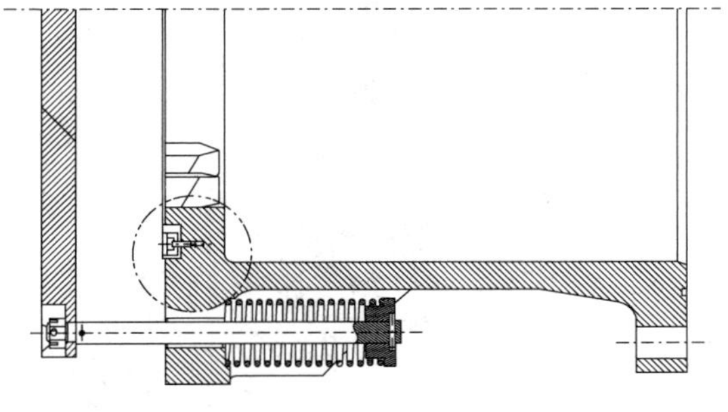

图 5-6 底阀安装图

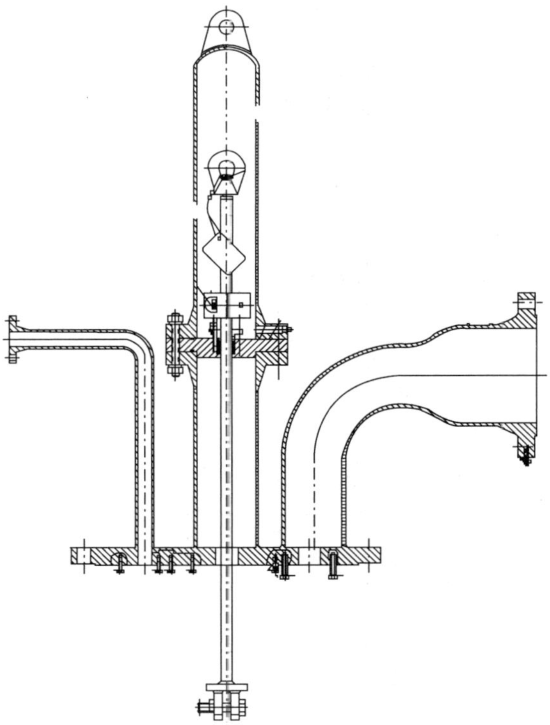

图 5-7 顶板安装图

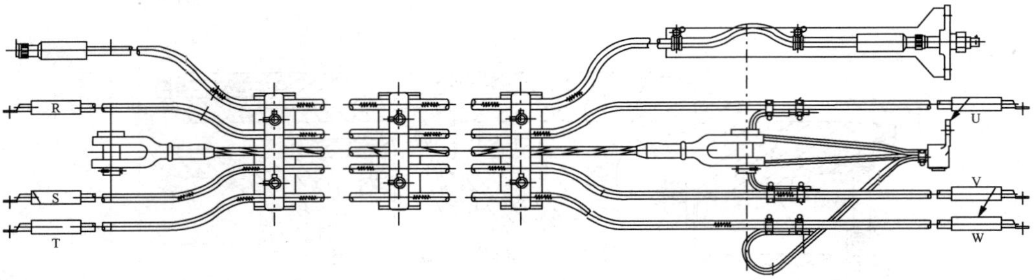

图 5-8　电缆安装图

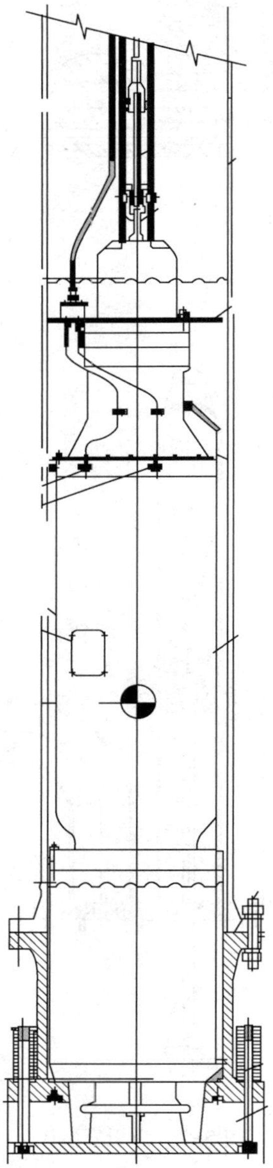

图 5-9　泵总体布置图

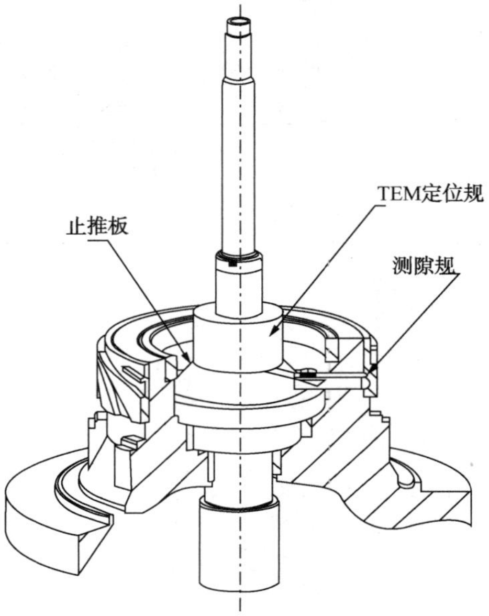

图 5-10　测量平衡盘间隙图

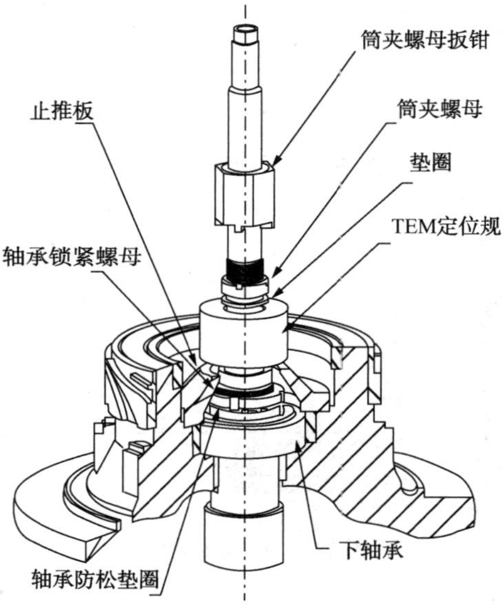

图 5-11　安装专用工具图

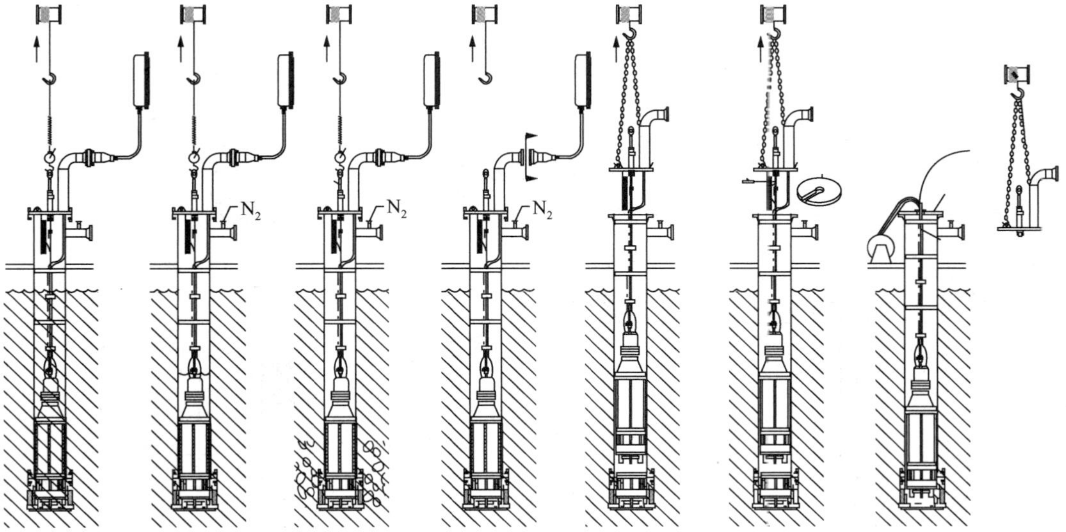

图 5-12　总体吊装示意图

二、零部件图

图 5-13～图 5-20 为平衡叶轮图、吸入叶轮图、入流壳体图、扩散壳体图、端盒壳体图、电机壳体图、泵轴图和尾轴承支架图。

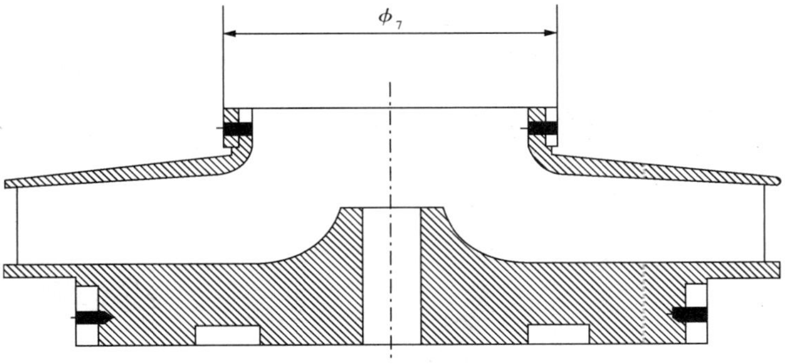

图 5-13　平衡叶轮图

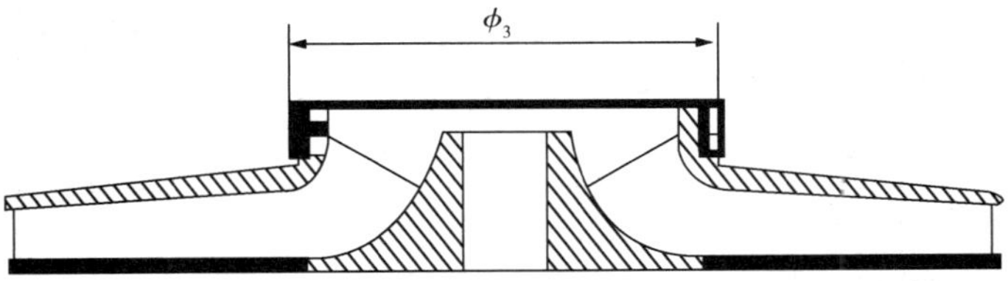

图 5-14　吸入叶轮图

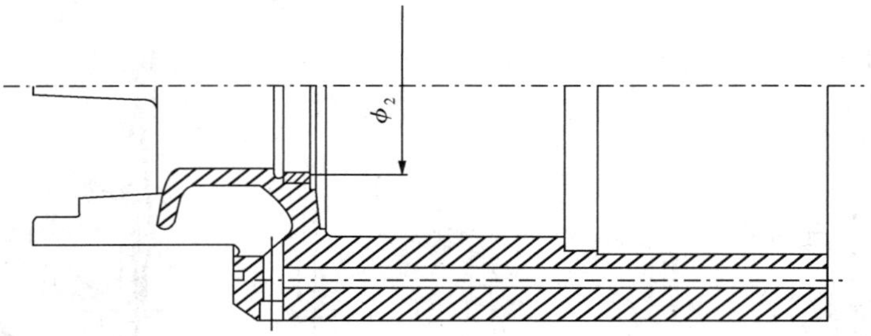

图 5-15　入流壳体图

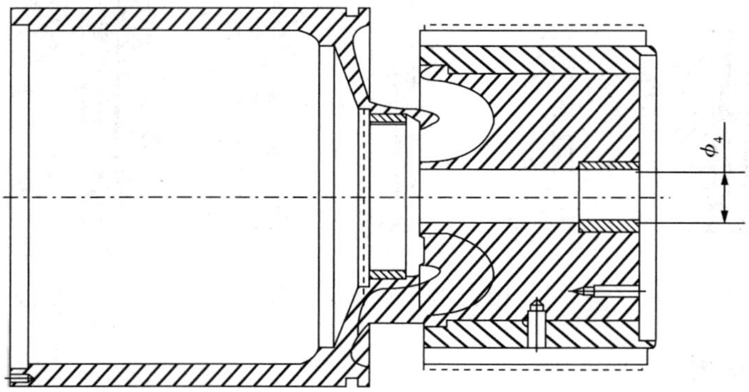

图 5-16　扩散壳体图

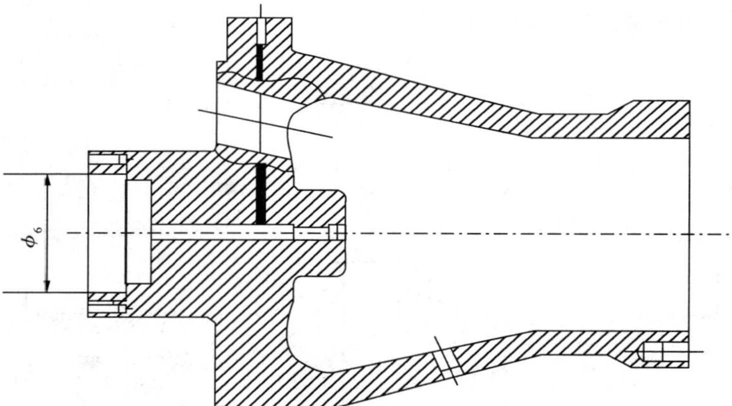

图 5-17　端盒壳体图

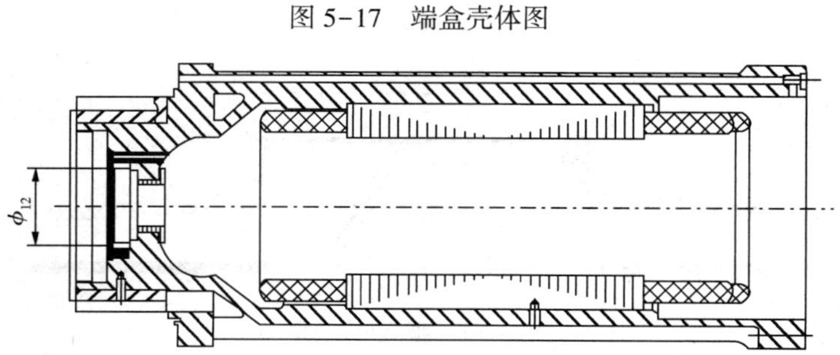

图 5-18　电机壳体图

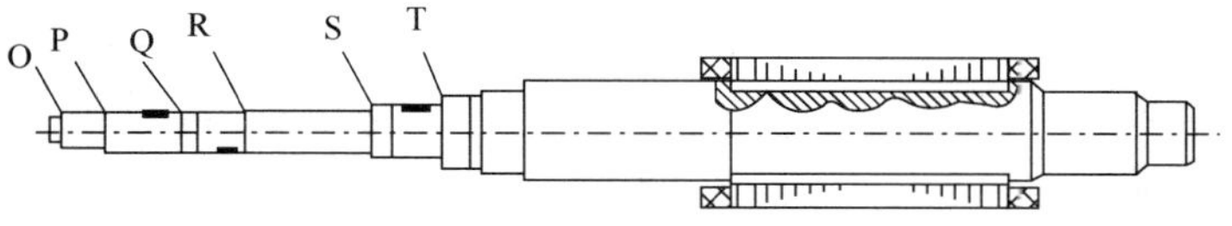

图 5-19　泵轴图

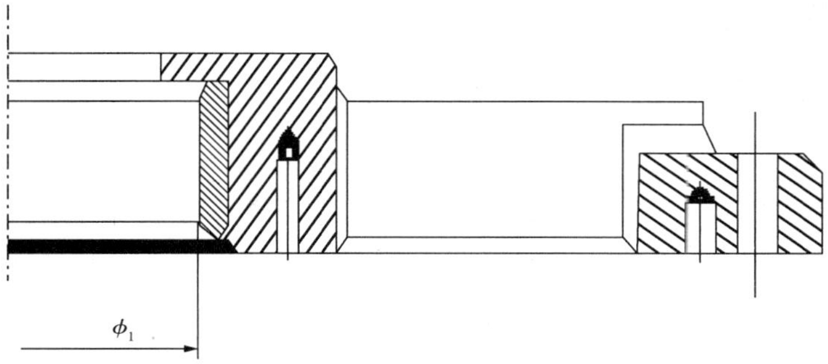

图 5-20　尾轴承支架图

第六节　备品备件

备品备件见表 5-6。

表 5-6　备品备件表

名　称	规格型号	材　质	单　位	数　量	备　注
电机轴承	6314		个	10	
尾轴承	6308		个	5	
电机轴承压盖		铝制	个	10	
尾轴承压盖		铝制	个	5	
O 形圈	ϕ5. 3×ϕ442	橡胶	个	5	二级导流壳体
O 形圈	ϕ3. 5×ϕ425	橡胶	个	5	电机壳体终端壳处
O 形圈	ϕ3. 5×ϕ23	橡胶	个	10	平衡孔
6311 锁紧垫圈	WS-11	钢制	个	5	
6314 锁紧垫圈	WS-14	钢制	个	5	
6309 锁紧垫圈	WS-09	钢制	个	5	
6309 锁紧螺母			个	2	
6311 锁紧螺母			个	2	
6314 锁紧螺母			个	2	
青铜耐磨环	ϕ219×ϕ200	青铜	个	5	二级叶轮入口
青铜耐磨环	ϕ223×ϕ245	青铜	个	5	一级叶轮入口
青铜耐磨环	ϕ275×ϕ298	青铜	个	5	二级叶轮出口

续表

名　称	规格型号	材　质	单　位	数　量	备　注
平衡盘		青铜	个	2	
诱导轮		铝制	个	1	
级间套	$\phi75\times51$	青铜	个	5	
小稳钉			个	30	
大稳钉			个	30	
丝锥			组	5	
丝锥			组	5	
钻头			个	5	
钻头			个	5	
螺栓锁紧垫片			个	90	
螺栓锁紧垫片			个	50	
螺栓锁紧垫片			个	120	
螺栓锁紧垫片			个	10	
螺栓锁紧垫片			个	80	
填隙片			盒	5	

第七节　力矩表

表 5-7 为力矩表。

表 5-7　力矩表

标称尺寸/in	TPI	名称	张应力面积/in^2	预紧力(1)/lbf	紧固件扭矩(2)			
					in · lbf	ft · lbf	kg · m	N · m
0. 1900	24	UNC	0. 0175	335	20	–	–	2
0. 2500	20	UNC	0. 0318	608	50	–	–	6
0. 3125	18	UNC	0. 0524	1002	100	–	–	11
0. 3750	15	UNC	0. 0775	1482	178	–	–	20
0. 4375	14	UNC	0. 1063	2033	285	–	–	32
0. 5000	13	UNC	0. 1419	2714	436	36	–	60
0. 5625	12	UNC	0. 1816	3473	–	52	–	71
0. 6250	11	UNC	0. 2260	4322	–	72	–	98
0. 7500	10	UNC	0. 3345	6397	–	128	18	173
0. 8750	9	UNC	0. 4617	8830	–	206	28	279
1. 0000	8	UNC	0. 6057	11584	–	309	43	419
1. 1250	7	UNC	0. 7633	14598	–	438	60	594

续表

标称尺寸/in	TPI	名称	张应力面积/in^2	预紧力(1)/lbf	紧固件扭矩(2)			
					in·lbf	ft·lbf	kg·m	N·m
1.1250	8	UN	0.7905	15118	–	454	63	615
1.12500	7	UNC	0.9691	18534	–	618	85	838
1.12500	8	UN	0.9997	19119	–	637	88	–
1.3750	6	UNC	1.1549	22087	–	810	112	–
1.3750	8	UN	1.2335	23591	–	865	120	–
1.5000	6	UNC	1.4053	26876	–	1075	149	–
1.5000	8	UN	1.4918	28531	–	–	158	–
1.6250	8	UN	1.7747	33941	–	–	203	–
1.7500	8	UN	2.0822	39822	–	–	254	–
1.8750	8	UN	2.4141	46170	–	–	319	–
2.0000	8	UN	2.7706	52988	–	–	391	–
2.2500	8	UN	3.5573	68033	–	–	564	–
2.5000	8	UN	4.4421	84955	–	–	783	–
2.7500	8	UN	5.4251	103755	–	–	1052	–
3.0000	8	UN	6.5063	124433	–	–	1376	–

第八节 专用工具

低压泵的大修，需要准备一些特制的工器具，以方便作业，见表 5-8。

表 5-8 专用工具表

序 号	名 称	规格型号	说 明
1	卷线轴		缠绕钢丝绳及电缆组件
2	插板销		支撑泵体
3	泵盲法兰盖	24in 150#	封泵井盖
4	轴抱箍		固定轴
5	锁紧螺母套把		拆装一级叶轮、平衡叶轮、中间轴承
6	叶轮模块		模拟平衡叶轮
7	旋转吊耳	1/2in	吊装低压泵

第九节 检修记录

低压泵检修记录包括故障说明、原因分析、检修时间、检修内容、检修过程、相关尺寸数据、更换的零部件及试运行等记录。

第六章　海水开架式汽化器(ORV)

第一节　ORV 汽化器常见隐患及消除方法

ORV 汽化器常见隐患及消除方法见表 6-1。

表 6-1　ORV 汽化器常见隐患及消除方法

常见隐患现象	发生隐患原因	常见隐患消除方法
运行中，面板上出现箭头状局部结冰或者在 LNG 顶盖上出现局部较厚结冰	水量分布不均匀	进行水量分布检查，进行水量分布调整
水量配送故障	1. 管道堵塞。 2. 水槽堵塞	1. 清除异物。 2. 拆除可移动式地板，然后移除异物
水量流速低	水的蝶形阀开口量不佳	重新调整开口量
纤细管路的曲率	水的堵塞会使面板产生曲率	1. 检查水的堵塞情况。 2. 通过榔头进行校正
面板表面的腐蚀	海水冲刷	检测金属镀层厚度

第二节　ORV 汽化器涂层检测及涂层修复建议及要求

一、ORV 汽化器涂层检测

对面板进行清洁后，检查腐蚀状况。由于海水水质问题及其他原因，ORV 汽化器可能会出现涂层剥落、坑状点蚀及鼓泡现象。ORV 汽化器涂层正常厚度为 200μm 左右，其涂层厚度小于 100μm，建议半年进行一次涂层检测。当局部金属镀层厚度小于 70μm 时，需要在第二年中重新喷涂金属镀层。正常运行中，最好每一年都使用 SPP 检测器对金属镀层厚度进行检查。

二、ORV 汽化器涂层修复建议及要求

(一) ORV 汽化器涂层修复建议

ORV 汽化器涂层修复需要将修复的区域清理干净，待附着物和表面残余涂层去除后，表面粗化，然后喷涂防腐涂层，厚度为 0.2~0.3mm，最后对防腐涂层做封孔处理。ORV 汽化器表面涂层修复工序包括水洗、原有涂层去除、喷砂预处理、表面清理、金属涂层制

备和环氧树脂封闭处理等步骤。喷涂修复后保证汽化器表面厚度均匀一致、满足要求并和原接触面接触良好。

（二）ORV 汽化器涂层修复要求

ORV 汽化器表面涂层修复要求见表 6-2。

表 6-2 ORV 表面涂层修复技术要求

序 号	工艺过程	项 目	检验标准	检验方法
1	冲洗	脱盐水/自来水，水压约 50bar(5MPa)	水中盐浓度(氯离子含量≤25ppm)	滴定法
		表面状态	无残留盐颗粒物	目视检查
2	原有涂层去除	石英砂	二氧化硅含量≥80%	提供试验报告
		表面状态	无外来夹杂物，均一表面	目视检查
3	喷砂预处理	棕刚玉	24#~32#棕刚玉	提供试验报告
		表面粗糙度/μm	表面粗糙度 60~130	表面粗糙度测量仪
4	表面喷涂	喷涂丝材	铝锌合金	检测报告或材质书
		涂层厚度/μm	120~400	涂层测厚仪或金相法
		表面粗糙度/μm	表面粗糙度 60~100	表面粗糙度测量仪
5	封闭处理	封闭材料	环氧树脂	质保书或合格证
		表面状态	色泽均匀，无露底	目视检查

注：1. 控制好喷砂、喷涂用压缩空气的质量。

2. $1ppm = 10^{-6}$。

第七章　浸没式燃烧汽化器(SCV)

第一节　SCV 概述

SCV 由汽化器储罐、Sub-X 燃烧器、沉式排气输送系统、工艺管排、挡堰与管排支座、排气烟囱、助燃气体风扇等附属部件构成。SCV 是接收站重要的汽化装置。

第二节　维修维护

根据设备运行情况，对设备安排了周维护、月度维护、半年维护及年度维护。为了更好地保证设备运行，制定一系列的预防性维护程序。

一、结构检查

(一) 平板检查

(1) 检查各盖板的抗腐蚀性能。

(2) 检查底板框架是否良好。

(3) 检查保护装置是否良好。

(4) 检查盖板紧固件是否维修良好。

(5) 平板应进行密封，以防排放气体与水进入。检查是否出现气隙。

(二) 排气烟囱检查

(1) 检查排气烟囱支架与紧固件。必要时进行紧固与/或更新。

(2) 检查排气烟囱的热应力性能。必要时进行修复。

(三) 检查内部结构

(1) 隔离并锁闭主控制面板、助燃气体风机和冷却水水泵的电源。

(2) 按照"用户标准程序"的规定将汽化器储罐排干。

(3) 打开通道入口，并遵守"用户标准程序"中的规定进入。

(4) 检查通道楼梯梯级的抗腐蚀性能。

(5) 检查汽化器储罐内是否出现异常残渣。必要时将其清除，并确定残渣来源。

(6) 检查混凝土壁与衬套系统是否损坏。

(7) 检查各堰柱是否有热点，并检查其抗腐蚀性能。

(8) 检查各挡堰侧板是否有热点，并检查其抗腐蚀性能。

(9) 检查平板底面抗腐蚀性能。需要时进行涂刷。

(10) 检查所有螺栓是否处于适当位置并固定牢固。

二、控制面板

(1) 关闭远程控制面板隔离体开关并锁闭。
(2) 关闭控制面板内的所有小型断路器(MCB)。
(3) 检查控制面板是否未留下灰尘及残渣，必要时进行清理。
(4) 检查所有引入电缆绝缘材料是否损坏。
(5) 测定接地连续性，并记录测定值。
(6) 测定电源隔离体(500V)非带电(面板)侧的地线绝缘电阻。
(7) 目测所有设备有无机械损坏或热损迹象。
(8) 检查端子是否紧固。
(9) 必要时进行修复或更换。

三、冷却水系统

(一) 冷却水水泵电机电气检查

(1) 将汽化器切换至待机状态。使汽化器正常停机，并等候冷却水水泵停止运行。
(2) 确保电机停止运行。使用局部隔离体将电机隔离并锁闭。
(3) 从汽化器一侧的坡面处进入水泵驱动装置。检测电缆与封套的物理状况。
(4) 拆下电机端子盖，使用适当的电压检测器确认电路已隔离。
(5) 检查端子与壳体状况。
(6) 检查各相与地线(500V) 之间的绝缘电阻。

(二) 清理冷却水过滤器

(1) 关闭储罐隔离阀 MV1341 与水泵隔离阀 MV1343，并锁闭。
(2) 减压，并通过带电过滤器壳体上的排水塞将系统排干。
(3) 拆除壳体上的过滤器。
(4) 检测过滤器中有无异物并进行清洁。
(5) 关闭排水塞，重新开启水泵隔离阀。

四、燃料气系统

(一) 燃气系统可靠性测试

(1) 隔离手动燃气阀：
MV1301 主燃气隔离阀。
MV1311 主燃烧器隔离阀，锁闭。
MV1312 级间燃烧器隔离阀，锁闭。
MV1314 引燃燃烧器隔离阀，锁闭。
(2) 将测试仪连接至手动隔离阀 MV1308 的出口。
(3) 开启手动隔离阀 MV1308，然后关闭 MV1309。
(4) 将切断阀 XV1301 的系统上游加压至测试压力，使温度稳定 15min。
(5) 温度稳定后，在测试压力下观察测试仪 5min。对出现的任何压降进行记录。计算实际泄漏速度，并进行记录。确保实际泄漏速度未超过允许的泄漏速度。如果在此期间出现明显压升，则表明发生不符合要求的泄漏，必须查明并予以修复。修复后，重复上文第(2)步起的可靠性测试。

(6) 为 XV1301 填写可靠性测试证明。

注：PCL 调试文件中所附的测试证明可作为范本使用。测试工程师负责在每次进行可靠性测试时填写测试证明。

(7) 将测试仪移至手动隔离阀 MV1310 的出口并开启该阀。

(8) 将切断阀 XV1302 的系统上游加压至测试压力，使温度稳定 15min。

(9) 温度稳定后，在测试压力下观察测试仪 5min。对出现的任何压降进行记录。计算实际泄漏速度，并进行记录。确保实际泄漏速度未超过允许的泄漏速度。如果在此期间出现明显压升，则表明发生不符合要求的泄漏，必须查明并予以修复。修复后，重复上文第(2)步起的可靠性测试。

(二) 燃气系统检测

此程序可在汽化器工作时进行。但是，SL / PCL 建议首先使汽化器处于待机状态。

(1) 检测系统防护涂层有无脱落，必要时进行修复。

(2) 检测系统保护支架有无损坏，同时确保管道安装妥当。必要时更换已损坏的支架。

(3) 检测法兰固定螺栓是否松动，必要时将其拧紧。

注：如果燃气泄漏明显，应立即在泄漏上游第一个手动阀处将燃气供应隔离。

(三) 燃气过滤器的清理与更换

过滤器安装在手动燃气进口阀下游的气体处理装置内。如果系统发生意外堵塞，应按下列程序进行操作：

(1) 将燃气进口阀 MV1301 隔离并锁闭。

(2) 使系统气体与压力通过燃气压力变送器上的校准塞排出。确保燃气被排放至安全场所。

(3) 拆除壳体上的过滤器。

(4) 检测过滤器中有无异物并进行清洁。

(5) 更换安装有新垫圈的过滤器。

(6) 对系统进行净化，使其重新恢复工作状态。

(7) 进行燃气系统可靠性测试。

五、液化天然气系统

此程序可在汽化器工作时进行。但是，SL / PCL 建议首先使汽化器处于待机状态。

(1) 检测系统保护支架有无损坏，同时确保管道安装妥当。必要时更换已损坏的支架。

(2) 检测法兰固定螺栓是否松动，必要时将其拧紧。

注：如果泄漏明显，应立即在泄漏上游第一个手动阀处将液化天然气系统隔离。

六、仪表空气系统

（一）检查汽化器仪表气体管道

（1）检查管道有无腐蚀损坏。

（2）检测系统保护支架有无损坏，同时确保管道安装妥当。必要时更换已损坏的支架。

（3）检查所有接头是否泄漏。

（4）必要时进行修复或更换。

（二）清理仪表气体过滤器

（1）关闭隔离阀 MV1316 并锁闭。

（2）通过燃气压力变送器上的校准塞使系统缓慢减压。

（3）拆除壳体上的过滤器。

（4）检测过滤器中有无异物并进行清洁。

（5）重新开启手动隔离阀。

七、燃烧器系统

（一）检查燃烧器

（1）隔离并锁闭远程控制面板、助燃气体风机、冷却水水泵与浸没式电热器的电源。

（2）按照“用户标准程序”的规定将汽化器储罐排干。

（3）断开燃烧器顶板上所有的作业连接。

（4）拆除燃烧器顶板并检查燃烧器顶板涂漆是否受损。必要时进行修复。

（5）检查引燃和级间燃烧器管道是否损坏。

（6）检查喷嘴是否堵塞或热损。

（7）检查燃烧器顶板底面的隔热板是否出现热损，如果出现过度扭曲，请予以更换。

（8）检查点火装置地线是否洁净，火花隙是否无障碍物。记录地线等级，以备日后进行比较。

（9）必要时，修复引燃与级间燃烧器。

（10）检查燃烧器顶部涡螺固定螺栓。必要时将其紧固和/或更换。

（11）打开通道入口，并遵守“用户标准程序”规定进入燃烧器。

（12）在燃烧器内部检查其热应力性能。必要时进行修复。

（13）检查一级气体、主气嘴与水嘴的热应力性能。必要时进行修复。

（二）检查点火装置变压器箱

（1）将远程控制面板隔离并锁闭。

（2）使吹洗空气与点火装置隔离并锁闭

（3）检查点火装置变压器箱供电电缆的绝缘材料是否受损。

（4）检查连接变压器箱与点火装置的高能（HE）导线的绝缘材料是否受损。

（5）检查变压器箱是否干燥且无灰尘与残渣。必要时进行清理。

（6）测定接地连续性，并记录测定值。

（7）目测所有设备是否出现热损迹。
（8）将所有接头紧固。

（三）清洗火焰扫描装置

（1）将远程控制面板隔离并锁闭。
（2）使吹洗空气与点火装置隔离并锁闭
（3）将助燃气体风机隔离并锁闭。
（4）使用接头将每个扫描装置依次从顶板上拆除，所有电缆连接保持原位。
（5）使用 VDU 清洁剂及软布或类似物品清洁扫描装置镜头。
（6）将扫描装置复位，并将接头重新紧固。

八、冷却水和注水系统

（一）检查冷却水和注水管道

（1）检查管道有无腐蚀损坏。
（2）检查管道保护支架状况是否良好。
（3）检查法兰是否出现泄漏。
（4）必要时进行修复或更换。
（5）检查绝缘护层状况，并确保金属表层或绝缘材料无明显裸露。
（6）检查绝热材料是否出现进水迹象。
（7）检查热跟踪系统是否正常发挥作用。

（二）清理抑制水过滤器

（1）关闭阀门 FCV 1311 并锁闭。
（2）拆除壳体上的过滤器。
（3）检测过滤器中有无异物并进行清洁。

九、带 I/P 定位器的控制阀校准

（1）在按图 7-1 所示连接设备之前，确保电气与工作压力供应被安全隔离。
（2）连接指定气体供应。
（3）逐渐提高信号，检查测试设备与接头的稳定性与可靠性。
（4）施加相当于仪表范围 25%、50%、75% 与 100% 的输入信号。记录阀门的相应位置。

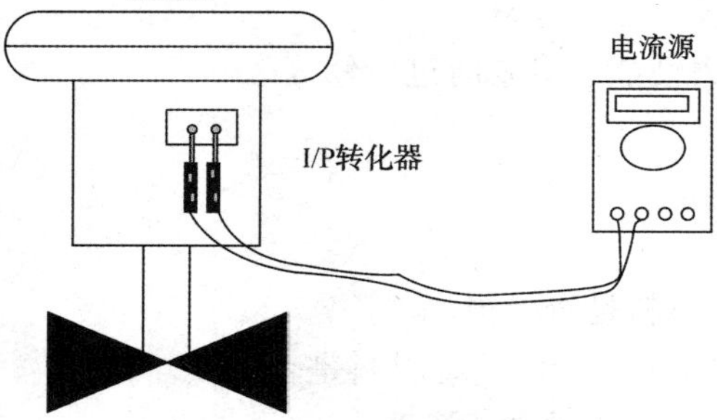

图 7-1　带 I/P 定位器的控制阀校准图

（5）施加相当于仪表范围 25%、50%、75% 与 0% 的启动压力。记录阀门的相应位置。
（6）第（4）、（5）步的结果的计算，误差百分比不可超过指定公差。
（7）重复第（4）、（5）步，必要时进行调节以达到规定的准确度。
（8）拆除测试设备，使现场电缆复位。
（9）填写相关校准文档。

十、压力与压差变送器

（1）在按图 7-2 所示连接设备之前，确保电气与工作压力供应被安全隔离。

（2）确保在与变送器连接之前压力监测仪已开启并已归零。

（3）确保校准时隔离/校准阀在正确位置，对于差动式仪表，应将低压端口的空气排出。

（4）逐渐提高压力，检查测试设备与接头的稳定性与可靠性。

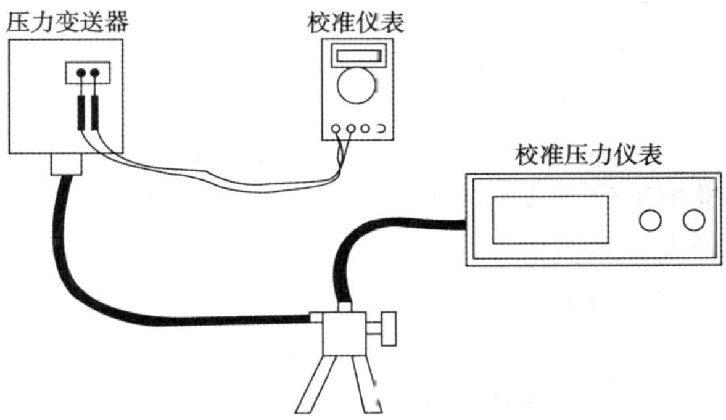

图 7-2 压力与压差变送器图

（5）开启排气阀并归零。

（6）施加相当于仪表范围 25%、50%、75%与 100% 的启动压力。记录相应输出读数。

（7）施加相当于仪表范围 25%、50%、75%与 0% 的启动压力。记录相应输出读数。

（8）第(6)、(7)步的结果的计算误差百分比不得超过指定公差。

（9）重复第(6)~(8)步，必要时进行调节以达到规定的准确度。

注：对范围进行放大倍数与零位调整可使范围的另一端发生改变。

（10）拆除测试设备后使加工处理管道复位，并检查其状况是否良好。

（11）填写相关校准文档。

第三节 助燃风机

一、风机工作原理、结构说明

（一）工作原理

开架式汽化器采用的风机为离心风机。空气通过入风口进入风机，经叶轮旋转产生空气能量，沿螺旋形壳体将气体径向输出。

（二）风机结构组成

图 7-3 助燃风机

风机包括机壳、叶轮、鼓风机，由机架、蜗壳、轴承箱、叶轮、风门伺服调节器、电动机等组成，如图 7-3 所示。根据结构和用途的不同可分别配有主轴、进气箱、传动部和进口调节门等。叶轮安装在主轴(或电机轴)上，机壳将其封闭在内并与进、出口管道连接。进口调节门调节所需风量，进口调节门有手动或电(气)动执行器通过联动杆驱动。

二、风机维护

（一）安全措施

1. 维修前的完全预防

（1）得到工作许可。

（2）确定风机处于电绝缘状态，即风机及其附属设备的电供应处于关闭状态。同时，在维护工作完成前，保持该状态，如果做不到这点，会导致风机部件突然运转，从而导致维修人员的伤亡。

（3）确定风机已完全停止。

（4）确定风机隔离挡板关闭。

（5）打开入孔门并保持充分的通风。

（6）确定进入风机的工作人员处于安全状态。

2. 维修后的安全预防

（1）检查所有经过维修的部件其螺栓是紧固的。

（2）检查使用过的零部件都已重新润滑过。

（3）检查所有外部设备、工具和碎片都已撤出风机。

（4）人工转动叶轮一圈以确定叶轮转动自如。

（5）所有人员撤出风机安装现场后，重新安装上人孔门并紧固。

（6）确定所有电源已恢复。

（二）风机零部件的保护

轴承：如果轴承箱解体，必须小心保护，以免灰尘侵入和损坏轴。

叶轮和主轴：不要让叶片或侧盘支撑叶轮。如果以叶轮外缘作支撑，其重量应作用到侧盘上，不能在叶片或侧金处起吊叶轮，起吊叶轮时应注意吊索必须在叶轮的两侧，以使载荷均匀。注意保护主轴表面，避免划伤和碰伤。

（三）常规维修

1. 每8h检查项目

（1）轴承不发热(低于80℃)及油位正常。

（2）轴承振动值正常。

2. 日检项目

（1）检查轴承温度。

（2）检查轴承油位，如油位过低补充新油。

（3）无过度的噪声及振动来自风机。

3. 周检项目

（1）全面检查日检项目。

（2）检查联轴器的不正常噪声及振动。同时检查油位是否正常。

（3）检查轴承的泄漏、不正常噪声及振动。同时检查油位是否正常。

（4）检查整个风机装置是否有明显缺陷如螺栓松动。

（5）检查风机轴承温度。

（6）检查风机轴承振动。

4. 两个月维护项目

（1）全面进行周检项目内容。

（2）轴护罩：检查护罩紧固连接。

（3）从轴承座中提取油样检查。如果颜色有改变或怀疑有污染将油样进行化学检测。

（4）人孔门和检查门进行检查以达到满意的开、关要求。

5. 年检

（1）全面进行两个月检查项目的内容。

（2）叶轮：检查叶轮、叶片的腐蚀和裂纹。

（3）基础和支撑结构：检查其裂纹变形和其他损坏。如果需要进行年修，检查、支撑钢结构的松动球栓，需要时重新紧固。

（4）风机壳体：检查所有外部连接点是否紧固，并紧固所有地脚球栓。

（5）检查驱动装置的找正。检查叶轮在机壳中的位置及轴的水平。如需要进行调整。

（6）风机轴承：检查、调整需要时更换。

（7）进口调节门：检查导叶全程的自由度，检查导叶轴承及连接点的磨损，必要时修理或更换。

（四）叶轮的维护

1. 叶轮/主轴的拆卸与安装

为了便于叶轮的维护与更换，主轴和进风口组应从风机上拆下。

（1）拆下联轴器护罩。

（2）拆下轴承监测仪表。

（3）拆下主轴密封。

（4）沿进气箱人孔门及机壳/进气箱可拆卸部分的剖分法兰拆下隔声层。

（5）从人孔门进入进气箱，从进风口法兰上拆下定位销。同时松开其法兰与机壳连接的螺栓，留下一些已松动的螺栓来支撑进风口。

（6）松开机壳/进气箱可拆卸部分的螺栓并将该部分拆下。

（7）拆下联轴器。

（8）放空轴承座中的润滑油，拆卸轴承座端盖侧面及中分面上的螺栓。拆下中分面弹性销，拆下轴承端盖，拆轴承座中分面连接螺栓并拆下轴承座上半。注意避免损坏主轴和轴承。

（9）用带衬垫的吊索吊起主轴组，不要碰到主轴或轴承。小心将其撤出机壳并落在支架上，保护轴承。也可以带着轴承组拆下叶轮/主轴组，但油管必须拆下，并密封好以免灰尘侵入。安装前检查所有部件的情况，特别是叶轮、轴颈和风机轴承。

2. 从主轴上拆下叶轮

拆下进风口后，就可以用加热的方法使轮毂内孔增大从而拆下叶轮（保持主轴是冷却的）。尽管如此，仍不推荐现场从主轴上拆下叶轮。除非有特殊情况。

3. 叶轮安装在主轴上

进行组装前，应完成叶轮定位的所有准备工作。使用下列程序：

（1）确保叶轮旋转方向是正确的。

（2）用二硫化钼润滑主轴。

（3）如果需要加热，加热整个叶轮。从外缘开始逐渐向内加热，可以用气或烤灯加热。与加热叶轮相反的方法 是用干冰冷却主轴。

（4）按标记快速将叶轮安装在主轴上，不要使用锤子。

4. 平衡

（1）叶轮进行任何检修后都应检修再平衡。由于更换叶轮和再平衡叶轮均须极度地小心和特殊的技术，所以在检修过程中减少对叶轮的磨损。

（2）叶轮必须按 JB/T 标准 9101—1999 进行平衡。

（3）叶轮焊接时应尽可能接地，防止通过轴承接地，以免损坏轴承。

5. 主轴找正

主轴正确找正是非常重要的，找正不好会导致主轴疲劳、轴承磨损及增加功耗。尽管使用了挠性联轴器，其挠性只是减少出现在运行条件下的偏心的作用，如果主轴本身找正不好，同样会影响联轴器的功能，主轴找正应是定期检查并在需要时对磨损部件修补时做调整。

（五）风机检修

1. 风机解体

1）准备工作

（1）切断电动机电源，确认电动机断电，并在开关上挂上警示牌。

（2）检查所有的起吊设备，包括起重机、起重缆绳、吊钩、接头等是否符合要求。

（3）办理好维修工作票。

（4）排放轴承箱内的润滑油。

2）拆卸附件

（1）拆除联轴器护罩。

（2）松开联轴器连接螺栓，并取出。

（3）取出风门连杆两头的连接螺栓的开口销，松开连接螺栓并取出，拿掉风门连杆。

（4）拆除风门入口的帆布连接套。

（5）取掉电动机的所有接线。

（6）松开电动机的地脚螺栓，调整螺栓，把电动机向后移动一定的距离，并转 90°用垫木垫好。

（7）拆除轴承箱上的所有仪表接线，并拆下仪表探头。

3）鼓风机主机拆卸

（1）在入口风门与蜗壳上做好相对位置的标志。

（2）松开并取出风门与蜗壳的连接螺栓，整体把风门拆下。

（3）打开蜗壳边盖，用撬棍卡住叶轮。

（4）打开叶轮锁片和拆下叶轮备帽。

（5）用起重设备把叶轮吊住，用拉力器将叶轮拉下。随后吊出蜗壳。

（6）松开并取出轴承箱与蜗壳底座的护板连接螺栓，拿掉护板。

（7）松开并取出蜗壳后密封挡板螺栓，拿下挡板。

（8）松开并取出轴承箱与底座的连接螺栓，整体把轴承箱往电动机方向移动。在可以旋转的位置，把轴承箱旋转 90°。

（9）用拉力器将联轴器取下。

（10）松开并取出轴承箱两头端盖的螺栓。拿掉两头端盖。测量轴承到端盖的距离并做记录。

（11）打开轴承锁紧螺母的锁紧垫片，松开并取出轴承锁紧螺母。

（12）鼓风机轴头装上螺帽，用专用拉力器具(拉杆和千斤顶)将整个轴压出轴承箱。用专用液压工具，将轴承从轴上取下。

4）清洗

清洗全部零部件。有毛刺的地方打磨光滑。

5）检查零部件

（1）将鼓风机轴放在 V 形块上用百分表检查轴颈圆度、轴跳动，计算出弯曲度。

（2）检查轴表面是否存在异常磨损的地方。

（3）检查轴承是否有损坏或间隙过大的情况，如有则应更换。

（4）检查叶轮是否有磨损的情况，确定磨损性质，对非正常磨损则应找出磨损的原因，针对处理。

（5）测量叶轮密封环的间隙是否符合使用要求。

（6）检查蜗壳是否存在锈蚀、磨损等情况。

（7）检查其他各零部件是否存在损坏，如有损坏则更换。

（8）检查联轴器是否存在磨损情况。

2. 组装

组装程序原则上是拆卸的逆程序，但也有所不同。

1）轴承箱组装

（1）再次清洗各零部件，轴承箱内部用面团粘干净杂质。

（2）用轴承加热器把轴承加热到 85~90℃，迅速套到轴上，一次性到达轴承所在的位置。组装时，轴上必须涂上润滑油。

（3）待轴承冷却后，再装上锁紧垫片，拧紧锁紧螺母，并翘起锁紧垫片止退翅。

（4）在轴承箱轴承位置涂上润滑油，把整个轴系插入轴承箱，用专用拉力器具(拉杆和千斤顶)将整个轴压进轴承箱。

（5）按照拆卸轴承时测量的轴承到端盖的距离，调整轴承到合适的位置。

（6）在端盖上装上密封垫片或涂上密封胶，装在轴承箱上，按螺栓规格要求的扭矩拧紧端盖螺栓。

（7）用起重工具将轴承箱吊起，套上挡板旋转 90°，再穿入蜗壳。

（8）将轴承箱按原位置放入挡块内，检查四个支脚是否有间隙，如有间隙则用垫片垫实。

（9）按螺栓规格要求的扭矩拧紧地脚螺栓。

（10）在鼓风机轴上涂上润滑油，把半联轴器加热后装上。

2）叶轮组装

（1）用键试装检查叶轮键槽是否存在发卡现象，如无则在键槽上涂上润滑油。

（2）用起重工具将叶轮吊起，均匀地加热，小心地装在轴上，一次性到位。

（3）装上锁紧垫片，拧紧锁紧螺母，并翘起锁紧垫片止退翅。

（4）旋转叶轮，检查叶轮与蜗壳是否有摩擦现象。

（5）装上蜗壳密封挡板，按规定扭矩拧紧螺栓。

3）附件安装

按原拆卸顺序，装上各附件。

4）加注润滑油

用加油过滤机加注 46#汽轮机油。加油至油窗高位。

（六）故障分析

表 7-1 为故障分析表。

表 7-1　故障分析

故障类型	原　因	解决措施
振动	叶轮积灰	全面水洗叶轮，用砂磨或线刷，保证所有积灰均已去除
	叶轮磨损	叶轮磨损可以引起不平衡。即使磨损没有严重到维修或 更换叶轮，检查并进行再平衡
	偏心	纠正风机和驱动装置的找正
	主轴弯曲	检查偏心，维修或更换主轴
	轴承螺栓松动	紧固所有螺栓并检查所有底脚和底板的找正
	叶轮损坏	修复所有损坏部分，重新就位找平衡，需要时更换叶轮
	基础或灌浆故障	用高强度高质量材料重新修复并加固基础，确定底板固 定到混凝土基础或钢结构上
轴承温度高	轴承损坏	检查轴承，必要时更换
	油位低	轴承箱漏油并重新加油到要求的油位
	非驱动轴承不能满足主轴热膨胀	检查非定位端轴承壳体无约束必要时，重新使轴承就位以达到规定的轴向间隙
	油质量等级低	检查油的型号
	轴承油流量不足	必要时进行整流
轴承间隙过大	轴承磨损	更换换轴承
	频繁启停风机	增加风机启停的间隔
	油脏	进行油样检查，必要时更换新油
控制部件无输出	机械故障	检查所有可拆卸部件运动自如
	控制部件松动或损坏	维修或更换损坏的连杆或部件
机械噪声	叶轮与进风口摩擦	检查间隙是否符合规定，检查机壳变形必要时修正
	叶轮在主轴上松动	调节配合间隙
主轴密封泄漏过高	主轴密封磨损或损坏	修正，必要时更换
空气侵入	连接螺栓松动	拧紧螺栓
	垫片损坏	必要时更换

第八章　低温阀门

第一节　概　　述

一、超低温阀门的概念

适用于介质温度-196～-40℃的阀门称为超低温阀门。

超低温阀门包括超低温球阀、超低温闸阀、超低温截止阀、超低温安全阀、超低温止回阀、超低温蝶阀、超低温节流阀和超低温减压阀等，主要用于乙烯、液化天然气装置，天然气、LPG、LNG储罐，接受基地及卫星站，空分设备，石油化工尾气分离设备，液氧、液氮、液氩、二氧化碳超低温贮槽及槽车、变压吸附制氧等装置上。输出的液态超低温介质如乙烯、液氧、液氢、液化天然气、液化石油产品等，不但易燃易爆，而且在升温时要气化，气化时，体积膨胀数百倍。

超低温阀门的材料非常重要，材质不合格，会造成壳体及密封面的外漏或内漏；零部件的综合机械性能、强度和刚度满足不了使用要求甚至断裂。导致液化天然气介质泄漏引起爆炸。因此，在开发、设计、研制超低温阀门的过程中，材质是首要关键的问题。

二、超低温阀门的特点

（一）设计与工艺特点

为减少泄漏点，阀体要求锻造（或铸造）整体成型。端法兰采用对焊连接，慎用法兰连接。为保证对焊端面焊后的超低温机械性能，阀体应选用低碳奥氏体不锈钢304L或316L。对于阀门部件的强度焊接，应实施焊接工艺评定。奥氏体不锈钢在焊接热影响区由于碳化物析出和马氏体形成，会引起超低温脆性，焊后须进行固溶处理。

阀门部件原材料质量要严格控制。与超低温介质直接或间接接触的部件必须进行渗透、超声波或射线 等无损检测，还须深冷处理及超低温冲击试验。所用奥氏体不锈钢要求进行固溶、退火热处理供货。

超低温阀门的阀杆应设计为防吹出结构。超低温工况频繁操作的阀门，其内件应能避免引起卡阻、咬合和擦伤等。超低温阀门阀体在满足强度要求时，对不同壁厚的阀体连接应逐渐过渡，避免壁厚突变引起应力集中。壁厚设计不当会引起焊接裂纹。

超低温阀门各部件在温度和压力的交变载荷作用下不应出现明显的弹性塑性变形，因此，在阀门设计过程中，除了对阀体、阀盖、阀杆和阀瓣进行常规的强度计算外，还应采用有限元应力分析和抗振分析来确保阀门的可靠性。

（二）加长阀盖

超低温闸阀、截止阀、球阀和蝶阀的阀盖应设计成便于保冷的加长结构（长颈阀盖）。

阀盖的长颈部分可采用与本体材质相同的无缝钢管对焊到阀盖和填料函上，焊后应进行热处理以消除应力。加长阀盖可使填料函底部的工作温度高于0℃。如果填料函结冰，不但影响阀杆的正常操作，而且也会因阀杆的上下运动划伤填料，造成密封失效。阀杆与长颈部分的间隙应按尽可能小的对流热损失设计，但间隙对填料函温度影响很小，阀盖厚度和阀颈长度是影响填料函温度的主要因素。加长阀盖下部焊接滴水盘，可防止冷凝水进入保冷层，避免或减少保温层下腐蚀。

（三）防止异常升压

当球阀和闸阀关闭时，阀门中腔残留的超低温介质因周围环境的相对高温引起的热传递会快速升温气化、压力急剧升高。过高的气压可能导致阀杆密封泄漏、中法兰密封泄漏、阀体紧固件失效等。高压泄放通常采用阀门内部或外部泄放。内部泄放是指阀门进口端采用弹性泄放阀座或在闸板及球体上开设泄压孔连通中腔和管道进口端。一旦异常升压，中腔介质泄放至进口管道，可保持阀门中腔与管道进口段压力平衡。外部泄放是在中腔阀体外安装减压阀，当中腔压力达到泄放压力时，中腔介质通过减压阀进入泄放气收集系统。通常，对 $DN \leqslant 300$mm 的超低温闸阀，在闸板（球体）上开设平衡孔。DN300mm 以上阀门在阀体外设旁路减压阀。

三、超低温阀门材料的选择

超低温阀门正常工作温度约为-40℃，在此温度下，金属材料将发生超低温冷脆现象，即强度和硬度升高，塑性和韧性大幅下降，这会严重影响阀门的安全性。为防止材料在超低温下的低应力脆断，阀体和阀瓣等部件常采用奥氏体不锈钢。如 304、304L、316、316L 等，其中 316L 稳定性最好。奥氏体不锈钢具有优良的强度、韧性、耐腐蚀性和焊接性，线膨胀系数低。但是，奥氏体不锈钢中硫和磷等杂质会降低材料的强度及超低温冲击韧性，应严格控制其含量。

阀体、阀盖、阀瓣、阀座和阀杆等部件必须进行超低温深冷处理，使奥氏体转变成马氏体和变形充分后再进行精加工，以降低超低温度对超低温阀门密封性能的影响。超低温处理温度应低于材料相变温度且低于阀门实际工作温度。处理时间 1～2h，然后取出自然冷却到常温，重复循环 2 次。

四、常用超低温阀门

（一）闸阀

标准超低温闸阀是单向密封的，其弹性闸板上开有 3 mm 的泄放孔，连通阀腔与上游管道。阀腔异常升压时，可通过泄放孔与上游管道达到压力平衡。在阀内部，上游介质压力将弹性闸板紧压在下游阀座密封圈上，实现下游低压侧密封。双向密封闸阀是在阀腔外设置减压阀，而不必在闸板上开孔。外部泄压使闸阀实现上、下游双向密封。超低温闸阀须在阀体上标识介质流向。

（二）球阀

超低温球阀采用顶装式结构。软密封球阀价格便宜，泄漏率低，仅用于小口径低压工况。相对而言，硬密封球阀价格高，泄漏率高，但可用于含有固体颗粒的流体，其耐冲刷、耐磨损性能好。超低温软密封阀座选择可经受-196℃的 PCTFE（KHL-F）。软密封球阀限于小口径低压工况，而大口径高压球阀应选用金属对金属硬密封结构。用于超低温工况的对焊阀门执行 ANSI B16.34 规定的特殊等级要求。超低温球阀须在阀体上标识介质流向。

（三）蝶阀

超低温蝶阀要求双向密封。超低温蝶阀大多采用对焊端面。对焊蝶阀连接强度高(其承受的载荷至少是法兰连接阀门的 2 倍)，连接更为可靠(减少了潜在的法兰泄漏)，维修方便(特别是大口径蝶阀的阀座、蝶板和阀杆等可以在线更换)，且维修工作量小，时间短。超低温蝶阀须在阀体上标识流向。

基于超低温介质对密封性能的影响，蝶阀的密封宜采用双偏心或三偏心结构，以减轻或消除蝶阀启闭过程中密封面的过度挤压或刮擦等现象，降低磨损，提高使用寿命。OHL 阀门阀座密封采用 Lip Seal 结构，取得很好的密封效果。阀杆密封选用低逸散组合填料，可使填料密封满足 TA-Luft 标准。

（四）截止阀

截止阀密封面结构有平面密封、锥面密封和球面密封。为使温度变化对截止阀密封性能影响最小，超低温截止阀密封面宜采用锥面密封或球面密封。超低温工况，应选用具有双向密封性能的截止阀。超低温截止阀须在阀体上标识流向。

（五）止回阀

超低温止回阀可以使用旋启式，双瓣式或轴式的，不推荐用升降式。不宜使用凸耳式和对夹式止回阀。

第二节　拆卸与安装阀门垫片、填料

一、拆卸与安装垫片

静密封是以两连接之间夹持垫片来实现密封的。静密封的结构形式有很多，如平面垫片、梯形(椭圆)垫片、锥面垫片、液体密封垫片、O 形圈和复合材料垫片。垫片是解决静密封处“跑、冒、滴、漏”的重要零件。因此，垫片的安装是很重要的环节。

（一）安装垫片

只有在法兰连接结构或螺纹连接结构、静密封面和垫片经检查无误，其他阀件也经修复完毕的情况下，方可安装垫片。

(1) 上垫片前，密封面、垫片、螺纹及螺栓、螺母旋转部位涂上一层石墨粉或二硫化钼粉。垫片、石墨应保持干净，不得沾污(垫片袋装不沾灰，石墨粉盒装加盖)随用随取，不得随地丢放。

(2) 垫片安在密封面上要正确、适中，不能偏斜，不能伸入阀腔或搁置在台肩上。垫片内径要略大于密封面内孔，垫片的外径应比密封面外径稍小，这样才能保证受压均匀。

(3) 密封面采用液体密封垫片(又称无垫密封)时，胶黏剂应与工况条件相适应，黏接操作符合相应的黏接规程。密封面要认真进行表面处理。平面密封面应研磨并有足够吻合度，涂抹要均匀，要尽量排除空气，胶层一般为0.1~0.2mm厚，螺纹密封处与平面密封一样，相接触两个面都要涂抹，旋入时应取立式姿态，以利于空气排除。胶液不宜过多，以免溢出污染其他阀件。

（4）当螺纹密封采用聚四氟乙烯薄膜生料带时，先将生料带起头处拉伸变薄一些，贴在螺纹面上，然后将起头多余的生料带除掉，使贴在螺纹上的薄膜形成楔形。视螺纹间隙，一般缠绕1~2圈，缠绕方向应与螺纹旋向一致，终端将重合于起头处时，渐渐拉断生料带，使之呈楔形，这样可保证缠绕的厚度均匀。旋入前，把螺纹端部的薄膜压合一下，以便生料带随螺纹一起旋入螺孔中，旋入要慢、用力均匀适当，旋紧后不要再松动，切忌回旋，否则容易泄漏。

（5）密封面只准安装一只垫片，不允许在密封面间安装两片或多片垫片来弥补密封面间的间隙不足。

（6）梯形(椭圆)垫圈的安装应使垫片内、外面相接触，垫圈的两端面不得与密封槽底面接触。

（7）O形圈的安装除了圈和槽应符合设计要求外，压缩量适当。金属空心O形圈一般最适宜的压扁度为10%~40%，橡胶O形密封圈的压缩变形率，圆柱面上的静密封面取13%~20%，平面静密封面取15%~25%。对于内压较高以及真空密封，压缩变形应大些。在保证密封的前提下，压缩变形率越小越好，可延长O形圈的寿命。

（8）阀门中法兰密封垫片装妥后，安装阀盖前，应使阀杆处于开启位置，以免影响安装和损坏阀件。装盖时要对准位置，不得用推拉的方法调整，以免擦伤垫片和发生位移。调整时，应将阀盖慢慢提起，对准后再轻轻放下。

（9）上螺栓时，钢号标记的一端应装在便于检查的一面，应对称、轮流、均匀地拧紧螺栓，分2~4次旋紧，螺栓应满扣，整齐无松动。螺纹连接垫片压盖，如有扳手位置，则不得使用管钳。螺栓连接或螺纹连接的垫片尽可能处于水平安装位置。

（10）垫片压紧前，应对压力、温度、介质的性质，垫片材料的特性了解清楚，确定预紧力，一般非金属材料垫片，如橡胶石棉、柔性石墨、橡胶、塑料等垫片比金属垫片的预紧力要低些，复合材料居中。在非金属垫片中，橡胶石棉垫片比其他材料的垫片预紧力要大些。最低的是橡胶。拧紧螺栓最好使用扭矩扳手。预紧力应保证在试压不漏的情况下，尽量小。过大的预紧力容易破坏垫片，使垫片失去回弹力。

（11）垫片压紧后，应保证连接件间留有适当间隙，以备垫片泄漏时有压紧的余地。

二、拆卸与安装填料

填料密封是将填料装在阀杆与填料函之间，防止介质向外渗漏的一种动密封结构。

填料一般工作温度不能低于-40℃，为了保证填料的密封性能，超低温阀门的填料函装置应在接近环境温度的条件下工作。在低温状态下，随着温度的降低，填料弹性逐渐消失，防漏性能随之下降。由于介质渗漏造成填料与阀杆处结冰，将会影响阀杆的正常操作，同时也会因阀杆运动而将填料划伤，引起严重泄漏。所以，在一般情况下要求低温阀填料在0℃以上温度工作，这就要求设计时通过长颈阀盖结构，使填料函远离低温介质，同时选用具有低温特性的填料。常用填料有聚四氟乙烯、石棉、浸渍聚四氟乙烯石棉绳和柔性石墨等，其中由于石棉无法避免渗透性泄漏，聚四氟乙烯线膨胀系数很大、冷流现象严重，所以一般不采用。柔性石墨是一种优良的密封材料，对气体、液体均不渗透，压缩率大于40%，回弹性大于15%，应力松弛小于5%，较低的紧固压力就可达到密封。它还有自润滑性，用作阀门填料可以有效防止填料与阀杆的磨损，其密封性能明显优于传统的石棉材料，因此是目前最优秀的密封材料之一。

（一）安装填料

填料的安装，须阀杆和填料装置完好，阀门处在开启位置（现场维修除外，填料预制成型，安装工具准备就绪的条件下，方可进行）。

（1）装填前，无石墨的石棉填料应涂上一层鳞片状石墨粉。填料袋装或盒装，保持干净。石墨、密封胶应分别用盒装上盖，不能混入杂物。填料、石墨、密封胶随用随取，不得乱丢。

（2）凡是能在阀杆上端套入填料的阀门，都应尽可能采取直接套入的方法装填填料。套入后，可用试压架或压具及卡箍借助阀杆转动压紧填料。对于不能直接套入的填料应切成搭接形式，这种搭接方式对于O形圈和V形填料都是绝对禁止的，必要时柔性石墨填料也可采取搭接的方式。搭接填料的安装方法，将搭口上下错开，倾斜后把填料套在阀杆上，然后上下复原，使切口吻合，轻轻地嵌入填料函中。

（3）填料装填质量的好坏，直接影响阀杆的密封，而装填填料的第一圈（底圈）是关键。要再仔细地检查填料函的底部是否平整，填料垫是否装妥，确认底面平整无歪斜时，再将第一圈填料用压具轻轻地压下底面，抽出压具，检查填料是否平整、有无歪斜，搭接吻合是否良好，再用压具将第一圈填料压紧，但用力要适当，不能太大。

（4）装填填料时，应一圈一圈地装入填料函中，并且每装一圈就压紧一次，不能连装几圈，一次压紧，更不得使许多圈连成一条绕入填料函中。正确的方法是：将圈填料的切口搭接位置相互错开120°这是目前普遍采用的装填方法。也有其他填料搭口错位方式：如填料各圈搭口互错90°，也有90°和180°交互错开。在装填填料的过程中，每装1~2圈应旋转一下阀杆，以检查阀杆与填料是否卡阻，而影响阀门的启闭。

（5）选择填料规格时，严格禁止以小代大，没有合适宽度的填料时，允许用比填料函槽宽1~2mm的填料代用，但不允许用手锤打扁，而应用平板或碾子均匀地压扁填料。压制后的填料，如发现有质量问题时，应停止使用。

（6）设有分流环的填料函，应事先测量好填料函深度和分流环的位置。分流环要对准填料函的引流管孔，允许稍微偏上，不准偏下。

（7）填料函基本装填满后，应用压盖压紧填料。操作时，两边螺栓对称拧紧，用力均匀，不得将压盖歪斜，以免填料压偏或压盖接触阀杆，增加阀杆摩擦阻力。压套压入填料函内1/4~1/3，也可以一圈填料的高度作为压套压入的深度，一般压入深度不得小于5mm。并且，随时检查阀杆与压盖、压套以及填料函三者的间隙要一致，转动阀杆时，受力均匀正常、操作灵活，无卡阻现象。如果手感操作力矩过大时，可适当放松压盖，减小填料对阀杆的摩擦阻力。

（8）V形填料和模压成形的其他填料，应从阀杆上端慢慢套入，套装时要注意防止填料内圈被阀杆的螺纹划伤。V形填料的下填料（填料垫）凸角向上，安放在填料函底面；中间填料凹角向下，凸角向上，安放于填料中部，上填料凹角向下，平面向上，安放在填料函的上层。

(9) 填料的压紧力应根据介质的压力和填料的性能等因素来确定，一般情况下，同等条件的橡胶、聚四氟乙烯、柔性石墨填料用较小的压紧力就可以密封，而石棉填料、波形填料要用较大的压紧力。太大的压紧力容易压坏橡胶、聚四氟乙烯和柔性石墨填料。O 形圈的压缩变形率为 16%~30%，填料的压紧力在保证密封的前提下，尽量减少压紧力。

(二) 填料在安装过程中的典型错误

填料装填中产生的错误，主要是操作者对填料密封的重要性认识不足，贪快怕麻烦，违反操作规程所引起的。现将装填中容易产生的错误列举如下：

(1) 清理工作不彻底，操作粗心，滥用工具。具体表现为阀杆、压盖、填料函不用油或金属清洗剂清洗，甚至函内尚残存填料；操作不按顺序，乱用填料，随地放置，使填料沾有泥沙；不用专用工具，随便使用錾子切制填料，用螺丝刀安装填料等。这样大大降低了填料安装质量，容易引起阀杆动密封泄漏和降低填料使用寿命，甚至损伤阀扞。

(2) 选用填料不当，以低代高，以窄代宽。把一般低压填料用于强腐蚀介质中。

(3) 填料搭角不对，长短不一。装填入填料函中，不平整，不严密。

(4) 许多圈一次填放或长条填料缠绕填装，一次压紧，使填料函内填料不均匀，有空隙，压装后填料上部紧，下部松，加快填料泄漏。

(5) 填料装填太多、太高，使压盖不能进入填料函内，容易造成压盖位移，擦伤阀杆。

(6) 压盖与填料函的预留间隙过小，使填料在使用过程中泄漏后，无法再扭紧填料。

(7) 压盖对填料的压紧力太大，增加了阀杆的摩擦力，增大阀门的启闭力，加快磨损阀杆，引起泄漏。

(8) 压盖歪斜、松紧不一。容易引起填料泄漏和擦伤阀杆。

(9) 阀杆与压盖间隙过小，相互摩擦，磨损阀杆。

(10) O 形圈安装不当，容易产生扭曲、划痕、拉伸变形等缺陷。

(三) 拆卸填料

从阀门中拆出的旧填料，原则上不再使用，这给拆卸带来了方便，但填料函槽窄而且深，不便操作，又要防止划擦阀杆，填料的拆卸实际上比安装更困难。

填料拆卸时，首先拧松压紧螺栓或压套螺母，用手转动压盖，将压盖或压套提起，用绳索或卡具把它们固定在阀杆上，以便于填料拆卸作业。如果能将阀杆先从填料函中抽出，则填料函的拆卸，将会更方便。

第三节 修理阀件

组成阀门的零件称为阀件。主要阀件有阀体、阀盖、阀杆、阀杆螺母、启闭件(阀瓣、闸板、蝶板、球体、旋塞锥等)、支架、自动元件(弹簧、膜片等)、手轮(驱动装置)等。

阀件在压力、温度、腐蚀等多种因素交替作用下，都会不同程度地被损坏，本章将介绍几种阀件使用条件及各种修理方法。

由于阀件采用的标准不同，其尺寸也不同。因此，在阀件修理或重新制作时，应反复核实原阀件的几何尺寸和采用的标准。

一、修理静密封面

密封副不产生相对运动而始终处于相对静止状态，这种密封称为静密封。起密封作用的表面叫静密封面。

（一）静密封面损坏的原因

静密封面是阀门的重要部位，也是阀门产生“跑、冒、滴、漏”的主要部位之一。静密封面的损坏原因见表 8-1。

表 8-1 静密封面的损坏原因表

损坏形式	原 因	举 例
静密封面的严重锈蚀	主要是介质的腐蚀和阀门的选用不当	截止阀的螺纹密封面
静密封面有严重划痕和铲伤	主要是拆卸、滑洗、装配过程中违反操作规程，产生磕、碰、划、伤和用力不当	截止阀、闸阀刚性平面密封连接
静密封面有明显的压痕	主要是选用垫片材质硬度过高，光洁度不高或在装配时混入了砂粒、焊渣等脏污	截止阀、闸阀透镜垫法兰连接及锥面垫密封连接
静密封面不光洁	主要是使用时间过长，介质的侵蚀，未定期检查、维修所致	平面螺纹连接的密封面和无垫刚性密封面
静密封面有明显的沟槽	当静密封面存在划痕而产生泄漏后未及时修理，受到介质强烈的冲蚀，使划痕越来越大，形成沟槽	法兰光滑面静密封及自紧密封连接
静密封面产生变形	由于静密封面刚度不够，装配时用力过大，使其产生变形，或高温下产生热蠕变形	榫槽面法兰连接
静密封面有裂纹	设计时选用的材质和制造质量差，安装或操作不当，长期处在交变载荷下而产生疲劳裂纹	榫槽面、梯形槽面法兰连接和平面刚性密封连接
静密封面有泄漏孔	主要是制造质量不好，引起的皱褶、气孔、夹渣等缺陷所致	一般静密封面都可出现

（二）研磨静密封面

静密封面的研磨适应于不平整超差和缺陷深度在 0.3mm 以内的划伤、擦伤、蚀点、压痕的修复。

静密封面的研磨注意事项如下：

（1）研磨应符合技术要求并按要求验收。

（2）研磨量应控制 0.3mm 以内，应检查静密封面预紧间隙是否符合要求。

（3）研磨过程应边研磨边检查，防止研磨缺陷的产生。

（4）研磨后的静密封面粗糙度应满足如下要求：一般静密封面 $Ra \leqslant 12.5$；O 形圈槽 $Ra \leqslant 6.3$；梯形槽、透镜式、锥面垫静密封面 $Ra \leqslant 3.2$；刚性静密封面 $Ra \leqslant 0.4$。

（5）研磨后的静密封面着色检查不平整度应满足如下要求：一般静密封面印影匀布，梯形圈、透镜垫、锥面垫与静密封面印影匀布且连续；刚性静密封面印影圆且连续为合格。

（三）修理静密封面

1. 凸面外圆的修整

凸凹面和榫槽面由于制造质量不高或表面碰伤，使其凸面套不进凹面中。除车削外，可用锉刀修整，其修整方法如下：工件夹持在虎钳上，平锉平放在凸面外圆上，平锉一侧光面靠着台肩，平锉在锉削中作往复运动，同时上下作圆弧运动，锉一会儿后调换一个方向，一直沿整圆锉完。锉削圆弧连接自然，直到要求尺寸为止，凸凹面配合间隙为 H11/d11。

2. 梯形槽的修理

梯形槽由于腐蚀、压伤而损坏。修理时，将工件夹持在车床上，用千分表校正，在梯形槽端面上车削 1mm 左右的厚度，然后按梯形槽标准尺寸套出新的梯形槽，槽的内、外侧粗糙度 $Ra \leqslant 3.2$。

3. 静密封面堆焊修复

车除缺陷，按本体材料选用焊条，为了防止焊液流失，应预制内衬圈固定在堆焊处内侧，其材料与本体一致。然后按照堆焊规程施焊，车削成新的静密封面。堆焊层应无裂纹、气孔等缺陷，强度试验合格。

4. 静密封面的更换

静密封面腐蚀严重，有裂纹、掉块等，无法修补，可进行更换。新加工的静密封面应符合原静密封面尺寸和技术要求。

二、修理连接处

阀体与阀盖的连接，阀体与管道的连接即称为连接处。其连接方式有法兰连接、螺纹连接、卡套连接、卡箍连接、对夹连接及焊接连接等。卡套、卡箍、对夹的连接处损坏修理可参考一般钳工修理方法，本节主要介绍法兰、螺纹和焊接的连接处修理。

（一）修理法兰破损

在阀门上，阀体与阀盖连接的法兰称为中法兰，阀体两端与管道连接的法兰称为端法兰，法兰破损一般都是发生在螺孔处。

法兰破损其修理方法有加强板焊接修复，加强板黏接修复和堆焊修复等。

（二）更换法兰

法兰裂纹、缺块破损严重或其他形式的损坏，不能采用局部修补的方法修复时，应更换法兰。更换时，新法兰的制作必须根据标准尺寸加工，其材料应与原法兰材料一致。若无现存法兰标准尺寸或者更换法兰为异形的，也可以根据原有法兰尺寸加工。

（三）修复螺纹连接处

阀体与阀盖以及阀体与管道的螺纹连接，由于严重腐蚀、乱扣、胀破使阀门报废。

1. 内螺纹裂纹的修理

车削去除连接处扳手位，钻止裂孔，配上钢制扳手位新套，与本体黏接在一起。若需要增加其强度，可适当加大扳手位尺寸。

2. 外螺纹损坏的修理

车削去除外螺纹，配上钢制外螺纹新套，与本体黏接在一起即可。

第四节 阀门内漏维修

一、判断阀门内漏

阀门发生内漏时一般不容易发现，具有较强的隐蔽性，容易造成安全隐患。

（一）根据阀后压力容器压力的变化判断

常关阀门后端为不带压管线或压力容器，可根据压力容器压力的变化来判断阀门内漏：平均每小时每英寸公称直径密封面的泄漏量用 V_x 表示：

$$V_x = \frac{(P_2 - P_1)V_0}{TD}$$

式中 P_1——压力容器初始压力，bar；

P_2——压力容器检查时压力，bar；

V_0——压力容器容积，m^3；

T——时间，h；

D——管线公称直径，in。

$V_x > 0.04m^3/(h \cdot in)$，即认为该阀门内漏，内漏量大小可以经过计算分析得出。

（二）放空法

当无法通过阀门后端的管线或容器来判断阀门是否内漏时，可通过给阀门排污放空阀腔的方法检查阀门是否内漏：缓慢打开阀门排污阀将阀腔内气体或液体放空，如果阀腔内气体或液体无法排空，即认为该阀门内漏，反之则不存在内漏。泄漏量的大小可以根据放空气体或液体的流量情况进行定性分析判断。

（三）利用检测仪检测

目前，利用超声波检测仪和阀门内漏检测仪等仪器，也可以间接地测出阀门内漏情况，例如以下两种仪器：

（1）超声波检测仪。超声波检测仪能检测压力容器和管道的泄漏产生的高频声波。经过仪器处理，转变为可以听见的声音信号，信号的强弱变化还可以在 LED 棒图上显示出来。并可在仪表上进行查看。

（2）XL2 型阀门内漏检测仪。XL2 型阀门内漏检测仪是一种结构坚固、全晶体化的声音采集、放大装置。仪器取代传统的纯机械式的听针。仪器操作简单并且不需要现场经验即可以灵活地操作仪器。仪器适合工厂的管路维护及检测工人现场使用。仪器主要用来检测水、油等管路中的液体的泄漏及阀门内漏。高灵敏度的磁性检测器检测到液体泄漏的声音后，将声音信号转换成相应的电信号后增益放大显示在仪表上及传输到耳机中。通过选择合适的声音频段可以过滤掉背景的杂音。

二、阀门内漏的原因

（1）介质中杂质影响。接收站在投产初期，管道吹扫残留脏污或设备经过维修、焊接，管线内存在落物、焊渣，当这些固体杂质到达阀门节流件部位，聚集在闸板槽、阀座密封面时，造成阀门关不到位，使阀门发生内漏。

（2）人员操作影响。阀门开关不到位，造成高速气流对闸板及密封面的冲蚀，阀门的密封面损坏。阀门在开关过程中，借住外力，如加力管钳，当阀门密封面有杂物时，就会损坏密封面，形成阀门密封面永久性损伤内漏。

（3）阀门保养不到位。密封脂老化或缺损，内密封材料磨损、损坏，老化，造成阀门内漏，如平板闸阀、截止阀和孔板阀等。同时，管线压力出现大的波动，温度的变化等也会造成设备阀门内漏。

三、球阀内漏的处理

（1）通过阀位观察孔或手动检查阀门是否在全开位或全关位，如阀门不在全开位或全关位则进行调节。

（2）将球阀置于全开或全关位置。

（3）确定阀座密封脂注咀的数量。

（4）对于已进行清洗、润滑维护的阀门，直接注入阀门密封脂。

（5）如阀门没有进行清洗、润滑维护，用手动或气动注脂枪，均匀地在各个注脂孔中缓慢地注入规定数量的阀门清洗液。

（6）1~2 天后，注入规定数量的阀门润滑脂，将阀门操作大约 2~3 次，使阀门润滑脂通过阀座涂到球上。阀门不能全开关时，应开关到可能的最大位。

（7）检查阀门是否仍存在内漏，如阀门仍存在内漏则执行以下步骤：

① 将球阀置于正常运行状态的全开位或全关位。

② 按照规定用量，用手动或气动注脂枪等量缓慢地将阀门密封脂注入阀门中。

③ 检查阀门是否仍存在内漏，如仍存在内漏，可以继续注入 50%~100%规定用量的密封脂。

（8）如阀门仍存在内漏则说明阀座或球体已存在比较严重的损伤，需要进行更换阀座或维修。

四、阀门内漏处理中的注意事项

（1）阀门内漏的处理以清洗、反复开关动作为主，以注密封脂密封为辅助手段。

（2）阀门内漏的检查和处理应尽可能在阀门全关的状态下进行。

(3) 阀门的活动尽可能做全开关的活动，不能做全开关活动的阀门要尽可能大范围地活动阀门。

(4) 清洗液和密封脂必须缓慢注入，尽量使用手动注脂枪进行操作。

(5) 清洗液和密封脂在注入时注意观察注入压力的变化，注入压力不能超过管线压力 4000psi。

第五节 阀门外漏维修

相比较阀门内漏，当阀门发生外漏时比较直观，通常可以用听气流声、检漏液检漏、可燃气体检测仪检漏等方法进行检查。

一、关闭件脱落产生泄漏

(一) 泄漏产生原因

(1) 操作不良，使关闭件卡死或超过上死点，连接处损坏断裂。

(2) 关闭件连接不牢固，松劲而脱落。

(3) 选用连接件材质不对，经不起介质的腐蚀和机械的磨损。

(二) 维修方法

(1) 正确操作，关闭阀门不能用力过大，开启阀门不能超过上死点，阀门全开后，手轮应倒转少许。

(2) 关闭件与阀杆连接应牢固，螺纹连接处应有止退件。

(3) 关闭件与阀杆连接用的紧固件应经受住介质的腐蚀，并有一定的机械强度和耐磨性能。

二、填料处的泄漏

(一) 泄漏产生原因

(1) 填料选用不对，不耐介质的腐蚀，不耐阀门高压或真空、高温或超低温的使用。

(2) 填料安装不对，存在以小代大、螺旋盘绕接头不良、上紧下松等缺陷。

(3) 填料超过使用期，已老化，丧失弹性。

(4) 阀杆精度不高，有弯曲、腐蚀、磨损等缺陷。

(5) 填料圈数不足，压盖未压紧。

(6) 压盖、螺栓和其他部件损坏，使压盖无法压紧。

(7) 操作不当，用力过猛等。

(8) 压盖歪斜，压盖与阀杆间空隙过小或过大，致使阀杆磨损，填料损坏。

(二) 维修方法

(1) 应按工况条件选用填料的材料和形式。

(2) 按有关规定正确地安装填料，盘根应逐圈安放压紧，接头应成 30°或 45°。

(3) 使用期过长、老化、损坏的填料应及时更换。

(4) 阀杆弯曲、磨损后应进行矫直、修复，对损坏严重的应及时更换。

（5）填料应按规定的圈数安装，压盖应对称、均匀地把紧，压套应有 5mm 以上的预紧间隙。

（6）损坏的压盖、螺栓及其他部件，应及时修复或更换。

（7）应遵守操作规程，除撞击式手轮外，以匀速正常力量操作。

（8）应均匀、对称拧紧压盖螺栓，压盖与阀杆间隙过小，应适当增大其间隙；压盖与阀杆间隙过大，应予以更换。

三、密封面的泄漏

（一）泄漏原因

（1）密封面研磨不平，不能形成密合线。

（2）阀杆与关闭件的连接处顶心悬空、不正或磨损。

（3）阀杆弯曲或装配不正，使关闭件歪斜或不逢中。

（4）密封面材质量选用不当或没有按工况条件选用阀。

（二）维修方法

（1）按工况条件正确选用颠垫片的材料和形式。

（2）精心调节，平稳操作。

（3）应均匀、对称地拧螺栓，必要时应使用扭力扳手，预紧力应符合要求，不可过大或小。法兰和螺纹连接处应有一定的预紧间隙。

（4）垫片装配应逢中对正，受力均匀，垫片不允许搭接和使用双垫片。

（5）静密封面腐蚀、损坏、加工质量不高，应进行修理、研磨，进行着色检查，使静密封面符合有关要求。

（6）安装垫片时应注意清洁，密封面应用煤油清洗，垫片不应落地。

四、密封圈联接处的泄漏

（一）泄漏原因

（1）密封圈碾压不严。

（2）密封圈与本体焊接，堆焊质量差。

（3）密封圈连接螺纹、螺钉、压圈松动。

（4）密封圈连接而被腐蚀。

（二）维修方法

（1）密封碾压处泄漏应注胶黏剂再碾压固定。

（2）密封圈应按施焊规范重新补焊，堆焊处无法补焊时应清除原堆焊和加工。

（3）卸下螺钉、压圈清洗，更换损坏的部件，研磨密封与连接座密合面，重新装配。对腐蚀损坏较大的部件，可用焊接、黏接等方法修复。

（4）密封圈连接面被腐蚀，可用研磨、黏接等方法修复，无法修复时应更换密封圈。

五、阀体和阀盖的泄漏

（一）泄漏原因

（1）铸铁件铸造质量不高，阀体和阀盖体上有砂眼、松散组织、夹渣等缺陷。

（2）焊接不良，存在着夹渣、未焊接，应力裂纹等缺陷。

（3）铸铁阀门被重物撞击后损坏。

（二）维修方法

（1）提高铸造质量，安装前严格按规定进行强度试验。

（2）由焊接组成的阀体和阀盖的焊缝，应按有关焊接操作规程进行，焊后还应进行探伤和强度试验。

（3）阀门上禁止堆放重物，不允许用手锤撞击铸铁和非金属阀门，大口径阀门的安装应有支架。

第六节 常用阀门堵漏方法

调整法止漏：采用调整操作、调节密封件预紧力或调整零件间相对位置，达到实施封堵的一种消除泄漏的方法。它可分为紧固法、调位法、冲洗法、上密封法、操作法等。

（一）紧固法

给正在泄漏的密封件施加一定的预紧力而达到止漏的一种方法。这种方法适用于垫片、填料、启闭件。

（1）石油化工、热电站等单位在开工升温过程中，设备和阀门上的垫片会出现泄漏，视情况需热紧1~3次螺栓才能消除泄漏，垫片由于安装不正，产生偏口等缺陷，使垫片产生泄漏，这时应从泄漏处紧固螺栓，然后从两边对称逐一紧同螺栓，即可止漏。如果法兰偏大，上述方法无效时，可将法兰间隙最小处的螺栓微松一下，然后再紧固法兰间隙最大的部位以消除泄漏。

（2）在运行过程中，填料产生了泄漏、压盖螺母有一定预紧间隙，对称紧固压盖螺栓或把紧压套螺母即可止漏。

（3）阀门因振动、磨损、温度变化等原因而渗漏时，可用紧固法给手轮施加较大的扭矩，强制关闭闸板或阀瓣而止漏。

（二）调位法

调整零件间相对位置达到止漏的一种方法。这种方法适合于法兰、填料、启闭件。

（1）法兰相对位置安装不正确，常会出现错口、偏口、搁口等缺陷，产生泄漏。错口就是法兰错开不同心；偏口就是法兰间隙不相等而歪斜；搁口就是凸面大于凹面，使垫片压而不紧。采用调位方法，使法兰同心，其间隙相等，均匀对称轮流紧固螺栓即可止漏。搁口是毛刺或加工微小误差引起的，用锯条或小锉刀在凸面外圆面除掉毛刺，或沿圆周除掉一层表皮，然后均匀、对称、轮流紧固螺栓，使凸面嵌入凹面压紧垫片即可。

（2）有的阀门因阀瓣与阀杆连接处调向性能变坏，或因阀瓣和阀座密封面局部有轻微磨损、变形等微小缺陷，当这微小缺陷正好密合在一起时，就会导致阀门泄漏。遇到这种情况时，应微开阀门让阀瓣与阀座错开原来位置，再关闭阀门就会消除渗漏。

（3）阀门开启时，阀杆与填料因局部缺陷产生泄漏时，可将阀杆适当移位，避开泄漏缺陷而止漏。

（三）冲洗法

利用介质自身或其他液体冲洗掉密封面上的杂质，达到止漏的一种方法。这种方法适用于阀门密封面。

闸阀、截止阀等阀门往往因密封面上夹有杂质产生泄漏，遇到这种情况不要使劲关闭阀门，以免压伤密封面，而应微开阀门反复几次微关微开，利用介质冲走密封面上的杂质，然后关紧阀门。

（四）上密封法

阀杆下端与阀盖内（填料函下面）的密封副，此密封副因在关闭件的上面，故称上密封，又因为它与其他密封副正好相反，也称倒密封。利用上密封治理填料泄漏的一种方法叫作上密封法。

上密封法适合用于填料止漏，但阀门必须呈开启状态。当我们更换填料或者为了堵住填料泄漏，可将阀门全开至上死点，使上密封面密合即可。

（五）操作法

利用操作法稳定受压系统的压力和温度或适当降低压力和湿度，达到控制或减少泄漏的一种方法。这种方法适用于静密封、动密封、阀门非破坏性渗漏和正在进行堵漏的场合。

设备和装置由于操作不稳，压力和温度时高时低，波动较大时，容易使密封处渗漏，调整操作、平稳生产，有利于泄漏点的减少。压力与温度相互制约，适当改变操作温度等于提高了密封件的耐压能力，这有利于控制渗漏和减缓渗漏，受压系统产生了渗漏，如维持最低限度的生产或因堵漏需要，适当降温、降压是常采用的方法。

第七节　阀门常见故障

阀门在使用过程中，会出现各式各样的故障。一般来说，一是与组成阀门零件多少有关，零件多常见故障多；二是与阀门的设计、制造、安装、工况、操作、维修优劣有着密切关系。各个环节的工作做好了，阀门故障就会大大减少。

一、通用阀件常见故障

阀门通常由阀体、阀盖、填料、垫片、密封面、阀杆、支架、传动装置等零件组成，称为通用阀件。下面以表格形式分述通用阀件常见故障及其产生原因、预防措施和排除方法。

（一）填料

表 8-2 为填料常见故障表。

表 8-2　填料常见故障表

常见故障	产生原因	预防措施	排除方法
预紧力过小	填料太少。填装时填料过少，或因填料逐渐磨损、老化和装配不当而减少了预紧力	按规定填装足够的填料；按时更换过期填料；正确装配填料，防止上紧下松、多圈缠绕等缺陷	1. 关闭阀门或启用上密封后，修理好零件，添加填料。调整预紧力和预紧间隙。 2. 检查压套搁浅的原因，对症下药、若因压套毛刺或直径过大所引起的故障，应用锉刀修整至常值为止。 3. 螺纹抗进。可用松锈剂或煤油清洗干净，然后用什锦锉修整螺纹至螺纹松紧适度为止
	无预紧间隙	填料压紧后，套压压入填料函深度为其 高度的 1/4~1/3 为宜，并且压套螺母和压盖螺栓的螺纹应有相应预紧高度	
	压套搁浅。压套因歪斜，或直径过大压在填料函上面	装填料前，将压套放入填料函内检查一下它们配合的间隙是否符合要求，装配时应正确，防止压套偏斜，防止填料露在外面，检查压套端面是否压到填料函内	
	螺纹抗进。由于乱扣、锈蚀、杂质浸入，使螺纹拧紧时受阻，疑是压紧了填料，实未压紧	经常检查和清扫螺栓、螺母，拧紧螺栓、螺母时，应涂抹少许的石墨粉或松锈剂	
紧固件失灵	制造质量差，压盖压套螺母、螺栓等件产生断裂现象	提高制造质量，加强使用前的检查验收工作	1. 关闭或启用上密封后，确认填料不会因内压往外移动的情况下，按正常方法修复紧固件。 2. 一般紧固件松动和损坏可直接修理和拧紧紧固件即可
	振动松弛。由于设备和管道的振动，使其紧固件松弛	做好设备和管道的防振工作；加强巡回检查和日常保养工作	
	腐蚀损坏。由于介质和环境对紧固件的锈蚀而使其损坏	做好防腐蚀工作，涂好防锈油脂	
	操作不当。用力不均匀对称，用力过大、过猛，使紧固件损坏	紧固零件时应对称均匀，紧固或松动前应仔细检查，涂抹一定松锈剂或少许石墨	
	维修不力。没有按时更换紧固件	按时按技术要求进行维修，对不符合技术要求的紧固件及时更换	

续表

常见故障	产生原因	预防措施	排除方法
阀杆密封面损坏	阀杆制造缺陷。硬度过低。有裂纹、剥落现象，阀杆不圆、弯曲	提高阀杆制造质量，加强使用前的验收工作，包括填料的密封性试验	1. 轻微损坏的阀杆密封面可用抛光方法消除。 2. 阀杆密封面损坏影响填料泄漏时，需关闭阀门或启用上密封后研磨或局部镀层解决
	阀杆腐蚀。阀杆密封面出现凹坑、脱落等现象	加强阀杆防蚀措施，采用新的耐蚀材料，填料添加防腐蚀剂，阀门未使用时不添加填料为宜	
	安装不正，使阀杆过早损坏	阀杆安装应与阀杆螺母、压盖，填料函同心	
	阀杆更换不及时	阀杆应结合装置和管道检修，对其按周期进行修理或更换	
填料失效	选用不当，填料不适工况	按照工况条件选用填料，要充分考虑温度与压力间的制约关系	关闭阀门或启用上密封后，更换填料
	组装不对，不能正确搭配填料，安装不正，搭头不合，上紧下松，甚至少装垫料垫	按照技术要求组装填料，事先预制填料。一圈一圈错开塔头并分别压紧。要防止多层缠绕、一次压紧等现象	
	系统操作不稳。温度和压力波动大而造成填料泄漏	平稳操作，精心调试。防止系统温度和压力的波动	
	填料超期使用，使填料磨损、老化，波纹管破损而失效	严格按周期和技术要求更换填料	
	填料制造质量差。如填料松散、毛头、干涸、断头、杂质多等缺陷	使用时要认真检查填料规格、型号、厂家、出厂时间，填料质地好坏。不符合技术要求的填料不能凑合使用	

（二）垫片

表 8-3 为垫片常见故障表。

表 8-3　垫片常见故障表

常见故障	产生原因	预防措施	排除方法
预紧力不够	凹面深度大于凸面高度	垫片安装前应检查凸凹面尺寸，若凹面深度大于凸面高度应修复到规定尺寸，一般凹面深度等于凸面高度	清除螺纹上污物，用煤油、石墨、除锈剂减少螺纹处阻力，然后从泄漏处慢慢地拧紧螺栓，对称、均匀、逐步向两边螺栓拧紧，直至垫片不泄漏
	垫片太薄	按公称压力和通径选用垫片的厚度	
	无预紧间隙或预紧间隙过小，无法压紧垫片	安装垫片后，法兰间或压紧螺母的螺纹应有一定预紧力间隙，以备使用时进一步压紧垫片	

续表

常见故障	产生原因	预防措施	排除方法
预紧力不够	螺纹抗进，螺纹锈蚀，混入杂质，或者规格型号不一，使螺纹拧紧时受阻或者松紧不一，疑是垫片压紧，实为未压紧	经常检查和清扫螺栓、螺母；安装时注意螺栓、螺母规格型号一致；拧紧螺栓、螺母时，应涂抹少量石墨或松锈剂	清除螺纹上污物，用煤油、石墨、除锈剂减少螺纹处阻力，然后从泄漏处慢慢地拧紧螺栓，对称、均匀、逐步向两边螺栓拧紧，直至垫片不泄漏
	法兰搁浅，没有压紧垫片	安装垫片前，应认真检查法兰静密封面各部尺寸并事先将两法兰装合一下；正式安装。若发现两法兰间隙过大，应检查是否搁浅	
	法兰歪斜	安装应正确，要防止垫片装偏，法兰局部搁浅；拧紧螺栓时应对称、轮流、均匀，法兰间隙一致	
紧固件失灵	制造质量差，紧固件有断裂、滑丝等缺陷	提高制造质量，加强使用前的检查验收工作	1. 卸压停车更换紧固件。 2. 用G形工具卡住失灵的紧固件处，然后更换紧固件。 3. 松动的紧固件，若完好时，可按正确的拧紧方法拧紧紧固件
	紧固件因振动松弛	做好设备和管道的防振工作；加强巡回检查和日常保养	
	腐蚀用力不当造成损坏	做好防腐工作，涂好防锈油脂	
	用力不当	拧动螺栓时应事先检查，涂一定量的松锈剂或石墨，注意螺纹的旋向，用力应均匀，切忌用力过猛、过大	
	未能按时更换紧固件	按时按技术要求更换紧固件	
静密封面缺陷	制造缺陷，有气孔、夹渣、裂纹、凹坑，表面不平毛糙	提高产品铸造和精加工质量，严格验收制度，做好试压工作	1. 卸压停车修理静密封面。 2. 向静密封面注胶堵漏
	腐蚀缺陷	搞好防腐工作，防止垫片和介质对静密封面的腐蚀	
	压伤	选用的垫片硬度应低于静密封面硬度，安装垫片时防止异物压伤静密封面	
法兰损坏	制造缺陷，有裂纹、气孔、厚度过薄等缺陷	提高制造质量，严把产品的强度试验关	卸压停车更换阀门
	紧固力过大	用力应均匀一致，切忌用力过猛、过大，特别是铸铁和非金属阀门	
	装配不正	阀门组装及阀门安装在设备或管道时，应正确，防止安装偏、强扭等现象	

续表

常见故障	产生原因	预防措施	排除方法
垫片失效	质量差，垫片老化、不平、脱皮、粗糙等缺陷	严格按技术要求检验垫片质量，不用过期和不合格垫片	1. 卸压停车更换垫片。 2. 向失效垫片内侧注胶堵漏
	选用不当，垫片不适工况	按照工况条件选用垫片，充分考虑温度与压力间的制约关系	
	安装不正，垫片装偏、压伤；垫片过小或过大	严格按规定制作垫片，装好垫片，并试压合格	
	操作不力。温度压力波动大，产生水击现象	操作应平稳，防止温度、压力的波动，操作阀门和其他设备应防止水锤的产生，应有防水锤设施	
	垫片老化和损坏	按时更换垫片，垫片初漏应及时处理，以防垫片冲坏；金属垫片重用时，应进行退火和修复后使用；非金属垫片禁止重复使用	

(三)密封面

表 8-4 为密封面常见故障表。

表 8-4 密封面常见故障表

常见故障	产生原因	预防措施	排除方法
密封面不密合	阀杆与关闭件连接处不正、磨损或悬空	阀杆与关闭件连接处符合设计要求，不符合要求的应修整，关闭件关闭时，顶心不悬空并有一定调向作用	1. 停车卸压后修理或更换阀门。 2. 常闭式阀门密封面泄漏后，可用开孔机开孔后，采用强压胶堵法堵漏。 3. 采用冷冻法使管道形成冰塞后，修理或更换阀门。 4. 采用改换密封法等方法，解决密封面不密合而泄漏的问题
	阀杆弯曲或装配不正，使关闭件歪斜或不缝中	在新阀门验收中和旧阀门修理中，应认真检查阀杆弯曲度，并使阀杆、阀杆螺母、关闭件、阀座等件在一条公共轴线上	
	密封面关闭不严或关闭后冷缩出现细缝，进而产生冲蚀现象	阀门启闭应有标记并借助仪表和经验检查是否关闭，超低温阀门关闭后因升温会出现细缝，应在关闭后间隔一定时间再关闭一次	
	密封面因加工预留量过小或因磨损而产生掉线现象	新的密封面应留有充分预留量。组装阀门前，应进行测量和着色检查预留量，预留量过小估计维持不到一个运转周期的密封面，应修整或更换	

续表

常见故障	产生原因	预防措施	排除方法
密封面损坏	密封面不平或角度不对，不圆，不能形成密合线	密封面加工和研磨的方法应正确，应进行着色检查，印影圆且连续方可组装	1. 停车卸压后修理或更换阀门。 2. 常闭式阀门密封面泄漏后，可用开孔机开孔后，采用强压胶堵法堵漏。 3. 采用冷冻法使管道形成冰塞后，修理或更换阀门。 4. 采用改换密封法等方法，解决密封面不密合而泄漏的问题
	密封面材质选用不当或没有按工况条件选用阀门，产生腐蚀、冲蚀、磨损等现象	严格按工况条件选用阀门或更换密封面，成批产品，应做密封面耐蚀、耐磨、耐擦伤等性能试验	
	密封面堆焊和热处理没有按照规程操作，因硬度低而磨损，因合金元素烧损而腐蚀，因内应力过大而产生裂纹	堆焊和热处理应符合规程、规范，应有严格的质量检验制度	
	表面处理的密封面产生剥落或因研磨量过大失去原有性能	密封面表面淬火、渗氮、渗硼、镀铬等工艺严格按其规程和规范技术要求进行。修理时，密封面渗透层切削量以不超过1/3为宜	
	切断阀当作节流阀、减压阀使用，密封面被冲蚀	作切断用的阀门，不允许作节流阀、减压阀使用，其关闭件应处在全开或全关位置。若需调节介质流量和压力时，应单独设置节流阀和减压阀	
	关闭件到了全关位置，继续施加过大的关闭力，密封面被压坏、挤变形	关闭力应适中，阀门关严后，立即停止关闭阀门，纠正“阀门关的越严越好”	
密封面混入异物	不常开启或不常关闭的密封面上容易沾积异物	在允许情况下，经常关闭或开启阀门，留一细缝，反复几次，冲刷掉密封面上的沾积异物	1. 反复开大和开小阀门，让介质冲洗密封面，冲刷掉异物。 2. 停车卸压后修复或更换阀门更换阀门。 3. 采用冷冻法使管道形成冰塞后，修理或更换阀门。 4. 采用改换密封法解决密封面异物的混入
	设备和管道上的锈垢，焊渣、螺栓等物卡在密封面上	阀门前应设置排污、过滤等保护装置，定期打开上述保护装置和阀底堵头，排除异物	
	介质本身具有硬粒物嵌在密封面上	一般不宜选用闸阀，应选用球阀、旋塞阀和软质密封面的阀门	

续表

常见故障	产生原因	预防措施	排除方法
密封圈松动	密封面碾压不严	最好在碾压面涂上一层适于工况的胶黏剂。严格遵守试压制度	1. 停车卸压后修理或更换阀门。 2. 常闭式阀门可采用开孔后，强压胶堵法堵漏。也可用渗透强的胶液注入阀内，利用介质压力渗入密封圈与本体间隙中堵漏。 3. 采用冷冻法和改换密封法消除密封圈松脱现象
	密封面堆焊或焊接连接不良	严格执行堆焊和焊接的规程、规范；认真检查堆焊和焊接质量，做好试压工作	
	密封圈连接螺纹、螺钉、压圈等紧固件松动或脱落	密封圈连接螺纹及其紧固件应与密封圈配合牢固。最好在连接处涂上一层适于工况的胶黏剂，提高连接强度。做好试压工作	
	密封面与阀体连接面不合被腐蚀	密封面靠螺纹和紧固件拧紧的结构，密封面与阀体组装前，应检查连接面质量，着色检查合格后，方可组装。为了增加连接处牢固度，视具体情况可涂上一层胶黏剂，又可防止连接面电化腐蚀	
启闭件脱落	操作不良，启闭件超过上死点继续开启，启闭件超过下死点继续关闭，造成连接处损坏断裂	遵守操作规程，操作阀门用力恰当，不允许使用长杆扳手。阀门全开或全关后，应倒转少许，防止以后误操作	1. 常开式阀门可开大阀门，让介质冲开关闭件；常闭式阀门可关死阀门，让阀杆压紧关闭件达到关闭目的，这过程有时需要反复几次。 2. 停车卸压后修理或更换阀门。 3. 采用冷冻法和改换密封法解决关闭件脱落现象
	关闭件与阀件连接不牢，松动而脱落	连接处制造质量符合要求，装配正确、牢固，螺纹连接应有止退件	
	关闭件与阀杆连接结构形式选用不当，容易腐蚀、磨损而脱落	关闭件与阀杆连接结构形式应根据工况条件和实际经验选用，使用前应对其进行解体检查	
系统造成密封面泄漏	水击，造成密封面损坏	系统应有防止水击装置，操作阀门和泵时应平稳，防止产生水击现象	1. 适当施加关闭力，解决系统造成的密封面泄漏。 2. 停车卸压后修理或更换阀门。 3. 常闭式阀门泄漏可采用注胶法堵漏。 4. 采用冷冻法和改换密封法进行修理或更换阀门
	温度和压力波动大，导致密封面泄漏	系统操作平稳协调，设置防止温度和压力波动的设施以及监视系统	
	振动，设备和管道的振动造成关闭件松动而泄漏	设置减振装置，消除振动源。加强巡回检查，发现和纠正阀门关闭不严故障	

（四）驱动装置

表 8-5 为驱动装置常见故障表。

表 8-5 驱动装置常见故障表

常见故障	产生原因	预防措施	排除方法
阀杆操作不灵活	阀杆及其相关配件精度低、粗糙度大、配合间隙过小	提高阀杆及其相配合件的制造和修理质量，表面粗糙和配合间隙符合技术要求	1. 停车卸压后或用冷冻法修理或更换阀门。 2. 用研磨膏互研梯形螺纹。 3. 关闭阀门或启用上密封后，修理阀杆配合件并符合要求
	阀杆、阀杆螺母、支架、压盖、填料等件装配不正，不在一条轴线上	阀杆及其相配合件应装配正确，间隙一致、保持同心，旋转灵活，不允许支架、压盖歪斜	在阀门开启状态下，必要时启用上密封，调整支架、压盖、阀杆螺母或填料位置，使它们在一条轴线上
	填料压得过紧，抱死阀杆	压盖压紧填料应适中，压紧一下压盖后，应旋转一下阀杆，试一下填料压紧程度	适当松弛一下压盖预紧力，直至阀杆操作灵活为止。若引起填料泄漏，说明填料老化、损坏，需按填料处理方法解决
	阀杆弯曲	组装阀杆前，应检查其质量，发现阀弯曲时，及时校正	1. 停车卸压后修理阀门。 2. 采用冷冻法和其他方法后，修理阀杆或更换阀门
	阀杆与阀杆螺母上的梯形螺纹润滑条件差，积满脏物和灰尘	应经常清洗梯形螺纹处，并进行润滑。高温和灰尘较多的环境可涂上一层石墨或二硫化钼来润滑	清洗梯形螺纹上的脏物、灰尘，涂抹润滑脂、石墨粉、二硫化钼等润滑剂
	阀杆螺母松脱，梯形螺纹滑丝	定期检查和修理，定期润滑，发现螺钉、紧固螺母等紧固阀杆螺母的零件松动，及时拧紧	停车卸压后，修理或更换阀门
	阀杆螺母与支架滑动部位润滑不良、混入磨粒，产生磨损、咬死、锈死现象	定期清洗和润滑，保持滑动面清洁，油路畅通，润滑良好。防止磨粒混入滑动面中产生抓损、咬死现象	1. 停车卸压后，修理或更换阀门。 2. 用松锈剂清洗滑动部位后，用润滑剂润滑
	操作不良、用力过大，使阀杆及其相配合件过早损坏和变形	正确操作阀门，关闭力适中、禁止滥用长杠杆扳手，阀门全开或全闭后，应回转少许	停车卸压后，修理或更换阀门

续表

常见故障	产生原因	预防措施	排除方法
阀杆操作不灵活	阀杆与传动装置连接处松脱或损坏	阀杆与手轮等传动装置连接正确、牢固，发现松动现象及时修复	采用一般钳工工艺或用黏接、焊接方法修复
	阀杆被顶死或被关闭件卡死	正确操作阀杆，应有防止关闭件超过上死点和防止关闭件关得过紧的措施。阀门全开或全关后应倒转少许。常开或常闭式的阀门，至少半月开关操作各一次，以免锈死	润滑传动部位，借助扳手开启或并用敲打阀体(铸铁阀禁止敲打)的方法消除卡死、顶死现象
手轮、手柄、扳手不能传递扭矩	手轮、手柄、扳手破损	正确操作，不允许使用长杠杆和撞击工具。改手轮、手柄、扳手铸铁材料为铸钢等材料	紧急操作时用活扳手或管钳修复或更换手轮、手柄、扳手
	手轮、手柄、扳手与阀杆松脱	手轮、手柄、扳手与阀杆连接应牢固。定期检查、修理。改一般垫圈为弹性垫圈	配齐紧固件重新紧固连接处
	手轮、手柄、扳手方孔、键槽或螺纹磨损，不能传递扭矩	提高手轮、手柄、扳手加工质量，发现连接处有松动现象，及时紧固，必要时用胶黏剂固定	1. 用锉、铆、镶、垫、套、黏、焊接工艺修复。 2. 紧急操作时用活扳手或管钳
齿轮、蜗轮和蜗杆传动受阻	传动装置装配不正	传动装置装配符合技术要求，间隙一致，转动灵活	1. 清洗传动装置内的污物异物，用煤油或除锈剂除锈，添加润滑剂，减小传动阻力。 2. 拆卸传动件，进行修复或更换，对于旋转90°关闭的阀门，避免关闭件错动，在拆卸前应使用阀杆定位
	传动装置组成零件加工精度低、表面粗糙	提高零件加工质量，装配前应检查零件质量	
	轴与轴套间隙小，润滑差，被磨损或咬死	轴与轴套间隙适当，油路畅通，定期加油，定期清洗	
	齿轮、蜗轮和蜗杆不清洁，被异物卡阻，有断齿现象	定期清洗，定期加油，灰尘较多的环境条件下，传动装置应设置防尘罩	
	定位螺钉，紧圈松脱，键销损坏	齿轮、蜗轮和蜗杆以及轴上额紧固件应齐全并紧固	
	操作不良	操作应正确，发现有卡阻和吃力时，及时找原因，不要硬性操作，以免损坏零件	

续表

常见故障	产生原因	预防措施	排除方法
气动和液动装置动作不灵或失效	缸体和缸盖破损和砂眼等缺陷，产生外漏，使缸内压力过低	缸体、缸盖正式使用前应按规定试压，合格后使用	1. 停车卸压后修复或更换气动或液动装置，也可更换阀门。 2. 气动、液动装置外漏或介质管道外漏可用黏接堵漏法或强胶堵法解决。 3. 当阀门开启时，应用卡箍卡住阀杆后放在压盖上，然后修复或更换气动、液动装置；当阀门在关闭情况下，可用带法兰的卡箍卡住阀杆，用法兰上的4只螺栓顶住支架底面后，对气动、液动装置修复或更换；用于球阀、蝶阀等阀门的气动、液动装置需修复前，应用限位器卡住阀杆或齿轮
	密封件老化或损坏，引起内漏，使活塞产生爬行故障	密封件应定期检查与更换	
	活塞杆弯曲或磨损，增大了开闭力，或引起泄漏	活塞杆在安装前与其他零件一样，需认真检验。定期检修	
	装置上的垫片和填料处泄漏，缸内压力下降	垫片和填料选用和安装正确，定期更换垫片和填料	
	缸内混入异物，阻止了活塞的上下运动	气体或液体介质进入缸体前，应经过过滤装置。定期清洗缸体等零件	
	缸体内壁磨损，镀层脱落，增加了内漏和活塞阻力	缸体质量应符合设计要求，定期检修	
	活塞与活塞连接处磨损、松动、产生内漏，活塞容易卡阻	连接处应牢固，应有防松件。定期检查	
	零件质量差，装配不正	零件加工质量符合设计要求，装配前须检验。装配正确，缸体、活塞、活塞杆、阀门填料应在一条轴线上	
	缸体胀大或活塞磨损、破裂，影响正常传动	定期检修和更换	
	常开式或常闭式缸内弹簧松弛和失效，引起活塞动作不灵，关闭件无法复位	定期检修和更换	
	缸内气体或液体介质压力波动大或压力过低	引进介质压力应符合技术要求，注意介质源平稳操作	1. 改气动、液动为手动。 2. 找出液动大、压力过低原因后进行修复；调整操作
	遥控信号失灵	气动或液动信号指示系统应完好，并与实际动作状态相符。注意定期调整、检修	1. 改气动、液动为手动。 2. 找出遥控信号失灵原因后进行修理
	填料压得太紧，抱住阀杆	填料松紧适中	适当减低压盖预紧力，若填料泄漏可按填料处理方法解决
	关闭件卡死在阀体中	对楔式闸阀不应关得过死，至少半个月开关操作各一次	利用最大开启力兼敲打阀体(严禁敲打铸铁阀门)方法清除启闭件卡死现象

续表

常见故障	产生原因	预防措施	排除方法
电动装置动作不灵或失效	一般性机械故障，如齿轮、蜗轮、蜗杆传动失灵	参照“齿轮、蜗轮和蜗杆传动受阻”一栏	参照“齿轮、蜗轮和蜗杆传动受阻”一栏
	过转矩故障。阀门自身磨损、锈蚀、异物卡住关闭件，填料压得太紧等原因，使扭矩急剧上升	阀门装配正确，填料松紧适中，阀前设置过滤装置。定期清洗、加油，定期检修	1. 改电动为手动。 2. 一般故障可找出原因后，直接修复。 3. 需解体装置修复或更换电动装置时：当阀门开启时，用卡箍卡住阀杆后放在压盖上；当阀门关闭时，用带法兰的卡箍卡住阀杆，用法兰上的 4 只螺栓顶住支架底面后；若旋转 90° 启闭的球阀等阀，用限位器卡住阀杆或齿轮。 4. 停车卸压后修理或更换电动装置，也可更换阀门。 5. 采用冷冻法和其他堵漏方法后，修理或更换电动装置，也可更换阀门
	电动机故障。电源电压过低，转矩限制机构整定不当或失灵，使电机过载；接触不良、缺相、绝缘不良而短路等	定期检修。转矩限制机构整定值要正确，电源电压应正常，电动机过载应有保护措施，电动机应有防潮、接地等措施	
	形成开关整定不正确，形成开关失灵，使阀门打不开、关不严	使用前应认真调整行程开关位置，使阀门正常开闭	
	信号指示系统失灵或者指示信号与阀门动作不符，无法遥控	定期检修，保持信号指示系统正常运行，并使指示信号与阀门动作一致	
	手动与电动转换机构不灵	定期检查和修理，使用前应与其他装置、机构一样，调试准确无误后使用	
电磁传动失灵	线圈过载或绝缘不良而烧坏	定期检查和更换	1. 找出原因后修复。 2. 停车卸压后修理或更换。 3. 采用卡箍卡住阀杆方法，临时解决失灵故障。 4. 采用冷冻法和其他堵漏方法后，更换阀门
	电线脱落或接头不良	定期检查，接头应牢固	
	电磁动作有异响	定期检修。电磁传动内部件构件装配正确、牢固、接触良好。发现异响及时找原因	
	介质浸入圈内	传动部分与阀门部分的密封应良好	

二、驱动阀门常见故障的防治

闸阀、截止阀、节流阀、球阀、蝶阀等阀门，它们的传动是借外力完成的，为了区别自动阀门，称为驱动阀门。驱动阀门除具有上一节一些常见故障外，还有一些特殊的故障。

（一）闸阀

表 8-6 为闸阀常见故障表。

表 8-6　闸阀常见故障表

常见故障	产生原因	预防措施	排除方法
关不严	球体不圆，表面粗糙	提高制造质量，使用前解体检查和试压	1. 停车卸压后，修理或更换阀门。 2. 扳手所指位置与关闭位置不符时，应修理扳手与阀杆连接处，调整位置，使扳手所指位置与关闭位置一致。 3. 常闭式球阀应先关闭阀门，然后开孔注胶堵漏。 4. 采用冷冻法、改换密封阀及其他方法修理、更换、改道阀门
	球体冲翻	装配，应正确，操作要平稳，不允许作节流阀使用	
	作节流用，密封面被冲蚀	不允许作节流阀使用	
	阀座密封面压坏	装配阀座时，阀门应处在全关位置，拧紧螺栓时应均匀，用力应小	
	密封面无预紧力	定期检查密封圈预紧力，注意调整预紧力	
	扳手所指关闭位置与实际不符，产生泄漏	使用前应检查扳手所指关闭位置应与实际关闭位置相符，定期校正	
	阀座与阀体不密封，O 形圈等密封件损坏	提高阀座与阀体装配精度和密封性能。减少阀座拆卸次数，定期检查和更换密封件	

（二）蝶阀

表 8-7 为蝶阀常见故障表。

表 8-7　蝶阀常见故障表

常见故障	产生原因	预防措施	排除方法
密封面泄漏	橡胶密封圈老化、损坏	定期检查和更换	1. 停车卸压后，修理或更换蝶阀。 2. 常闭式蝶阀应先关闭，然后开孔注胶堵漏。 3. 采用冷冻法和其他方法修理或更换蝶阀
	介质流向不对	应按介质流向指示箭头安装阀门	
	密封面压圈松动、破损	安装前应检查压圈装配是否正确。定期检查和更换	
	密封面不密合	提高制造质量，使用前进行试压	
	阀杆与蝶板松脱，使密封面泄漏	提高阀杆与蝶板连接强度，定期检修	

（三）球阀

表 8-8 为球阀常见故障表。

表 8-8　球阀常见故障表

常见故障	产生原因	预防措施	排除方法
关不严	球体不圆，表面粗糙	提高制造质量，使用前解体检查和试压	1. 停车卸压后，修理或更换阀门。 2. 扳手所指位置与关闭位置不符时，应修理扳手与阀杆连接处，调整位置，使扳手所指位置与关闭位置一致。 3. 常闭式球阀应先关闭阀门，然后开孔注胶堵漏。 4. 采用冷冻法、改换密封阀及其他方法修理、更换、改道阀门
	球体冲蚀	装配应正确，操作要平稳，不允许作节流阀使用	
	作节流用，密封面被冲蚀	不允许作节流阀使用	
	阀座密封面压坏	装配阀座时，阀门应处在全关位置，拧紧螺栓时应均匀，用力应小	
	密封面无预紧力	定期检查密封圈预紧力，注意调整预紧力	
	扳手所指关闭位置与实际不符，产生泄漏	使用前应检查扳手所指关闭位置应与实际关闭位置相符，定期校正	
	阀座与阀体不密封，O 形圈等密封件损坏	提高阀座与阀体装配精度和密封性能。减少阀座拆卸次数，定期检查和更换密封件	

第九章　海水蝶阀

第一节　阀门概述

阀门主要有阀体、运转轴、转轴、阀瓣和橡胶衬板组成。橡胶衬板在轴道中具有良好的密封性，阀瓣槽销或花键连接到运转轴上。阀门通过手柄以直角回转方式人工操作，或使用固定在阀门顶板上的齿轮箱或液压、电动或气动执行器操作。

第二节　安装条件

（1）为避免壳体泄漏、变形或破损，管道所采用的布局方式应该在安装开始运行时，无任何推力或弯曲力作用到阀体上。

（2）法兰的密封面必须清洁，而且未受损伤。

（3）阀门和管道法兰之间不得增加任何额外的垫片。将阀门插入法兰之间时，应拉开两个管道法兰，以便使法兰面及阀座面之间留有足够的间隙。法兰的所有螺孔均必须用于法兰连接。

第三节　阀门保养维修

一、阀门拆除

（1）从管段上拆下阀门。

（2）切断执行机构的电源或气源。

（3）将阀门同执行机构一起从管段上拆下，如图 9-1 所示。

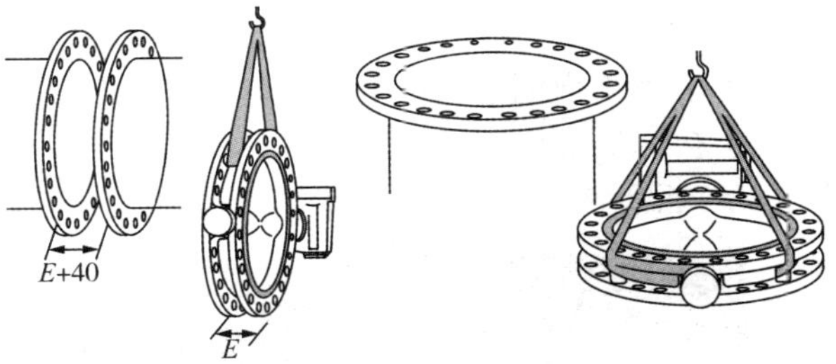

图 9-1　阀门吊装示意图

二、执行机构拆除

（1）在阀门上标识执行机构的安装位置。

（2）拆开执行机构与阀门的连接螺栓，并保存好连接零件。

三、阀门拆除

（1）将阀门用支撑架撑起一定高度，高于阀瓣直径的一半。

（2）将阀瓣用吊带吊起如图 9-2 所示。

（3）从顶板的侧面拆下上垫圈。

（4）利用砧木拆下驱动轴如图 9-3 所示。

图 9-2　阀板吊装

图 9-3　驱动轴拆除

（5）拆下底部转轴如图 9-4 所示。

（6）将阀板取下，安放到安全位置如图 9-5 所示。

图 9-4　转轴拆除

图 9-5　阀板拆除

（7）利用铜棒将阀杆拆除。

（8）取下顶板侧面的滑动轴承如图 9-6 所示。

（9）拆除底部侧面的滑动轴承。

（10）拆下阀体内的阀衬如图 9-7 所示。

图 9-6　滑动轴承拆除

图 9-7　阀衬拆除

四、阀门回装

（1）安装阀门阀衬。
（2）将阀体用支撑架支撑一定高度。
（3）安装底部侧面的滑动轴承。
（4）安装顶部侧面的滑动轴承。
（5）在阀衬上涂满硅润滑脂。
（6）将阀板上小球的位置置于高位。
（7）安装阀板。
（8）在顶板侧面安装一个假轴，使阀板能更好地定位。
（9）安装带有定位球的阀杆。
（10）取出之前安装的假轴。
（11）安装顶部侧面的驱动轴。
（12）安装顶部侧面的 O 形圈和垫圈。
（13）安装底部侧面带有 O 形圈的盖板。
（14）安装底部侧面盖板上的凹头螺钉。

第四节　常见故障就处理

表 9-1 为蝶阀常见故障表。

表 9-1　蝶阀常见故障表

故障类型	故障原因	处理方案
上游/下游泄漏	阀门中有固体异物颗粒	在执行机构安全状态下，打开阀门，无流量情况下，取出颗粒
	阀瓣破裂、扭曲	更换或修理阀门
	阀瓣损坏、腐蚀	检查法兰尺寸，用阀瓣维护包更换
	阀杆断裂、扭曲	更换阀杆
	阀衬磨损、损坏	更换阀衬(阀衬套件)
	阀衬松动	取下阀衬，重新安装调试
	法兰不正确	检查形式和法兰连接螺栓扭矩
	法兰直径不正确	按照技术说明书的说明执行
	面对面尺寸不正确，法兰不平行	按照技术说明书要求纠正法兰
	执行机构损坏	针对操作条件检查尺寸要求
轴端泄漏	阀体开裂	更换修理阀门
	阀瓣破裂、扭曲	更换或修理阀门
	阀衬磨损、损坏	更换阀衬(阀衬套件)
	阀衬松动	取下阀衬，重新安装调试

续表

故障类型	故障原因	处理方案
转矩过大	阀门中有固体异物颗粒	在执行机构安全状态下，打开阀门，无流量情况下，取出颗粒
	阀衬松动	取下阀衬，重新安装调试
	执行机构损坏	检查维修执行机构
	流量条件不符合要求	根据技术要求调试流量
不开启	阀瓣破裂、扭曲	更换或修理阀门
	阀杆断裂、扭曲	更换阀杆
	阀衬松动	取下阀衬，重新安装调试
	执行机构损坏	检查维修执行机构
	流量条件不符合要求	根据技术要求调试流量
不关闭	阀门中有固体异物颗粒	在执行机构安全状态下，打开阀门，无流量情况下，取出颗粒
	阀瓣破裂、扭曲	更换或修理阀门
	阀杆断裂、扭曲	更换阀杆
	阀衬松动	取下阀衬，重新安装调试
	执行机构损坏	检查维修执行机构
阀门振动	流量条件不符合要求	根据技术要求调试流量

第五节　执行机构

一、与阀门联接

执行机构应采用合适的螺栓及联接装置直接紧固到阀门上。执行机构的方向可以选择任意的方向，但是电缆压盖不得朝上，以免造成漏水。电机最好不要位于下方，以防内部的冷凝水进入电机。

在搬运执行机构时请勿将手轮当把手，以免造成齿轮损坏。调试器请先阅读关于执行机构长时间存放后的注意事项。

二、电气接线

接线时，只需要打开接线箱端盖。请不要打开其他端盖，以避免有潮气进入电控箱。

（1）检查供电电源是否与铭牌上标识的一致。

（2）打开接线箱端盖，联接动力电源与控制电路。控制电路接线端子螺钉直径为3mm，动力电路接线端子螺钉直径为4mm。

（3）盖上盖，并确保端盖螺钉及电缆密封接头拧紧。

三、远程控制

智能型执行机构可采用外部电源或内部电源来进行远程控制。控制回路采用光电隔离。可自持式脉冲控制需要连接到端子板上 4 条线路：公共线、停阀线、开阀线及关阀线。如不使用停阀按钮，则不需要连接停阀线，但开阀或关阀接点必须为保持式的。

（一）干接点控制

如使用干接点控制，则端子 5、端子 6 需要短接，如图 9-8 所示。

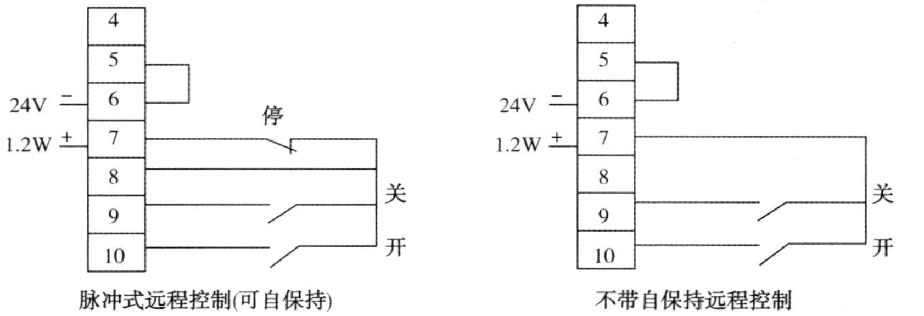

图 9-8　干接点控制接线图

（二）电压控制

可以使用交流或直流电压进行远程控制，对于 10~55V，使用端子 5 作为公共端。对于 55~160V 的高压，使用端子 4 作为公共端，如图 9-9 所示。

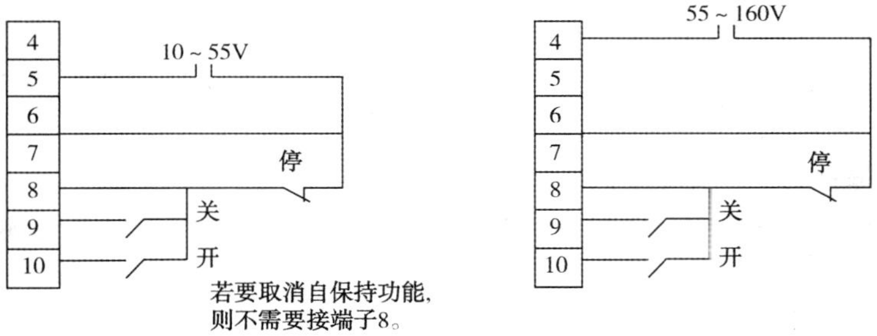

图 9-9　电压控制接线图

四、命令

（一）利用单接点远程控制

可利用一个外部单接点进行执行机构控制。

接点闭合：阀门打开。

接点打开：阀门关闭。

执行结构必须配置为优先开（图 9-10）。

命令也可以设置为反向。

接点闭合：阀门关闭。

接点打开：阀门打开。

在这种情况下，执行机构必须配置为优先关（图 9-10）。

（二）本地命令

标准配置下本地命令具有自保持性（只需要按下一次控制按钮即可执行开阀或关阀命令）。

如按照下面程序进行设置，则开阀或关阀需要保持命令持续。

在主菜单中选择“修改”选项，旋转红色旋钮至 OK 确认。

选择“修改”菜单中的“命令”选项，旋转红色旋钮至 OK 确认。

选择“命令”菜单中的“本地命令”选项，旋转红色旋钮至 OK 确认。

选择“保持命令”，旋转红色旋钮至 OK 确认。

如用一个 0~100%的本地增量命令控制，选择 0~100%。对应当前位置的命令值即会显示在阀门开度下面。蓝色旋钮可用来以 1%增量改变命令值。

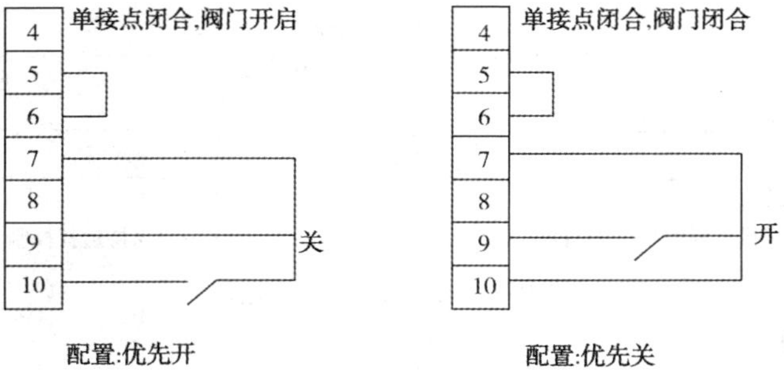

图 9-10　单接点远程控制接线图

（三）本地停止

标准配置下，执行机构可通过本地控制停止，即使是在远程控制模式下。如要在远程控制模式下禁用本地停止功能，在“命令”菜单中选择“本地停止”选项，然后选择“本地停止无效”。

（四）远程停止

标准配置下，远程控制命令通过打开接点执行（开阀或关阀命令通过闭合接点执行）。如需在开阀或关阀过程中远程停止阀门，在“命令”菜单中选择“远程停止”选项，然后选择“触点关闭=停止”。

注意：开阀或关闭命令优先级高于停止命令。

（五）开关优先级

标准配置下，开阀或关阀命令不具有优先权。优先权可用来在执行机构运行过程中无须先给出停阀命令即可反转执行机构。在这种情况下，必须给予开阀或关阀动作以优先权。

给一个转向赋予优先权，如果赋予开向动作优先权，当执行机构同时收到开阀与关阀命令时，执行机构将打开。

在主菜单中选择“修改”选项，旋转红色旋钮至 OK 确认。

在“修改”菜单中选择“命令”选项，旋转红色旋钮至 OK 确认。

在“命令” 菜单中选择“优先级”选项，旋转红色旋钮至 OK 确认。

选择“开阀优先”“关阀优先”或“开阀关阀优先”。

（六）降级模式下的 ESD 命令

标准配置下，在执行机构出现故障的情况下保护装置可停止执行机构操作。

在容错模式下，当接收到 ESD 命令时，执行机构可以输出超过额定值的扭矩。

在主菜单中选择“修改”选项，旋转红色旋钮至 OK 确认。

在“修改”菜单中选择“命令”选项，旋转红色旋钮至 OK 确认。

在“命令” 菜单中选择“ESD 容错”选项，旋转红色旋钮至 OK 确认。

当一个选项被选择时，旋转红色旋钮至 OK，括号将会消失，被选项目前会出现一个星号。再次旋转红色旋钮至 OK 则会取消选择。

（七）关阀模式

执行机构的标准配置为位关阀。如需扭矩关阀，通常需要在“设置”菜单中进行选择，也可在“修改”菜单中选择。

选择主菜单中的“修改”选项，旋转红色旋钮至 OK 以确认。

选择“修改”菜单中的“扭矩”选项，旋转红色旋钮至 OK 以确认。

选择“扭矩”菜单中的“关阀模式”，旋转红色旋钮至 OK 以确认。

选择“扭矩关阀”，旋转红色旋钮至 OK 以确认。

如需开阀关阀均需依据扭矩，可选“扭矩开阀/关阀”。

（八）定制状态与控制指示

1. 本地指示

本地显示可配置如下：

倒置显示：显示屏可旋转 180° 显示信息。选择“修改”菜单中的“信号选项”，然后选择“本地指示”，再选择“倒置显示”(是)。

显示扭矩：选择这个选项后，执行机构显示屏会根据执行机构位置显示实时扭矩。

选择“修改”菜单中的“信号”选项，然后选择“本地指示”，再选择“扭矩显示”(是)。

红色与绿色 LED 灯：标准配置下，红色的灯指示阀门全关，绿色的灯指示阀门全开。也可指定为相反的指示。

在“修改”菜单中选择“信号”选项，然后选择“本地指示”，再选择“指示灯”：红灯=阀开。

如要调整执行机构上指示灯对应开关位置标签，需要打开端盖，旋转指示盘。

2. 远程指示

指示执行机构状态的信号通过双稳态继电器给出。每个继电器均可配置为列表中的选项。标准配置下有四个双稳态继电器。如果要求，可选 3 个附加继电器(继电器为常开型)。

如需修改配置，按如下步骤：

(1) 选择主菜单中的“修改”选项，旋转红色旋钮至 OK 确认。

(2) 选择“修改”菜单中的“信号”选项，旋转红色旋钮至 OK 确认。

(3) 选择“信号”菜单中的“远程指示”选项，旋转红色旋钮至 OK 确认。

(4) 选择“远程指示”菜单中的各继电器，旋转红色旋钮至 OK 确认。

(5) 选择触电类型(即激活时触电状态)，旋转红色旋钮至 OK 确认。

选择要求的功能：

每个继电器均有多个功能选项供选择。当一个选项被选择后，旋转红色旋钮至 OK，括号会消失，在选项前面会出现一个星号。两次旋转红色旋钮至 OK 则会取消旋转。

（九）定制故障继电器

故障继电器在电源故障或执行机构发生故障的时候会断开，从而会给出一个故障信号选项。如需要修改，按下面步骤执行：

(1)选择主菜单中的“修改”选项，旋转红色旋钮至OK确认。

(2)选择“修改”菜单中的“信号”选项，旋转红色旋钮至OK确认。

(3)选择“信号”菜单中的“远程指示”选项，旋转红色旋钮至OK确认。

(4)选择“远程指示”菜单中的“故障继电器”选项，旋转红色旋钮至OK确认。

部分故障信号选项不带括号，不能更改。可选的故障信号选项带括号，选择后旋转红色旋钮至OK，选项前面出现星号，再次旋转红色旋钮至OK可取消选择。

(十)行程动作定时

INTELLI包含一个定时模块，可降低执行机构的操作速度。当开阀或关阀时，定时器可向电机施加一系列的走/停命令，从而延长阀门的操作时间。可在现场调整此时间。开向与关向的定时设置是独立的。也可以只在行程中的一部分使用定时器功能，而其他部分保持正常速度。只需要指定需要的行程时间，INTELLI会计算走和停次数。

(1)选择主菜单中的“修改”选项，旋转红色旋钮至OK确认。

(2)选择“修改”菜单中的“计时器”选项，旋转红色旋钮至OK确认。

(3)选择“行程时间”，旋转红色旋钮至OK确认。

(4)这个时间为在正常速度下执行机构的行程时间。用蓝色旋钮增加或减少显示值，将旋钮按在上下位置可快速滚动显示值，旋转红色旋钮至OK确认。

(5)选择需要的开阀时间，旋转红色旋钮至OK确认。这个时间为在开阀时需要的行程时间，旋转红色旋钮至OK确认。

(6)选择需要的关阀时间，旋转红色旋钮至OK确认。这个时间为在关阀时需要的行程时间，旋转红色旋钮至OK确认。

如果取消定时功能，只需将开阀与关阀时间设定为比正常行程时间小即可。

五、执行机构常见故障处理

表9-2为执行机构常见故障处理表。

表9-2　执行机构常见故障处理表

故　障	原　因	措　施
显示屏关闭	执行机构供电问题	检查供电电压
	熔断器熔断	检查熔断器，如需要则更换
执行机构没有响应	处于菜单模式	将本地/远程选择开关置于OFF位置，再置于本地位置，从而切换到控制模式
	红外连接激活	如果红外连接激活(显示屏上显示IR符号)，将不能用旋钮来控制执行机构。关掉红外连接
	电机热保护开关动作	如果在显示屏正中下方出现一个黑色的方框，说明有报警发生。进入菜单-检查-报警去查看是否发生了电机过热报警。对执行机构重启

续表

故障	原因	措施
没有响应并且显示钥匙或 ESD 符号	本地命令被屏蔽或 ESD 命令激活	在命令菜单中查看辅助命令 1 或 2 是否屏蔽了本地命令或设置了紧急命令，并检查执行远程命令的触点类型（打开或关闭）。然后检查客户接线端是否接收到屏蔽命令或紧急命令
执行机构可远程控制而不能本地控制	本地/远程选择开关处于远程或关闭位置	切换选择开关到本地位置
	本地命令被禁用（出现钥匙符号）或远程执行了现场/远程选择命令	在命令菜单中查看辅助命令 1 或 2，看是否设置了禁用命令，并检查执行远程命令的触点类型（打开或关闭）。然后检查客户接线端是否接收到屏蔽命令或紧急命令
不能进入菜单	本地/远程选择开关处于远程或关闭位置，或本地命令被禁用	菜单只要在选择器位于本地模式且没有禁用本地命令时才能进入。将选择器置于本地位置，并按照上述方法检查辅助命令 1 或 2
执行机构旋转方向错误	配置错误	在修改-位置菜单中检查关阀方向，确定顺时针关阀还是逆时针关阀
	电机接线错误并旋转方向错误	更换电机时按照线路标签接线。如有疑问，可先检查电机的旋转方向。通过更换控制箱内的电机接线端的线 2 或线 3 来改变旋转方向
菜单设置不能更换	不能通过“检查”菜单来作出更改	通过“修改”菜单某些设置只能查看，不能修改
执行机构可本地操作，却不能远程控制	现场/远程选择器处于本地或关闭位置	切换选择开关至远程位置
	干接点控制：端子 6、端子 7 之间没有电压	确保客户接线端子 5、端子 6 之间有跳线连接。检查是否有 24V 辅助电源报警信号
	电压控制，输入电压不匹配	检查电压控制连接；10~55V 端子 5、55~250V 端子 4
更改不能生效	在修改过程中未做任何更改。在修改被保存以前不会生效	做出修改后，逐级选择“返回”退出菜单直至显示屏上出现“保存修改吗”。旋转红色旋钮至 OK 位置确认，即可保存所有修改
执行机构出现不平稳动作	进行了定时器功能设置	用户在定时器菜单设置了这个选项以延长执行机构行程时间
检测不到手轮动作	执行机构最后一次动作后如供电正常，则会记录可能的手轮动作。只有手轮动作行程超过 10%系统才会报告	在正确条件下重复检测

续表

故障	原因	措施
执行机构可使用本地开关旋钮进行控制，但不能使用定位器模式	本地/远程选择器在本地或关闭位置	将本地/远程选择器置于远程位置
	执行机构接收到了一个自动开关命令阻止了定位器的使用	在命令菜单中检查辅助命令 1 或命令 2 是否有一个命令配置为自动/开关命令，并检查用于执行此命令的触电状态（触电打开/关闭）。然后检查用户接线端接线是否对应开关命令
	输入信号未设置正确	在菜单中检查输入信号配置，并检查定位器板上的微动开关的位置
执行机构可进行本地定位控制，却不能进行远程定位控制	本地/远程选择器在本地位置	将本地/远程选择器置于远程位置
	输入信号错误	将电流表串联到输入信号电路中检查设定信号
	信号极性错误	确保信号正极（+）连接到端子 30 上

第十章　回流鼓风机

第一节　概　　述

压缩机采用插入式外部组装，可快速更换旋转部分和相邻静止部分。机器的压缩机部分采用轴向流入类型，具有可变入口导流片。入口导流片由电动气压启动器控制位置，以控制压缩机内的流动。压缩机受锥形过滤器保护。压缩机是电机通过变速箱连接来驱动的。

压缩机系统是撬装式。压缩机系统包括一个电机连接的压缩机、集成变速箱以及以下子系统：

(1) 用于操作和监视装置的本地控制面板(与遥控机柜有关，安装在安全区域，包含所有压缩机控制功能)。

(2) 压缩机入口导流片启动器。

(3) 密封气体系统。

(4) 独立润滑油系统，用于润滑变速箱中的齿轮和和转子轴承。

(5) 去油雾器。

(6) 润滑油浸入加热器。

(7) 润滑油冷却器。

(8) 双重油过滤器。

(9) 电动辅助润滑油泵。

(10) 齿轮驱动的主润滑油泵。

(11) 连接装置(安装在变速箱的低速轴上)。

(12) 主电动机。

一、密封气体系统

密封气体由外部来源向撬提供。密封气体系统确保润滑油不进入工艺，避免工艺气体流入变速箱。密封气体通过碳环密封系统在比压缩机叶轮更高的压力下供应。由于叶轮中钻有平衡孔(用于减小叶轮上的轴向推力)，叶轮后空穴中的压力等于压缩机入口压力。为了确保供气压力高于压缩机入口压力，密封气体系统采用压力控制阀。从轴密封进入变速箱的密封气体返回润滑油箱。然后与润滑油分离，通过去油雾器导入大气。密封气体的其他部分与工艺气流混合。供给压力 30kPa。

二、油循环系统

润滑油存放在通风油箱中。通过液位计可以检查润滑油液面。为了避免看窗破损时油罐泄漏，液面计配备两个自我关闭的阀。因此，要检查润滑油液面，应先按下两个自我关闭阀。另外，油箱内装有电浸入加热器。润滑油是通过润滑油泵从油箱向不同子系统供应。润滑油泵出口通过止回阀连接公共线路，避免高压油回流到不工作线路中。主油泵(齿轮泵)由低速轴齿轮驱动。如果主油泵发生故障，辅助油泵将立刻启动充能，远程警报指示辅助泵正在工作。安全阀保护泵排出线路。润滑油由空气冷却器装置冷却(轴向电风扇 + 管束和叶片)。外部旁路温度控制阀避免润滑油过于冷却，将润滑油温度维持在限制范围内。润滑油通过双重过滤器流动。双重过滤器转换阀的位置决定使用哪个过滤器。当过滤器堵塞时，压力下降通过压差变送器报警，提供过滤器清洁状况的指示。表示过滤器元件需要清洁或更换。压力控制阀调整是通过油流动/压力。多余的油直接回到油箱。提供两个低压开关液面：第一个启动低压警报并能辅助润滑油泵，第二个在压力低于最低压力时关闭系统。温度传感器测量高速轴轴承上的油出口温度，需要时启动警报并切断。在变速箱供应后，包含油和密封气体的润滑油收集在润滑油箱中。密封气体通过去油雾器从箱中导出，然后排放到大气。

三、流动和净化控制系统

压缩机的入口导流片控制 BOG 气体进入压缩机，符合压缩机“性能曲线”。提供自动高峰控制系统以避免机器无意在高峰条件下工作。高峰表现无规律压缩机和排出压力的特点，通常可以听到流动脉冲。压缩机因流量不足无法在给定工作速度下流动导致此现象发生。增加压缩机流量或减小压缩机的排出之间的差压，可以弥补此情况。打开反补偿阀(压缩机旁路)、高峰控制系统自动执行这两个操作。高峰控制系统通过压缩机吸入线路上安装的流量孔监视控制压缩机流速。

四、流量限流孔

限流孔板安装在法兰之间。差压变送器必须安装比孔塞和相关连接管道更高的位置(用于避免管道中液体诸如尘埃堆积产生的虹吸效应，以及变送器膜的损坏)。孔板与变送器之间的管道本身必须具有连续向上的斜度，没有 U 形弯，并且弯管数量最少。管道采用不锈钢，大小为 $\phi 8mm \times 1mm$。流量孔板上游和下游应安装直线管道。最小直线长度应按照流量孔板供应商数据确定。

五、压缩机入口过滤器

过滤器在轴上平行安装，方便拆卸和清洁。

六、润滑油去油雾器

去油雾器具有两个功能：

(1) 释放油箱中的过量压力。过量压力因氮气密封气体系统溢出产生。

(2) 分离释放的溢出氮气中的油，使油回流到油箱。

去油雾器必须连接到安全区域(防止窒息或爆炸风险)的大气出口。安装的管线要防范雨水、灰尘、异物等进入。必须避免通风管线路的反压力或过量压降。

七、润滑油冷却器

冷却器是由电动风扇进行对油换热器管束直接吹风冷却。

第二节 压缩机的拆卸

一、拆卸前的确认

(1) 确认工艺氮气置换、气体检测化验等已经处理合格，运到拆卸要求。

(2) 确认施工方案、工作票、许可证等相关手续已办理完。

(3) 确认电机动力线已拆除断开。

(4) 确认仪表类相关探头等已拆除。

(5) 确认吊装设备及吊具合格好用。

(6) 设置好警戒隔离带，并挂警示牌，确保现场施工安全。

(7) 出入口及防空管线阀门已关严，盲板已经加好。

(8) 确认相关的工具、配件及消耗材料以准备好。

(9) 确认辅助设施如；枕木、起重吊车及吊装设施等已准备好。

二、安全注意事项

在进行维修操作前，一定要阅读以下内容：

(1) 当维修操作人员在作业时，必须严格遵守 HSE 安全规定。

(2) 对以下相关的安全内容，所有的操作人员和作业人员必须理解并按照要求进行作业。

(3) 严禁动火作业，通常情况下也不得使用电动工具。

(4) 在密封结合处，放置多台空气检测仪。

(5) 在加设盲板时，如有较冷的气体泄出时，要穿好防冻服和空气呼吸器等防护措施。

(6) 拆卸出口及防空管线时要系好安全带。

(7) 在进行拆装作业时，要把衣服的口袋内的物件取出或将口袋拉链拉紧，防止物件掉入设备内。

(8) 更换下来的配件及污油等物件放到指定的地点。

三、拆卸具体步骤

(1) 拆卸压缩机所有附属管线，高、低速齿轮轴密封盖，主油泵和附属管线。

(2) 拆卸联轴器护罩。

(3) 拆卸联轴器螺栓并拆除中间联轴器短接。

（4）拆卸出口管线法兰。

（5）拆卸压缩机入口管线短接，同时拆卸 IGV 反补偿阀及换线。

（6）取出入口滤网。

（7）断开入口导流片启动器的支撑杆。

（8）完全取下启动器。

（9）取下压缩机扩压器外壳固定在变速箱中间大盖板上的螺栓和锁定垫圈。

（10）将起重行吊车挂 2 个 2t 的手动葫芦，连接到外壳，小心调整中心平衡，轻微向上提拉支撑部分扩压器外壳。

（11）从撬上取下扩压器外壳支撑脚。

注意：确保滑动提升点位于压缩机扩压器外壳重心。

（12）取下压缩机扩压器外壳体。

（13）压缩机叶轮和扩散动叶片现在可供检查或进一步拆开，如压缩机组装图所示。

（14）用专用工具拉下叶轮锁紧螺母。

（15）拆除吊走叶轮。

（16）拆卸浮环密封。

（17）拆卸压缩机叶轮后侧大盖板连接在变速箱上的 4 个紧固螺栓。

（18）吊装移走大盖板。

（19）拆卸变速箱结合面上的螺栓。

（20）行吊挂手动葫芦将变速箱上壳体拆除移走并 180°反转安放到枕木上。

（21）卸下上半轴承和传感器探头。

（22）分别吊出高、低速齿轮轴安放到马凳上。

（23）拆卸 4 块变速箱下轴承。

（24）拆卸辅助油泵、润滑油空气冷却器及油气分离器等。

注意：拆卸下来的油泵、管线或机箱的裸露的孔处，都用白布或塑料布捆扎封闭好。防止灰尘和潮气进入。

（25）将出入口管线法兰安装上盲板。

第三节　泵的检修

零部件的清洗与检查修理：

（1）清洗并检查所有部件和元件的清洁和损坏情况。

（2）用千分表来检测轴转子部件的锥度、圆跳动、表面光洁度等。

（3）按规定，检查所有旋转部件(转子和叶轮)应进行平衡。平衡的等级目标是 G1.0，但接受标准为 G2.50。

（4）清洁并检查支撑和止推滑动轴承，如有损坏或尺寸超差则修理或更换。

（5）输出齿轮和从动齿轮是否有裂纹、腐蚀、斑点和拉毛等现象。清洁、修理或更换。

（6）检查叶轮的轴向跳动和径向跳动。

（7）拆卸检修主油泵和辅助螺杆油泵，如间隙超差则更换。

（8）检查油气分离器单向阀是否好用。

（9）检查两轴的水平平行度和交叉平行度。

（10）检测两个齿轮的啮合间隙。

（11）检测轴承的轴向间隙和径向间隙。

（12）检查入口导流叶片是否损坏。

（13）检查梳齿密封是否断裂或间隙超差。

（14）检查浮环密封磨损程度，超差则更换。

（15）检查空冷风机。

（16）检查油冷器是否泄漏或堵塞。

第四节 泵的回装

一、变速箱回装

（1）安装变速箱 4 组下半个轴承。

（2）安装与变速箱连接的叶轮后侧大盖板。

（3）安装传动齿轮轴和从动齿轮轴。

（4）安装变速箱 4 组上轴承，同时安装仪表传感器探头。

（5）将变速箱上盖起吊并翻转 180°用净化风吹扫上盖。

（6）将变速箱调整至水平，吊移到变速箱上面，此时要在变速箱上安装导向杆，在轴承上注上少量清洁的润滑油，在中分面上涂抹密封胶。用手动葫芦缓慢下降上盖，直至与下结合面重合接触。

（7）敲紧固定销钉，然后对角紧固结合面螺栓到指定扭矩。

（8）安装主油泵和轴端密封盖板。

（9）将叶轮后侧大盖板调整紧固。

二、回装叶轮及扩压器壳体

（1）安装浮环密封。

（2）安装叶轮并锁紧背帽螺母。

（3）行吊下挂 2 个手动葫芦，水平吊起扩压器外壳体。

（4）小心缓慢水平地将外壳体安装到位，并拧紧螺栓固定。

（5）手动盘车轴应转动灵活，缓慢地旋转，并无其他的摩擦等声音。

三、其他辅助设备回装

（1）拆除出入口管线上的盲板。

（2）回装入口过滤器。

（3）利用行车安装入口管短接。

（4）回装 IGV 阀及管线。

（5）安装出口管线法兰。

（6）安装入口导流片启动器。

（7）回装辅助油泵和管线。

（8）回装润滑油冷却器。

（9）找电机轴与变速箱齿轮轴的两轴同心度。合格后，将电机地脚螺栓拧紧（联轴器的径向偏差允许最大 0.10mm；轴向偏差允许最大 0.10mm）。

（10）将中间联轴器安装到位。

（11）安装好联轴器护罩。

第五节　压缩机试运行

（1）检查确认各专业回装工作是否彻底完成。

（2）清理现场杂物，准备好相关工机具、安全抢险设备等。

（3）大修后启动前，开启辅助油泵。建立润滑油循环之后要不断清洗滤油器，直至彻底干净。由于轴承和轮齿与同一回路相连，在设备集油器输入处临时放置一块金属滤网（0.05mm 目径）。此预防措施将避免轴承因来自管道或油品本身携带的外来微粒而发生严重事故。

注意：润滑油回路冲洗完毕必须立即拆走金属滤网。

（4）通知工艺启动试运行压缩机。

（5）检测压缩机的性能指标，作好记录。

第六节　常见故障及维修

一、开机前的检查

（1）检查润滑油是否充足、清洁。

（2）检查润滑油冷却风机的旋转方向是否正确。

（3）检查辅助润滑油泵的旋转方向是否正确。

（4）检查密封气体压力控制阀的过滤器元件是否干净。

（5）检查密封气体压力是否正确。

二、定期检查

在短期不工作期间，检查密封气体和控制系统必须保持工作状态。

使用后长期不开机时，用氮气惰性化加压设备。为避免湿气和水蒸气进入压缩机和润滑油箱及变速箱中导致冷凝和腐蚀，必须用氮气（10~20mbar）惰性化机器。

三、故障处理

表 10-1 为故障处理表。

表 10-1　故障处理表

故障类型	可能原因	解决方法
油温过高或过低	油温加热器工作不正常	检查电源
		检查接线
		重置安全开关(如果开启)
	油冷器工作不正常	检查空冷风机、电机
		更换管道和叶片
	油温控制阀工作不正常	更换
油压力过低	油压力控制阀工作不正常	调整或更换
	油过滤器堵塞	清洁
	油泵入口过滤器堵塞	清洁
	压力安全阀工作不正常	更换
轴承温度过高	润滑油压力过低	调整
	油入口温度过高	检查油冷却器
	轴承变脏或损坏	清洁或修理
IGV 启动器或反补偿阀工作不正常	电源线故障	检查导线或电气连接
	仪器空气压力过低	检查供应空气压力，必要时调整
		检查仪器空气过滤器，必要时清洁
压缩机排出压力不正确	工艺入口过滤器堵塞	清洁
	压缩机入口压力不正确	检查调整工艺
	压缩机处于高峰状态	调整 IGV 打开
	IGV 反补偿阀工作不正常	调整 IGV 打开
密封气体压力过低	密封气体气源不足	调整
	密封气体过滤器堵塞	清洁
	压力控制阀工作不正常	调整或更换
轴向轴承振动	转子位置不正确	解体检修
轴承径、轴向振动	校准不够	校准机组，检查联轴器
	齿轮单元转动不均匀，齿轮啮合不好	检查固定齿轮装置，调整齿轮啮合
	整个系统共振，包括电机和基座	检查基座
	基座发生变化	确定引起偏差的原因将其排除，重新校准电机
	联轴器不平衡	检查，重新平衡联轴器
	润滑不够	按照说明给轴承注入润滑油

续表

故障类型	可能原因	解决方法
轴承径、轴向振动	轴承发生倾斜	检查轴承的安装，调整轴承外圈
	轴承间隙不足	只有咨询过轴承生产商之后才能进行以下操作；以更大的轴承间隙安装轴承
	轴承被腐蚀	更换轴承，检查轴承
	轴承中的润滑油过多	去多余的润滑油
	给轴承注入了错误润滑油脂	请使用正确的润滑油
	轴承滚道上有摩擦痕迹	更换轴承
	划痕(压痕)	更换轴承，电机停转时避免任何振动
	轴承间隙过大	只有咨询过轴承生产商之后才能进行以下操作；以更小的轴承间隙安装轴承

第二篇　仪表设备维修技术

第十一章 登船梯

第一节 概 述

在大型无掩护的墩式码头，码头面不是完全连续的，而且标高较高，船舶在作业过程中漂移频繁，且幅度比较大。大型码头护舷较大，停靠在码头上的船舷至码头岸线的距离较大。船自身携带的舷梯，既不方便，又不安全，在上下船舶的时候，容易发生事故。舷梯已经不能解决作业人员上下船的安全问题。因此，在大型作业码头，登船梯应运而生。登船梯已经成为码头关键设备之一。

登船梯安装在码头泄漏平台西侧，由塔架、升降机构、悬梯变幅机构、回装机构、前梯伸缩机构、悬梯、电仪控制以及液压系统组成。可以满足LNG船在水位标高范围内，最大纵横漂移3m的使用要求。

登船梯采用可俯仰式悬梯，带有变踏步机构，登船梯有浮动状态，可以满足潮湿以及卸料中船舶高度的变化。

表11-1为登船梯主要参数表。

表11-1 登船梯主要参数表

序号	项目	技术参数	序号	项目	技术参数
1	主梯长度/mm	6529	8	油泵额定压力/MPa	21
2	伸缩梯长度/mm	4685	9	油泵工作压力/MPa	14
3	前梯长度/mm	2688	10	回转角度/(°)	-90~+90
4	三角梯高度/mm	1507	11	回转速度/(r/min)	0.27(可调)
5	悬梯宽度/mm	800	12	悬梯限载/人	7
6	仰俯/(°)	-45~+45	13	工作状态最大风速/(m/s)	25
7	电机/(r/min)	1450	14	非工作状态最大风速/(m/s)	55

第二节 登船梯的功能

悬梯包括主梯、伸缩梯、前梯、三角梯，伸缩梯与前梯、前梯与三角梯之间采用铰链接，装有滚动轴承，采用变幅式。其中，登船梯的主梯变幅、伸缩梯伸缩、前梯调节采取液压油缸驱动，悬梯回转机构采用液压马达驱动。伸缩梯可伸缩，适应船舶漂移，三角梯由万向支撑架和滚轮组成，可以适应船舶漂移中三角梯的位置变动。

登船梯工作时，悬梯的一端铰接于旋转平台，通过悬梯的伸缩、旋转将另一端的三角梯搭于甲板上合适位置；当潮水上涨(泊位上浮)或船舶下降时，启动浮动状态的悬梯通过仰俯机构、伸缩机构、回转机构，进行自动调整，但是当船舶浮动一定高度后，需要及时调整悬梯位置，使悬梯不致碰撞船舶甲板上的障碍物，人员更方便地上下船，进行卸船作业。

当不作业时，由仰俯机构抬起，旋转90°，放于安全搁架上，以避免船体同其他设施发生碰撞。若遇台风或维修时，把平台降下使悬梯端部三角梯搭在码头平台上。

控制系统中：PLC系统所有输入触点均在开机时进行扫描，检测原始输入状态，如果有损坏或故障，直接在人机界面上报警指示故障点。遥控操作和就地操作可以自由切换选择。所有的外控元件通过中间继电器隔离输出。系统设置了电机过载保护、超程保护、联锁和紧急停车。声光报警同时出现时为故障报警。

第三节　登船梯的操作

一、系统工作原理

通过编程控制器内部逻辑编程，用户通过在就地盘或者使用遥控发送指令，PLC接收到命令后，触发相应的继电器动作，控制油泵或者电机动作，完成用户指定的动作。正常操作中，升降平台通过检修按钮，启动油泵，对升降系统供油，通过操纵手动阀使平台升降，悬梯可以通过就地盘的按钮进行操作，按下相应动作的按钮，悬梯的动作就会触发，急停按钮开关按下停止后，只要恢复停止按钮就可以了。遥控器同理，只要按下相应动作的按钮，悬梯就会执行相应的动作，按钮放开后，动作随即停止，浮动开关除外。油泵停止后，方可操作浮动开关。平台下降至最低点或上升到最高点时，超过规定的限定值，油路会被切断。

在PLC故障控制失灵的情况下，进行应急操作，使用专用钥匙打开开关，此时需要注意安全，因为所有的保护开关不再有效。液压系统设置了手动油泵。停电或者液压系统发生故障时采取手动油泵及应急油路系统工作，及时拉起悬梯回转至安全位置，防止悬梯损坏。

二、操作说明

LNG船舶靠泊后，登船梯操作人员在升降平台，通过就地控制盘按钮或遥控器操纵各机构动作。将登船梯悬梯旋转至工作位置，调整主梯俯仰机构、前梯伸缩将悬梯降下，使三角梯置于甲板空位上，然后打开浮动功能，工作人员通过扶梯、回转平台、三角梯上下船舶。

操作人员操作前应先检查总电源开关，控制电源开关是否已经合上，使各控制原件带电。

当潮水上涨(船舶上浮)或潮水落潮(船舶下降)时，在浮动状态下，俯仰机构、伸缩机构、回转机构等进行自动调整，使三角梯搭在甲板上。但是，随着卸料，船舶会浮动到一定高度，此时必须及时调整角度，防止三角梯碰坏船舶甲板上的障碍物。当无人员上下船时，应把悬梯拉起，避免悬梯碰撞船舶的障碍物。

俯仰机构、伸缩机构、回转机构的浮动功能，可全部启动，也可单独启动，操作方法如下：

（1）按下浮动按钮“开”，俯仰机构、伸缩机构、回转机构的浮动功能全部开启。

（2）重新按下浮动开关按钮或起动油泵，俯仰机构、伸缩机构、回转机构的浮动功能全部关闭。

（3）浮动功能全部开启时，同时按下回转左与右按钮，回转机构的浮动功能关闭。

（4）浮动功能全部开启时，同时按下伸缩梯伸与缩按钮，伸缩机构的浮动功能关闭。

（5）俯仰机构的浮动功能，不可单独关闭。

卸船作业完毕后，通过俯仰机构将悬梯拉起，并将悬梯旋转 90°至搁架，以避免船舶碰撞舷梯。

（一）旋转平台升降的操纵方法

（1）使悬梯旋转离开搁架。

（2）按一下维修按钮。

（3）操纵手动阀使平台升高到自动停止。

（4）拔出升降架挂钩销轴。

（5）再按一下维修按钮，对升降系统供电。

（6）操纵手动阀使平台下降到需要的位置。

（7）操作完毕，关掉油泵。

（二）悬梯的操纵方法

1. 就地盘按钮操纵方法

（1）按下油泵开按钮，起动液压站，油泵开指示灯亮，并检查有无异常情况及声响。

（2）根据操纵要求单次按下相应按钮，按下主梯升(降)按钮，主梯进行升(降)动作；按下主梯左(右)回装按钮，主梯进行左(右)回转动作；按下伸(缩)按钮，前梯进行升伸(缩)动作。

（3）悬梯置于合适的位置后，打开浮动功能。

（4）操作完毕，关上油泵电机。

2. 遥控操纵方法

（1）将发射器旋转式开关转至 NO，起动总电源。

（2）将发射器旋转式开关顺时针旋转，启动液压站，并检查有无异常情况及声响。

（3）根据操纵要求单次按下相应按钮，按下主梯升(降)按钮，主梯进行升(降)动作；按下主梯左(右)回装按钮，主梯进行左(右)回转动作；按下伸(缩)按钮，前梯进行伸(缩)动作。

（4）悬梯置于合适的位置后，打开浮动功能。

（5）将发射器旋转式开关再顺时针旋转一下，关上油泵电机，最后将发射器旋转式开关转至 OFF，关闭总电源。

（三）液压备用系统的使用

当停电及液压站发生故障时，可采用备用手动油泵及应急油路系统工作，紧急将悬梯拉起回转至安全位置，满足生产需求。具体操作如下：

（1）打开油箱防雨罩。

（2）按动手动泵，液压系统压力升起。

（3）操作主降手动阀主梯升降。

（4）根据要求操纵回转电磁阀手柄回转平台左、右转。

（四）电气应急控制的使用

当电控系统出现故障时，可以切换到应急控制，此时所有的联锁保护开关失效，必须有专人指挥，需注意的是，液压系统电磁阀故障时不能使用电气应急控制系统。具体使用方法如下：

（1）打开控制箱紧急启动钥匙开关，油泵起动，液压系统工作。

（2）操作各按钮，使悬梯根据要求动作。

（五）操作注意事项

（1）应指定专门操作人员操作，操作人员应了解设备的性能，熟悉操作及保养技能。

（2）设备在使用前，应充分检查各运动部件是否正常，各紧固件是否有松动。

（3）确认设备运行空间无障碍物阻碍。

（4）工作时，悬梯上最多站人不能超过 7 人。

（5）操作时，悬梯上严禁站人。

（6）当风力大于 25m/s 时，必须停止作业。

（7）设备在运行时，应随时检查各机构有无异常情况及声响，否则停机检查，排除异常情况后再开机。不允许设备带病运转。

（8）应合理使用设备，严禁违章运行。

三、遥控器使用方法

（一）普通操作

（1）将 AA 型(5 号)电池装入发射器，发射器内蜂鸣器发出两长音，提示电池安装正确。电源监测功能由 LED 指示灯显示电源状况：

① LED 亮绿色：表示电量充足，发射机可正常操作。

② LED 亮黄色：表示电池电量即将不足，LED 显示黄色以提醒操作者，蜂鸣器亦每隔 4s 响起一次，此时应暂停工作并尽速更换电池。

③ LED 亮红色：表示电量不足，除 LED 显示红色外，蜂鸣器亦会持续发出警报声，此时发射机会自动发出急停信号，控制接收机关机，故操作者应避免操作中发生电池电量不足的情形，以保障工作安全。

（2）将旋转式钥匙开关插入 OFF 位置。

（3）按照操作需要，点动发射器上对应的按钮，登船梯进行相应的动作。

（4）操作完毕后：

① 按下紧急停止按钮。

② 将旋转式钥匙开关逆时针方向转至 OFF 位置。

③ 拔除钥匙并收藏妥当。

④ 如长时间不使用，需把电池盒内电池拿出。

（二）紧急情况操作

当紧急状况出现时，请依下列步骤处理，并立刻通知经销商：

（1）按下 STOP 紧急停止按键。

（2）将发射器钥匙开关转至 OFF 的位置并拔除。

（3）关闭总电源。

（4）通知经销商，找出原因。

（三）操作注意事项

（1）未经专业训练人员，不得拆开机器，否则可能损坏。

（2）不使用时控制电源应关闭，以切断接收机电源，并将发射器开关打至 OFF 的位置，长时间不使用时，请将电池取出。

（3）发射器应放置于安全干燥的位置，人员不得随意按动，以免发生意外。

（4）雷击或受到干扰情况下应停止使用。

（5）应确保发射机电池充足及接收机电源正常。

（6）装置维修时应关闭总电源及接收机内的电源开关，以免触电。

（7）发射器电力不足、超过遥控距离或受到严重干扰情况下，会有操作迟缓或延迟现象，此时应停止操作。

（8）严禁过分或蓄意地碰撞、挤压遥控器。

（9）当工作环境视野不佳时，禁止操作发射器。

（10）当发现不正常状况时，记得使用紧急停止开关。

（四）遥控器诊断

本遥控器系统提供了自我诊断功能，不论在操作使用中、按下急停钮或换新发射器电池时，遥控器会自动执行自我诊断测试，如侦测出故障会立即发出警报声，以便操作者了解故障情形并通知维修人员迅速修复(表 11-2)。

表 11-2　故障情形及报警声之说明

类　型	故障现象	警报声	备　注
发射机	编码模块故障	-	每间隔 2s 响起 0.5s
	射频模块故障	--	参考附注
	电池故障(电池耗尽)	---	参考附注
接收机	“继电器”模块故障	-	每间隔 2s 响起 0.5s
	“接收/译码”模块故障	--	参考附注
	电源故障(输入电压太高或太低)	---	参考附注

第四节　保养维护

一、保养概述

为保证设备在良好的状态下正常运行，必须定期进行如下保养和维护：

（1）各机构传动部件，如电机、减速器等应经常检查是否正常，并对其轴承每隔1~3个月检查一次，加注润滑脂，减速器每隔6~12个月换装一次齿轮油，若传动部件有损，应及时维修或更换。

（2）回转支承滚柱及外齿圈应每1~3个月加一次润滑脂。

（3）悬梯各梯之间各铰接点轴承每隔1个月加注一次润滑油，检查是否运转灵活，若有损坏，及时更换。同时，应检查主梯活动踏步转动是否灵活，两边支撑轴承有否受阻卡死，若踏步损坏，应拆除更换。

（4）各滑轮轴承应每隔1个月加注一次润滑脂，槽形导轨应每隔半个月涂以润滑脂，钢丝绳应经常检查是否裂损，并按需要涂以润滑脂，若出现破裂迹象，需及时更换。

（5）定期检查电气液压线路、接地线，若出现泄漏、破损应及时更换。

（6）定期检查所有连接螺栓，特别是转柱联接螺栓，回转支承与轴承连接螺栓，头部滑轮中平衡滑轮地脚螺栓、卷筒支承各连接螺栓应十分注意，不得有任何松动。

（7）主要焊缝应每年进行一次检查，如发现焊缝有裂缝应立即铲除干净，重新焊接并保证焊接质量。

（8）经常检查整机金属构件有否破裂、油漆是否剥离。若有掉漆应及时补漆，以防腐蚀。视油漆情况，可每隔2~3年重新涂油漆一遍。

（9）各机构的制动部件是登船梯的重要部件，每班工作前应试一下制动是否可靠。

（10）应经常检查油箱中液压油保持油面，并经常检查液压油，正常每12个月换油一次，首次使用6个月换一次。

二、液压系统的日常维护

液压设备的日常维护是预防液压故障的主要方法

（一）液压系统的清洗

液压系统的清洗是减少液压故障的重要措施。颗粒状杂质进入系统后，会引起液压元件磨损、动作不灵活或卡死等现象，严重时，还会造成故障。

（二）液压设备的维护和保养

液压设备的使用、维护管理不当也是产生故障的主要原因。正确使用与精心保养液压设备，可以防止机件过早磨损和遭受不应有的损坏，从而延长设备的使用寿命。

1. 日常维护

由当班人员负责进行，每班一次，其内容如下：

（1）检查油箱内的油量。

（2）检查工作压力值，压力表指针有无跳动（为了保护压力表，除校核压力表以外，都应关闭压力表开关)。

(3) 检查液压泵和压力控制阀(主要是溢流阀)的振动和噪声。

(4) 检查油温和液压泵壳体温度。油温在40~50℃为宜,不得超过60℃。液压泵壳体温度可比油温高5~10℃。

(5) 检查油箱、液压泵、阀、液压缸、管接头、压力表连接部分等的漏油情况。

(6) 检查液压缸和油马达的运动情况。

(7) 检查电磁阀电磁铁的温度。

(8) 清除油箱、液压元件和运动部件及外罩上的油污和尘埃。

2. 一级保养

3个月定期检修,包括以下内容:

(1) 日常维护的内容。

(2) 紧固所有紧固件。

(3) 检查和更换明显的已损元件和零件。

(4) 拆卸清洗滤油器。

(5) 彻底清扫液压缸,使其保持清洁,以发挥其效能。

(6) 检查活塞杆有无损伤。

3. 二级保养

6个月定期检修,包括以下内容:

(1) 一级保养的全部内容。

(2) 检查和更换已损液压元件和零件。

(3) 检查电机和液压泵的联接。

(4) 检查软管有无损坏。

(5) 彻底除去所有的油污。

4. 三级保养

一年定期保养,也称为小修,包括以下内容:

(1) 二级保养的全部内容。

(2) 清洗油箱、滤油器、管道,并更换液压油。

(3) 更换已损的液压元件和零件及密封圈。

(4) 拆卸检修溢流阀、安全阀。

(5) 拆卸液压泵、更换已损零件。

(6) 拆卸液压缸和油马达,清洗检查,更换已损零件及密封圈。

(7) 仔细检查活塞杆有无拉伤现象,并修理已损部位,以恢复其功能。

(三) 液压设备的检修

1. 液压设备检修注意事项

(1) 检修工作场地应宽敞明亮,并保持清洁。

(2) 检修时,要完全卸除液压系统中的液压力。

(3) 拆卸液压油管时,应事先将液压油管连接部位的周围清洗干净;分解后应用干净塑料薄膜或石蜡纸将管中包扎好。不能用棉纱或破布堵塞液压油管,并防止污物侵入。

(4) 分解检修时，对各液压元件应认真测试鉴别分类，分成已损、待修、完好三类，并防止污物侵入。

(5) 密封圈系橡胶制品，不得在汽油、香蕉水等溶剂中浸洗，应在清亮的液压油中摇洗后立即晾干。

(6) 液压元件在安装时必须清洗干净，并再配合表面上涂抹少许润滑油，以利于安装。

2. 液压设备的检修

包括点检和定检：

(1) 点检见表 11-3。

表 11-3　点检表

时　间	工　目	内　容
在起动前检查	油面高度	油箱油量是否在油标刻度线之内
	电磁阀	是否处于原始状态
在运行中，监视工况	压力	系统各测压点压力是否正常
	噪声、振动	各元件有无异常噪声，液压系统有无高频振动
	油温	不得超出设计要求范围
	漏油	元件和管道接头处是否泄漏

(2) 定检见表 11-4。

表 11-4　定检表

定检项目	内　容
紧固	定期紧固各种固定螺钉、螺母、管接头、法兰盘接头等
清洗或更换元件	定期清洗液压元件，如液压阀、液压缸等
更换滤芯	一般液压设备滤网 6~12 个月清洗一次
清洗油箱	一般每隔 6~12 个月清洗一次
更换密封件	一般密封件 1~2 年更换一次
清洗连接管道	清洗油路板及软管：1~2 年定期清洗一次
检验油液污染程度	对已确定换油周期的设备，提前一周进行化验；对新换油，经 1000h 使用后，应取样化验；按油料化验单化验，油料化验单应纳入设备档案
检查压力表	按设备实际使用情况，定期检查
检查高压软管	不得有漏油和破损现象
检测液压元件的性能	尽可能在线检测泵、阀、马达、缸等元件的性能
检测电控部分	根据电气使用标准，定期检测电气和电子控制元件的使用状况

第五节 常见故障

一、机械故障

机械故障见表 11-5。

表 11-5 机械故障表

零件	故障情况	发生原因和后果	消除措施
滑轮	1. 滑轮槽不均匀磨损。 2. 滑轮心轴磨损。 3. 滑轮不转动	1. 钢丝绳磨损快。 2. 心轴损坏。 3. 滑轮心轴被钢丝绳磨损	1. 在不均匀磨损超过 3mm 时，停止使用滑轮。 2. 注意进油情况，检查有无润滑油，轴承是否损坏
轴	1. 裂缝。 2. 轴的弯曲每米超过 0.5mm	1. 损坏轴。 2. 由于疲劳而损坏轴颈	1. 更换。 2. 加热后校正或换新的
减速器	1. 外壳特别是在安装轴承的地方发热。 2. 润滑油沿剖面流出。 3. 减速器在架上振动	1. 轴承发生故障，轴颈卡住，齿轮迅速磨损，齿轮及轴承内缺乏润滑油。 2. 机构磨损，螺栓松动。 3. 联轴器和轴颈损坏	1. 更换脏油，注满油，检查啮合是否正常和轴承状况。 2. 拧紧螺栓或更换密封胶。 3. 拧紧螺栓在架上安装挡铁
滚动轴承	轴承产生高热	1. 缺乏润滑油。 2. 轴承中有污垢	1. 检查轴承中的润滑油量，使其达到标准。 2. 用汽油清洗轴承，加入润滑油
	工作响声大	1. 装配不良，使部件卡住。 2. 轴承零件损坏或磨损	1. 调整，重装。 2. 更换轴承

二、电气故障

电气故障见表 11-6。

表 11-6 电气故障

故障情况	发生故障原因	消除故障方法
主开关合上，引入线上熔断器烧断	该机接地	消除接地现象
当控制器转动后，过电流继电器动作	1. 过电流继电器的整定值不符。 2. 机械部分某环节卡住。 3. 有接地	1. 调整电流为电动机定额的 225%~250%。 2. 检查机械部分。 3. 消除接地
电流切断后接触器不掉下	1. 操作电器中接地或短路。 2. 接触器触头焊住	1. 用兆欧表检查予以修理。 2. 消除接触器的故障

续表

故障情况	发生故障原因	消除故障方法
整个电机均匀过热	1. 工作制度超过额定值而过载。 2. 在低压下工作	1. 减少工作时间或换电机。 2. 电压降低时不工作
电动机工作时振动，声音不正常	1. 电动机轴不同心。 2. 轴承磨损。 3. 转子变形。 4. 定子相应错移	1. 找正电动机。 2. 检查修理并更换。 3. 检查并车圆转子。 4. 检查联接线系统

三、液压系统故障

本登船梯的液压系统基本回路有：压力控制回路、速度控制回路、方向控制回路。其典型的故障表现为：没有动作，动作不稳定，动作方向不正确，爬行，噪声等故障。

（一）压力控制回路的常见故障诊断

主要故障表现为：①无工作压力。②工作压力升不到调定值。③压力升高后降不下来。

工作压力不正常主要有：①电机转速不正常。②控制阀失灵。③液压缸有泄漏。

压力不足依次检查溢流阀调整是否正确，调整溢流阀压力；油箱液面是否过低，加油至规定高度；泵转速是否过低，检查电机方面原因；泵工作是否正常；检查液压泵；检查系统是否内外泄漏，更换密封件。

（二）速度控制回路的常见故障诊断

主要故障表现为：流量不正常，油缸、油马达运动不稳定，主要有油缸低速稳定性差及速度刚性差，爬行。

流量不正常依次检查泵工作是否正常，转速是否正常，检查电动机运转情况；油箱液面是否过低，加油至规定液位；检查变量机柜，是否调整合理，检查电动机运转情况；溢流阀工作是否正常，检修调整溢流阀。

（三）方向控制回路的常见故障诊断

1. 换向阀动作失灵主要原因

（1）电磁铁损坏症状：无动作处理方法为更换电磁铁。

（2）弹簧折断症状：无动作或一个方向有动作处理方法为更换电磁阀。

（3）阀芯卡住症状：无动作或不管操作哪个动作，总是有一个没操作的动作在动。

2. 液控单向阀工作不正常主要原因

（1）密封不好造成泄漏，症状：油缸锁不住，处理方法为更换液控单向阀。

（2）控制活塞不起作用，打不开单向阀，症状：油缸锁不住或无动作，处理方法为更换液控单向阀。

（3）单向阀卡住；症状：油缸锁不住或无动作；处理方法为更换液控单向阀或清洗。

（四）液压系统常见故障排除

液压系统常见故障排除见表 11-7。

表 11–7 常见故障排除表

故障现象	故障情况	故障产生原因	故障消除方法
严重噪声	油泵空吸	1. 吸入滤油器堵塞。 2. 油太冷。 3. 油的黏度过低	1. 清洗滤油器。 2. 加热到适当温度。 3. 使用推荐黏度的液压油
	油生泡沫	1. 油箱油面过低。 2. 吸入管道中，接头漏气。 3. 排除空气不良	1. 加油。 2. 紧接头或换接头。 3. 整个设备排除空气
	机械振动	1. 传动中心线不正，联轴器松动。 2. 管路振动	1. 紧固螺丝，对中。 2. 紧固，加管卡
	油泵发出高频噪声	1. 泵与电机偏心联轴器磨损。 2. 吸油管或滤网堵塞	1. 更换联轴器。 2. 清洗吸泩管或滤网
	1. 油缸动作时液压栗输出。 2. 管道产生异常噪声	1. 吸油管堵塞。 2. 吸油滤网堵塞。 3. 泵内有空气。 4. 泵的联接或固定螺栓松动。 5. 泵内部零件操损坏	1. 清洗吸泩管。 2. 清洗吸泩滤网。 3. 排除空气。 4. 紧固螺栓。 5. 修理或更换油泵
	油泵启动系统运行时发出呼叫声音	溢流阀损坏	修理或更换溢流阀
压力不足或完全无压力	油泵转向不对	电气接线错误	改正油泵旋转方向
	油泵过度发热	1. 油泵磨损或损坏。 2. 油黏度过低	1. 修理或换新。 2. 重新选用液压油
	从高压侧到回油侧漏损	1. 压力调整错误。 2. 安全阀不关闭存在脏东西或零件磨损。 3. 操纵阀或任何一个其他阀开启，存在东西或损坏零件。 4. 油缸内壁活塞杆或活塞密封环损坏	1. 调整正确。 2. 清洗，确定损坏部分，修理或换新。 3. 确定故障，调整清洗，修理或换新。 4. 修理或换新
压力失常	溢流阀跳动	1. 阀座磨损。 2. 阀中有脏污	1. 修理或换新。 2. 清洗
	阀零件黏着	油不清洁	放出油，清洗设备、零件清洁油
	设备内混有空气	设备内没有完全除去空气	设备除气，检查接头孔
油量太小	油泵空吸	见前	见前
	油生泡沫	见前	见前
	油泵磨损	见前	见前
	从高压到低压侧漏损	见前	见前

续表

故障现象	故障情况	故障产生原因	故障消除方法
油温过高	油管发热	1. 安全阀压力调整太高。 2. 安全阀不工作。 3. 油的黏度过低	1. 调整正确。 2. 清洗。 3. 重新选用
	油泵过热	1. 由于磨损造成功率损失。 2. 用黏度过高或过低的油	1. 修理或换新。 2. 重新选用
油缸动作不正常	单一、全部动作速度变慢	1. 滤油器堵塞。 2. 油泵内泄漏。 3. 溢流阀压力过。 4. 换向阀泄漏。 5. 液压缸密封件损坏	1. 清洗滤油器。 2. 更换泵。 3. 调高溢流阀设定压力。 4. 更换换向阀。 5. 更换密封件
	回程速度慢	1. 单向节流阀损坏。 2. 换向阀弹簧断裂	1. 清洗或更换。 2. 更换弹簧
	油缸爬行	1. 系统进入空气。 2. 回油节流阀流量太大油缸回油腔无背压。 3. 液压泵故障流量压力波动。 4. 液控单向阀失控。 5. 液压油缸内外部泄漏。 6. 换向阀内泄漏。 7. 溢流阀内泄漏。 8. 机械结构变形	1. 找出原因排除空气。 2. 调整节流阀。 3. 修理或更换油泵。 4. 清洗液控单向阀。 5. 更换密封件。 6. 修理或更换。 7. 修理或更换。 8. 修理或更换
	速度上不去	1. 液压泵泄漏。 2. 液压油缸内部泄漏。 3. 液压油以较高压力由溢流阀溢出	1. 更换泵。 2. 更换密封件。 3. 机械结构是否故障
	油缸无动作、无压力	1. 电磁溢流阀不工作。 2. 油泵损坏	1. 检查电磁溢流阀。 2. 更换油泵
	油缸无动作，电磁阀不换向	1. 电气故障。 2. 电磁铁损坏。 3. 滑阀黏附	1. 检修电气。 2. 更换电磁铁。 3. 清洗阀芯
	油缸不能停止	1. 电气故障。 2. 换向阀失控	1. 检修电气。 2. 检修换向阀

（五）液压缸常见故障与排除

液压缸常见故障与排除见表11-8。

表11-8 液压缸常见故障排除

故障现象	故障原因	故障排除
爬行	1. 缸或管道内存有空气。 2. 缸某处形成负压吸气。 3. 密封圈压得太紧。 4. 活塞杆不直(有弯曲)。 5. 缸内壁或活塞表面拉伤，局部磨损严重或腐蚀等	1. 开动液压系统以最大行程往复数次，强迫排除空气；对系统及管道进行密封。 2. 找出液压缸形成负压处加以密封；并排气。 3. 调整密封圈，使其不松不紧，保证活塞杆能来回用手拉动。 4. 单个或连同活塞放在V形块上，用压力机控直和千分表校正调直。 5. 镗缸内孔，重配活塞
冲击	液压缸运动速度太快	调整换向时间(>0.2s)，降低液压缸运动速度
外泄漏	1. 活塞杆表面损伤。 2. 密封圈损伤或老化。 3. 管接头密封不严。 4. 缸盖处密封不严。 5. 由于排气不良，使气体绝热压缩造成局部高温而损坏密封圈	1. 修复活塞杆损伤。 2. 更换密封圈。 3. 检查密封圈及接触面有无伤痕，加以修复或更换。 4. 检查接触面加工精度及密封圈老化情况，及时更换或修整。 5. 及时排气
内泄漏	1. 缸孔和活塞因磨损致配合间隙增大超差。 2. 活塞上的密封圈磨伤或老化。 3. 承受偏心负荷，使活塞倾斜或偏磨。 4. 缸孔局部磨损造成局部腰鼓形	1. 活塞磨损严重时，应镗缸孔，将活塞车小，并车几道槽装上密封圈密封或新配活塞。 2. 密封圈磨伤或老化应及时更换。 3. 检查缸筒与活塞与缸盖活塞杆孔的同心度，并修整对中。 4. 镗缸孔，重配活塞
声响和噪声	活塞下部空气绝热压缩	将活塞慢速运动，往复数次，每次均走到顶端，以排除缸中气体，即可消除此严重的噪声，还可防止密封圈烧伤

（六）叶片泵常见故障

叶片泵磨损较小，零部件使用寿命较长，造成叶片泵故障的原因主要是油液污染，因为叶片泵内的一些运动体配合精密，当污物侵入摩擦副后，容易产生异常磨损或卡死。叶片泵的自吸性能不如齿轮泵，尤其是小排量的叶片泵。因此，保证工作油液清洁和吸油通畅，是叶片泵正常工作必要条件。

叶片泵常见故障见表11-9。

表 11-9　叶片泵常见故障排除

故障现象	故障原因	故障排除
泵不排油或排量与压力不足	1. 泵吸油端密封不良导致泵连续进气。 2. 零件磨损，间隙增大，泄漏较大。 3. 泵的转速太低。 4. 组装泵盖螺钉松动，致使高低压腔互通。 5. 配合零件之径向或轴向间隙过大。 6. 叶片与槽配合间隙过大。 7. 叶片移动不灵活。 8. 泵盖螺钉松动，液压泵轴向间隙增大。 9. 内部机构磨损。 10. 叶片泵的叶片伸不出转子叶槽。 11. 叶片泵配油盘与泵体之间不密封	1. 紧固有关螺纹连接件或更换密封件。 2. 检查有关磨损零件，进行修磨达到规定间隙。 3. 检查电动机功率及有无打滑现象。 4. 紧固。 5. 检查并修整，情况严重的返修。 6. 单片进行选配，保证达到配合要求。 7. 不灵活的叶片应单槽配研。 8. 适当拧紧。 9. 更换或修理内部零件。 10. 拆开油泵，清除转动时轮槽口内污物或更换叶片。 11. 拆开清洗，重新装配
温升过高	1. 装配不当，轴向间隙太小油膜破坏，形成干摩擦液，压泵磨损严重，间隙过大泄漏增加。 2. 泵连续吸气，液体在泵内受绝热压缩，产生高温。 3. 配流盘与转子间隙过小或变形。 4. 定子曲面伤痕大，叶片跳动厉害。 5. 主轴密封过紧或轴承单边发热	1. 检查装配质量，调整间隙。 2. 修磨零件，使其达到合适的间隙。 3. 检查液压泵进气部位，及时处理。 4. 调整间隙，防止配流盘变形。 5. 修整抛光定子曲面。 6. 修整或更换
液压泵旋转不灵活或咬死	1. 轴向间隙或径向间隙过小。 2. 装配不良，致使盖板轴承孔与主轴、泵与电动机的联轴器的同轴度不好。 3. 油液中杂质吸入泵内卡死运动副。 4. 泵内部滑动体卡死	1. 修复或更换泵的机件。 2. 修整、重装。 3. 加强滤油或更换新油。 4. 拆开油泵检修和清洗
转轴骨架油封或压盖被冲出	1. 压盖堵塞了前后盖板的回油通道造成，回油不通畅，产生了高压。 2. 骨架油封与泵的前盖配合太松。 3. 泵体装反，使出油口接通了卸荷槽，高压油冲击骨架油封。 4. 内泄漏回油通道被污物阻塞。 5. 油封与泵端盖配合太松	1. 将压盖取出重装，防止堵塞回油通道。 2. 检查配合或更换。 3. 重新装配。 4. 清洗及换油。 5. 检查配合或更换油封
内泄漏	1. 缸体与配流盘间磨损。 2. 中心弹簧损坏，使缸体与配流盘间失去密封性。 3. 轴向间隙过大。 4. 油液黏度过低，导致内泄	1. 修整接触面。 2. 更换中心弹簧。 3. 重新调整轴向间隙，使符合规定。 4. 更换黏度适当的油液

续表

故障现象	故障原因	故障排除
外泄漏	1. 传动轴上的密封损坏。 2. 各接合面及管接头的螺栓及螺母未拧紧，密封损坏	1. 更换密封圈。 2. 紧固并检查密封性，以便更换密封

（七）液压马达常见故障与排除

液压马达常见故障与排除见表 11-10。

表 11-10 液压马达常见故障排除表

故障现象	故障原因	故障排除
转速低输出，功率不足	1. 液压马达结合面没有拧紧或密封严。 2. 液压马达内部泄漏。 3. 配流盘的支承弹簧疲劳，失去作用	1. 拧紧结合面，检查密封情况或更换密封圈。 2. 排除内泄漏。 3. 检查、更换支承弹簧
内泄漏	1. 配油盘磨损严重。 2. 轴向间隙过大。 3. 配流盘与缸体端面磨损，轴向间隙过大。 4. 弹簧疲劳	1. 检查配流盘接触面，并修复。 2. 检查并将轴向间隙调至规定范围。 3. 修磨缸体及配流盘端面。 4. 更换弹簧
外泄漏	1. 轴端密封的磨损。 2. 盖板处的密封圈损坏。 3. 结合面有污物或螺栓未拧紧。 4. 管接头密封不严	1. 更换密封圈，并查明磨损原因。 2. 更换密封圈。 3. 检查、清除，并拧紧螺栓。 4. 拧紧管接头
马达发热	轴承损坏，安装不同轴，背压大	改进安装，更换损坏部件，降低背压
转速不稳定，或有爬行现象	轴承损坏或脉动，轴承受外力过大，安装不良，转速过低	改进安装，更换损坏部件，提高转速
油封漏油	油封损坏，背压大	安装泄油管，降低背压
异常声响	1. 密封不严，进入空气。 2. 进油口堵塞。 3. 联轴器安装不同。 4. 轴承磨损。 5. 液压马达的径向尺寸严重磨损	1. 拧紧有关的管接头。 2. 清洗、排除污物。 3. 校正同轴度，使在规定范围内，排除外来振动影响。 4. 更换。 5. 修磨缸孔，重配柱塞

(八) 换向阀常见故障与排除

换向阀常见故障与排除见表 11-11。

表 11-11　换向阀常见故障排除

故障现象	故障原因	故障排除
不换向	1. 阀芯在阀体中被卡住不能动作或动作不灵。 2. 阀芯(或阀体)碰伤。 3. 油液被污染，颗粒污物卡住。 4. 阀体安装变形或阀芯弯曲变形，使阀芯卡死。 5. 电压太低造成电磁铁推力不足，推不动阀芯。 6. 电磁铁漏磁、吸力不足，推不动阀芯。 7. 电磁铁接线不好，接触不良	1. 检查清洗，研修或更换阀芯。 2. 检查、修磨或重配阀芯。 3. 更换新油。 4. 重新安装紧固，检修阀体及阀芯。 5. 检测电源电压，使之符合要求。 6. 检查漏磁原因，更换电磁铁。 7. 检查并重新接线
流量减少	换向阀推杆因长期撞击而磨损变短、衔铁接触点磨损、阀芯行程不足，而使开口及流量变小	更换推杆或电磁铁
电磁铁处渗漏油	1. 密封圈磨损而泄漏。 2. 安装螺钉松动。 3. 安装螺钉拉伸变形	1. 更换密封圈。 2. 重新拧紧。 3. 更换紧固螺钉
电磁铁吸合释放迟缓	电磁铁后端有个密封螺钉，初装时后腔存在空气，当油液进入衔铁腔内时，如后腔空气释放不掉，将压缩形成阻尼，造成动作迟缓	初用时先拧开密封螺钉，待油充满后，再拧紧密封
换向阀结合面渗油	1. 安装螺钉松。 2. 底面密封圈老化或不起密封作用。 3. 螺钉拉伸变形	1. 重新拧紧。 2. 更换密封圈。 3. 按要求更换紧固螺钉

(九) 液控单向阀常见故障与排除

液控单向阀常见故障与排除见表 11-12。

表 11-12　液控单向阀常见故障排除表

故障现象	故障原因	故障排除
单向阀失灵	1. 阀体变形。 2. 阀芯变形。 3. 油液污染。 4. 弹簧折断或漏装	1. 研修阀体内孔，消除误差。 2. 研修阀芯外径。 3. 更换油液。 4. 更换或补装弹簧
液控不灵	1. 液控换向阀故障。 2. 液控压力过低	1. 排除液控的换向阀故障。 2. 按规定压力进行调整
泄漏	1. 阀座锥面密封不严。 2. 钢球(或锥面)不圆或磨损。 3. 油中有杂质，将锥面或钢球损坏。 4. 阀芯或阀座拉毛。 5. 配合的阀座损坏。 6. 连接的结合部分没有拧紧或密封不严	1. 重新配研，保证接触线密封严密。 2. 更换钢球或锥阀。 3. 更换油液。 4. 重新配研。 5. 更换或配研修复。 6. 拧紧有关螺纹连接处，必要时更换螺栓

（十）溢流阀常见故障与排除

溢流阀常见故障与排除见表 11-13。

表 11-13 溢流阀常见故障排除表

故障现象	故障原因	故障排除
振动与噪声	1. 流体噪声： 溢流阀溢流的高速流速声；溢流后的气穴汽蚀噪声和涡流及剪切流体噪声；溢流阀卸荷时的压力波冲击声；先导阀和主滑阀因受压力分布不均引起的高频噪声；回油管路中有空气；溢流阀内控压区进了空气。 2. 机械噪声： 滑阀和阀孔配合过紧或过松引起的噪声；调压弹簧太软或弯曲变形产生噪声；调压螺母松动；锥阀磨损；与系统其他元件产生共振发出噪声	1. 检查、处理： 选用合适的较软的主阀弹簧；排除回油口及回油管的空气，并严防进气；增加卸荷时间，将控制卸荷换向阀慢慢打开或关闭；修复导阀和主阀以提高其几何精度，增大回油管径，选用适合较软的三阀弹簧和适当黏度的油液；密封并排气；密封并排气。 2. 检查、处理： 修复；更换调压弹簧；拧紧；研磨或配研。 诊断处理系统振动和噪声
压力过低达不到设计要求	1. 先导式溢流阀卸荷口堵塞未堵上，控制油无压力。 2. 先导式溢流阀的阻尼孔被污物堵塞，溢流阀卸荷。 3. 滑阀被污物卡在全开位置上。 4. 系统元件或管道破裂大量泄油	1. 将卸荷口堵塞上，并严加密封。 2. 清除阻尼孔，更换油液。 3. 清洗。 4. 检查、修复或更换
压力波动	1. 油泵的流量或压力脉动过大，使阀无法平衡。 2. 液压系统混入空气，导致压力时高时低。 3. 调压的控制阀芯弹簧太软或弯曲变形不能维持稳定的工作压力。 4. 锥阀或钢球与阀座配合不良，污物卡住或磨损造成内泄时大时小，致使压力时高时低。 5. 油液污染，致使主阀上的阻尼孔时堵时半通，造成压力时高时低。 6. 滑阀动作不灵活，滑阀拉伤或弯曲变形或被污物卡住或有椭圆，或阀体孔碰伤及有椭圆等	1. 诊断检修油泵故障。 2. 诊断系统进气故障。 3. 按控压范围更换合适压力级的弹簧。 4. 配研锥阀和阀座，更换钢球或锥阀，清洗阀，还可将锥阀或钢球放在阀座内，隔着木板轻轻敲打两下，使之密合。 5. 清洗主阀阻尼孔，必要时更换油液。 6. 检修或更换滑阀，修整阀体孔或滑阀使其椭圆度误差小于 5μm
内泄漏	1. 锥阀或钢球与阀座接触不良，磨损或被污物卡住，导致系统压力过低或升不起来。 2. 滑阀与阀体配合间隙过大，导致系统内泄	1. 清洗，研磨锥阀，配研阀座或更换钢球。 2. 扩铰阀体孔，更换滑阀芯

续表

故障现象	故障原因	故障排除
外泄漏	1. 管接头松脱或密封不良。 2. 有关结合面上的密封不良或失效	1. 拧紧管接头或更换密封圈。 2. 修整结合面，更换密封件
压力过大调不下来	1. 阻尼孔磨损过大，主阀芯两端油压力平衡，滑阀打不开。 2. 油液污染，滑阀被卡在关闭位置上。 3. 先导阀回油的内泄油口被污物堵塞，先导阀不能控压	1. 清洗先导阀的内泄油口。 2. 将不锈钢薄片压入阻尼孔内或细软金属丝插入孔内，将阻尼孔堵一部分。 3. 清洗滑阀及阀孔，更换油液

第十二章　脱缆钩

第一节　概　　述

快速脱缆钩是安装于码头用于船舶绞缆、系缆的专用设备，是传统系缆桩的更新换代产品，与系缆桩相比，该产品减轻了工人劳动强度，提高劳动效率、安全性和可靠性。

快速脱缆钩主要由脱缆机构及绞缆机构组成。特别适用于大型码头，要求操作人员少，风浪大，系缆及脱缆要求迅速的场合。尤其在码头或船舶发生火灾险情等紧急情况时，需要船舶迅速离开停泊码头，此时操作人员使锁定机构快速脱开，系泊缆绳迅速脱钩解缆，从而保证了码头和船舶的安全，避免巨大损失。

一、脱缆钩的功能

标准的设计有单钩、双钩、三钩、四钩或六钩组合装配，适合不同的码头要求。江苏 LNG 接收站码头共配备 10 台脱缆钩，其中四钩 2 台，三钩 4 台，双钩 4 台，共 28 个钩子。

为了提高安全性，每个远程控制钩都配备了可拆卸的释放杆。此外，每个脱缆钩都配备一个远程释放系统和缆绳张力监测系统。该系统不仅可以感应钩子打开或关闭状态，还可以测量缆绳的拉力。

LNG 船靠泊后，水手通过引绳以及电动绞盘将缆绳拖至脱缆钩上，船方收紧缆绳，缆绳开始受力，脱缆钩开始监测缆绳张力，当缆绳张力超过设定值后，脱缆钩开始预警以及报警，通知操作人员，检查并调整缆绳张力。LNG 船离泊时，操作人员通过就地按钮，脱开脱缆钩，船方将缆绳收回，码头将脱缆钩闭合，等待下次作业。

紧急情况下，岸边可以进行快速远程脱缆操作，在机柜间，插入操作钥匙，远程单个/全部的脱缆钩进行脱缆作业，使得船岸尽快分离避免损失。

二、脱缆钩结构

脱缆钩结构如图 12-1 所示。

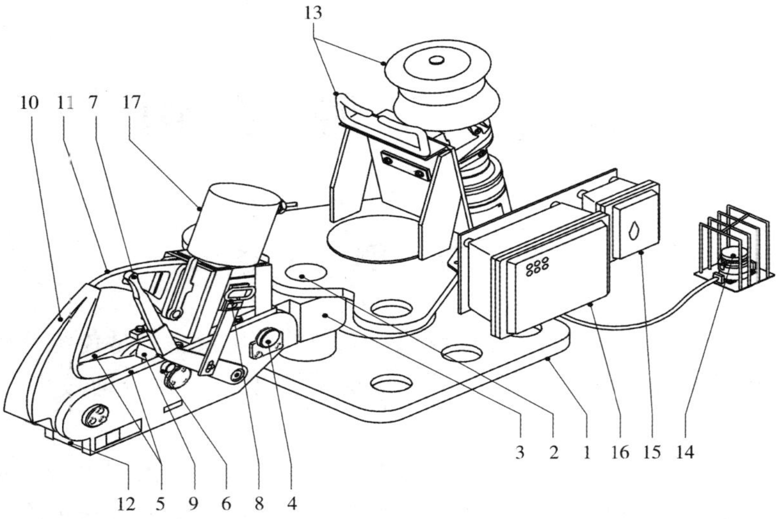

图 12-1 脱缆钩结构

1—固定底盘；2—垂直回转销；3—连接套；4—水平回转销(应力销)；5—侧板；6—防松板；7—用于手动操作杆(可拆卸)；8—安全锁紧装置；9—可使锚钩锁紧和脱扣的可旋转的中间零件；10—可旋转的锚钩零件；11—安全卡钩(可选件)；12—锚钩制动器(可选择自动复位装置)；13—带缆绳导轨的绞盘；14—用于控制绞盘的脚踏开关；15—报警器；16—电机起动器；17—电磁线圈

第二节 脱缆钩的安装

一、钢甲板上锚栓的安装

清理干净钢甲板表面，将模板放置在正确的位置上，要注意模板上指示锚钩方向的箭头标记。在钢甲板上标出锚栓的样式，要特别注意，在该过程中，模板不能移动。使用夹具或定位焊可固定模板使其不能移动。标记完成后，拆除模板，在钢甲板上机加工锚栓孔。要特别注意该孔必须是垂直的，否则你会发现锚栓/系泊装置将非常难安装。锚栓螺柱在钢甲板结构上面的高度必须与图纸中一致，如图 12-2 所示。

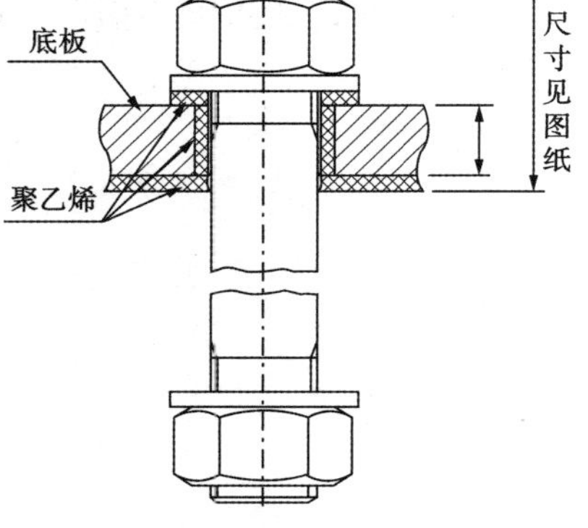

图 12-2 用于钢甲板上带绝缘的锚栓

二、新混凝土中锚栓的安装

拆下锚栓上的螺母和垫圈，将模板放置在锚栓螺纹端上面。装上垫圈和螺母，要注意螺母上方至少要露出一节螺纹。将匹配锚栓的模板放置在正确的位置上，要注意模板上指示锚钩方向的箭头标记。要特别注意模板的高度正确，该高度是指从锚栓顶部到安装底座和混凝土的下表面的距离，如图 12-3 所示。

三、在现存的混凝土甲板上安装锚栓

按照药剂生产商的使用说明来确定该孔的直径。在正确的位置上钻孔。将模板放置在正确的位置上，要注意模板上指示锚钩方向的箭头标记。

钻好孔后，将孔清理干净。该钻孔必须清理干净，不能有任何松散的碎屑。用清洗水冲洗该孔，直到流出的水变干净为止。

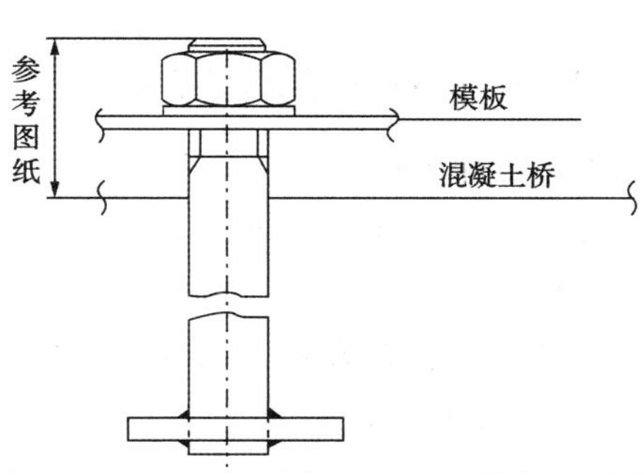

图 12-3 用于新混凝土上无绝缘层的锚栓

下一步，对孔内吹入压缩空气来彻底地清洁该孔。空气枪的喷嘴必须放在钻孔的底部。从钻孔底部向上吹空气，可将钻孔内残留的碎屑吹出。直到钻孔的表面变干燥后才能停止喷吹。

根据药剂制造商的使用说明将药剂倒入钻孔中。倒入药剂时要轻柔缓慢，防止药剂内部产生气泡，该钻孔从底部向上被药剂全部填满。

当安装锚栓时，孔内的药剂要能够完全包裹住锚栓。在胶水填充完后，锚栓杆必须立即安装(图 12-4、图 12-5)。

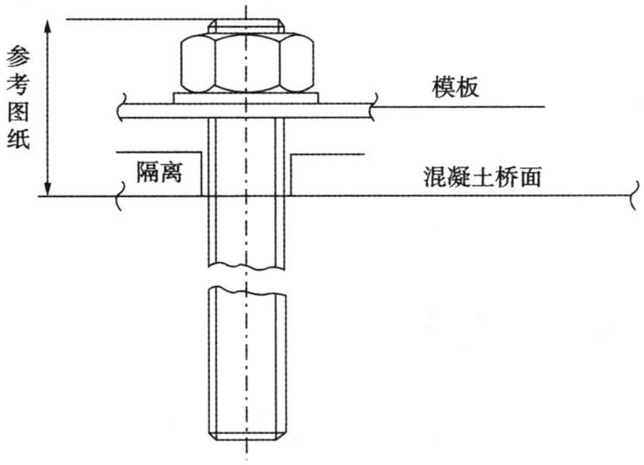

图 12-4 安装在现存混凝土上的带绝缘的锚栓

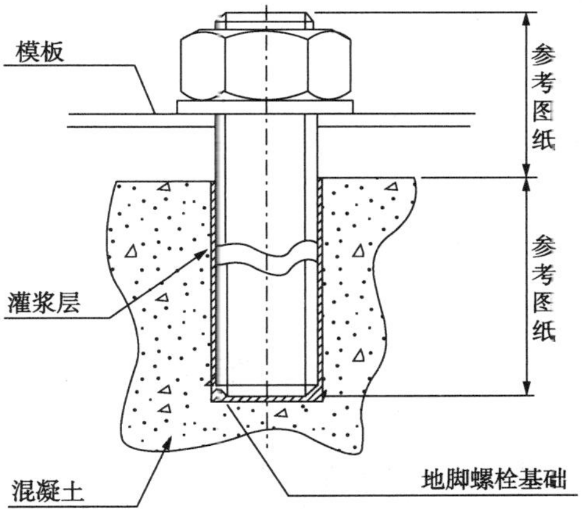

图 12-5 安装在现存混凝土上的不带绝缘的锚栓

安装锚栓：

拆除锚栓上的螺母和垫圈，在清理完钻孔后，将螺母和垫片放在钻孔附近。核查是否所有的钻孔都与提供的模板一致。当一个钻孔被药剂填满后，立刻按照药剂制造商的使用说明将锚栓杆安装在孔内。

所有的锚栓杆(一套系泊装置上的)都安装完成后，将模板放置在锚栓的螺纹端。装上垫圈和螺母，要注意螺母上方至少要露出一节螺纹。将匹配锚栓的模板放置在正确的位置上，要注意模板上指示锚钩方向的箭头标记。要特别注意模板的高度正确，该高度是指从锚栓顶部到安装底座和混凝土的下表面的距离。

垂直安装和固定锚栓，这样在药剂固化成形过程中锚栓不会移动。药剂完全固化后，拆除螺母/垫圈和模板。彻底地清理锚栓的螺纹并装好螺母/垫圈。保护螺母/垫圈和锚栓杆，防止被破坏或风蚀。

四、快速解系系泊装置的安装

清理甲板表面，注意甲板表面必须是水平的、平坦的且干燥。将绝缘板放在甲板结构上机加工锚栓孔的上面，并清洁该绝缘板和安装基座的下表面。在锚栓孔上方将该快速解系系泊装置放置在安装基座正确的位置上。注意绝缘套管要留在安装基座的锚栓孔内。将锚栓安装在孔内，并依次将绝缘垫圈、钢垫圈和螺母固定在锚栓杆上。按照表12-1标出的扭矩旋紧螺母。为螺母/垫圈和锚栓杆添加涂层或油脂层来保护其不会被风蚀。

表 12-1　扭矩表

最大扭矩表/N·m(1kgf·m=10N·m)	
锚栓公制尺寸 M48	规定的扭矩： 1000N·m，用扭矩扳手或冲击扳手旋转 90°
锚栓公制尺寸 M56	
锚栓公制尺寸 M64	
锚栓公制尺寸 M72	
锚栓公制尺寸 M80	
锚栓公制尺寸 M90	
锚栓公制尺寸 M100	
锚栓公制尺寸 M110	

第三节　脱缆钩的使用方法

使用前，必须保持脱缆钩周围空闲没有任何障碍物，尤其在指向船只的方向。

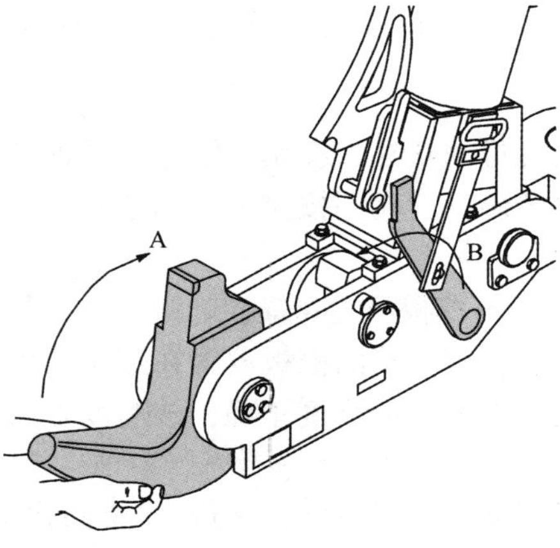

图 12-6　闭合脱缆

一、闭合脱缆

按图12-6方向，向上旋转锚钩零件(A)。手动操作杆(B)在指定方向上自动旋转至防松板位置使锚钩闭合。检查脱缆钩位置指示，显示脱缆钩关闭。

二、缆绳连接引绳

注意工作区或脱缆钩前面不能有任何人员或松散的物体；如果缆绳断裂，会使这些物体产生严重的损坏，或者会使人员受重伤。要永远远离已经有负荷的脱缆钩。

当使用多条锚缆时，禁止锚缆交叉，否则就是不安全操作，会导致设备损坏。

任何人，不得站在吊索上或锚缆的索眼内。将引绳吊索连接到锚缆上，吊索（A）应该固定在锚缆（B）索眼的前部。（图 12-7）

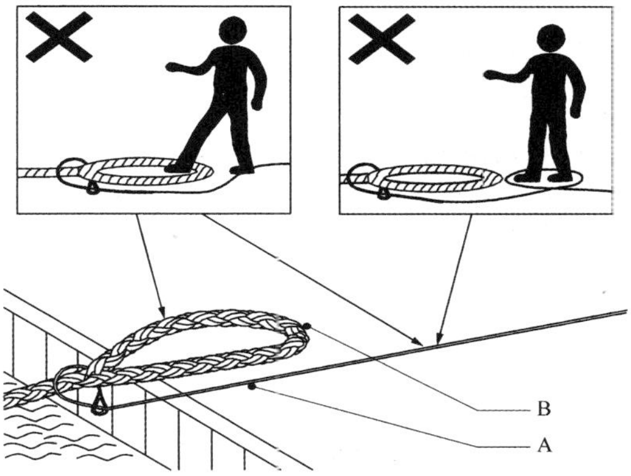

图 12-7　不安全操作

三、引绳吊索缠到绞盘上

将吊索绕在绞盘上的绳索道上。

将吊索在绞盘滚筒上按滚动旋转的方向并排绕 3 圈，每圈之间不可重叠，不能多也不能少。

操纵脚踏开关，将吊索缠到绞盘上(图 12-8)。

四、缆绳连接到脱缆钩上

绞盘转至合适的位置，用手将缆绳索眼挂在脱缆钩上。

然后拆除吊索，联系船方收紧缆绳。当岸边脱缆钩受力后，可以进行缆绳张力检测（图 12-9）。

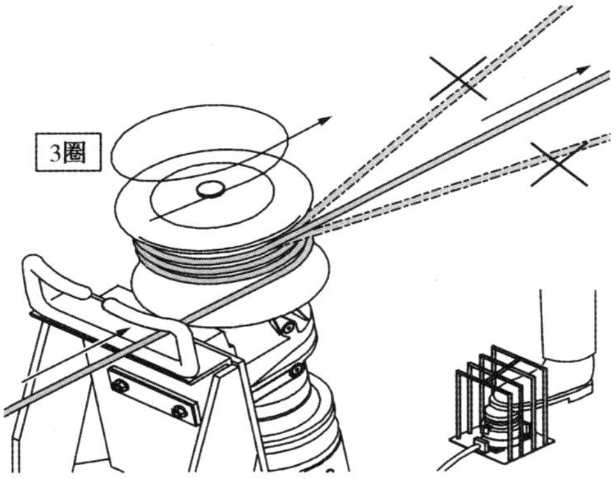

图 12-8　引绳吊索缠到绞盘上

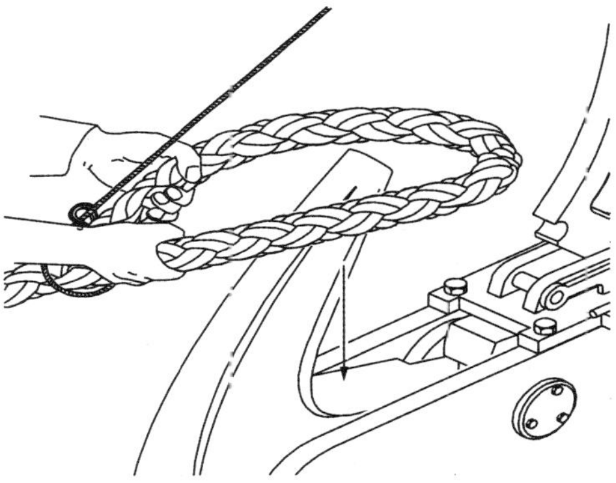

图 12-9　缆绳连接到脱缆钩上

五、打开脱缆钩

（一）注意事项

在松开承受负荷的锚钩时要小心。锚钩会落下，松开锚钩前要确认没有任何人或物体在锚缆的工作区域内。

松开锚钩时，尤其是松开多锚钩组件时，当操作人员站在两个锚钩之间时，应有序地操作来完成工作。首先松开最外面的锚缆。将里面的锚钩移动到外面。对于下一个锚钩采取上述同样的操作。

（二）手动操作

将手柄(C)向上拉并保持其位置不动。用力将操作杆(D)向后推，脱缆钩就会打开(图 12-10)。

（三）自动操作

按就地接线箱上的脱缆按钮，脱缆钩会自动打开(图 12-11)。

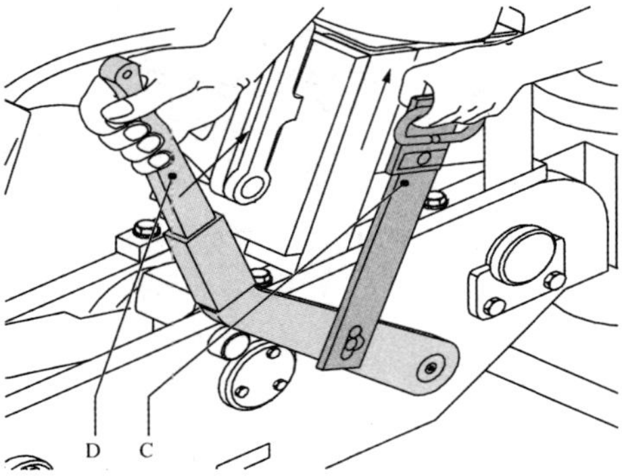

图 12-10　手动操作

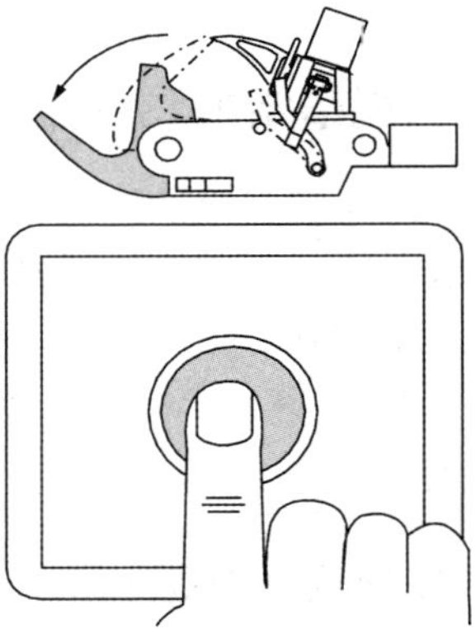

图 12-11　自动操作

（四）远程操作

紧急状态下，在远程脱缆电脑端，打开钥匙开关，选择单个脱缆钩脱缆或者全部脱缆钩同时脱缆。

第四节　日常维护

一、遵守表 12-2 需润滑部件的维护间隔期

表 12-2　润滑部件维护间隔

需润滑的部件		润滑间隔期
使用注油枪	使用油刷	
1×喷嘴 A	—	在正常使用期间，每两/三个月一次
1×喷嘴 B	—	
2×喷嘴 C	—	
2×喷嘴 D	—	
1×喷嘴 E	—	
—	零件 F	
—	零件 G	

图 12-12 为表 12-2 中所指部件图。

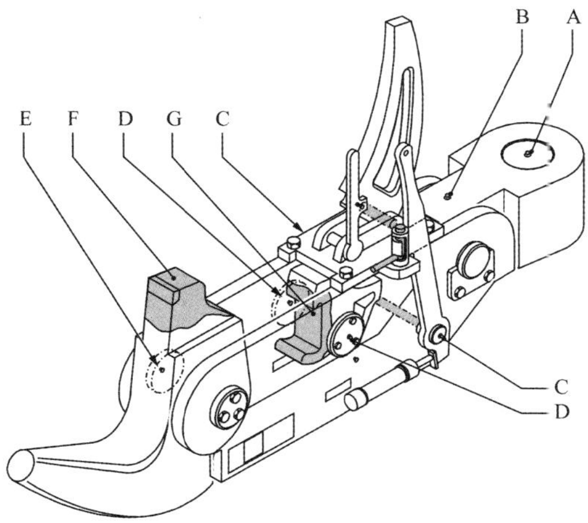

图 12-12 喷嘴位置

绞盘和电动马达已经做好了终身润滑的措施，在其正常使用期内，不需要再次添加润滑脂。

二、润滑脂推荐

润滑脂推荐见表 12-3。

表 12-3 润滑脂推荐表

制造商	类　型	使用温度范围/℃
Carl Bechem GmbH	Bechem UWS LFP Super 1	-20～+120
	Berulub Kryotox EP2	-55～+120
O. K. S.	O. K. S. 416	-55～+120
Shell	Calithia EP T2	-10～+120
	Alvania EP 1 and 2	-15～+110
B. P.	Energrease L2	-30～+100
Mobil	Mobiltemp SHC 32	-55～+175
	Mobillith SHC 220	-35～+200
Molycote	TTF 52	-55～+120
Kluber	F23 A	-55～+120
	Isoflex Super LDS 18	-35～+120

尽可能不要将不同种类的润滑脂混用。

三、电机维护

电机的维护取决于其使用频率。所有的轴承都已经采取了终身润滑的措施，不需要任何维护工作。如果每个月只少数使用几次，我们建议每两年检查一次轴承。

根据使用的频率，表 12-4 列出了最少的维护频率：

表 12-4 维护频率表

部 件	维护的内容	维护间隔
电机	线圈的绝缘测试	每年一次
电机启动器	检查接线情况	每年两次
电机启动器	检查电路保护器的接线情况	每年两次
电机启动器	检查热继电器的工作情况	每年两次
电机启动器	检查是否受潮和被腐蚀	每年两次
电闸	检查是否受潮、被腐蚀和是否干净	每年一次
脚踏开关	检查接线情况和是否受潮	每年两次

四、绞盘维护

在正常情况下，变速箱的润滑脂可无限期地存留在变速箱内，且可被认为是终身润滑。

只有在拆卸变速箱后，润滑脂才需要更换。

建议定期清理变速箱。为了防止输出轴被腐蚀，应该在该轴的外侧的零件及其附近涂抹一些润滑脂，特别是如果该装置长时间未使用，上述措施会提供极佳的防腐蚀性能。涂抹的油脂不应该与相同位置的泄漏物混淆。

变速箱内的润滑脂在较冷的环境中会处于半固体状态。在温度的影响下，变速箱内的润滑脂的黏度会变化：在绞盘运转一段时间后或由于较高的环境温度，变速箱内温度会升高，润滑脂会变黏稠。

变速箱的齿轮级间和输入输出轴上有密封，输出轴被腐蚀或变速箱的外部事故会破坏变速箱的密封，由于温度的变化，润滑脂就会泄漏。

润滑脂泄漏有时可追溯到齿轮级间的安装孔和安装螺栓上。

在工厂内装配完成后，所有的驱动器都要经过完整的泄漏测试，且在高于环境压力 0.5bar 的压力下，气密 5min 后才可装船运输。在新驱动器上由密封不严引起的润滑脂泄漏现象是极其罕见的。

发现泄漏的话，应该按照表 12-5 中的扭矩拧紧这些螺栓。

表 12-5 维扭矩表

尺 寸	扭矩/N · m			尺 寸	扭矩/N · m		
M6	10	15	18	M16	210	299	360
M8	26	35	42	M18	290	412	490
M10	50	70	86	M20	412	588	696
M12	88	122	147	M22	560	785	941
M14	138	195	235				

如果上述措施不能解决问题，该变速箱必须得被拆开并重新密封。先移除变速箱皮带轮的端盖后，可从外部更换输出轴的密封。对于 PD2030 大小的变速箱，可用螺丝刀及其

他类似工具将变速箱的密封取出。在安装新的密封前，先取出轴键并且清理干净输出轴。检查主轴上密封唇口被破坏(腐蚀或其他原因)处的表面。如果检查后发现该输出轴可以使用，用合适的润滑脂在该轴的表面薄薄地涂抹一层密封面并小心地装上新的密封。如果输出轴上出现大面积的损坏或者经过上述修复措施后，仍有泄漏存在，必须更换整个输出轴，因此变速箱也得拆开。

只能先从该装置上拆除电机和电机的凸缘后才能更换主动轴上的密封。密封件是安装在电机凸缘上的，更换密封后，最好也更换安装在凸缘之间的纸垫圈。

如果电机出现故障，我们强烈建议拆除电机并将其放在有屋顶的车间内。建议水平地拆除电机，但这种情况只有在绞盘支架是由活节螺栓固定的情况下才能实现。

球轴承在长时间工作后会磨损，因此会产生极大的噪声和一些振动。为了更换球轴承，必须按照下列方式完整的拆除电机：

(1) 旋开六角螺钉拆除风扇罩。

(2) 旋开拆除风扇螺丝。

(3) 从键槽内取出轴键。

(4) 拆除端盖上的螺丝，用木槌适度地敲击端盖和轴的端部，从转子上拆除端盖和机架。要特别注意线圈，避免在上述操作和后续的重新装配过程中破坏线圈。

(5) 用一个分离器从电机轴上拔出球轴承，然后在适当的压力下安装一个新的球轴承；如果没有新的球轴承，用一个铜管使之靠在球轴承的内环上。用木槌适度地敲击铜管的另一端，球轴承就会回到其轴承座上。

(6) 最后按照上述步骤的反序操作将电机完整地装配好。

第五节 常见故障处理

常见故障处理见表 12-6。

表 12-6 常见故障处理表

序号	故障	现象	解决方法
1	锚钩不能手动松开	无润滑脂	按照说明清洁锚钩并重新润滑
		滚动件与侧板的油脂太多	清理滚动件与侧板件的缝隙
		锁紧销使滚动件不能被扳倒	联系 Mampaey offshore Industries B. V.
2	绞盘不能工作	无电源	检查电源
		蜂鸣声	检查电源看三相是否齐全
		高温跳闸装置被激活	重新设置内部跳闸装置
		电路保护器跳闸	重置电机的电路保护器
		保险丝被烧	检查保险丝并更换
		变压器工作不正常	检查变压器，如果需要更换
		电机故障	检查线圈，如果需要更换电机，要求说明

续表

序号	故障	现象	解决方法
3	电磁线圈不能工作	保险丝被烧	检查保险丝并更换
		继电器损坏	检查继电器并更换
		按钮失灵	检查按钮并更换
		线圈损坏	检查电磁线圈，若需要进行更换
4	脱缆钩状态异常	接近开关故障	检查接近开关，若需要进行更换
		数据采集模块故障	检查数据采集模块，若需要进行更换
		就地显示屏故障	检查就地显示屏，若需要进行更换
5	缆绳张力异常	数据采集模块故障	检查数据采集模块，若需要进行更换
		应力销	检查应力销并进行更换

第十三章　装 车 撬

第一节　概　　述

LNG 装车撬是指将每一个 LNG 装车撬位内的仪表和设备集成在一个专用的框架结构内，仪表和设备包括装车鹤管、流量计、防静电控制器、压力变送器、装车流量控制阀、气动球阀、批量控制器、IC 读卡器等仪表设备。

第二节　鹤管部分的检修

一、出现氮气润滑系统压力过低的情况检修

（1）如氮气压力过低，请检查：阀门是否正常打开。如未正常打开，请调至正常。

（2）氮气润滑系统的卡套接头是否有泄漏：如有泄漏，请检查接头是否松动，如果有松动请适度旋紧。如旋紧无效，请更换密封垫。

（3）旋转接头的氮气密封圈处是否有泄漏：如泄漏严重，请将该套装车臂进行隔离，并将旋转接头主体拆下，用挥发性溶剂将密封面擦拭干净，检查密封面是否有损伤，确认密封面没有损伤后，待溶剂挥发完后装入密封圈，当表面仅有细微损伤时，可采用抛光的方法进行处理。

二、介质泄漏的情况检修

介质外泄：

如果有介质外泄，在泄漏不严重的情况下，确认泄漏的位置。在进行隔离、排空后，请根据图 13-1 所示，将旋转接头主体拆下，根据以下所列的不同情况更换相应的密封圈。

（1）如果是氮气密封处或动密封处有轻微泄漏，请更换动密封端的主密封、副密封及端面密封。

（2）如果是静密封处有泄漏，需要将动密封端的主密封、副密封、端面密封及静密封端的主密封、端面密封全部进行更换。

（3）当更换密封圈时，请确认密封圈型

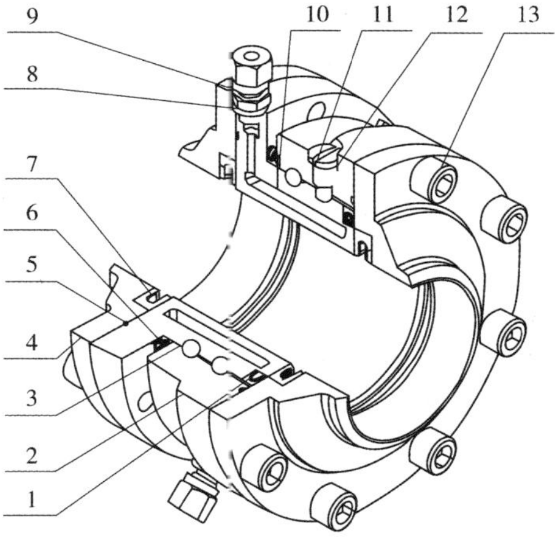

图 13-1　旋转接头典型试图

1—副密封；2—旋转接头外圈；3—钢球；4—法兰；5—端部密封圈；6—氮气密封圈；7—主密封；8—氮气润滑管密封；9—氮气润管接头；10—旋转接头内圈；11—滚珠塞；12—滚道密封垫；13—内六角螺钉

号是否正确，密封圈表面是否有损伤。

（4）安装密封圈之前，用挥发性溶剂将密封面擦拭干净，检查密封面是否有损伤，确认密封面没有损伤后，待溶剂挥发完后装入密封圈。当表面仅有细微损伤时，可采用抛光的方法进行处理。

第三节　质量流量计的检修

一、核心处理器故障的检修

核心处理器接电端损坏导致传感器无法测量流量时，检查核心处理器。核心处理器如图 13-2 所示，要进行核心处理器内阻测试：

（1）断开变送器供电。

（2）取下核心处理器盖子。

（3）断开核心处理器与变送器之间的 4 芯电缆。

（4）测量核心处理器端子 3 和端子 4（RS-485A 与 RS-485B）之间的电阻，阻值应该在 40~50kΩ。

（5）测量核心处理器端子 2 和端子 3（VDC-与 RS-485A）之间的电阻，阻值应该在 20~25kΩ。

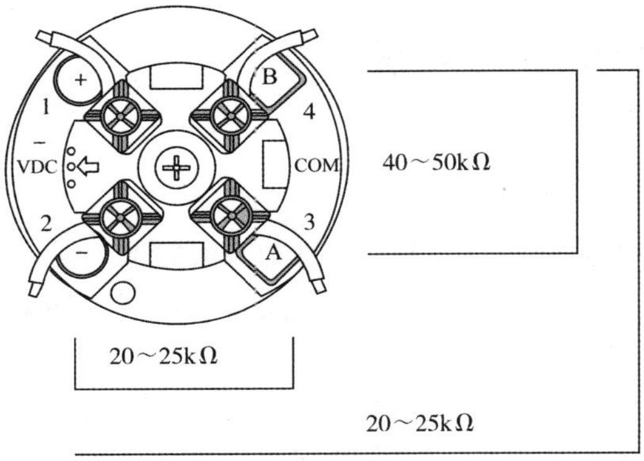

图 13-2　核心处理器

（6）测量核心处理器端子 2 和端子 4（VDC-与 RS-485B）之间的电阻，阻值应该在 20~25kΩ。

（7）如果出现任一测量值低于指标值，则核心处理器可能无法与变送器或远程主机进行通信。

（8）返回正常操作状态：

① 重新连接核心处理器与变送器之间的 4 线电缆。

② 盖回核心处理器盖子。

注意：在重新装配仪表组件时，确保所有的 O 形环要涂脂。

二、传感器故障的检修

传感器线圈出现问题可能触发多种报警，包括传感器故障和一些测量超限状态。将传感器接线盒内的 9 根线与核心处理器上的线直接相连，没有通过端子转接，这样的好处是不会受潮湿空气的影响，排除接线的干扰，最终收到的效果也很好，传感器故障排除。

传感器线圈测试包括测试端子组合的电阻以及对壳短路情况：

（1）断开变送器电源。

（2）如果变送器位于危险区域，请等待 5min。

（3）取下核心处理器的盖子。

（4）断开核心处理器的接线。

（5）松开核心处理器模件中央的固定螺丝，轻轻从外壳内垂直拔出核心处理器。不要旋转或转动核心处理器。当核心处理器接到插针时，确保与导向插针对齐并小心安装核心处理器。使用数字万用表，测量检测线圈的电阻，如图13-3所示。

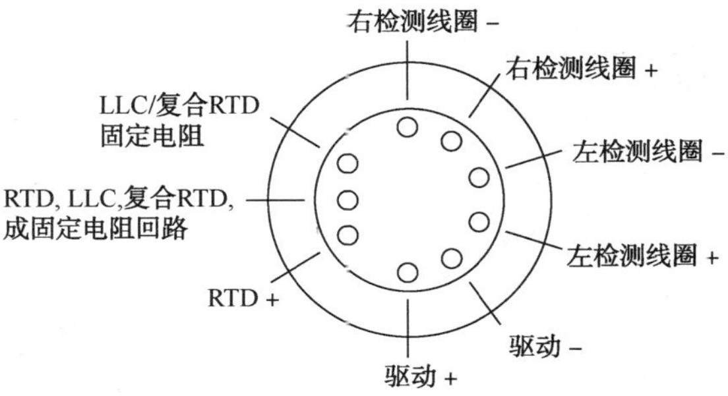

图 13-3 检测线圈电阻

（6）不存在开路的情况，也就是说不存在无穷大的电阻读数时 LPO 与 PRO 的读数应

（7）应该相同或非常接近(± 5Ω)。

（8）测量每根插针与传感器外壳之间的阻值，正常应为无穷大。

（9）测试如下端子组合：

① 驱动+与除驱动-之外的其他所有端子进行配对测试。

② 驱动-与除驱动+之外的其他所有端子进行配对测试。

③ 左检测线圈+ 与除左检测线圈- 之外的其他所有端子进行配对测试。

④ 左检测线圈-与除左检测线圈+之外的其他所有端子进行配对测试。

⑤ 右检测线圈+与除右检测线圈-之外的其他所有端子进行配对测试。

⑥ 右检测线圈-与除右检测线圈+之外的其他所有端子进行配对测试。

⑦ RTD+与除 LLC/RTD 和 RTD/LLC 之外的其他所有端子进行配对测试。

⑧ LLC/RTD 与除 RTD+和 RTD/LLC 之外的其他所有端子进行配对测试。

⑨ RTD/LLC 与除 LLC/RTD 和 RTD+之外的其他所有端子进行配对测试。

⑩ 每一组端子组合之间的电阻应大于 3. 7MΩ。

三、组态故障的检修

每台质量流量计的特性化参数是唯一的，它直接关系到流量计测量的准确性，特性化参数主要包括流量校验系数、密度校验系数。出现这个故障是由于 K_1 值丢失和测量单位的选择错误导致变送器无法正常工作，要通过 PROLINK 软件将 K_1 值进行写入，K_1 值和单位必须与传感器上标注的设计一致，否则会影响流量计精度以致流量计无法正常工作。

四、报警代码和解决办法

报警代码和解决办法见表 13-1。

表 13-1 报警代码和解决办法表

报警代码	内　容	解决办法
A1	核心处理器 EEPROM 检验	重新给流量计上电
A2	核心处理器 RAM 出错	重新给流量计上电

续表

报警代码	内　容	解决办法
A3	传感器故障	1. 检查测试点。 2. 检查传感器线圈。 3. 检查传感器接线。 4. 检查团状流。 5. 检查传感器管道
A4	温度超范围	1. 检查测试点。 2. 检查传感器 RTD 读数。 3. 检查传感器接线。 4. 验证流量计特性化。 5. 验证工作温度处于传感器和变送器的范围之内
A5	输入超范围	1. 检查测试点。 2. 检查传感器线圈。 3. 验证步骤。 4. 验证 4mA 和 20mA 的值。 5. 验证变送器组态中的标定系数
A6	现场设备未特性化	检查特性化，请特别检查 FCF 和 K_1 值
A7	实时中断故障	重新给流量计上电
A8	密度超出限定范围	1. 检查测试点。 2. 检查传感器线圈。 3. 验证步骤，检查流量管道内的空气管道未充满，管道中的外来物质或管道的涂层。 4. 验证变送器组态中的密度标定系数。 5. 执行密度标定
A9	现场设备预热， 变送器正在初始化	允许流量计预热，当流量计准备好正常运行时，错误应该消失，如果报警没有消除，确定传感器始完全充满或者完全空了，验证传感器的组态和接线
A10	零点标定失败	1. 如果变送器在调零时出现报警，确保无流量通过传感器，然后重试。 2. 重新给流量计上电然后重试
A11	标定校正过度，零点太低	确保无流量通过传感器，然后重试。重新给流量计上电，然后重试
A12	标定校正过度，零点太高	确保无流量通过传感器，然后重试。重新给流量计上电，然后重试
A13	干扰信号太大， 无法自动调零	减小或消除机电噪声源，然后重新标定或调零。噪声源有：机械泵、传感器上的管道压力，电气干扰，附近机械的振动效应
A14	变送器故障	重新给流量计上电
A15	数据可能丢失	重新流量计上电，执行传感器线圈和电阻测试，请与高准公司联系
A16	LINE RTD 温度超范围	1. 检查测试点。 2. 检查传感器线圈。 3. 检查传感器接线。 4. 确认合适的传感器类型

续表

报警代码	内 容	解决办法
A17	CASE RTD 超范围	1. 检查测试点。 2. 检查传感器线圈。 3. 检查传感器接线
A18	1700/2700EPROM 校验	重新给流量计上电
A19	1000/200RAN 出错	重新给流量计上电
A20	没有输入标定系数	检查特性化，特别是 FCF
A21	不能辨认传感器类型	检查特性化，特别是 K_1
A22	EEPROM 组态数据被破坏	重新给流量计上电
A23	EEPROM 累积值被破坏	重新给流量计上电
A24	EEPROM 程序被破坏	重新给流量计上电
A25	核心处理器引导区损坏	重新给流量计上电
A26	传感器和变送器通信故障	1. 检查变送器和核心处理器之间的接线。 2. 检查核心处理器 LED。 3. 检查核心处理器失火否正在接受电源。 4. 执行核心处理器电阻测试
A27	安全模式破坏	重量和测试安全标签已被破坏，报警可以被用户清除但是需要经授权的程序重新建立安全
A28	变送器写入错误， 核心处理器写入失败	重新给流量计上电
A100	模拟输出 1 饱和	检查传感器
A101	模拟输出 1 被强制	1. 检查 HART 轮询地址。 2. 退出毫安输出调整。 3. 退出输出回路测试。 4. 检查是否已经通过数字通信将输出进行固定
A102	驱动超出量程	1. 驱动增益过大。 2. 检查传感器线圈
A103	可能丢失数据	1. 重新给流量计上电。 2. 查看当前整个组态以确定丢失哪个数据，对丢失的数决或数据不正确的设置进行组态
A104	正在标定	允许流量计完成标定
A107	出现电源复位	检查电源是否正常
A108	事件 1 被触发	1. 提醒报警状态。 2. 如果你确信事件 1 是被误触发的，请检查事件 1 的设置
A109	事件 2 被触发	1. 提醒报警状态。 2. 如果你确信事件 2 是被误触发的，请检查事件 2 的设置

续表

报警代码	内　容	解决办法
A110	频率超范围	检查传感器
A111	频率输出被强制	退出频率回路测试
A112	建议升级 100/2000 系列软件	请与厂家联系
A113	模拟输出 2 饱和	检查传感器
A114	模拟输出 2 强制	1. 退出毫安输出调整。 2. 退出输出回路测试。 3. 检查是否已经通过数字通信将输出进行固定
A115	外部输入出错	1. HART 轮询与外部设备连接失败，请确保外部设备是可以用的。 2. 检查并确认设备运行。 3. 检查并确认接线情况
A116	API 温度超出限制	1. 检查处理过程。 2. 检查并确认 API 参考栏和温度组态
A117	API 密度超出限制	1. 检查处理过程。 2. 检查并确认 API 参考栏和密度组态
A118	离散输出 1 不变	退出离散输出回路测试
A119	离散输出 2 不变	退出离散输出回路测试
A120	突发数据故障	检查并确认增强密度组态
A121	推断警告	1. 检查并确认被测温度。 2. 检查并确认被测密度。 3. 检查并确认增强密度

第四节　阀门的检修

阀体的检修：

（一）阀杆出现转动不灵活或卡死时

（1）填料压得过紧，适当松动填料。

（2）填料安装不规范，规范安装填料。

（3）阀杆与衬套之间的间隙偏小，重新调整阀杆与衬套之间的间隙。

（4）阀杆直线度不符合要求，调整同心度或者更换阀杆。

（5）阀杆的螺纹部分表面粗糙度偏大，建议更换阀杆。

（6）阀杆螺纹生锈或粘满尘土，清理锈蚀部分，阀杆表面光滑处理。

（二）阀杆升降失灵

（1）操作用力过猛使螺纹损伤，修复螺纹重新选择安装螺栓或更换阀杆，调整安装的力矩。

（2）阀杆螺母倾斜，调整螺母安装角度。

（3）阀杆弯曲，重新调整阀杆同心度或更换阀杆。
（4）阀杆与阀杆螺母的材质选用不当。

（三）密封面泄漏

（1）由于工艺介质的腐蚀、冲刷，导致阀门密封面损坏，根据工艺介质选用合适材质的密封面。
（2）操作不当也会造成密封面的损伤，优化工艺流程，选择合适磨料进行研磨。
（3）阀座、阀瓣配合不严密，进行研磨处理。
（4）密封面之间有异物或介质附着，清洗或吹扫。
（5）阀瓣与阀杆连接不牢靠，重新紧固。
（6）阀杆弯扭，使得关闭件不对中，更换或修复阀杆。
（7）密封面有擦伤，选择合适磨料进行研磨。

（四）填料函的泄漏

（1）填料压盖的预紧力不足，重新紧固压盖，增加力矩。
（2）填料安装的数量偏少，增加填料。
（3）填料使用时间过长，已经老化或失效，更换填料。
（4）阀杆表面光洁度不够(拉痕、刮毛和粗糙等缺陷)，阀杆表面处理或更换阀杆。
（5）填料的选型不当，正确选型填料。

（五）中间垫泄漏

（1）垫圈位置不正，重新调整垫圈位置正确安装垫圈。
（2）垫圈老化，更换垫圈。
（3）压紧螺栓用力不均，紧固螺栓时对角均匀用力，最后依次紧固。

第五节　执行机构的检修

一、气动薄膜式执行机构的检修

（一）气源压力波动

（1）减压阀或供气管网有污物，消除污物。
（2）反馈通道堵塞，反馈气量小。
（3）消除堵塞。磁转换部分有摩擦(专指电气阀门定位器)，消除摩擦。
（4）放大器有故障，检修放大器。

（二）有输入信号时，输出信号小或没有信号

（1）气阻堵塞，疏通节流孔。
（2）喷嘴挡板位置不正，重调平衡度。
（3）信号接线反或接触不良(专指电气阀门定位器)，正确接线。
（4）背压或输出漏气，消除漏气。
（5）线圈断开或短路(专指电气阀门定位器)，更换线圈。

（三）输出不稳定

（1）放大器、气阻或背压管路有污物，消除污物。

(2) 调节阀杆摩擦力过大，消除摩擦。

(3) 膜头阀杆与膜片有轴向松动，消除松动。

(4) 放大倍数太高，重新调整输入信号。

(5) 交流分量过大(专指电气阀门定位器)，消除交流分量。

(6) 喷嘴挡板组装不良，调整挡板对准喷嘴的中心线。

(四) 无输出时输出压力不下

(1) 背压气路堵塞，消除堵塞。

(2) 切换阀位置不正确，恢复“自动”位置。

(3) 放大器有污物，清洗放大器。

(五) 线性度不好

(1) 背压漏气，消除漏气。

(2) 喷嘴挡板平行度不好，重新调整喷嘴挡板位置。

(3) 膜头径向位移大，重新检修。

(4) 可动部件有卡碰现象，重新调整、消除卡碰。

(5) 放大器有污物，消除污物。

(6) 调节阀本身线性差，重新调整。

(7) 紧固件松动，消除松动。

(8) 安装调整不当，重新正确安装调整。

(六) 回程误差大

(1) 应紧固部件有松动，紧固各部件，重新调校。

(2) 滑动摩擦力大，消除摩擦。

(3) 力矩转换线圈支点错动(专指电气阀门定位器)，更换力矩转换组件。

二、气缸式执行机构的检修

(一) 没有动作(动作迟缓)

(1) 供气压力低，供给规定的气压。

(2) 空气配管堵塞或泄漏，清扫、加固连接部分再配管。

(3) 气缸盖紧固部分空气泄漏，加固、拆卸、维修。

(4) 输出轴部分空气泄漏，拆卸、更换O形圈。

(5) 附件异常，定位器、增速器、电磁阀、液控单向阀等，在不接通附件的情况下，给执行机构的风管施加规定的气压，若无异常则对增速器、定位器再作调整或对附件进行检查、更换。

(6) 执行机构异常，对执行机构进行拆卸、维修。

(7) 手动操作机构在手动位置，切换至自动位置。

(8) 定位器的灵敏度不合适，更换负载弹簧或调整灵敏度螺钉。

(二) 行程不足

(1) 行程调节及调零不良，进行调行程和调零。

(2) 供气压力不足，供给规定的气压。

（三）在中间开度不停止

（1）执行机构的气管连接有误（双气缸型），调换输入接口。

（2）凸轮使用面相反，变换凸轮面。

（3）反馈销未插入反馈杆中，将反馈销插入反馈杆中。

（四）线性不良

（1）在50%开度时，反馈杆与装配面不呈直角，重新安装调整定位器。

（2）供气压力不足（单气缸型），供给规定的气压。

（3）反馈形式与凸轮形式不一致，更换合适的凸轮。

（五）振荡

（1）因控制流体引起负载波动，加大执行机构。

（2）定位器信号变动，对定位器检查调整。

（3）减压阀发生故障，更换修理。

三、电磁阀的检修

（一）电磁阀不动作（正常时不带电）

（1）电磁阀接线头松动或脱落，接好接线头。

（2）线圈断，更换线圈或电磁阀。

（3）电磁阀阀芯卡、阻塞，检修阀芯、阀芯套。

（4）电源中断或电压过低，确保电压达到额定电压的85%以上。

（二）电磁阀误动作（正常时带电）

（1）电磁阀接线头松动或脱落，接好接线头。

（2）线圈断，更换线圈或电磁阀。

（3）电源中断或电压过低，确保电压达到额定电压的85%以上。

（三）气源中断

（1）确保气源供给正常。

（2）电磁阀内部弹性元件失效，更换弹性元件或电磁阀。

（四）电磁阀泄漏

（1）内部装配密封垫坏，更换密封垫。

（2）电磁阀阀芯卡塞不到位，检修阀芯、阀芯套。

（五）电磁阀温度异常

电磁阀负载发生异常变化或线圈出现问题，更换电磁阀。

第十四章　DCS 控制系统

第一节　概　　述

一、DCS 简介

DCS(Distributed Control System)为分散控制系统，将现代高科技的最新成就，计算机技术、通信技术、CRT 显示技术和自动控制技术（即四 C 技术）集为一体，使自动化仪表装置向系统化、分散化、多样化和高性能化的方向产生了一个质的飞跃。DCS 系统包括三大部分：带 I/O 部件的控制器、通信网络和人机接口。人机接口包括操作站、工程师站和历史站。控制器 I/O 部件和生产过程相连接，操作站和人相联系，通信网络把这两部分联成系统。所以，操作站是 DCS 的重要组成部分，工程师站给控制器和操作站组态，历史站记录生产过程的历史数据。

对 DCS 的系统网络来说，它必须满足实时性的要求，即在确定的时间限度内完成信息的传送。这里所说的“确定”的时间限度，是指在无论何种情况下，信息传送都能在这个时间限度内完成，而这个时间限度则是根据被控制过程的实时性要求确定的。

二、江苏 LNG 接收站 DCS 系统简介

江苏 LNG 项目使用的 DCS 系统是 FOXBORO 的 I/A Series 产品，整个系统的主要设备包含工程师站、操作员站、历史站、FCP270 控制器、OPC 服务器、交换机等，主要分布在 CCR(中央控制区域)、JCR(码头控制区域)、TLR(装车控制区域)、HS(海水控制区域)。CCR 的操作站能监视控制所有区域的画面，JCR 的操作站仅能监视所有区域的画面，TLR 的操作站能监视控制 TLR 区域的画面。整个系统网络由在 CCR 区域的根交换机和在 FRR(海水控制区域)、TLR 装车区域中的边际交换机构成，它们之间通过 1Gbps 的 Uplink 口构成星形结构；在各个控制室中的每个站(AW/WP/FCP)(AW-Application Workstation 应用操作站处理站；WP - Workstation Workstation 操作站处理机；FCP - Field Control Processor 现场控制处理器)通过 100Mbps 和交换机相连接；各 FCP 下挂的 FBM(FBM-Field Bus Module 现场总线组件)通过 2Mbps 的通信速率连接至各自控制器。

整个系统的结构可以分为 3 层，详见图 14-1 和以下定义：

交换机层：交换机之间相互通信(通信速率 1Gbps)。

控制站层：交换机和所有站间相互通信(通信速率 100Mbps)。

现场总线层：FBM 卡件和 FCP270 见通信(通信速率 2Mbps)。

控制网络结构如图 14-1 所示：

图 14-1 中标识的第三方通信为 SIS、FGS、PLC 系统与 DCS 系统的通信。

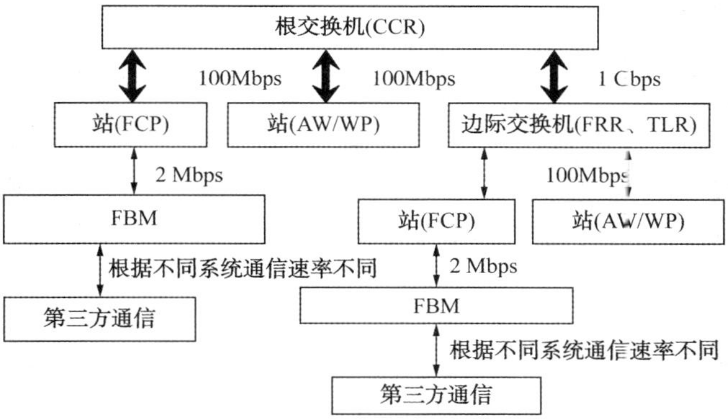

图 14-1 控制网络结构图

第二节 硬件结构

一、Foxboro 结构特点

(一) I/A Series 系统网络

I/A Series DCS 系统采用商用交换机组成的 Mesh 网，传输速率为 100Mbps/1Gbps，传送介质光缆。Mesh 网网络结构可以有线型、环型、星型和树型，树型结构最多为 4 层，最多可以挂 1920 个站/节点。Mesh 网可承受网络多重故障-设备间多重通信路径；基于交换机网络的全双工通信-多个通信可以并发进行，极大提高了通信能力。

(二) I/A Series 系统节点

I/A Series 的系统结构是按节点(NODE)概念来构成的。节点独立运行，完成自动控制的各种功能。并可通过兼容网络与其他 Foxboro 或非 Foxboro 节点相连。

“节点”是由节点总线将称之为站(Station)的处理机组件连在一起构成的。每一组件是独立的，并设计成完成系统中一些通用功能，而它的特定功能是由软件定义的。I/A Series 系统处理机组件通过节点总线(Nodebus)相互连接，形成过程管理和控制节点。每一组件也可通过一根或多根的通信链路与外部设备或其他类型的组件相连。节点总线为 I/A Series 系统中的各个站(控制处理机、应用处理机等)之间，提供高速、冗余、点到点的通信，而具有优异的性能和安全性。

I/A Series 可以包含控制处理机(CP)、应用处理机(AP)、操作站处理机(WP)、通信处理机(COMMP)、节点总线扩展组件、载波带接口组件、节点总线接口组件、AB 或 MODICON PLC 接口处理机和油罐计量处理机等。

节点总线是冗余的，而且设计成不管任何一个单点故障的情况下也能工作。

二、控制站

控制站完成系统控制和监视的所有功能，包括提供对外设备接口，数据的获取、储存和接收、人机界面的接口、系统监视和管理等，以下是此项目所使用的站的类型：

（1）Application Workstation 70P（AW）。

（2）Workstation Processors 70P（WP）。

（3）Field Control Processors 270（FCP270）。

（一）AW

AW 具有应用处理机和操作站处理机的双重功能。即可作为一个应用处理机承担网络上的服务器功能，同时又可作为一个人机接口。它可在中小型系统中充当主站的角色，而在大型系统中作为关键处理机。

（二）WP

WP 和与它连接的外部设备一起，在用户和所有系统功能之间提供一个界面，即作为系统站和操作员之间的接口。它从用于处理机和其他系统站接受图形和文本信息并产生视频信号，在视频监视器上作显示。

除视频监视器外，连到操作站处理机设备还可以包括触摸屏幕、鼠标或球标、工程师键盘和组合键盘。这些可任意选择的鼠标提供命令和数据输入，显示选择和报警管理的系统。

此项目使用的是 DELL 的 T3500 图形工作站。

（三）FCP

此项目使用的是 8 对 FCP270 容错式控制器，其中 5 对位于 CCR 区域；1 对位于 FRR 区域；1 对位于 JCR 区域；1 对位于 TLR 区域。

三、卡件

以下是此项目使用的常规 FBM(I/O 卡件)：

（1）FBM207b：16 通道 DI。

（2）FBM242：16 通道 DO。

（3）FBM214：8 通道 AI(带 HART 协议)。

（4）FBM216：8 通道冗余 AI(带 HART 协议)。

（5）FBM218：8 通道冗余 AO(带 HART 协议)。

以下是此项目使用的 FDSI FBM(通信卡件)：

（1）FBM231：4 通道冗余 Modbus 通信(RS-232，RS422，RS485)。

（2）FBM233：单通道冗余以太网通信(10Mbps 或 100Mbps)。

四、交换机

此项目使用的是 1 对 24 口光口交换机(CCR 区域)和 2 对 8 光口 8 网卡交换机(JCR 和 TLR 区域)。每个交换机各使用 2 个 Uplink 口用于相互的连接。

（一）24 光口交换机

此对交换机位于 CCR 区域，作为根交换机，其间通过 1Gbps Uplink 口互联，并且下连 AW/WP/FCP。

（二）8 光口 8 网口交换机

此 2 对交换机分别位于 JCR、TLR 区域，作为边际交换机，通过 1Gbps Uplink 口连接至 CCR 区域的根交换机，构成星形结构，并且下连 AW/WP/FCP。

第三节 软件操作

一、登录环境的切换

系统的操作界面共分为初始环境(Initial_ Env)、工程师环境(Engineer_ Env)和操作员环境(Operator)。进入不同环境的两种方法：①点击顶部菜单 FILE，从下拉式菜单中选择 Change Environment，弹出改变环境窗口；②点击左侧图标 Change Env，弹出改变环境窗口。

二、控制组态(ICC 编程器)

ICC 简介：

控制组态程序可编辑的工作区域是组态文件（Configuration File）和粘贴缓冲区（Paste Buffer）。组态文件有库文件卷（Library Volume）、站文件（Station File 或 Station Volume）和便笺式工作文件卷（Work Volume）。库文件卷和工作文件卷是离线的组态文件，可用它离线编辑控制方案（即组态 Compound 和 Block），然后再拷贝装入控制处理机中。站文件是安装在控制处理机中的控制数据库文件，可用它对控制处理机中的 Compound 和 Block 进行在线编辑。粘贴缓冲区是一个临时的工作区，借助于它我们可以将组态文件在库卷和站之间转移。Checkpoint 文件是控制处理机重新启动（Reboot）时，控制数据库安装文件。它们之间的相互关系如图 14-2 所示：

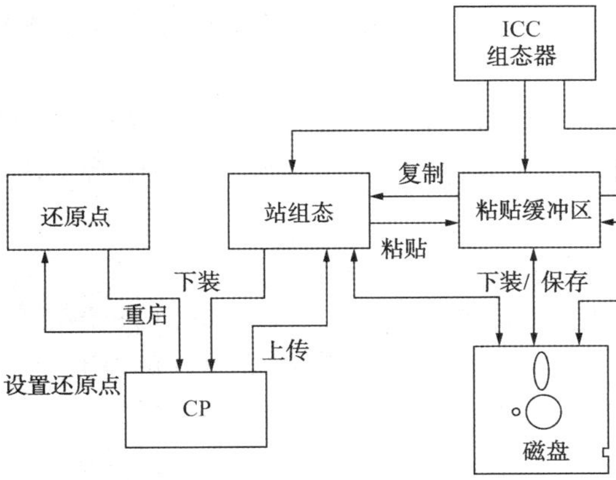

图 14-2 ICC 组态器工作示意图

对于接收站的 DCS 维护人员而言，ICC(Integrated Control Configurator)就是 Foxboro 系统中创建和编辑组态文件的软件。

三、流程图画面组态(Fox Draw 软件操作)

此软件是 I/A 系统绘图软件，它可以让用户对人机界面(HMI－Human Machine Interface)进行组态，绘制主要设备、流程的动态流程画面，使得操作员可以监视和控制现场设备。它安装和组态在所有区域(CCR&FRR)的工作站(AW/WP)。

四、其他辅助功能软件

（一）AIM Historian

此软件是I/A历史库管理软件，此软件安装在CCR区域中的JSAW02站内，江苏LNG项目使用AIM Historion Version 3.3来记录和保存历史数据，它提供以下的功能：

（1）实时历史流程值。

（2）实时/历史过程报警。

（3）实时/历史系统报警。

（4）操作员行为记录（OAJ）。

（二）Report Package

此软件是I/A报表管理软件，此软件安装在CCR区域中的JSAW02站内，江苏LNG项目使用Report Package Version 5.1.2来完成报表功能。I/A系统的报表软件是一个交互式的，易于使用的工具。它允许用户创建生产报表和安排报表的执行时间。运行环境是带有Excel的Windows NT或以后版本。完成的报表是Excel文件，能通过标准工具进行排版。Opalis Robot4™软件能设定报表按每班、每天、每周、每月定时执行或命令执行。

（三）OAJ

此软件是用来记录操作员行为记录的软件，此软件安装在所有区域的所有工作站内，用来记录操作员在FoxView画面中所做的任何操作（例如：PID设定值变更，阀门开的手动调节，旁路开关的投入和切除等），这些记录被AIM Historian所获取并保存。

（四）Hart设备管理软件

此软件是用来管理现场的HART设备的软件，此软件安装在CCR区域中的JSAW02站内，通过此软件可以对现场的HART仪表进行设置（例如：仪表量程范围、单位以及其他参数）。

（五）OPC

此软件是用来将DCS的数据对外进行共享的软件，此软件安装在CCR区域中的JSAW02站和OPC服务器内，通过此软件可以使支持OPC协议的所有第三方软件可以读/写DCS的数据，进行分析和远传共享。

第四节　系统日常维护

一、硬件维护

系统投入正常运行后，需要设立一个I/A备件库。用户根据自己系统的情况，准备一些组件的备用件，预备一些易损件的备品（如鼠标、色带），购买一些磁带、盘片，都是十分必要的。另外，用户还应妥善保存随机发运来的Foxboro公司的资料、图纸、盘片，在以后的工作中，它们将会起到极大的帮助作用。

发现故障设备时，如有备件应立即更换，安装备件时，请使用镊钳（Letterbug Tool）调换 Letterbug，等到新装组件绿灯亮时，在系统管理软件里应看到该组件设备名为白色，证明备件已正常工作。拆卸站组件时，必须先松开“外部设备装卸螺钉”，然后再旋下安装螺栓，安装的步骤相反。

二、软件维护

作为软件维护，主要工作是做软件备份以及恢复损坏/丢失的软件，和监视系统硬盘的使用情况。如果可能，最好做一个硬盘的备份。系统在正常运行时，请不要对系统内容随意修改、删除或增加。要注意口令字的保密和记忆。对系统作出必要修改后，一定要作出修改部分的备份。在备份盘片上注明备份日期，备份方式(如是 cp 格式还是 tar 格式)，妥善保存。要关心硬盘的可用区间尤其是根目录下的可用区间大小。在 VT100 里，用 df-k 命令可查看硬盘的使用情况。一般情况，根目录下可使用空间应大于 30%。为了保证可用空间，可以按以下提示整理硬盘。

(1) 查找无用的 core 文件并删除之。用如下命令查找 core 文件：find/-fstype urfs-prune-o-name core-print，进入该 core 文件所在目录，用 rm 命令删除 core 文件。

(2) 删除 /var/mail 目录中过时的信箱文件。

(3) 删除 /opt/fox/rptwrt/rpt_ run/<report name>. prn 目录中无用的报表输出文件。

第五节 常见故障处理方法

熟悉 DCS 系统的软硬件组成及组态方法，对 DCS 系统的维护意义重大。利用系统监测软件可以帮助我们查找、分析故障原因，定位故障设备、卡件；利用报警记录及历史报警记录可以帮助我们理清事件发生顺序，找到引起事件发生的源头；通过调用历史趋势画面，可以知道相关工艺参数的控制过程，帮助操作员更好地进行调节控制，同时维护人员也可以通过历史趋势判断故障发生的时间及初步原因；通过组态软件查看模块的详细信息和组态参数，可以很快地知道现场仪表的量程和当前输入的电流值，帮助维护人员更便捷地判断、排除部分故障原因；维护人员可以利用 DCS 系统的历史数据记录功能，对不同的设置参数引起的变化进行对比，帮助查找到合适的设置参数。根据之前 DCS 系统出现的不同故障情况及处理过程，下面总结出相对应的处理方法及注意事项：

一、工作站及其配件故障处理

(一) 工作站死机

尝试通过 IA 软件自带的重启菜单重启，无法操作时再尝试通过任务管理器重启，仍然无法操作时只能通过长按电脑开机键关机，等 1min 后再通过开机键开机，启机后等软件全部启动后检查有无异常，如有部分进程未启动可通过软件自带的重启菜单再次重启(注意：通过 Windows 自带的关机、重启菜单操作对 IA 系统来说是非正常操作)，多次正常重启仍无法正常工作时需要重装该工作站，重装前做好相关备份，尤其是工程师站。

(二) 工作站花屏、蓝屏等

通过长按电脑开机键关机，等 1min 后再通过开机键开机，若仍不正常，关机断电后检查电脑显卡等连接，重新插拔后再次重启，若硬件故障需要更换硬件，多次正常重启仍无法正常工作时需要重装该工作站，重装前做好相关备份，尤其是工程师站。

(三)报警键盘无响应

(1) 通过“ctrl+shift+esc”调出任务管理器，查看如下进程是否存在(图 14-3)：

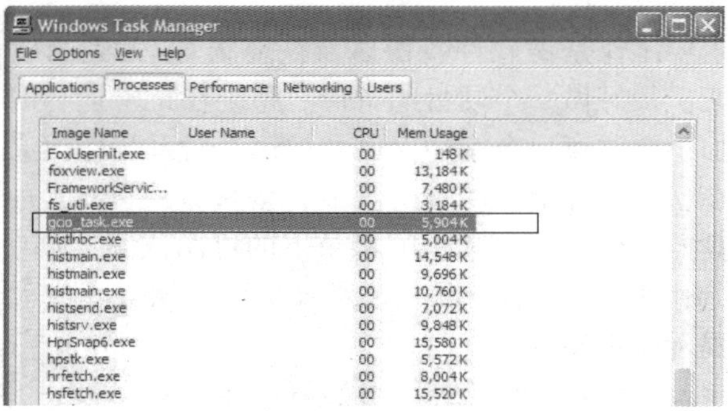

图 14-3 查看进程

(2) 不存在则启动此进程，启动方法如下(图 14-4)：

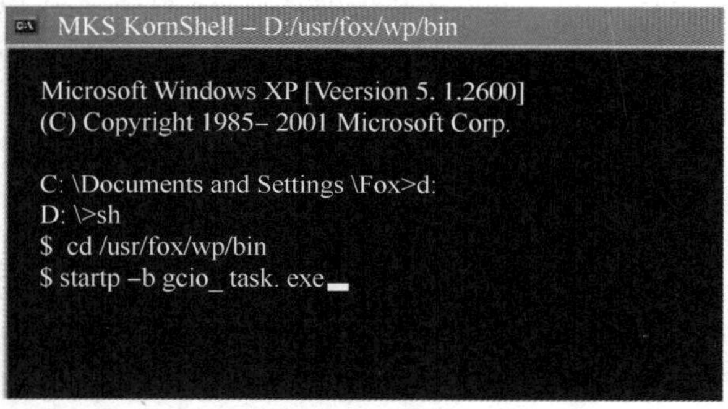

图 14-4 启动进程

(3) 若仍无响应，则关闭键盘电源，重启工作站，重启检测硬件过程中给键盘上电。可通过对换操作键盘的方式对键盘进行测试，若键盘损坏则需更换新的操作键盘。

二、系统 CPU、I/O 卡件等硬件故障处理

(一)故障查找

通过调用系统管理软件(System Monitor)对故障进行查找。系统中任何设备发生异常时，例如：打印机的打印电缆脱落，现场智能变送器与 I/A 系统的通信中断等，都将引起系统管理软件的报警响应。I/A 菜单栏上的 SYS 键区域将会翻红并闪烁。同时，事先指定的打印机上也会输出报警信息。SYS 区域在每个环境中都会存在。它有以下四种颜色状态，指示不同的系统硬件的当前情况。

(1) 固定的绿色：正常。

(2) 闪烁的绿色：曾经出现过故障又恢复了正常，但未确认过。

(3) 闪烁的红色：有故障，尚未确认。

(4) 固定的红色：故障尚未解决，但已经确认。

系统管理软件在各个管理画面中利用组件的 Letterbug 名的颜色变化和边框的颜色变化来指示各组件设备的当前状态和系统通信情况。

(1) 白色边框：正常状态，系统通信正常。

(2) 红色边框：系统中存在通信故障。

(3) 灰色 Letterbug：该组件不应出现在系统中。

(4) 白色 Letterbug：组件工作正常。

(5) 黄色 Letterbug：该组件下属设备中有工作不正常者，或冗余组件里有一方工作不正常。

(6) 红色 Letterbug：该组件出现故障。

闪烁的文字和星号代表系统中有未经确认的故障存在。如果在设备名后有“<”符号，说明此设备的报警被人为禁止。在 EQUIP CHG 里，可以选择恢复该设备的报警。

当系统报警后，进入系统管理软件的人机接口界面，交替使用 NEXT LEVEL 和双向上箭头，根据上述的颜色定义就能查找到发生故障的设备，采取诊断措施，查找故障原因。

（二）故障处理

对照查找出来的地址，去机柜间的系统柜找到对应的卡件，查看卡件工作状态是否有红灯闪烁。当冗余卡件发生故障时，直接更换备卡即可，但为防止意外发生，可将此模块所有的点打为手动，如果有 PID 模块，最好将 PID 改为手动而非输入的 RIN 改为手动，更换完成等卡件上线后改为自动；当非冗余卡件发生故障时，必须将此模块所有的点打为手动，然后更换备卡，更换完成等卡件上线后改为自动；当 CP 发生故障时，直接更换新的，然后更换上的 CP 需要手动 reset，在 CP 正面上方有个孔，点击即可。

三、历史库故障处理

（一）历史报警无法获取

报警库 alm002、alm003 存放在 AWJS01 上，按“ctrl+shift+esc”调出来任务管理器，结束进程“aht. exe”和“ast. exe”(图 14-5)。

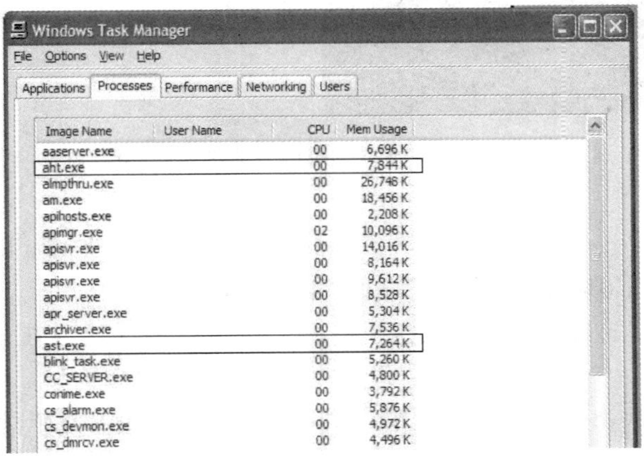

图 14-5　调出任务管理器

默认此两个进程结束后会自动启动，如果无法启动，双击 D：如下文件(图 14-6)。

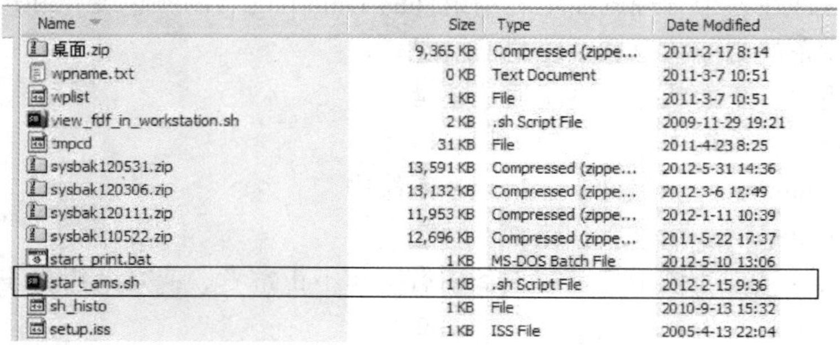

图 14-6　启动进程

（二）部分点历史趋势不变化

查看该部分点的历史库组态，调小分辨率后再测试。

（三）历史趋势无法查询

（1）查看历史库的运行状态是否正常，如果历史库运行状态不正常，按照下面重启历史库(图 14-7)。

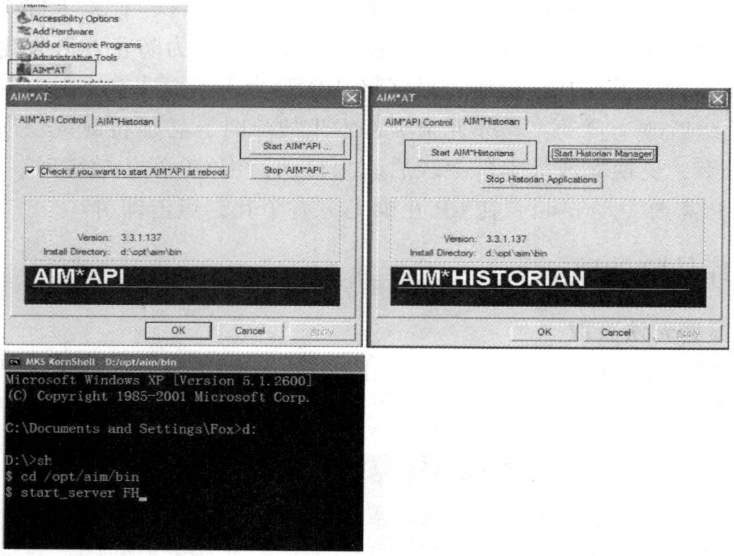

图 14-7　重启历史库

（2）整理历史库。

xrebuild hist01 0；xrebuild hist01 4；xrebuild alm001 4；xrebuild alm002 4；xrebuild alm003 4；xrebuild amjs01 0；xrebuild amjs01 4(图 14-8)。

如果重启完后 his 的进程还是 100%，则将工作站后的连接 OPC 的网线拔出，重启工作站。

注意：默认历史趋势从 hist01(AWJS02 内)取点，当 hist01 发生故障时，可以从 hsjs01(AWJS01 内)取点，将所有/opt/menus/jslng/overlay 下 ov * . fdf 打开，将 hist01 改为 hsjs01，然后 copy 到所有工作站即可，如图 14-9 所示。

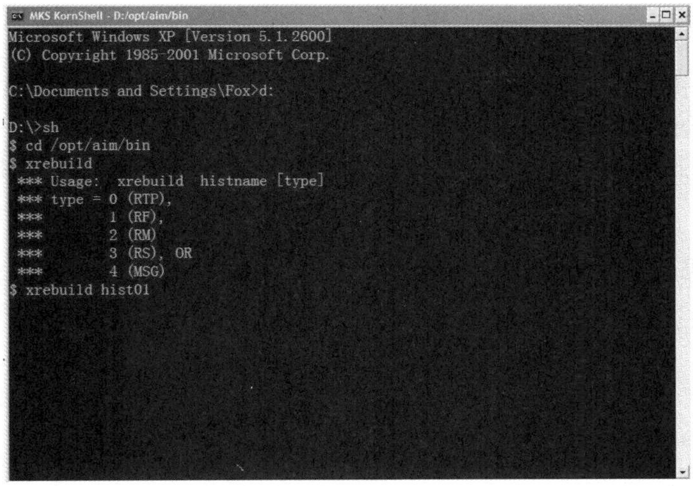

图 14-8　整理历史库

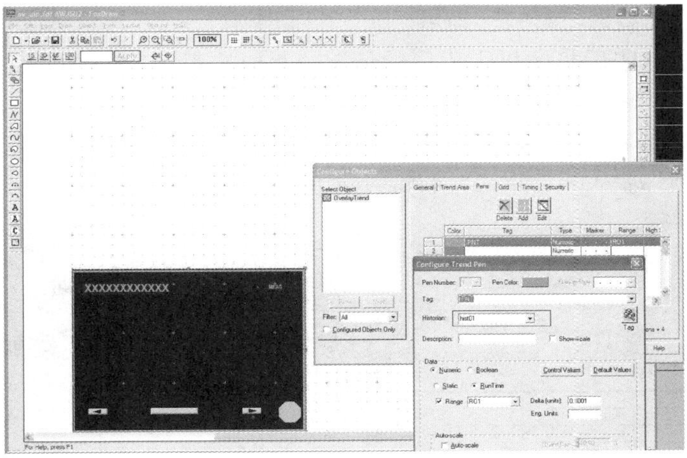

图 14-9　hist01 改为 hsjs01

四、控制逻辑优化或变更组态修改

根据工艺变更查看原先的逻辑组态，然后根据具体的优化算法重新组态逻辑。

根据工艺隔离要求，将相应的控制模块打到手动控制模块，强制逻辑中预留的联锁判断点(有连接点的需要找到最源头强制)，若要强制开关调节阀，则要绕开对阀门的限位控制，直接找到该阀门最后的输出模块强制手动，然后手动调节输出值，恢复时直接将该模块强制手动取消即可。

注意：ICC 在使用完毕后必须关闭，所有参数修改后必须要回车来确认，逻辑模块不要打手动，要强制逻辑的时候强制输入或直接强制最后的输出。

五、工艺流程图画面调整、优化

根据工艺要求，检查 Foxdraw 软件中画面参数点链接是否正确，修改错误的链接；重新调整工艺流程图画面布局，让其更合理、更直观。

注意：修改前备份原画面，修改完成并测试后再将相应画面分别拷贝至各个工作站中。

六、报表修改

根据工艺人员要求，修改、增加报表中工艺参数，增、删工艺参数报表，修改前必须做好备份。

注意：

（1）所有生成的报表在 C：\\ rpt_ pkg\\ done_ reports\\ daily 和 C：\\ rpt_ pkg\\ done_ reports\\ shift 目录下；如需打印直接打开打印即可。

（2）桌面上 shift 文件夹内以 HBY_ MONTH_ 开头的报表时化验室的报表，每月末生成一次，不打印，需要时直接打印即可。

（3）曾出现过打印后打印机无反应的情况，具体为打印机问题，点击打印机上的 ok 和勾按钮即可。

（4）如果要生成某一天的报表在 C：\\ rpt_ pkg\\ reports\\ daily 和 C：\\ rpt_ pkg\\ reports\\ shift 找到你要生成的报表，右击-run now，如图 14-10 所示。

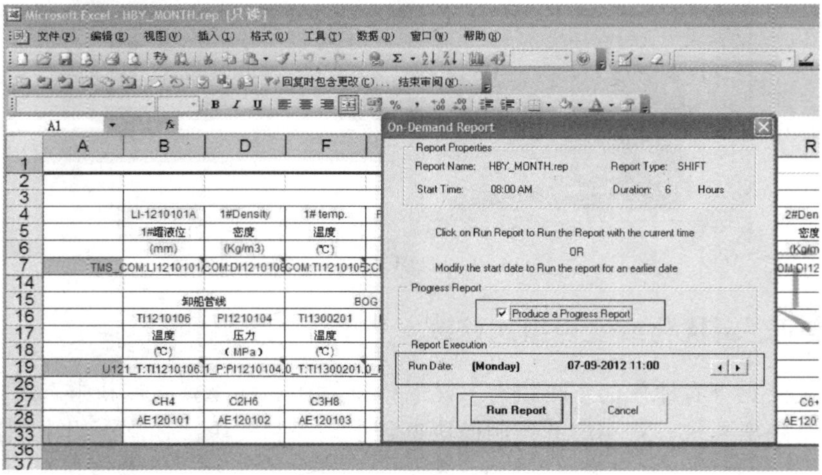

图 14-10　报表修改

七、通信中断故障处理

（一）与如东分输站 OPC 通信中断

（1）首先检查 AWJS02 历史站历史数据是否正常。若不正常，则故障点可能是 AWJS02 引起的。此时，则需要先停 OPC 客户端，后停 OPC 服务器，之后重启 AWJS02，观测历史数据是否正常。AWJS02 启动完成后检查历史数据正常后，启动 OPC 服务器，

OPC 服务器重启完成后再启动 OPC 客户端。

（2）若 AWJS02 数据正常，则进 OPC 服务器打开 Matrikon OPC Explorer 软件测试 OPC 服务器与 AWJS02 通信状态。若通信显示值为 GOOD，则表示 AWJS02 与 OPC 服务器通信正常，此时仅需将 OPC 客户端重启即可。

（3）若 OPC 服务器无法访问 AWJS02 数据，则故障点可能是 OPC 服务器引起的，此时则需要停 OPC 客户端，OPC 客户端关机后再将 OPC 服务器重启，OPC 服务器重启完成后再启动 OPC 客户端即可。

注意：处理历史库相关问题时(重启、整理等)，也要严格按照上述步骤处理，并且在处理前先通知操作员将现场阀门打到就地位置，确认通信一切恢复正常后再通知操作员逐一将现场阀门恢复到远控位置。

（二）与第三方通信中断(除 SIS 系统)

（1）通过系统管理软件，找到对应的卡件，如图 14-11 所示。

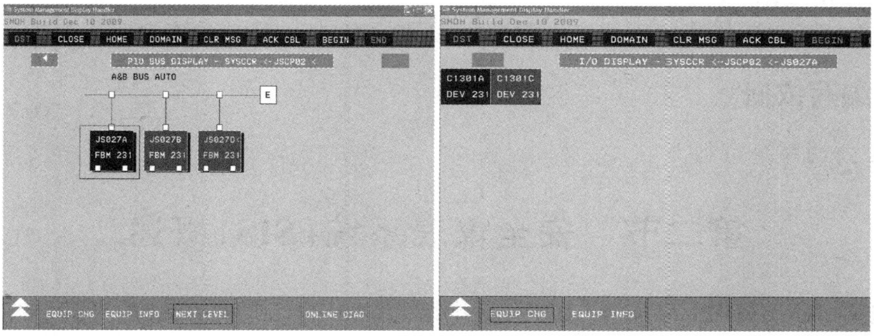

图 14-11　找对应卡件

（2）先点击 1，然后等 2 变白了后点击 2(图 14-12)。

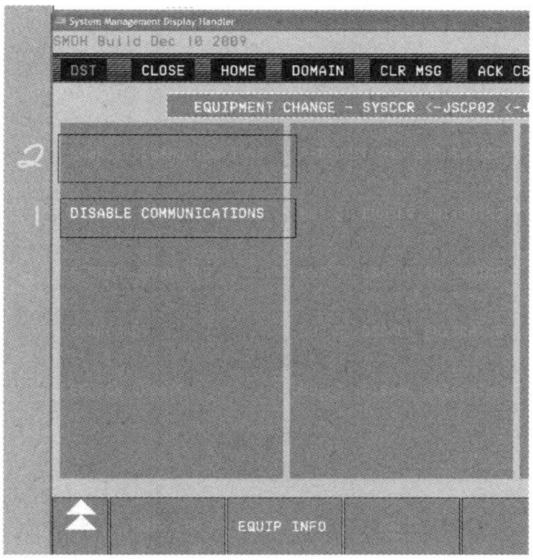

图 14-12　先点击 1，后点击 2

第十五章　SIS 系统

第一节　总　　则

一、主题内容与适用范围

（一）主题内容

本章规定了 SIS 系统软件操作与故障处理内容。

（二）适用范围

本书以中石油江苏液化天然气有限公司采用的 H51q-HRS 系统为例。

二、编写依据

HIMA 公司系统资料。

第二节　安全仪表系统（SIS）概述

HIMA 的 H51q-HRS 系统为 CPU 四重化结构（QMR），即系统的中央控制单元共有四个微处理器，每两个微处理器集成在一块 CU 模块上，再由两块同样的 CU 模块构成冗余的中央控制单元。采用双 1oo2D 结构，其容错功能使得系统中任何一个部件发生故障，均不影响系统的正常运行，与传统的三重化结构相比，它的容错功能更加完善。如图 15-1 所示为四重化结构图。

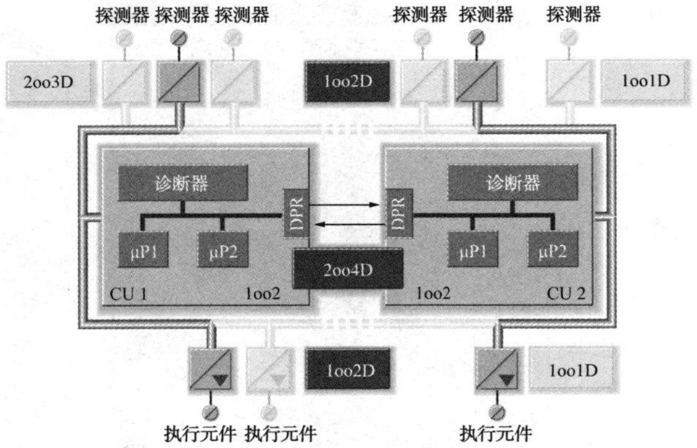

图 15-1　四重化结构图

H51q 系统为模块化的结构，中央机架部分由中央单元、通信模块和电源模块组成。每个统能够扩展到 16 个 I/O 子机架，每个 I/O 子机架又容纳 16 个 I/O 模块。

第三节　技术标准

一、供电要求

H51q 系统要求电源具备连续性和稳定性，建议使用带隔离的不间断电源 UPS 供电。系统供电要求参见表 15-1 系统供电参数表。

表 15-1　系统供电参数表

输入电压	输入频率
120V AC(-15%~10%)	47~63Hz
220V AC(-15%~10%)	47~63Hz
24V DC(-15%~10%)	~

二、接地要求

(1) 保护地要求：H51q 系统保护地铜块与现场控制柜相连，各个控制柜的保护地之间可以通过铜电缆串联在一起，最后接入大地，必须有一个独立的接地地桩，要求保护接地电阻小于 5Ω，任何非该系统的接地均不能接入此地桩。

(2) 系统地要求：在有条件的情况下，不再与机柜内的保护地相连接，采用单独连接。可以采用浮空方式即单列模块+24V 不接入大地，或者根据干扰消除效果把某列模块+24V 地接地，但接地电阻小于 5Ω。

(3) 屏蔽地要求：屏蔽地是通过各个分汇流排接入总汇流排，最后接入大地。现场信号的屏蔽地要求单端接到屏蔽地的汇流排。通信电缆的屏蔽地也需要接入屏蔽地系统，接地电阻小于 5Ω。

三、环境条件要求

(1) 机柜间环境温度：10~28℃。

(2) 机柜间相对湿度：40%~60%。

(3) 机柜间尘埃：尘埃小于 0.2mg/m^3，粒径小于 10μm。

第四节　SIS 系统的构成

一、SIS 系统的构成

SIS 系统硬件包括：主机架、I/O 机架、以太网模件、DI/DO 模块、AI 模块、防雷栅、安全栅、继电器、电源模块、工程师站/SOE 站等设备。

二、SIS 系统软件的构成

SIS 系统软件包括：ELOP Ⅱ、SOE 组态软件 VIZCON Logline。

第五节　SIS 系统在线检查

一、硬件在线检查

1. 机架的在线检查

检查机架的报警灯，绿色表示正常，红色表示风扇不工作。

2. 电源模块的在线检查

电源模块指示灯亮红灯表示该模块正常工作，不亮灯表示该模块未工作或者已坏。

3. 模拟量输入模块的在线检查

模拟量卡件无指示灯。

4. 数字量输入模块的在线检查

数字量输入模块前面板有通道指示灯，常亮表示该通道接受高电平，灭则表示接受低电平，正常情况下按规律循环闪烁。

5. 数字量输出模块的在线检查

数字量输出模块前面板也有通道指示灯，常亮表示该通道接受高电平，灭则表示接受低电平，正常情况下按规律循环闪烁。

6. 通信模块的在线检查

通信模块控制面板上 TX 灯闪烁，RUN 灯绿色表示该通信模块正常工作。

7. 处理器模块的在线检查

中央处理器控制面板上故障指示灯红色表示有故障发生。当故障发生时，显示屏显示故障代码。故障恢复后可按 ACK 键确认故障。

二、软件的在线检查

（1）ELOP Ⅱ软件的在线检查。

（2）检查 ELOP Ⅱ软件的运行状态，软件能否正常打开，程序是否在运行。

（3）SOE 软件的在线检查。

（4）检查 SOE 报警内容，对重复报警信息进行筛选删除，优化 SOE 记录内存。对报警内容做好打印、归纳、整理、处理工作。

第六节　软件常用操作及注意事项

一、逻辑程序的离线仿真

新建的逻辑可以脱离 PES 硬件系统在 PC 机上对其进行测试。操作步骤如下：

1. 进入离线仿真环境

右击相应的 Resource 图标，打开相关菜单，选择 Offline-Simulation，即可进入仿真环境(图 15-2)。

2. 开启离线仿真

启动离线仿真后，程序的运行状态由停止(Stopped)变成运行(Running)。打开程序运行画面，需要双击组态窗口左侧下方的程序图标(图15-3)。

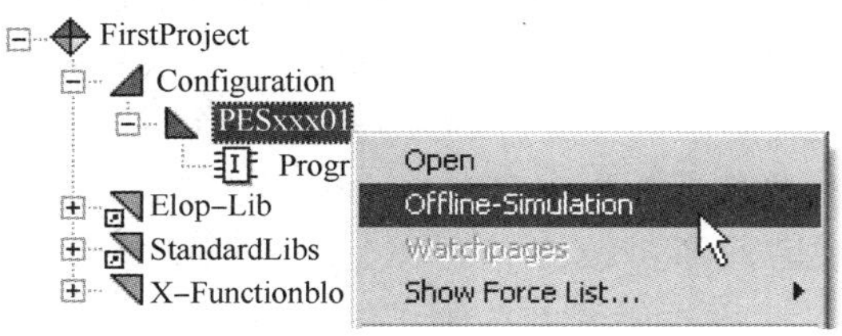

图 15-2 打开离线仿真图

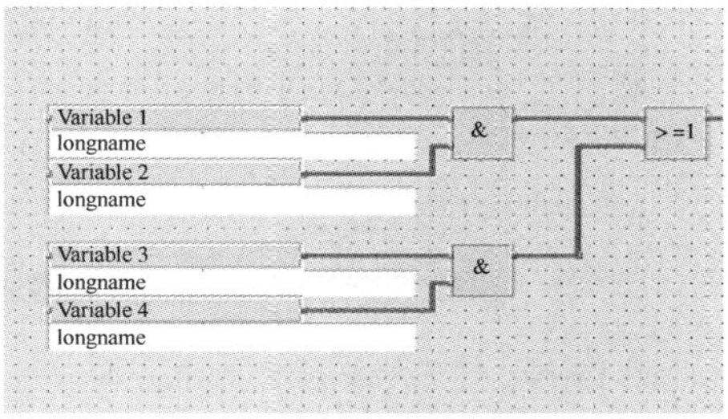

图 15-3 开启离线仿真图

3. 改变逻辑信号状态、测试程序

改变逻辑信号状态是在在线测试框中操作实现的。具体操作如下：

(1) 用鼠标点击相应的逻辑中的变量，按住左键不放(图15-4)。

(2) 把光标位置向程序画面的空白位置移动，然后松开鼠标左键，可根据需要适当调整在线测试框的位置。

(3) 双击在线测试框即可改变变量的信号状态(图15-5)。

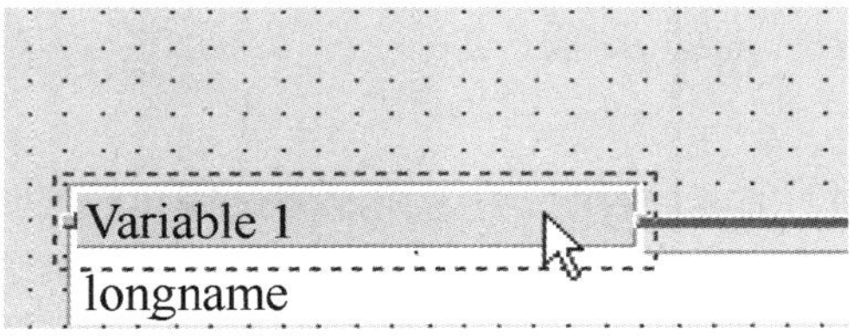

图 15-4 逻辑变量示意图

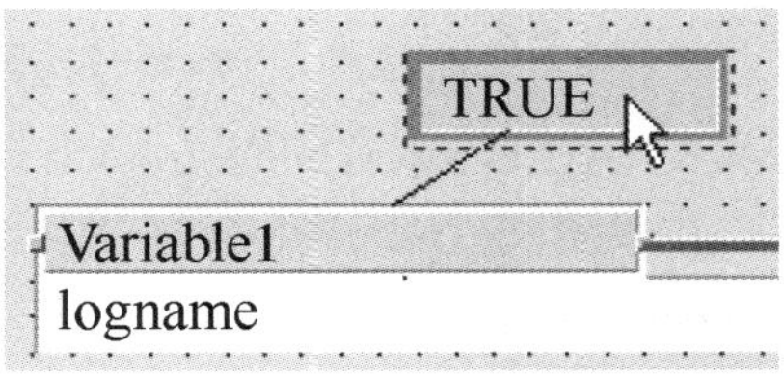

图 15-5 逻辑变量信号状态图

关闭插入在线测试框程序时，将提示是否保存已做的改动，即 Save change，若选 Yes，在线测试框将被保存在程序中；若选 No，在线测试框未被保存在程序中。新增的在线测试框不会影响程序的代码版本(Code version)和运行版本(RUN version)。

(4) 在变量框上直接改变逻辑信号状态：把鼠标放在要改变信号状态的变量上，按住 ALT 键变量名不再显示，而显示变量的当前状态 TRUE/FALSE，双击变量框可以改变变量的当前状态，放开 ALT 键变量名又会显示出来。参与逻辑的中间变量不可以改变其状态，其状态有逻辑运算产生。

(5) 关闭离线仿真窗口，点击离线仿真工具栏中的 Close OLS 按钮，即可关闭离线仿真窗口。

二、在线测试(Online Test)

当 PC 机中的程序代码版本(Code version)与控制器中的程序代码版本完全相同时，可以进行在线测试。在线测试步骤如下：

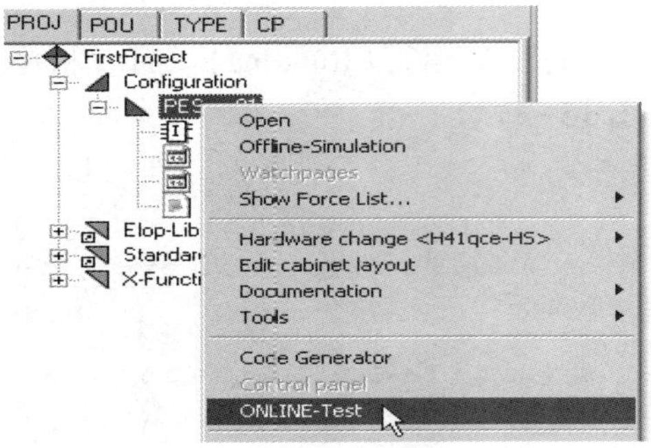

图 15-6　打开在线测试(Online test)

(1) 在组态窗口中，鼠标右击，打开相应的Resource 的子菜单，选择 Online Test(图 15-6)。

在线测试打开后，将有 OLT (Online - Test)选项出现在组态窗口左侧。在按钮栏下面，将列出 Resource 中用到的所有功能块。在功能块列表中，双击程序图标，将会看到程序在线运行布尔量(BOOL)的状态有不同的颜色相对应：Red = TRUE，Blue = FALSE。双击对话框即可改变信号状态(参照离线仿真操作)，从而达到在线测试的状态(图 15-7)。

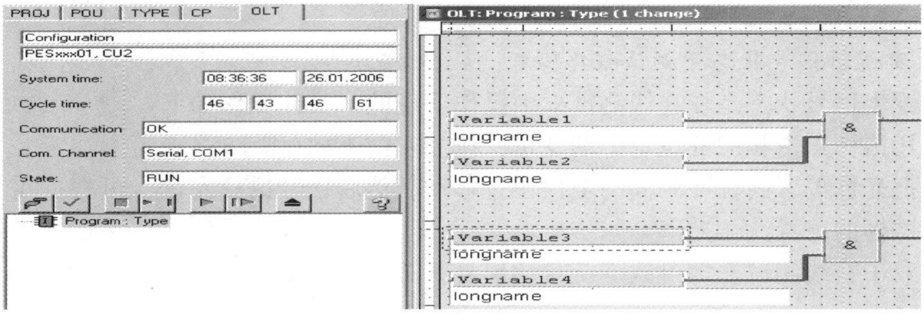

图 15-7　在新测试(Online test)窗口

(2) 关闭在线测试(Online test)窗口。

点击在线测试(Online test)窗口中的关闭(Close)按钮，关闭在线测试窗口。在线测试(Online test)窗口打开时，程序将不能打开和修改。

三、程序下装与程序启动

1. 打开控制面板(Control panel)

鼠标右击 Resource，打开相应的子菜单，选择 Control panel，保持控制面板(Control panel)打开，选择 CP 选项(图 15-8)。

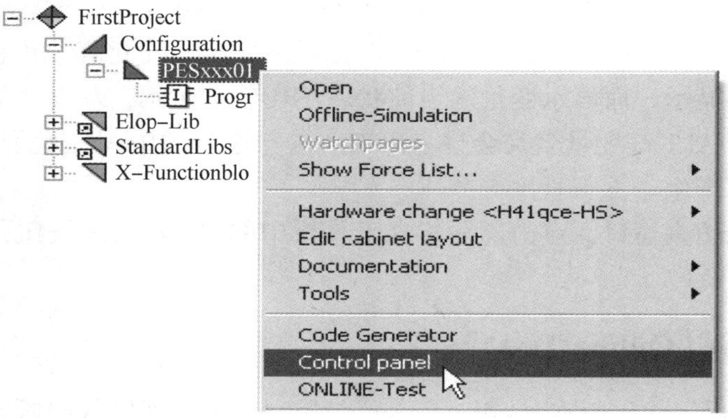

图 15-8　打开控制面板(Control panel)图

2. 程序下装

在控制面板(Control panel)中，点击下装/重装(Download/Reload)按钮(图 15-9)。注意，下装程序时系统停车。

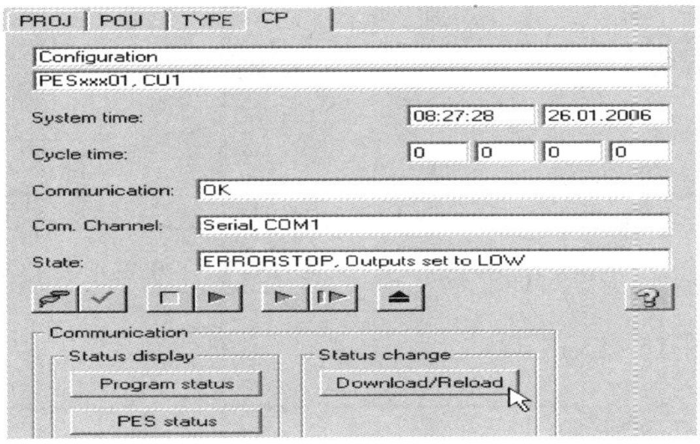

图 15-9 下装/重装(Download/Reload)

3. 重装程序(Reload)

在 Resource 上单击右键然后双击 Properties，在弹出的对话框中按照图 15-10 重装(Reload)红色标记选择后，单击 OK，然后关闭对话框(图 15-10)。重装程序，系统不会停车。

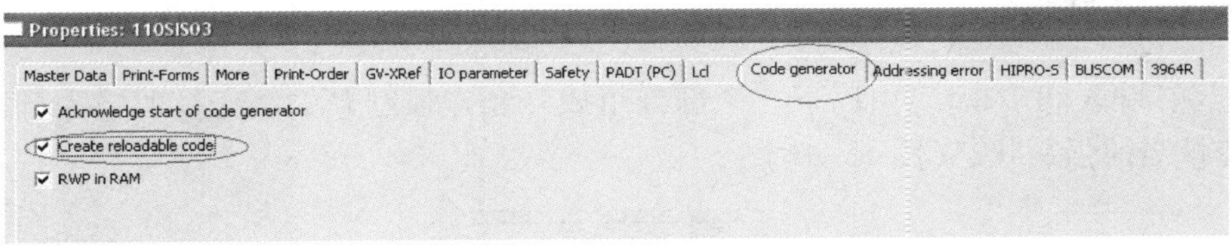

图 15-10 重装(Reload)对话框图

4. 启动控制器

在控制面板(Control panel)中，点击启动(Start)按钮(图 15-11)。

新的工程的启动模式(Startmode)选择冷启动(Cold start)，如图 15-12 所示。

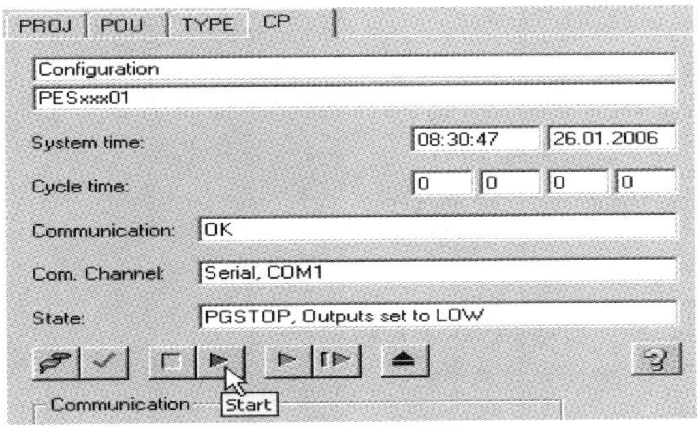

图 15-11 启动控制器图

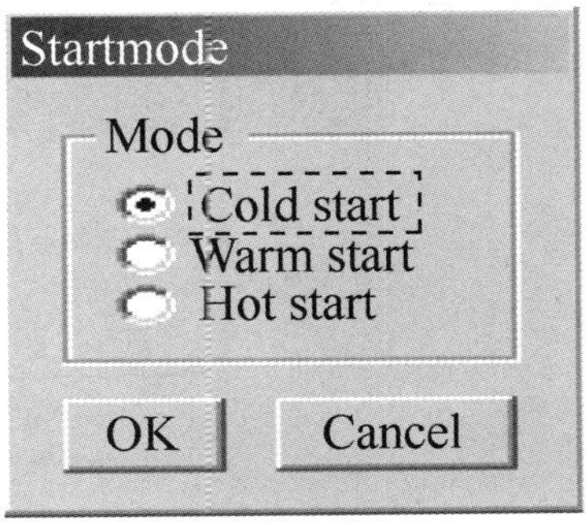

图 15-12 控制器冷启动(Cold start)图

按 OK 确认后，将弹出是否确定需要冷启动(防止误操作)，如图 15-13、图 15-14 所示。

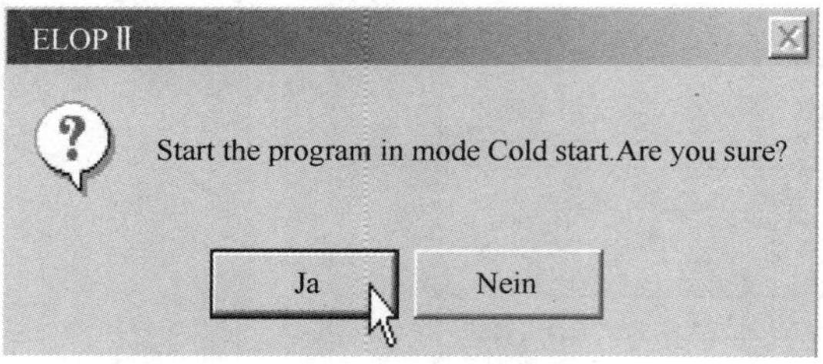

图 15-13 确认需要冷启动(Safety query)图

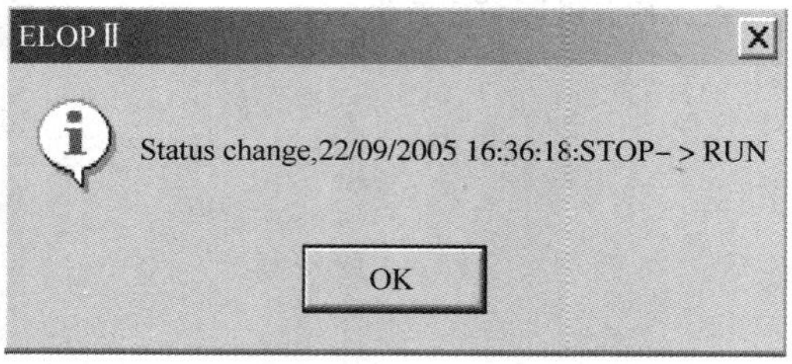

图 15-14 状态变化(STOP→RUN)信息提示图

冷启动完成结果(图 15-15)：

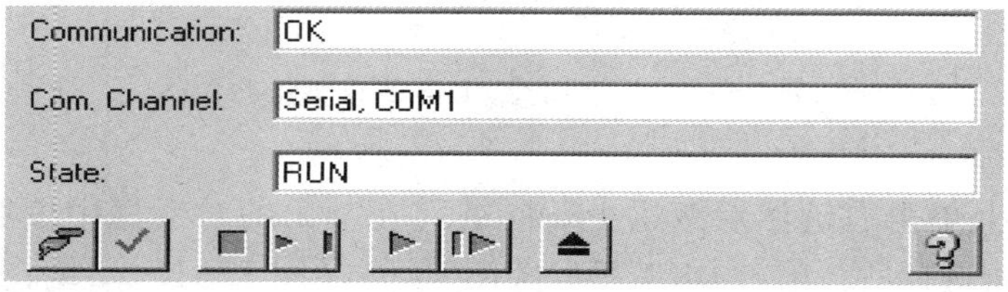

图 15-15 系统运行状态显示图

四、信号强制

在线测试框(OLT field)由以下三个部分组成，允许强制开关、变量的输入/输出实际状态、变量当前强制状态(图 15-16)。

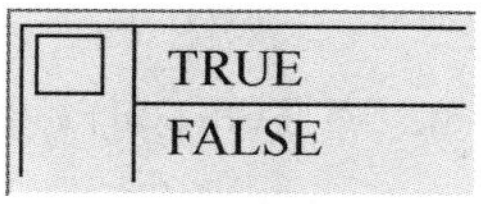

图 15-16 布尔量的在线测试框构成图

(1) 双击变量的对应的在线测试框相应位置，可以改变强制值和允许强制开关的状态。强制值和允许强制开关的状态变化会立即在控制器中执行。若允许强制开关没有开启，ELOP Ⅱ将提示是否需要开启，如图 15-17 所示。

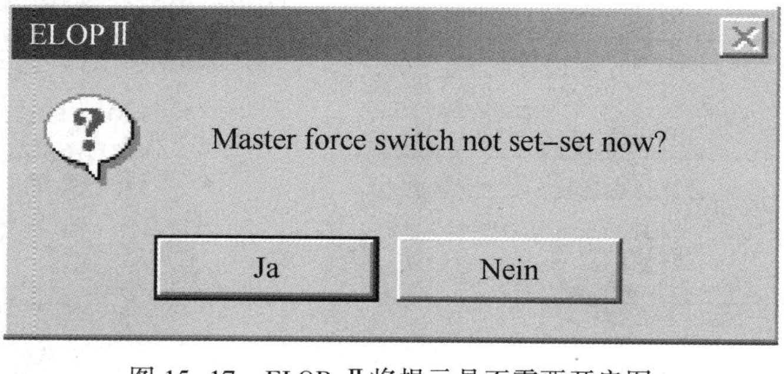

图 15-17 ELOP Ⅱ将提示是否需要开启图

在线测试框各种情况的具体意义见表 15-2。

表 15-2　在线测试表

	Single force switch	Master force switch	Force value	Cur. value	Output
	Not active	Not active	FALSE	TRUE	Current value
	Active	Not active	FALSE	TRUE	Current value
	Not active	Active	FALSE	TRUE	Current value
	Active	Active	FALSE	TRUE	Force value
	Active	Active	TRUE	TRUE	Force value

(2) 打开控制面板(Control panel)。

鼠标右击相应 Resource，打开相应的子菜单，选择 Control panel(图 15-18)。

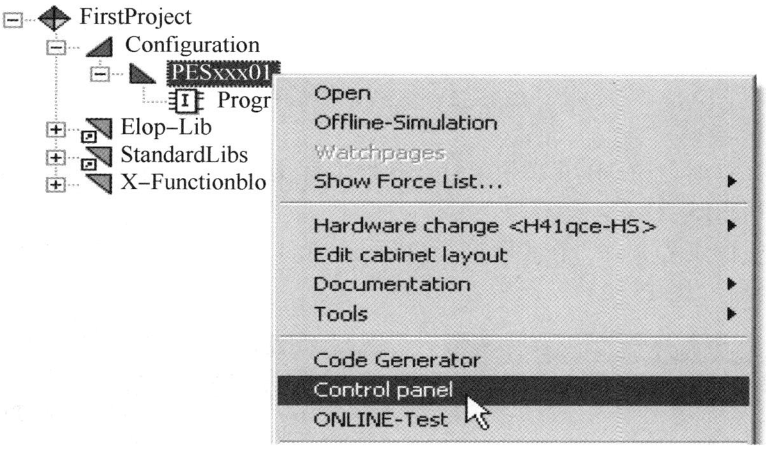

图 15-18　控制面板图

(3) 确认强制开关设置(Force switch settings)。

在控制面板中，点击 Force switch 按钮，强制开关(Force switch)窗口将会看到 Master force，已强制的变量的状态和已强制的输入和输出的个数。激活输入/输出变量的 Master 可以在 Set/Reset 的复选框中打勾，如图 15-19 所示。

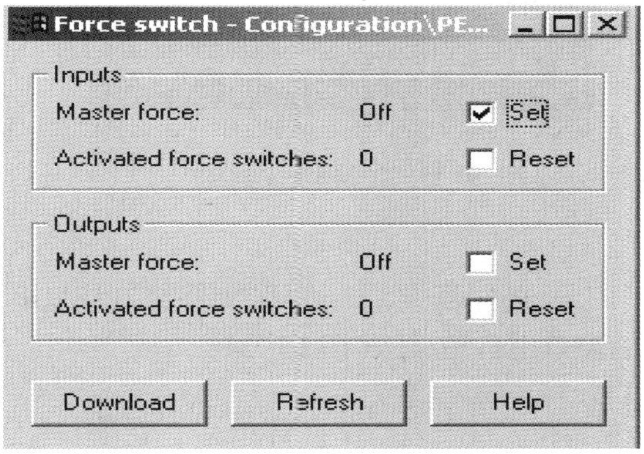

图 15-19　激活 Force switch 图

输入变量强制后，其强制状态将参与此变量涉及的所有逻辑。但是对输出变量而言，强制后，只有其物理输出有相应的改变。若输出变量作为其他逻辑的输入，则其状态不能通过强制来改变。每次对变量进行强制与恢复须办理连锁隔离单，并做好强制记录。

五、系统软件程序导出、导入

1. 导出工程

右键 Project 打开子菜单，选择 Archive 如图 15-20 所示，在导出路径选择(Archive)窗口中，确定备份文件存储路径。

按 Archive 按钮，相应工程的备份文件将会以 L3P 为扩展名的形式，存放在相应的路径下。备份文件包含 3 个文件，如图 15-21 所示。

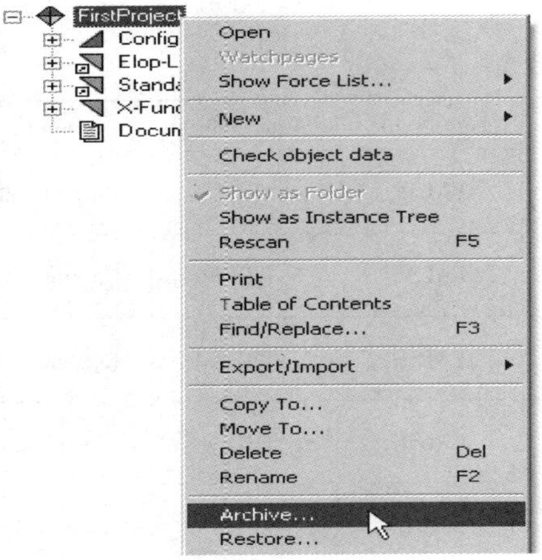

图 15-20　导出工程(Archiving)图

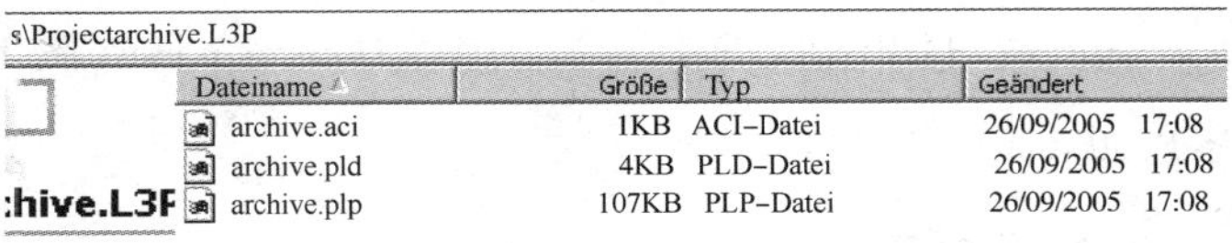

图 15-21　工程备份文件图

2. 导入一个工程

恢复工程文件时，ELOP Ⅱ必须未打开其他工程文件。关闭已打开的工程文件，开始恢复工程文件(图 15-22)。

选择要恢复的工程文件，在工程恢复(Restore)窗口中，定义工程文件的存放路径和备份文件的存放路径(图 15-23)。

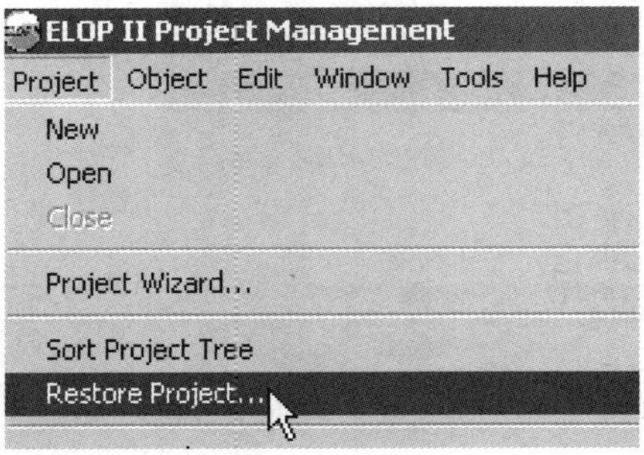

图 15-22　恢复工程图

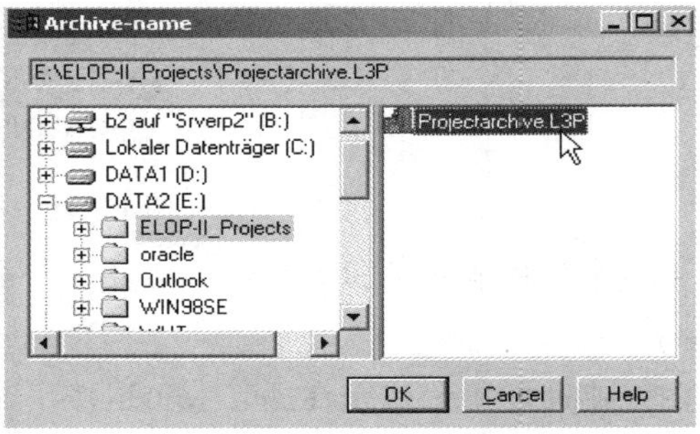

图 15-23　选择工程备份文件存放路径图

工程文件恢复后，工程文件将在 ELOP Ⅱ的窗口中自动显示(图 15-24)。

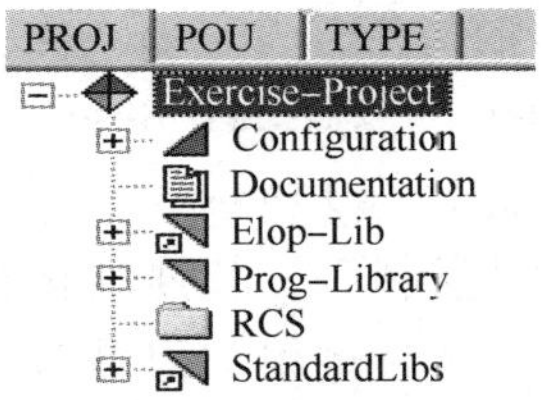

图 15-24　恢复好的工程图

六、系统历史报警记录

报警可以理解为一种“在线”行为，表明窗口的报警要么真激活中，要么尚未被复位事件，历史报警记录历史报警可以选择在线形式和离线形式，离线形式可以查看之前报警信息，在线形式可以查看当前报警信息。

在时间窗口中可以定义事件触发时间、结束时间及确认时间，能以真实时间或这相对时间来表示。

以起始时间为 2014 年 10 月 11 日设置呈现的结果如下(图 15-25)：

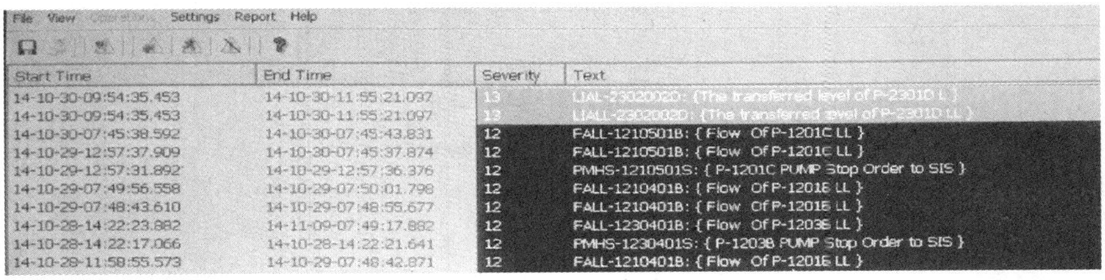

图 15-25　历史报警记录图

七、ELLOP Ⅱ软件重装

1. Hardlock 安装

(1) 把 ELOP Ⅱ安装 CD 放到光驱里，这个 CD 的菜单会自动打开。如果 CD 菜单没有自动打开，那么打开 CD-ROM 的根目录双击“START. EXE”文件。

(2) 打开“Software Installation”目录，然后再打开“ELOP Ⅱ Factory”目录(图 15-26)。

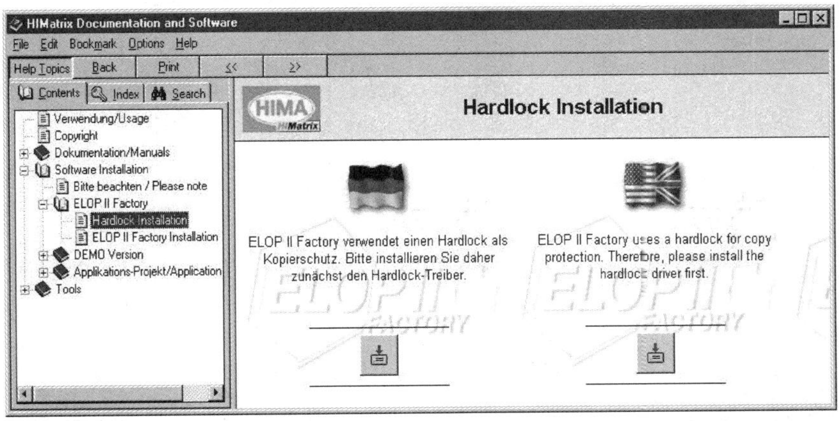

图 15-26　安装 hardlock 驱动图

(3) 点击“Hardlock Installation”然后点击旗帜下的按钮安装德语版本。或者点击旗帜下的按钮安装英语版本。

(4) 然后根据安装提示安装 hardlock。

2. ELOP Ⅱ软件安装

（1）点击 Contents 中的“ELOP Ⅱ Factory Installation”安装 ELOP Ⅱ Factory 软件。

（2）点击旗帜下对应的按钮安装英语或者德语版本的 ELOP Ⅱ（图 15-27）。

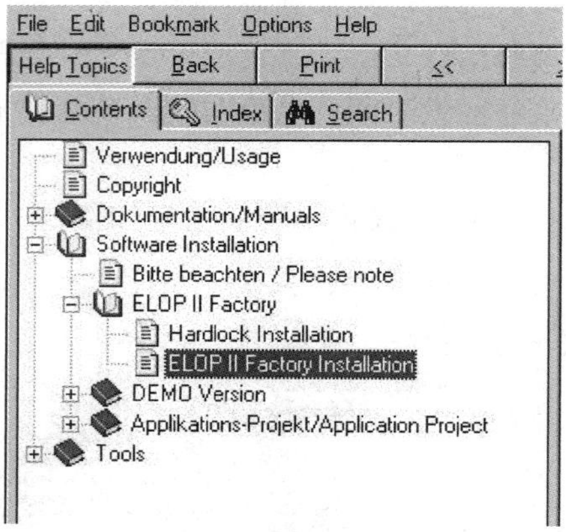

图 15-27　ELOP Ⅱ Factory 安装菜单图

3. 卸载

（1）打开 Windows 控制面板并双击“Add/Remove Program”图标。在“Add/Remove”窗口选中“Hardlock Device Driver”再单击“Change/Remove”删除 Hardlock 驱动（图 15-28）。

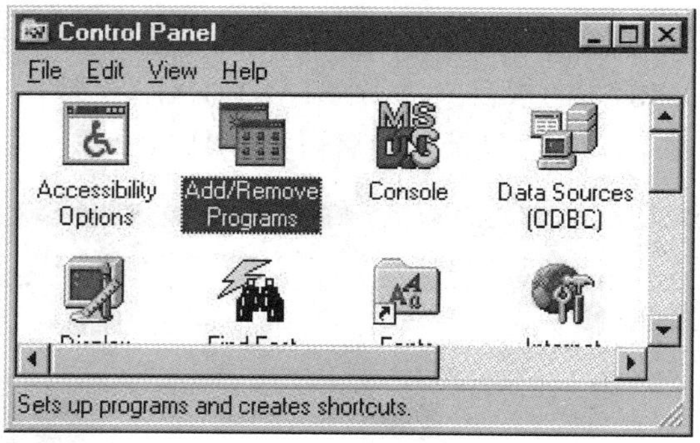

图 15-28　卸载软件操作图

（2）单击 Windows “Start”菜单然后选中“All Programs”在弹出菜单中选中“Elop II”选项中的“Elop II Control Center”（图 15-29）。

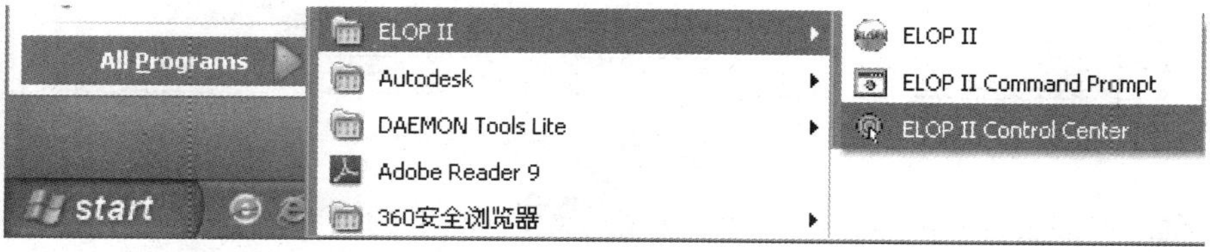

图 15-29　打开 ELOPII Control Center 操作图

打开 ELOP Ⅱ Control Center 选中“Administration”然后再单击“uninstall”对 ELOP Ⅱ进行卸载。

第七节　常见故障处理

一、故障状态显示的结构

故障状态将以时间(由近及远)排序的方式来显示，任意一块中央模块将保存自身软障状态信息和与之相关中央模块的故障状态信息，如图 15-30 所示。通过中控模块 1 去查看中控模块 2 的故障信息，通过中控模块 2 去查看中控模块 1 的故障信息。对于运行的冗余系统，中控模件 1 和中控模件 2 的故障信息应该大体上相同。

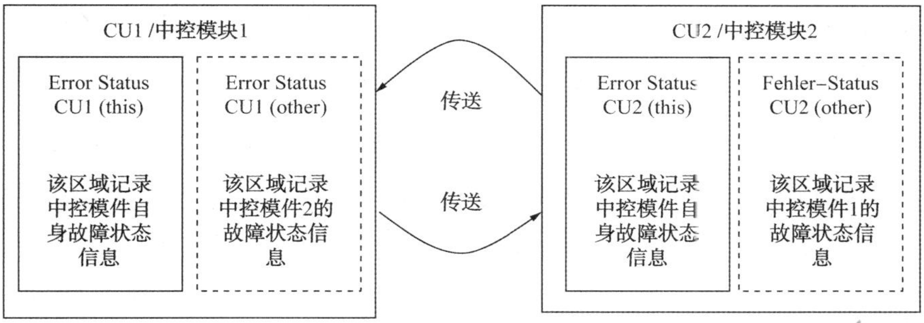

图 15-30　中央模块故障信息存储模式图

二、故障代码查看

大体上，系统诊断信息可通过以下三种方式获取：

(1) 在中央控制模块 CU(液晶屏)上的诊断信息，通过中央模块液晶显示屏上的代码如图 15-31 所示查找故障原因。如表 15-3 举例所示查看故障代码含义。

图 15-31　中央模块显示面板图

表 15-3　中央模块故障信息例表

故障位置 / 故障状态	I/O 总线号或机架号	I/O 机架号	I/O 机架槽位号	故障的通道号
14＊＊	1	4		
1404	1	4	04	
1404/2/4	1	4	04	2/4

(2) 故障代码还可以从 ELOP Ⅱ软件的逻辑程序中查看，如图 15-32 所示。

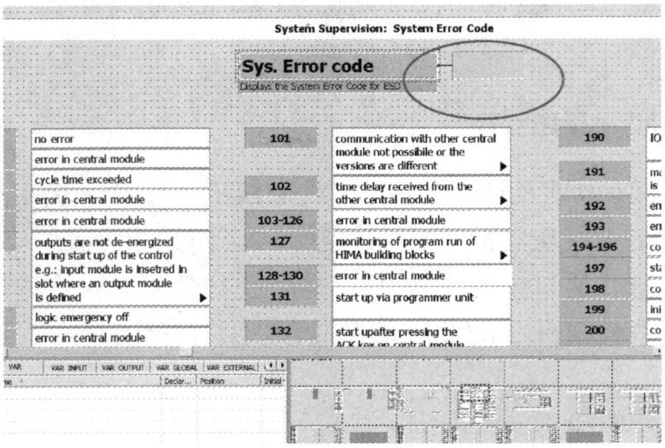

图 15-32 故障代码显示图

系统控制面板上也可以查看故障代码如图 15-33 所示，故障代码含义见表 15-4 所示。

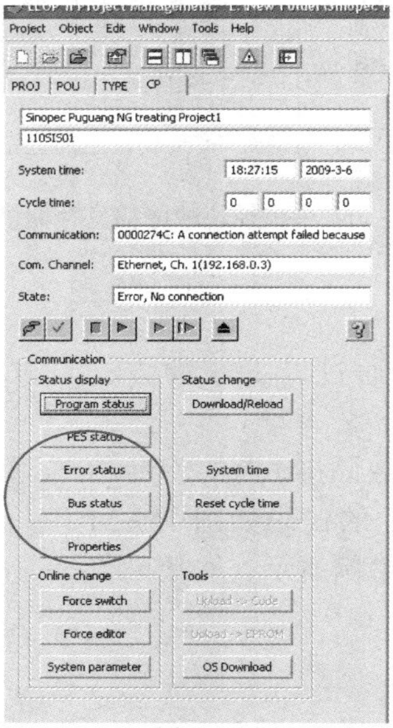

图 15-33 故障状态查看图

表 15-4 故障代码表

故障代码号	故障代码产生原因显示
0	No error
1~4	Error in central module
5	Cycle time exceeded
6~12	Error in central module

续表

故障代码号	故障代码产生原因显示
13	Outputs are not de-energized during start up of the control, an input module is inserted into a slot where an output module has been defined
14	Logic emergency off
15~16	Error in central module
17	Difference in memories which cannot be located
18	Tolerable divergence of time based
19	Error in central module
20~21	Time delay of other central module
22	Loss of redundancy
23	Redundancy recovered
24~28	Error in central module
29~30	I/O subrack defined does not exist, or error in coupling module
31~46	Error in central module
47	Error in power supply monitoring
48~52	Error in central module
53	Unknown I/O module type
54~87	Error in central module
88	Existing central module is not of type S, but this is required by theuser program
89~92	Error in central module
93~94	Signature error in user program
95~99	Error in central module
100	Complete initialization due to memory error
101	Communication with other central module is not possible or the versions of the operation system and/or the application program are different
102	Time delay received from other central module waiting time of the communication between the CMs has expired
103~126	Error in central module
127	Monitoring of program run of HIMA building blocks
128~130	Error in central module
131	Start up via programmer unit
132	Start up after pressing the ACK key on central module

续表

故障代码号	故障代码产生原因显示
133	Start up after self-test
134	Start up after switching power on
135	Fault power supply
136~137	Error in central module
138	Time for mono reload exceed
139	After mono reload different range versions of modified new user program is not consistent
140	Error in central module
141	Flash EPROM of the program is erased prepared to reload a new user program
142	PES Stop after download
143	Start of the normal operation of the first loaded central module with modified program
144	Start of the normal operation after mono reload
145	Stat of the reload for the second central module to be loaded
146	Hot start by the programmer unit
147	Existing CM is not of type E but this is required by user program
148	Error in central module
149	Start-up after self -education
150	self-education aborted
151	Cycle time exceeded since the selected watchdog time is to small
152~160	Error in central module
161	Operation continued after break point
162~163	Error in central module
164	Flash memory for user program not loaded
165~175	Error in central module
176~179	I/O subrack defined does not exist, or error in coupling module
180~181	Error in I/O power supply
182	Error in coupling module
183~184	Error in I/O power supply
185	Error in coupling module
186	Error in central module
187	Defined I/O subrack does not exist or error in the coupling module

续表

故障代码号	故障代码产生原因显示
188	Start of disturbance blanking of the coupling module
189	Error in central module
190	I/O subrack is switched off
191	Maintenance switch of F 7553 is operated
192	Error in coupling module
193~196	Error in central module
197	Start of disturbance blanking of the I/O module
198	Error in central module
199	Initialization of the event buffer
200	I/O error in module type F3349
201~208	Faulty F6213/14/15input module
209~212	Error in central module
213	Error in F5220 F6220/F6221input module
214	Error in central module
215~216	Faulty F3235 input module
217~219	Faulty F3237/F3238 input module
220~222	Faulty F6705 output module
223~226	Faulty F3330/31/33/34/35/48 or F3430 output module
227~228	Faulty F6217 input module
229	Communication problems between central module and Ethernet communication module F8625/26/27/28
230~239	Error in central module
240	No digit on positions 7, 8 of the resource name
241~251	Communication problems between central module and Ethernet communication module F8625/26/27/28
252	Error in central module
253	Erasing of the user program by means of the push-button at the front of the central module is prepared
254	Erasing of the user program by means of the push-button at the front plate of the central module in progress
255	Error in central module

三、电源模块故障处理

检查电源供应模块 F7126 和电源监控模块 F7131 上的 LED 状态指示，LED 亮表明模块正常，LED 不亮，检查 24V DC 供电。LED 暗表明模块有故障，只能更换故障模块，否则 PES 会停止。更换电源模块步骤如下：

（1）拔出有故障的电源模块前检查电源供应的输入电压。拧开故障电源模块的螺丝然后拔出电源模块。

（2）插入新的电源模块，拧紧螺丝固定。

四、中央处理器故障处理

当冗余中央模块的 PES（编程电子系统）系统发生故障时，未发生故障的设备无扰接管操作，并在正常运行的中央模块的诊断显示器上显示“MONO”。当不冗余中央模块的 PES 发生故障时，则会导致 PES 停车，并在故障中央模块的诊断显示器上显示“STOP”。如果按下故障中央模块前面的按钮，则会显示故障代码。在按“Ack”按钮前，可以将故障历史信息存储在文件中。按下“Ack”按钮后，处理器 RAM 中所有存储的错误信息会被删除。当连上编程设备后，可以显示已发生的错误，这些信息存储在 PES 的 RAM 中，这些信息对分析错误非常重要，应该通过“打印”或“输出”来保存它们。如果要替换中央模块，要注意正确的拨码开关位置和正确的操作系统版本。在冗余系统中，更换中央模块后要加载用户程序，在冗余系统中，可以通过“自学习”加载用户程序。更换中央模块步骤如下：

（1）中央模块的移除。拧开数据电缆插头的螺丝，抽出数据电缆，完全拧开模块上的固定螺丝，使其可以自由活动。利用弹出杆不受干扰地把模块与总线板分开，以防系统产生能触发停车的错误信号，然后拔出模块。

（2）中央模块的插入。根据技术参数的要求，检查拨码开关与跳线的设置，完全拔出面板的固定螺丝，把模块移动到连接器上，然后快速地推入模块，直至模块完全与连接器相接，以防止系统中产生错误信号。拧紧螺丝，插入数据电缆并用螺丝固定。在冗余系统中，新插入的中央模块的操作系统版本必须与已经在系统中使用中央模块的一致。否则错误信息会出现在新插入的中央模块的 LED 显示器上而且新插入的中央模块会进入停止状态。

五、输入/输出模块故障处理

在运行期间，PES 自动识别安全相关输入/输出模块中的故障，I/O 故障显示在诊断显示屏中，并指示其故障位置。如果输入/输出模块有线路监测功能，则对连接传感器和执行机构的连线也进行检查，故障显示在诊断显示屏中，并指出故障通道的编号。这种情况下，外部线路也需要检查，并不一定要更换模块。非安全相关输入/输出模块的通道故障会引起逻辑信号状态和电缆连接器上 LED 灯状态的差别，如果逻辑信号与 LED 状态显示不一致，则需要更换相应的输入/输出模块。对于输出模块，首先需要检查是控制单元工作出了问题还是有线路干扰。输入/输出模块可以在线插拔。输入/输出模块的更换步骤如下：

（1）模块的移除。拧开模块的螺丝，连同电缆插头一起拔出模块，卸下电缆插头。

（2）模块的插入。插入并固定不带电缆插头的模块，插入电缆插头并用螺丝固定，对于安全相关的模块和具有通道检测功能的模块：通过压下中央模块上的 ACK 键来刷新显示。

六、通信模块的故障

模块故障通过前端 LED 指示，通过系统变量，相应的功能块会告知用户程序。为了保持 SIS 系统的冗余性，故障通信模块必须立即更换。通信模块的更换步骤如下：

（1）通信模块的移除。断开通信电缆的连接，拧开螺丝后，先拔出相关的中央模块。拧开固定螺丝后，拔出通信模块（以太网模块连同所连接的 HSR 电缆一起拔出）。

（2）通信模块的插入。按照技术参数要求检查拨码开关的设置。插入未接电缆的模块并加以固定，连接 HSR 电缆，连接通信电缆，插入相关中央模块并用螺丝固定。

七、F7553 模块的故障

F7553 模块正常状态下 SEL 灯固定频率闪烁，不闪烁或者亮红灯表示模块故障。

F7553 模块的更换步骤如下：

（1）F7553 模块的移除。切除模块（WD 开关拨至“OFF”位置），拧开模块上的固定螺丝，拔出模块，与之相关的 I/O 机架被从系统中完全切除，如果拔出模块时没有把模块切除，则所有 I/O 机架的看门狗信号关闭。

（2）F7553 模块的插入。根据 F7553 的数据文件设置模块的拨码开关，插入并固定模块，接通模块（WD 开关拨至“ON”位置），按住中央模块上的 ACK 键直至“RUN”出现在 LED 显示器。

八、工作站死机处理

重启工作站，相关软件将自动重启。

第十六章　船岸连接系统

第一节　概　　述

20 世纪，为预防和控制 LNG 接收站的风险，欧美加强对 LNG 接收站的风险识别和研究，通过吸取全球每次 LNG 站场的重大事故的经验和教训，从 1987 年国际气船和终端操作者(SIGTTO)协会提出 LNG 运输船在 LNG 转输作业时必须实现船岸连接紧急切断的功能，LNG 船舶和 LNG 接收站须装配船岸连接系统(SSL，Ship-Shore Link System)。至此，SSL 系统应运而生，SSL 是船岸界面的重要组成之一，也是 LNG 接收站码头关键设备之一。不仅在紧急情况下可以实现船岸两侧的紧急切断功能(ESD，Emergency Shut Down)从而避免 LNG 泄漏的风险，而且还集成了语音通信和数据传输的功能。

LNG 运输船在码头靠泊以后，ESD 信息通过一条硬线数据链传输数据。这条硬线数据链就是船岸连接系统，是船端 ESD 系统和岸端 ESD 系统的连接纽带。Sea Technik 作为行业标准的制定者，它的船岸连接系统在全球范围内 LNG 运输船和 LNG 接收站码头有广泛应用，所以可以与全球各地的 LNG 船舶船岸连接系统相匹配。船岸连接系统有三种连接方式：气动连接、光缆连接和电缆连接。LNG 码头一般只配备其中两种：光缆连接和电缆连接。在接卸 LNG 过程中，两种连接方式任选其一，另外一个备用，以提高系统的可用性。

第二节　船岸连接系统的功能

船岸连接系统主要功能有三个：

(1) 紧急情况下，可以从岸侧或者船侧向船侧或者岸侧发送紧急切断信号。船侧发生紧急情况，可以通过船岸连接系统将紧急切断信号发送至岸侧，使岸侧关闭泄漏阀，关闭泄漏臂等。岸侧发生紧急情况，可以将紧急切断信号发送至船侧，使船侧停止卸船泵等，停止卸船作业。避免 LNG 泄漏，保障船岸两侧安全。

(2) 船岸连接系统集成了语音通信功能，船岸连接建立连接后，船侧或者岸侧可以直接向岸侧或者船侧进行热线通话，方便快捷。实现船岸侧的语音通话，实时进行沟通，保障卸船作业。

(3) 船岸连接系统也具有数据传输的功能，码头脱缆钩张力监控数据可以通过岸边的船岸连接系统传至船上的船岸连接系统，然后将数据呈现在船上，方便船侧对缆绳张力进行实时监控。

第三节 船岸连接系统的组成

一、光连接

SSL 机柜内配置了包含智能 FO(Fibre Optic)模块的机架。它采用数字和模拟电子技术，由触摸按键和液晶显示器构成了光缆连接的人机界面，运行 Windows 系统，通过该界面，用户可以操作和监测船岸连接的状态。界面如图 16-1 所示：

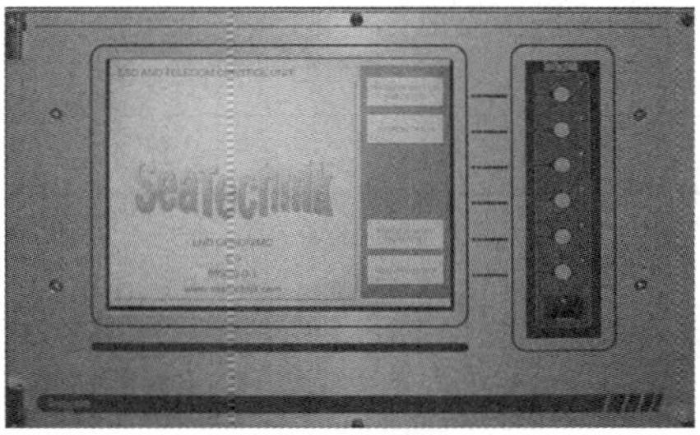

图 16-1 光连接

智能 FO 模块集成了 4 套全双工交流的电话接口(TEL I/F)，1 套全双工的 ESD 接口以及电/光转换接口等。TEL I/F 传输三路电话语音和一路数据，四路信道的载波频率见表 16-1，语音带宽为 0.3~3.4kHz。该接口主要功能就是将两芯光缆模拟成四路两线制语音电话线，电话语音直接通过该电话线进行传输。

表 16-1 四路信道

序 号	频 道	船岸接收载体/kHz	船岸发送载体/kHz
1	数据传输频道	18	78
2	热线电话	30	90
3	公用电话	42	102
4	内部电话频道	54	114

ESD 接口采用专用的发射/接收电子>光纤传感器，ESD 信号以音调的方式提供正常安全模式和正常 ESD 模式的故障安全型信号。正常安全模式收发频率为 10kHz，正常 ESD 模式收发频率为 5kHz，其他频率为异常信号，见表 16-2：该接口利用两芯光缆分别实现船到岸以及岸到船的 ESD 信号传输。

表 16-2 ESD 信号

状 态	输 入	输 出
正常安全模式	闭合	闭合
正常 ESD 模式	打开	打开
信号故障		打开
继电器通断能力	DC 24V / AC 120V，3A	

一根 8 芯光纤线缆从控制柜布置到码头前沿的光缆卷筒，卷筒内光缆为 6 芯，50m，是柔性铠装光缆，与船连接时保持松弛，不受潮汐压载、卸货等影响。卷筒配置了手轮，可以缠绕收回与船连接的光缆。卷筒如图 16-2 所示：

脐带光缆末端为 6 路光缆接头，各芯光缆功能分配见表 16-3：

表 16-3 光纤功能

信 号	方 向	芯 号
4 频道电话/音频数据	船-岸	1
4 频道电话/音频数据	岸-船	2
ESD 信号	船-岸	3
ESD 信号	岸-船	4
备用	船-岸	5
备用	岸-船	6

二、电连接

在码头机柜间，SSL 机柜内智能 FO 模块机架的下面配置了智能电气模块机架。它采用数字电子技术，同样运行 Windows 系统，由触摸按键和液晶显示器构成了电缆连接的人机界面，通过该界面，用户可以操作和监测船岸连接的状态(图 16-3)。

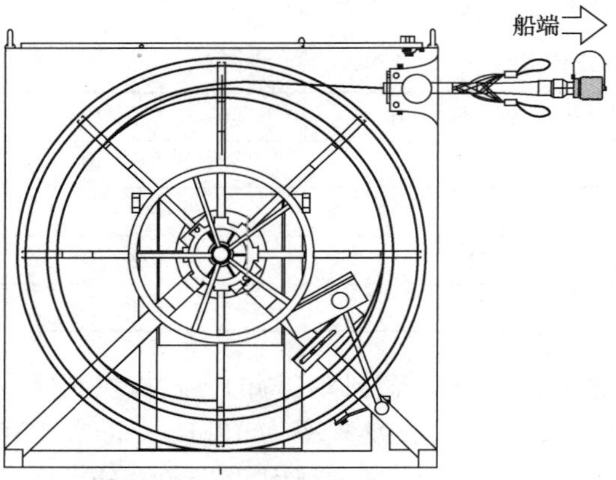

图 16-2 光纤卷筒

图 16-3 电连接

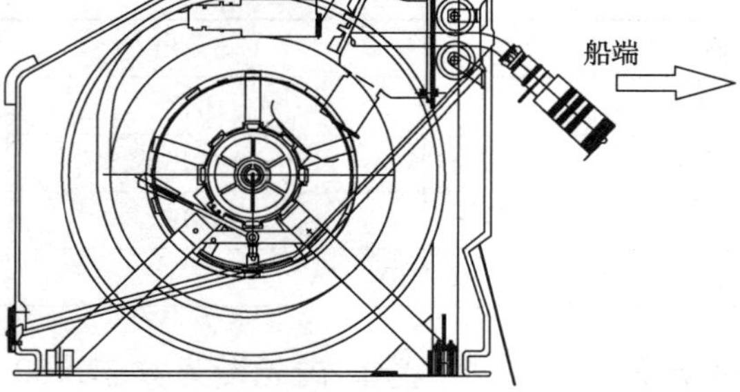

图 16-4 电缆卷筒

电缆连接方式可直接与船体连接传输电话语音、数据以及 ESD 信号。由于在码头接卸区域，需要进行防爆认证，一根 19 对仪表通信铠装总屏分屏电缆从船岸连接控制柜布置到码头前沿电缆连接的卷筒(图 16-4)。

卷筒配置了 37 孔 Pyle 型电缆连接接头，符合 SIGTTO 对各对双绞线的功能定义，见表 16-4：

表 16-4 电缆功能

接　头	标　准	备　注
1	备用	
2		
3	备用	
4		
5	内部电话或者热线电话	内部电话-热线电话使用 Iwatsu DC 转化呼叫型号或者 48V AC 信号
6		
7	PABX 电话(#1)	标准 600Ω 摘机/ 6000Ω 未摘机 48V DC /80V AC 环形
8		
9	公共电话(#2)	标准 600Ω 摘机/ 6000Ω 未摘机 48V DC /80V AC 环形
10		
11		
12		
13	岸到船 ESD	在岸边，岸到船 ESD 信号时无电压触点，在正常状况下闭合
14		
15	船到岸 ESD	船到岸 ESD 正常情况下信号无电压触点于船上并闭合
16		
17	船上连接完整性确认	岸边的脐带接线检测(用于提供船上的电话电源)
18		
19	备用	
20		
21	备用	
22		
23	备用	
24		
25	备用	
26		
27	备用	
28		
29	船到岸的测试回路最大	
30		
31	MLM 数据连接	(RS232，31 为地线线，32 为接收端)
32		
33	MLM 数据连接	(RS232，33 为发送端，34 无连接)
34		
35	岸到船的测试回路+24V 35mA	
36		
37	备用	

除电话电路外，其他所有电路为本安型防爆，由于电话电路无法使用本安认证，只能通过本安型继电器进行隔离。

电缆连接一般作为光缆连接的备用方式，当光缆连接出现故障后，投用电缆连接。为保证系统的可用性，一般情况选电缆连接还需要配置 Pyle 型转 Miyaki 型适配器来匹配只安装了 Miyaki 接头的船只。

三、选择模块

系统选择机架的功能是通过旋转开关对光纤连接和电缆连接进行切换(图 16-5)。

图 16-5　选择模块

四、电源模块

电源机架提供了一个安全钥匙开关和一个电压模块，将 220V AC 转化为 24V DC 为系统内部的智能模块供电。通过指示灯还可以监控机柜电源状态(图 16-6)。

图 16-6　电源模块

五、热线电话

振铃机架的功能是通过一个交互模拟器模块为一个较少使用的热线电话提供线路电压和呼叫装置。热线电话可以满足两部或者更多手拨电话通过一个公共端连接，当任何一个电话的听筒提起，其他都会响，增加了一种船岸人员沟通方式(图 16-7)。

图 16-7　热线电话

第四节　船岸连接系统的使用方法

一、船到之前的测试

按照 SIGGTO 要求，船到 24h 之前，需要使用 ETU(电动测试工具)和光纤回路检测仪器(Fiber Loop Back Test)自测电缆和光纤系统。

测试步骤如下：

1. 电缆测试

确认 SSL 控制柜电源正常，选择电系统；确认码头控制室 Inhibit 当前船到岸 ESD 信号；将 ETU 插入电缆卷筒处接头；码头发出岸到船 ESD 健康或跳闸信号，观察 ETU 侧岸到船 ESD 的 LED 灯亮灭情况。健康则亮，跳闸则灭；ETU 上按住 Ship to Shore ESD 按钮，发送一个船到岸的 ESD 信号，控制室观察是否接收到信号。

成功测试完毕，确认 Inhibit 当前 ESD 信号，拔掉 ETU。

2. 光纤测试

确认 SSL 控制柜电源正常，选择光纤系统；确认码头控制室 Inhibit 当前船到岸 ESD 信号；将光纤回环检测设备插入光纤卷盘处接头；在光纤操作屏幕上按下 Fiber Loop back test，Run Sequence 按钮，观察运行情况是否正常。

二、与船建立连接时，光纤和电缆连接操作程序

(1)操作员确认码头上船到岸 ESD 信号处于 Inhibit 模式。

(2)确认到 SSL 的电源、系统选择模块、振铃模块等正常。

(3)选择光纤或电缆连接

(4)确认光纤(电缆)连接屏幕来自船上的信号是跳闸状态，岸到船的信号健康。

(5)将光纤或电缆接头连接到船上。

(6)确认控制面板上信号健康，不然，船或岸 Inhibit 对方信号。

(7)船和码头的 DCR 或 CCR 去掉 Inhibit。

(8)如果船上触发 ESD。码头上相应阀门关断，报警声响，屏幕显示 ESD 跳闸信号来自船到岸。

(9)船上 ESD 复位，船到岸信号健康，码头侧 SSL 系统 Reset 按钮激活并闪烁，按下后健康的 ESD 信号传输给 CCR。

(10)打开码头关闭的阀门

(11)如果码头上触发 ESD。屏幕显示岸到船 ESD 跳闸

(12)码头上相应阀门关闭，报警声响。

(13)码头侧进行复位，码头到船侧信号健康，船侧进行复位。

(14)船侧信号正常，测试完毕。

第五节 日常维护

(1) 使用光纤回路检测仪器(Fiber Loop Back Test)时，在光纤操作系统上检查参数：确保 ESD Rx Signal level 在-18～-16dB 范围，如果此数值的绝对值超出范围，如果大于-32～-28dB，一般光纤有很大的问题，比如光纤断开。确保 Tel Rx signal level 在-29～-23dB范围，如果此数值的绝对值超出范围，如果大于-53～-32dB，一般光纤有很大的问题，比如光纤断开。用专门的纸巾擦拭光纤接头。

(2) 定期清理电缆连接接头的针脚，由于海盐腐蚀，容易生成铜锈，影响系统使用。

(3) 定期检查备份清理光纤以及电缆操作系统机架后面 U 盘的信息，使船岸连接状态，ESD 触发情况等信息能够有效保存并记录。

(4) 光电系统各自的显示屏检查，包括 RAM、ROM、CF-memory 和 battery。

第六节　常见故障处理

一、CMOS Setup 解决系统黑屏以及死机的步骤

（1）在操作屏背后插入电脑显示屏，使操作屏上信息显示在电脑显示屏上，安装鼠标、键盘等设备。

（2）在电脑启动过程中连续按“Del”键就可进入 CMOS 的设置界面，要注意的是如果按得太晚，计算机将会进入测试系统，这时只有重新启动计算机了，可在开机后立刻按住 Delete 键直到进入 CMOS(图 16-8)。

（3）首先进入 Standard CMOS Features 菜单，设置时间等信息(图 16-9)。

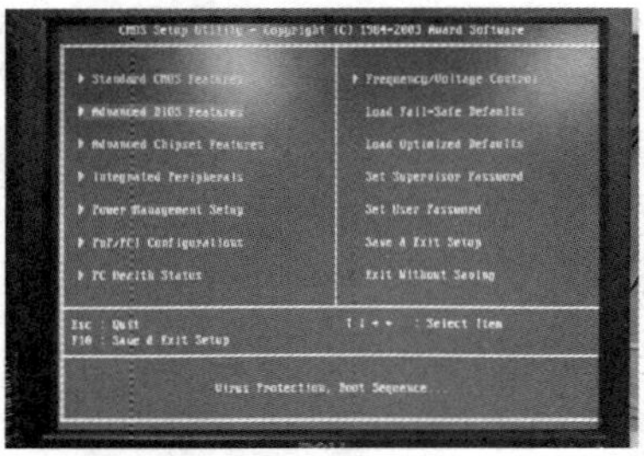

图 16-8　进入 CMOS

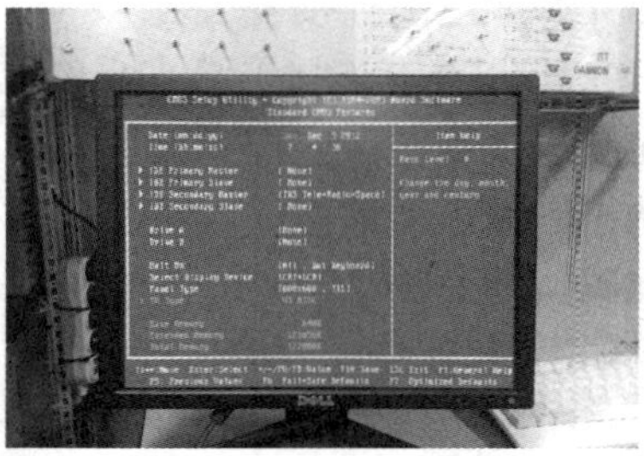

图 16-9　设置时间等信息

（4）返回主菜单，进入 Advanced BIOS Features 菜单，设置参数如图 16-10 所示。

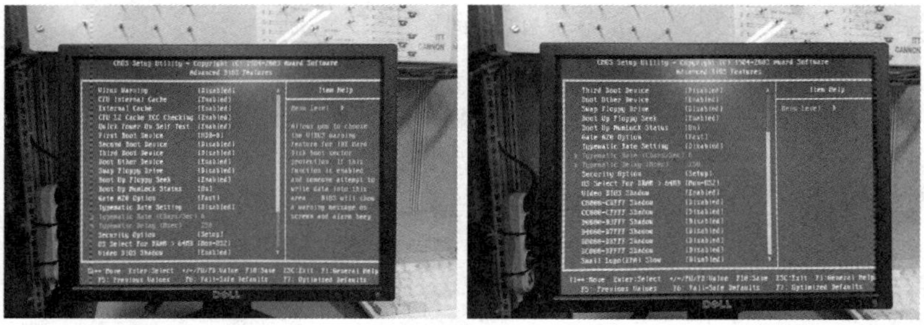

图 16-10　设置参数

（5）返回主菜单，进入 Advanced Chipset Features 菜单，设置参数如图 16-11 所示。

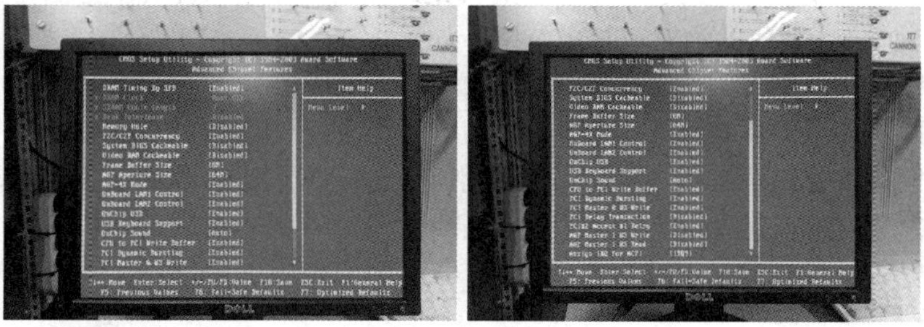

图 16-11　设置参数

(6) 返回主菜单，进入 Integrated Peripherals 菜单，设置参数如图 16-12 所示。

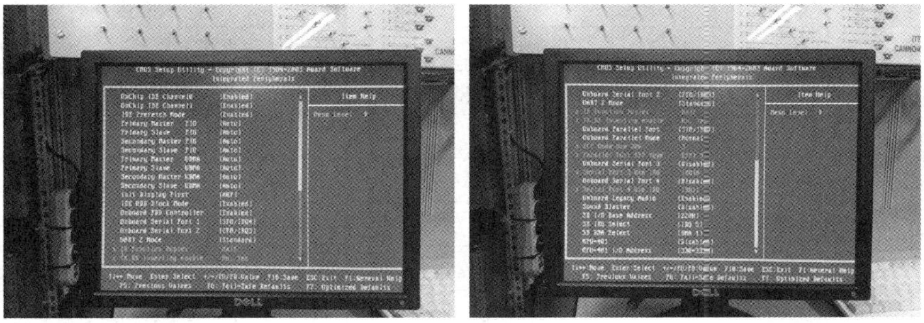

图 16-12 设置参数

(7) 返回主菜单，进入 Power Management Setup 菜单，设置参数如图 16-13 所示。

(8) 返回主菜单，进入 PnP PCI Configurations 菜单，设置参数如图 16-14 所示。

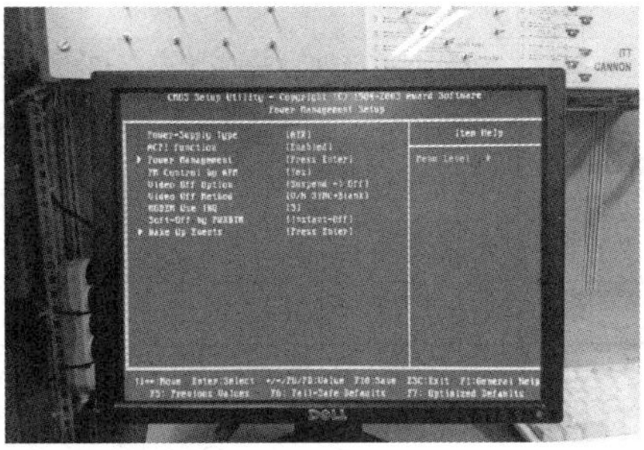

图 16-13 设置参数

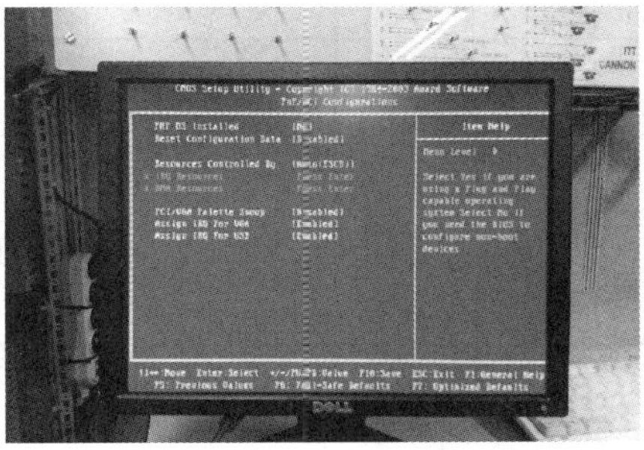

图 16-14 设置参数

(9) 返回主菜单，进入 Frequency Voltage Control 菜单，设置参数如图 16-15 所示。

(10) 最后按“F10”键保存改变后的 CMOS 设定值并退出(或按“Esc”键退回上一级菜单)，退回主菜单后选“Save & Exit Setup”后回车，在弹出的确认窗口中输入“Y”然后回车，即保存对 BIOS 的修改并退出 Setup 程序。

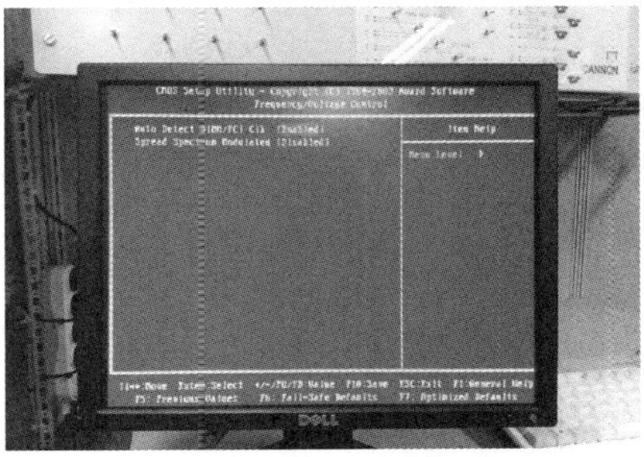

图 16-15 设置参数

二、其他故障处理

其他故障处理见表 16-5。

表 16-5 其他故障处理表

序 号	故 障	现 象	解决方法
1	选择模块故障	指示灯异常	检查模块电源
		旋转开关无效果	检查旋转开关接头，更换选择模块
			联系厂家

续表

序 号	故 障	现 象	解决方法
2	电源模块故障	指示灯异常	检查模块电源
		钥匙开关失效	检查钥匙开关接头，更换电源模块
			联系厂家
3	热线电话模块故障	指示灯异常	检查模块电源
		不能通话	更换热点电话模块
			联系厂家
4	光纤连接故障	光纤破损	清理光纤接头，更换光纤
		操作系统死机蓝屏	检查电源，系统重启，时间同步，检查系统RAM/ROM，更换操作系统模块
		ESD 状态异常	更换 ESD 模块
			联系厂家
5	电缆连接故障	接头异常	测量电缆通断，清理接头，更换电缆
		操作系统死机蓝屏	检查电源，系统重启，时间同步，检查系统RAM/ROM，更换操作系统模块
		ESD 状态异常	更换 ESD 模块
			联系厂家

第十七章 调 节 阀

第一节 总 则

一、主题内容与适用范围

本章规程是气动薄膜调节阀、气缸式开关阀的维护、检修通用规定。适用于中石油江苏 LNG 接收站(含如东分输站)中用于生产过程自动控制的执行机构。以下简称调节阀。

二、编写修订依据

依据相关国家标准、厂家提供的说明书及现场运行技术资料。

第二节 气动薄膜调节阀

一、总则

1. 主题内容与适用范围

本节规程是气动薄膜调节阀的维护、检修通用规定。适用于中石油江苏 LNG 接收站(含如东分输站)中用于生产过程自动控制的由气动薄膜执行机构和阀体组成的气动调节阀。以下简称调节阀。

2. 编写修订依据

依据中华人民共和国国家标准 GB/T 4213—1992《气动调节阀》;调节阀使用说明书;现场运行技术资料。

二、概述

调节阀是自动系统中的终端现场调节仪表。它安装在工艺管道上,调节被调介质的流量,按设定要求控制工艺参数。接收站所用调节阀直接接触高压、深冷、强腐蚀等工艺流体介质,因而是容易被腐蚀、冲蚀、汽蚀、老化、损坏的仪表,往往给生产过程的控制造成困难。因此,在自控系统设计时正确选用之后,必须充分重视调节阀的现场安装、运行维护和检修工作。

三、技术标准

1. 外观

零件齐全,装备正确,紧固件不得有松动、损伤等现象,整体洁净。

2. 气源压力

最大值为600kPa，额定值500kPa。

3. 输入信号范围

(1) 标准压力信号范围为300~500kPa。

(2) 带有电/气阀门定位器时，标准电信号范围为4~20mA DC。

(3) 两位式控制时，可在气源压力额定值内任意选取。

(4) 执行机构气室的密封性

将设计规定的额定压力的气源通入密封气室中，切断气源，5min时间内薄膜气室中的压力下降不得超过2.5kPa。

4. 基本误差

不应超过表17-1的规定。它用调节阀的额定行程的百分数表示。

表17-1 各类气动薄膜调节阀基本参数

<table>
<tr><th colspan="3" rowspan="2">项　别</th><th colspan="2">类　别</th></tr>
<tr><th>不带定位器</th><th>带定位器</th></tr>
<tr><td colspan="3">基本误差/%</td><td>±5</td><td>±1.0</td></tr>
<tr><td colspan="3">回差/%</td><td>3</td><td>1.0</td></tr>
<tr><td rowspan="4">始终点偏差/%</td><td rowspan="2">气开</td><td>始点</td><td>±2.5</td><td>±1.0</td></tr>
<tr><td>终点</td><td>±5</td><td>±1.0</td></tr>
<tr><td rowspan="2">气关</td><td>始点</td><td>±5</td><td>±1.0</td></tr>
<tr><td>终点</td><td>±2.5</td><td>±1.0</td></tr>
</table>

5. 回差

不应超过表17-1的规定。它用调节阀的额定行程的百分数表示。

6. 始终点偏差

当输入气动薄膜执行机构中的信号为上下限时，调节阀的始终点偏差应不超过表17-1的规定。它用调节阀的额定行程的百分数表示。

7. 死区

用调节阀输入信号量程的百分数表示，它应不超过3%。

8. 耐压强度

调节阀应以1.5倍公称压力进行不少于3min的耐压试验，不应有肉眼可见的渗漏。

9. 填料函及其他连接处的密封性

应保证在1.1倍公称压力下无渗漏现象。

10. 渗漏量

调节阀在规定试验条件下的渗漏量应符合国家标准GB/T 4213—1992《气动调节阀》规定的要求。

四、检查

1. 外观检查

按本节技术标准中第1条要求，用肉眼观察的方法进行检查。

2 执行机构气室的密封性试验

按本节技术标准中第 4 条要求将额定压力(一般为 600kPa)的气源输入薄膜气室中，切断气源。

3. 基本误差校验

按本节技术标准中第 5 条规定的输入信号平稳地按增大和减小方向输入薄膜气室(或定位器)，测量各点所对应的行程值，按式(17-1)计算实际“信号-行程”关系与理论关系之间的各点误差。

其最大值即为基本误差。

$$\delta_i = l_i - L_i / L \times 100\% \tag{17-1}$$

式中 δ_i——第 i 点的误差；

l_i——第 i 点的实际行程；

L_i——第 i 点的理论行程；

L——调节阀的额定行程。

试验点为输入信号范围的 0%、25%、50%、75%、100%五个点。

4. 回差校验

按本节技术标准第 6 条要求，校验方法同检查中第 3 条，在同一输入信号点所测得的正反行程的最大差值即为回差。

5. 始终点偏差校验

按本节技术标准第 7 条要求，将输入信号的上、下限值分别加入薄膜气室(或定位器)，测量相应的行程值，按式(17-1)计算始终点偏差。要特别注意到保证气开式调节阀的始点、气关式调节阀的终点在阀关位置上。

6. 死区校验

按本节技术标准第 8 条要求，在输入信号量程的 25%、50%、75%三点上进行校验，其方法为缓慢改变(增大和减小)输入信号，直到观察出一个可察觉的行程变化(0.1mm)，此点上正、反两方向的输入信号差值即为死区。

7. 耐压强度试验

按本节技术标准第 9 条要求，用 1.5 倍公称压力的室温水，在调节阀的入口方向输入阀体内，另一端封闭，使所有在运行中受压的阀腔同时承受 5min 的试验压力。试验期间，调节阀应处于全开位置。

8. 填料函及其他连接处的密封性试验

按本节技术标准第 10 条要求，用 1.1 倍公称压力的室温水，按规定的入口方向输入调节阀的阀体，另一端封闭，同时使阀杆作 1~3 次往复动作，持续时间不应少于 5min，观察调节阀的填料函及上、下阀盖与阀体的连接处。

9. 泄漏量试验

按本节技术标准第 11 条要求，在薄膜气室中按不同作用方式输入一定的操作气压，使调节阀关闭。将温度为室温的相对恒定的水压，按规定的入口方向输入调节阀，另一端放空，用秒表和量杯测量其 1min 的泄漏量。

1）操作气压

（1）气开式调节阀其操作气压为 0kPa。

（2）气关式调节阀：

① 弹簧范围为 20~100kPa 的调节阀，其操作气压为 120kPa。

② 弹簧范围为 300~500kPa 的调节阀，其操作气压为 600kPa。

2）试验水压 P

（1）当调节阀允许压差大于 0.35MPa 时，试验压力为 0.35MPa。

（2）当调节阀允许压盖小于 0.35MPa 时，试验压力用设计规定的允许压差。

3）计算公式

泄漏量的计算公式按国家标准 GB/T 4213—1992《气调节阀》的规定进行。

五、运行维护

（1）调节阀在投入运行前应做系统联校。

（2）调节阀工作时，前后的切断阀应全开，副线阀应全关。整个管路系统中的其他阀门应尽量开大，通常调节阀应在正常开度范围（20%~80%）内工作。

（3）使用带手轮的调节阀应注意手轮位置指示标记。

① 在侧面安装的，应在中间或“自动”位置。

② 在顶部安装的，应在最高位置。

③ 作限为用的，应在预定位置。

（4）调节阀在运行中严禁调整阀杆和压缩弹簧的位置。

（5）经常检查调节阀及定位器等附属设备：

① 气源及输入、输出信号是否正常。

② 阀杆运动是否平稳，行程与输出信号是否基本对应。

③连接管路是否严密不漏。

④ 填料函及法兰连接处有无介质外漏，检查中发现的问题要及时作技术处理，以保证调节阀正常运行。

（6）定期清扫，保持整洁，特别是阀杆、定位器的反馈杆等活动部位；需加润滑油的填料，一般每月加油一次，并使注油器内有足够的存油，润滑油的品种不得随便变更。

（7）需在生产现场对调节阀进行解体检查时，必须先将调节阀两边的截止阀关闭，如截止阀有泄漏，应加装盲板，待阀内介质降温、放空降压后方可进行。

六、检修

（1）停工检修时，在调节阀离线前，应将放空阀打开，升温、降压。经生产装置有关人员确认，方可离线检修。

（2）检修的一般程序：打标记→（下线）→清洗→解体→零部件检修→研磨→装配→调校与试验→（上线）→动作检查→回路联试→开车保运。

（3）打标记：为保证调节阀离线检修后能正确复位，应重视打标记程序。其手段可用与调节阀不同颜色的油漆画出，应能清晰地标明以下方位：

① 调节阀阀体法兰与管道法兰的连接方位。

② 阀体与上、下阀盖及其执行机构的连接方位(此项可在检修工场内，在解体前进行)。

(4) 清洗：滞留在阀体腔内的某些工艺介质是具有腐蚀或放射性的，在进入解体工序前必须以水洗或蒸汽吹扫的方法，将调节阀被工艺介质浸渍的部件清洗干净。

(5) 解体。

① 对各连接部位喷洒松锈剂，使解体工作省力、省时。

② 气开式调节阀须往薄膜气室加入适当的气压信号，使阀芯与阀座脱离接触后，方能旋转阀杆，使之与执行机构的推杆分离。

③ 波纹管密封阀应首先将阀体与上阀盖分离后，方可进行其他零部件的解体工作。否则，将可能使波纹管受扭曲而遭损。

④ 必要时，须将执行机构组件完全分解，对薄膜、弹簧等易损件进行检查。

⑤ 每一台调节阀分解后所得的零部件应集中存放，以防散失或碰伤。

(6) 零部件检修：

① 生锈或脏污的零部件要以合适的手段进行去锈和清洗，要注意清洁好机加工面，特别要保护好阀杆、阀芯和阀座的密封面。

② 重点检查部位：

a. 阀体：阀体的内壁和连接阀座的内螺纹处易受流体介质的腐蚀和冲蚀。

b. 阀座：密封面和阀体连接的外螺纹处易受到腐蚀和汽蚀。

c. 阀芯/阀杆组件：阀芯的密封面和调节曲面以及导向圆柱面处均是易受腐蚀和磨损的；阀杆上部与密封填料接触部分亦是易受腐蚀和磨损的；还应注意检查阀芯与阀杆连接不得松动，阀杆不得弯曲(同心度要求≤0.05mm)。

d. 上阀盖的填料函处的腐蚀。

e. 阀体、上阀盖、下阀盖各法兰密封面的腐蚀程度。

f. 执行机构中薄膜片和O形密封圈老化、裂损程度。

③ 根据零部件损伤情况，决定采用更新或修复处理：

a. 每一次检修，不论损伤与否，必须更新的零件有密封填料、法兰垫圈、O形密封圈。

b. 经检查发现损伤而又不能保证下一运行周期工作的零件应予以更换，如薄膜片、弹簧。

c. 其余的各式零部件如损伤严重时，应予更新；轻度损伤时，可采用焊补、机加工、钳工等各种手段予以修复。

(7) 研磨与车削(该内容须机械专业配合或外委处理)：

研磨：调节阀的阀芯与阀座上各有60°斜面处，作为阀关闭时防止内泄漏的密封面，检修时常通过撤销加工后经研磨而修复。

① 车削60°密封面时，应保证它与该零件的装配定位面的同心度在0.02mm之内，粗糙度3.2。一般不宜加工扩大阀座内孔。

② 阀芯与装配于阀体内的阀座需配对研磨，并应在保证二者的同心度条件下方可进行。

③ 先粗磨、后细磨，直至阀芯与阀座的密封面为连续线接触，研磨剂应从阀内件上清洗干净。

(8) 装配：

① 在装配的全过程中，要特别重视各零件相互间的对中性。

② 阀体与上、下阀盖组装时，应采取对角线“十”字逐次旋紧法。螺栓上应涂抹润滑剂。

③ 密封填料装配时，需要注意以下几点：

a. 使用开口填料时，应使相邻两填料的开口相错180°或90°；

b. 在一般情况下，“V”形填料的开口向下，即为“A”但在真空阀中使用时，应使它的开口向上，即为“V”。

c. 对须定期向填料加注润滑油的调节阀，应使填料函中的填料套(亦称灯笼环)处于适中位置，与注油口对准。

d. 按填料的材质选用合适的润滑密封油膏。

④ 执行机构与阀两大部件组装时，要注意解体前所作的标记，确保相对方位恢复原位。

(9) 调教与试验：按第四条进行。

(10) 动作与检查：用便携式信号发生器加信号至调节阀的薄膜气室的阀杆动作应平稳、到位。

(11) 回路联校：由控制室的调节器输出信号至调节阀的薄膜气室(定位器)，调节阀的阀杆应正确动作。

(12) 开车保运：

① 清扫管线时，调节阀应为全开位置；对新安装的管线，应在管线清扫以后(以特定短管代替调节阀)，再安装调节阀。

② 生产装置开工前的加温、试压、消漏、投料试运行的开车全过程中，检修人员应驻守现场，巡回检查，及时发现并解决各种故障。

③ 在升(降)温、试压、消漏时，如需要对上阀盖法兰螺栓进行“热紧”，调节阀不应处于全关位置。

第三节　气缸式调节阀

一、总则

1. 主题内容与适用范围

1) 主题内容

本规程是气缸式执行机构的维护检修及调校标准。

2) 适用范围

适用于中石油江苏LNG接收站(含如东分输站)中用于生产过程自动控制的执行机构。

2. 编写依据

本规程参照《气动长行程执行机构维护、检修规程》HG 25418—91编写。

二、概述

气缸式执行机构以压缩净化空气为动力，定位器接受4~20mA DC信号或0~500kPa气信号，输出一定风压的气信号至执行机构气缸，角行程双气缸执行机构通过两侧活塞导向部位的齿条带动齿轮，使输出轴旋转0°~90°，角行程单气缸执行机构的结构除增加弹簧组件与双气缸型相同；直行程双气缸执行机构通过气缸两侧的压差，使推杆做直线位移，直行程单气缸通过气缸风压克服弹簧力而使推杆做直线位移，输出轴和推杆带动风门、挡板、阀门产生阀位的变化，达到调节作用。气缸式执行机构一般用于高静压、高压差及其他需要输出推力较大的场合。

三、技术标准

1. 技术指标

(1) 输出信号：4~20mA DC或0~500kPa(标准)。

(2) 供气压力：300~500kPa。

(3) 回差：1.5%。

(4) 非线性误差：±2%。

(5) 使用环境温度：-20~80℃。

(6) 空载全行程时间：5~10s。

2. 完好标准

(1) 零部件完整，符合技术要求：

① 铭牌应清晰无误。

② 零部件应完好齐全。

③ 紧固件不得松动。

④ 可动件应灵活。

⑤ 可调件应处于可调位置。

⑥ 密封件应无泄漏。

(2) 运行正常，符合使用要求：

① 运行时，执行机构应达到规定的性能指标。

② 正常工况下，输出行程范围应在全量程的0~100%。

③ 手、自动无扰动切换正常，手轮全行程操作正常。

(3) 设备及环境、清洁、符合要求：

① 整机应清洁、无锈蚀，漆层应平整、光亮、无脱落。

② 刻度及字迹应清晰。

③ 管路、线路敷设整齐。

四、校验

1. 检查

1) 外观检查

表面清洁，零部件齐全，无锈迹，定位器气源压力正常，风管线及执行机构输出轴、限位件周围无泄漏。反馈杆和连接的紧固件无松动。

2）部件检查

仔细检查气缸内壁、齿条与齿轮啮合面、活塞及输出轴承上是否有损伤，定位器恒节流孔、喷嘴挡板、放大器是否堵塞。

2. 校验

1）校验前的准备工作

调校前，要对定位器进行以下确认操作：

（1）反馈凸轮面 A 和 B 的选择符合实际要求。

（2）反馈凸轮位置调整，以阀开度为50%时滚轮对准凸轮中间一条基准线为原则。

2）调零及行程调整

输入0%开度，然后将输入信号分别调到50%及100%，用调行程旋钮调到相应行程，由于零点会略有变动，因此须按上述方法反复调整，观察至少5个等分点，使回差和非线性误差达到本节技术标准中规定的技术指标。

3）气密性试验

将500kPa的气压输入气缸的每一气室中，切断气源，在5min内每一气室内压力降低值不应超过5kPa。

4）增益调整

如果定位器与执行机构的容量不匹配，就会产生超调或收敛时间等问题，如此就需要更换定位器内的负载弹簧，弹簧有标准型、单气缸型、双气缸型。

5）灵敏度调整

由于调节阀填料的摩擦力大等原因，要连续调整定位器的灵敏度时，可进行灵敏度调整，以取得最佳效果，调整螺钉的调节为90°左右，不得超过原位置的1/4圈，调整结束后，为防止误操作，应盖上保护盖。

五、维护与故障处理

1. 日常检查

（1）查看供气是否正常及气源净化情况。

（2）查看各连接处的密封情况。

（3）查看执行机构运行是否灵活，有无杂音、振动。

（4）发现问题应及时处理，并做好检查记录。

2. 定期维护

（1）定期进行机构外部清洁工作。

（2）定期给支架轴承加黄油润滑。

（3）每12个月校验一次。如果生产不允许，可安排检修时进行，校验内容按本节校验的要求进行。

3. 常见故障与处理

常见故障与处理见表17-2。

表 17-2 气缸式机构常见故障与处理表

序号	故障现象	检查项目	处理方案
1	阀门无动作（动作迟缓）	供气压力低	供给规定的气压
		空气配管堵塞或泄漏	清扫、加固连接部分再配管
		气缸盖紧固部分空气泄漏	加固、拆卸、维修
		输出轴部分空气泄漏	拆卸、更换 O 形圈
		定位器、增速器、电磁阀、液控单向阀等附件异常	在不接通附件的情况下，给执行机构的风管施加规定的气压，若无异常，则对增速器、定位器再作调整或对附件进行检查、更换
		手动操作机构在手动位置	切换至自动位置
		执行机构异常	对执行机构进行拆卸、维修
2	行程不足	行程调节及调零不良	进行调行程和调零
		供气压力不足	供给规定的气压
3	在中间开度不停止	执行机构的气管连接有误（双气缸型）	调换输入接口
		凸轮使用面相反	变换凸轮面
		反馈销未插入反馈杆中	将反馈销插入反馈杆中
4	线性不良	在 50% 开度时，反馈杆与装配面不呈直角	重新安装调整定位器
		供气压力不足（单气缸型）	供给规定的气压
		反馈形式与凸轮形式不一致	更换合适的凸轮
5	振荡	因控制流体引起负载波动	加大执行机构
		定位器信号变动	对定位器检查调整
		减压阀发生故障	更换修理

六、检修

1. 检修周期

气缸式执行机构检修周期一般为一年或与生产装置大修同步进行。

2. 拆卸

1）拆卸前的注意事项

（1）气缸内的气压必须降至大气压才能开始拆卸作业，若气缸内部有气压则可能导致人身事故。

（2）单气缸拆卸必须按拆卸顺序进行，否则可能导致弹簧弹出伤人。

（3）在拆卸作业中，应避免损伤气缸内壁，输出轴、齿轮及齿条的表面。

2）附件拆卸

装有附件的执行机构在拆卸前，先将空气配管及电气配线拆下，再拆附件。

3）手动操作机构拆卸

松动内六角螺栓，拆下刻度板，松开紧固手动操作机构箱盖的六角螺栓与弹簧垫圈，拆下箱盖，将内六角螺栓松开后拆下；对于隐藏在涡轮后面的内六角螺栓，转动手轮，将其拆下；将手动操作机构从气缸拆下，对蜗杆与涡轮的啮合面进行检查，若无异常，注油后复原，否则更换相应部件。

4）气缸盖拆卸

（1）双气缸型执行机构。将内六角螺栓松开后与弹簧垫圈一起拆下，然后拆下气缸盖与 O 形圈。

（2）单气缸型执行机构。将内六角螺栓转动 4~5 圈仍不能呈对角线的两个内六角螺栓旋紧，拆下其他的内六角螺栓，然后换上两个长度约为内六角螺栓螺纹长度 2 倍的长螺栓，用六角螺母钉拧紧后，拆下剩余的两个内六角螺栓，再将两个长螺栓上的六角螺母均衡松开，直至弹簧松弛时拆下两个长螺栓，然后拆下气缸盖于 O 形圈。

5）活塞拆卸

对于小尺寸执行机构，用垫片垫好执行机构气缸后，固定在台钳上；对于较大尺寸执行机构，将其平稳地放置在木板或较厚的胶合板上。用扳手卡住出力轴方头部逆时针转动（从执行机构上部看），使活塞上的齿条和输出轴相连的齿轮分离后，将两个活塞分别从气缸两侧拆下滑动块、滑动环、O 形圈、活塞导向键进行表面检查，若有磨损及时更换新的零件。

6）输出轴拆卸

松开内六角紧固螺栓，拆下刻度牌，用专用工具拆下弹性挡圈和垫圈，用铜棒击打输出轴端面，从相反侧取出输出轴，依次拆下齿轮、平键、轴套、轴承和 O 形圈。

7）限位件拆卸

拆下装在气缸盖上的外限位螺钉和装在活塞上的内限位螺钉，同时拆下锁紧垫圈、O 形圈。

8）零部件检查

拆卸完成后，清洁各零部件；仔细检查各零件是否完好，特别是气缸内壁、齿条与齿轮啮合面、活塞及输出轴的轴承上是否有损伤，否则更换损伤部件。

3. 装配

装配执行机构时，按执行机构拆卸的相反顺序进行，并向气缸的内壁、齿条及小齿轮的啮合面、轴的导向部位、手动操作机构等部位加注润滑油脂。活塞装配结束后，顺时针旋转输出轴，确认输出轴方头部的 V 形槽与气缸近似成直角，如偏差小，可用设在活塞中心部位的内限位螺钉进行调整，如偏差较大，则须重新进行装配。

4. 调整

装配后进行下述调整，若不合格再次拆卸，检查出原因再进行装配。

1）确认阀开及阀关位置

（1）调整与确认内限位螺钉：

① 单气缸正作用型：阀开状态的调整与确认。以输出轴方头部的 V 形槽为基准，确认从阀开到阀关是否转换到规定的角度，否则重新调整内限位螺钉。

② 双气缸及单气缸反作用型：阀关状态的调整与确认。确认阀板处于关闭位置，否则重新调整内限位螺钉。

（2）调整与确认外限螺钉：

① 单气缸正作用型：阀关状态的调整与确认。确认阀板处于关闭位置，否则重新调整外限位螺钉。

② 双气缸及单气缸作用型：阀开状态的调整与确认。确认阀板达到规定的开度，否则重新调整外限位螺钉。

2）性能确认与调整

在带有定位器的情况下，回差、非线性误差、气缸气密性等指标必须符合本节技术指标的要求，否则按本节校验要求进行调试。

第十八章　变 送 器

第一节　压力及差压变送器

一、总则

1. 主题内容与适用范围

1）主题内容

本节内容规定了中石油江苏 LNG 接收站（含如东分输站）各类压力/差压变送器的维护检修规程。

2）适用范围

本节规程适用于压力变送器、差压变送器等仪表。

2. 编写修订依据

本规程参考的标准、规范有《化学工业部 JJG（化）计量器具检定规程》《石油工业部 SYB 仪表工操作规程》。另外，还参考了部分仪表标准和产品使用说明书。

二、压力/差压变送器

1. 概述

（1）智能压力变送器将介质通过引压导管引入变送器测量室，使测量室的膜片产生微小位移，再利用电容式、振弦式、扩散硅式等技术将微小位移转换为标准电流+数字脉冲信号输出。智能变送器具有优良的工作性能：高精度、大量程比、自诊断功能、调试检查方便等。可用于差压、流量、表压和绝压、真空度、液位和相对密度的测量场合。

压力变送器可用于测量表压、绝压、真空度等。

（2）本规程以 EJA110A 智能压力变送器为例说明，其他同类型仪表可参照使用。

2. 技术标准

（1）变送器零部件完整无缺，表体整洁，输出电流指示刻度清晰，各插件固定牢固。

（2）技术指标；

① 输出：4~20mA，无负载时，变送其可在 12V DC 工作，最高 45V DC。

② 指示表为数字显示，指示精度±0.025%。

③ 防暴等级：IP67。

④ 正、负迁移：不管输出如何，正、负迁移后，其量程上、下限匀不得超过量程的极限，最大正迁移为最小调校量程的 500%。

⑤ 阻尼时间：时间常数在 0.2~16s 连续可调。

⑥ 量程：0~1.24~41370kPa 可选。

⑦ 精度：0.25 级，包括线性、变差和重复性在内的综合误差。

⑧ 稳定性：最大量程范围的±0.25%。

⑨ 线性：调校量程的±0.1%。

⑩ 变差：调校量程的±0.05%。

⑪ 重复性：调校量程的±0.05%。

⑫ 温度影响：最大量程时，零位误差为量程的±0.5%/55℃；最小量程时，零位误差为量程的±3.0%/55℃。

⑬ 负载电阻：0~600Ω/24V。

⑭ 允许过载压力：最大测量范围的 1.5 倍。

3. 检查与校验

1）检查

（1）外观检查。外壳有无脱漆、破损、裂痕以及被撞击痕迹和紧固件缺损等情况，消除缺陷，使之完善。

（2）变送器内部检查。检查元器件、零部件、连接件有无缺损、断裂、变形、腐蚀、密封不良等情况。发现问题，及时解决。更换失效的零部件，恢复变送器性能。

（3）变送器与工艺介质连接面检查。检查变送器压力引入接口情况，接线盒内接线板、接线螺丝、螺孔、接线盒盖密封件，以及变送器密封件等有无碎裂、缺损、滑牙、烂牙、老化失效等情况。发现问题，及时更换解决。

（4）绝缘检查。在停电情况下，拆下接线用 500V 兆欧表检查变送器接线端子与外壳间的绝缘电阻，该电阻应大于 20MΩ。

2）校验

（1）调校准备

① 准备压力变送器校验设备：标准压力信号发生器；标准电流表；标准电阻箱；24V DC 电源以及必需的连接件、导线等。

② 将变送器按图 18-1 所示连接信号和导线，检查接线正确。

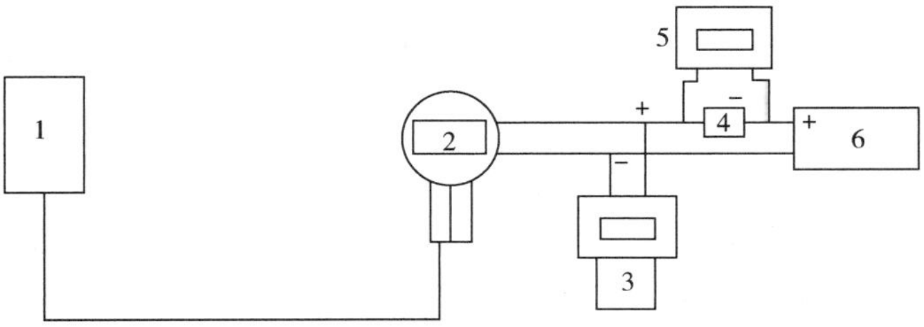

图 18-1 压力仪表校验图

1—标准压力信号发生器；2—被校表；3—HART 编程器；
4—标准 250Ω 电阻；5—标准数字电压表；6—24V 稳压电源

（2）校验前确认：

① 稳定电源确定是否为 24V DC 。

② 确认电源线及信号线极性是否正确。

③ 确认压力管各接口有无泄漏。

④ 预热 10min。

⑤ 将阻尼置“0”位，压力连接口开放连通大气。

⑥ 校验时使用的标准仪器量程要尽量接近被校表的实际量程。

3）手动校验

（1）手动校验步骤：

① 将被校表压力连接口开放通大气调整零点，即在无压力信号的情况下调整“Z”零点螺钉，使变送器输出为 4mA。

② 给变送器输入量程信号，使变送器输出为 20mA，若有偏差，调整“R”量程螺钉，将输入压力信号稳定一段时间观察表头输出是否稳定。

③ 按照上行及下行进行五点校验，使仪表的刻度与压力信号相对应，即：

仪表刻度/mA：4、8、12、16、20。

压力刻度/%：0、25、50、75、100。

经反复调整至变送器的误差，变差等符合仪表的使用精度。

④ 在校验过程中，严格按上、下行程实际示值填写，并计算出误差及变差。若超出仪表精度，必须重新调校，直到符合要求为止。

⑤ 校验单填写要求真实，不得涂改，小数点后两位为有效数；填写好后，校验者及技术人员应签名存入档案。

（2）校验绝对压力变送器的方法：

① 正压室接真空泵、标准真空表或真空计。

② 借助正压室的锥形堵头或泵上的放空阀调节真空度。

③ 送入正压室的绝对压力应为当时的大气压减去真空计上的读数。

④ 当测量范围不从绝对压力为零作始点时，则应调整正向迁移机构，使正压室的绝对压力为测量范围的下限时，仪表的输出电流为 4mA DC。

4）现场 HART 手操器校验

安装后，可用 HART 通信器进行现场校验。HART 通信器校验步骤如下：

（1）把 475 通信器连接到一安装和通电的智能双法兰变送器（在控制室、变送器或回路中任何其他接线端子上）。

（2）按 475 通信器连接“I/O”开机键，通信器自检并检测到变送器后，提示“Online”。

（3）按向右键“→”，选“1Device setup”进入变送器组态。

（4）按向下键“↓”，再按向右键“→”选“3 Basic setup”进入变送器参数组态。

（5）按向右键“→”选“1 Tag”进入变送器工位号组态。

输入变送器工位号（如 LT- 1101），按“ENTER”存入数据。按“SEND”传送数据。

（6）按向下键“↓”，再按向右键“→”选“2 Unit”进入变送器工程单位组态。

按向上键“↑”或向下键“↓”选择变送器工程单位（如 kPa），再按“ENTER”，根据提示按“OK”。

（7）按向下键“↓”，再按向右键“→”选“3 Range values”后，再按向右键“→”选“1 Keypad input”进入变送器量程组态。

按向右键“→”选“ 1 LRU **** kPa”，根据提示按“OK”后进入变送器零位组态，输入变送器零位(即范围下限，如-100kPa)，按“ENTER”存入数据。

(8) 按向下键“↓”，再按向右键“→”选“2 URV **** kPa”，根据提示按“OK”后进入变送器量程(即范围上限，如-15kPa)，按“ENTER”存入数据。

按“SEND”传送数据，根据提示连接“OK”后完成了变送器量程范组态。

(9) 返回“Basic setup”变送器参数组态画面，按向下键“↓”，再按向右键“→”选“6Damp **** s”，进入变送器阻尼组态，输入变送器阻尼后，按“ENTER”确认。

(10) 按“SEND”传送，即完成了变送器的组态。包括：工位号、工程单位、零点(范围下限)、量程(范围上限)和阻尼等参数(根据需要，可对变送器线性或方根特性进行设置)。

4. 使用和维护

1) 使用

(1) 仪表启用前，做好一切检查准备工作，需要灌隔离液的仪表，将隔离液灌好，并注意将气泡排除干净。

(2) 启动压力变送器时，应接通电源，预热3min，再缓慢打开引压阀，以免压力过猛冲入仪表，损坏测量元件。

2) 维护

(1) 仪表运行时，应保持外观清洁无污物，表盘刻度清晰。

(2) 校验调整零点，必须在测量初始压力下进行。

(3) 测量有冷凝液的气体或有污垢的液体压力变送器，要定期排污，并保持仪表周围的环境清洁。

(4) 仪表引压管、阀门及接头等不得渗透。

(5) 定期对仪表进行校验，仪表检验周期一般为一年或一个装置检修周前期。

5. 检修与恢复使用

(1) 根据检查、校验中查出的故障情况，运用备品配件与修理技术，修复变送器。

(2) 按本节检查与校验步骤进行检查、校验，各项性能应符合技术指标要求。

(3) 常见故障与检修：智能变送器常见故障检查见表18-1。

表18-1 智能压力/差压变送器常见故障检查对照表

序号	故障现象	检查项目	处理方案
1	输出指示表读数为零	检查电源电极是否接反	纠正接线
		电源电压是否为10~45V DC	恢复供电电源24V DC
		检查接线座中的二极管是否损坏	更换电子线路板
		电子线路板损坏	更换电子线路板
2	变送器不能通信	检查变送器上电源电压(最小值10.5V)	恢复供电电源24V DC
		检查负载电阻(最小值250Ω)	增加电阻或更换电阻
		检查单元寻址是否正确	重新寻址
3	变送器读数不稳定	检查测量压力是否稳定	采取措施稳压或等待
		检查阻尼	增加阻尼
		检查是否有干扰	消除干扰源

续表

序号	故障现象	检查项目	处理方案
4	仪表读数不准	检查仪表引压管线是否畅通	畅通引压管
		检查变送器设置是否正确	检查设置，重新设置
		检查系统设备是否完好	保障系统完好
		仪表没校准	重新校准
5	有压力变化，输出无反应	检查仪表引压管线是否畅通	畅通引压管
		检查变送器设置是否正确	检查设置，重新设置
		检查系统设备是否完好	保障系统完好
		检查变送器安全跳变器	重新设置
		传感器模板损坏	更换传感器模板

(4) 仪表安装。仪表经过维护、检修后符合使用条件，进行安装。如果经过拆卸，应该更换原来用过的垫片。垫片应该符合使用要求，避免系统压力、介质、温度等对其有影响。

(5) 安装仪表后，确定各部件连接已经正常，打开导压管的截止阀，逐一检查变送器的各个连接部位是否有泄漏点，如果有漏点，关闭截止阀，并对漏点进行处理。安装完成后，将变送器正确接线。检测仪表的输出是否正常。如符合使用的标准，通知工艺人员，恢复仪表的使用。

第二节　温度仪表

一、总则

1. 主题内容与适用范围

1) 主题内容

本节规程规定了中石油江苏 LNG 接收站(含如东分输站)常用测温元件与测温仪表的技术标准、检查校验、使用维护以及检修的内容和方法。

2) 适用范围

本节规程适用于 PT100 热电阻、智能化温度变送器的维护与检修。

2. 编写及修订依据

编写及修订参考了上述仪表的有关资料、说明书。

二、PT100 热电阻

1. 概述

热电阻是以铂丝或铜丝制成的测温元件，它是利用金属的电阻值随温度变化而变化的特性来测量温度的。按国家规定，从 1988 年起，采用 IEC 标准分度，即用 Pt100、Pt10、Cu50 等。

2. 技术标准

（1）热电阻在0℃时的阻值(R_0)与其在100℃时的阻值(R_{100})之比（$W_{100}=R_{100}/R_0$），如等几种。

（5）绝缘电阻：电阻元件与保护管之间的绝缘电阻，铂电阻≥100MΩ(100V)。

3. 检查校验

1）检查

（1）外观检查：热电阻元件和引线应清洁、干燥、完整、无锈；金属电阻丝绕制整齐，无外露碰壳；骨架无破裂，无明显弯曲；电阻体的导热片应紧贴温度计的保护套管内壁。

（2）接线盒各部件应完整，螺丝有弹簧垫圈，密封性能好；对装在室外或可能有水气渗入的接线盒，外部须有防水罩。

（3）对于正在使用中的热电阻，应定期检查其热阻性能、绝缘电阻，检定周期一般为3~5年。重要的和特殊使用的热电阻，按实际要求定期检查。

（4）保护套管一般4~5年检查一次(对于安装在腐蚀及磨损严重地方的保护套管，每次停工检修期间均应检查)。保护套管应能承受1.25倍工作压力，无渗漏(当使用温度低于400℃，工作压力低于允许压力的1/3时可免试)。

2）校验

（1）校验仪器与设备：

① 不低于0.05级的直流电位计：1套。

② Ⅱ级标准电：1套。

③冰点槽(广口保温瓶)：1只。

④ 水沸点槽：1只。

⑤ 分度为0.1℃的标准水银温度计：1支。

⑥ 标准直流电流表(0~10mA)：1只。

⑦ 旋钮式电阻箱，双刀切换开关、电池：各1个。

（2）检验方法：

① R_0(冰点)值测定：

将热电阻放入内径合适的玻璃试管或其他绝缘薄壁的套管户，套管长度250~300mm，管口用棉絮塞紧以免空气对流。将试管插入有冰水混合物的冰点槽中，插入深度不小于150mm，距槽底及周边距不小于20mm，电阻周围的冰层厚度不小于30mm。用分度为0.1℃的标准水银温度计，轻轻插入拔好孔的冰点槽中，待冰水混合物温度达到(0±0.1)℃并稳定30min后，即可测量R_0值，在测量过程中，必须保持适量的水，R_0可用电桥测量。

按实测的U_N、U_X值，计算出$R_X=R_NU_X/U_N$，取其平均值，即为R_0。

② R_{100}(沸点)值测定：

将装在套管中的热电阻和标准水银温度计插入沸腾的沸点槽中心，深度不小于150mm，不可碰到加热元件，并保持沸腾状态。

校验接线及测量方法同前，当然电阻阻值在3~5min不再变化时即可测量。同时，记下标准水银温度计的示值。

③ 做好校验记录并交审核。

4. 使用和维护

(1) 根据被测介质的特性及操作条件，选用合适材质、厚度及结构的保护套管和垫片。

(2) 热电阻安装的地点、深度、方向和接线应符合测量技术的要求，并便于维修检查。

(3) 热电阻测量电路里，必须包括热电阻和测量仪表，两者的接线有二线制、三线制和四线制之分。我公司所使用的热电阻接线皆为三线制。使用三线制时，因为基本能消除导线电阻的影响，故比两线制测量精度高。

(4) 使用于0℃以下的热电阻，应在其接线座下灌蜡密封，使其与外界隔绝。

(5) 热电阻首次使用前，必须经过一定的技术检验，确认合格，方可使用。

5. 检修

(1) 断线焊接：热电阻导线的断线可用万用表进行检查。热电阻导线或引出线断开后，可采用电弧焊进行焊接，并根据不同的导线材料选用不同的电源电压。

(2) 短路处理：用万用表在室温的情况下，按不同分度号的热电阻进行检查，如果阻值小于规定值，说明有短路。这时，可将电阻丝一圈圈拆下，查明短路的地方，用绝缘漆或云母片加以绝缘。然后用电桥测量，使电阻值符合要求。

(3) 绕制：热电阻如有腐蚀变质或多处断线，则必须重新绕制。绕制导线的材料应符合热电阻所规定的技术特性。如骨架不能使用，应按原有尺寸进行制造。

(4) 如果热电阻导线的断线、短路故障无法处理，绕制又比较困难的，则更换该热电阻。

三、温度变送器

1. 概述

温度变送器将现场PT100电阻信号，通过变送器转换为标准4~20mA信号，并远传至相应的DCS、PLC等控制系统。

2. 变送器校验

(1) 使用HART对温变进行通信，输入一次元件的类型、零点、量程、仪表的位号。为了提高仪表的稳定性，可以适当输入阻尼等参数。对于补偿的设置，一般设置为内部补偿方式。注意通信时回路中串联250Ω的电阻。

(2) 一次元件是热电阻的温变的校验。

(3) 将变送器正确接线。

(4) 用电阻箱在输入端输入零点所需要的电阻值(例如100Ω)，调整零点，使输出为4mA。

(5) 用电阻箱在输入端输入量程所需要的电阻值(例如200Ω)，调整量程，使输出为20mA。

分别输入25%、50%、75%所需要的电阻值，并测量输出应该分别为8mA、

12mA、16mA。

3. 使用与维护

(1) 检查一次元件是否正常，好用。方法如下：在温变上将一次元件的导线拆开，用万用表的电阻挡测量一次元件的通断。对于热电阻，应该有一个比较适合的数值。

(2) 如果一次元件没有问题，检查现场环境是否对温度测量有影响。一次元件应该与外界完全隔离。尤其是测量低温介质的温度，更应该做好隔离，并防止介质泄漏。

(3) 变送器的检查。检查变送器的供电是否正常，检查信号的输入和输出是否正常。如果输入和输出信号正常，检查变送器的零点和量程。如有问题，予以改正。

(4) 检查输入式安全栅的电源输入和输出是否正常，如不正常，予以校正。变送器常见故障处理方法见表 18-2。

表 18-2 温度仪表故障处理方法

序 号	故障现象	原因分析	故障处理
1	温度指示偏高	1. 介质温度确实偏高。 2. 温变零点高或量程变小。 3. 外界环境影响	1. 无须处理，告知工艺原因。 2. 温变校验。 3. 消除环境影响
2	温度指示偏低	1. 工艺介质温度确实低。 2. 温变零点低或量程变大。 3. 外界环境影响	1. 无须处理，告知工艺原因。 2. 温变校验。 3. 消除环境影响
3	温度指示最大	热电阻(或回路)断路	检测元件处理或更换
4	温度指示最小	热电阻(或回路)短路	检测元件处理或更换

4. 检修

(1) 一次元件在没有护套的情况下，如果检测元件损坏，必须进行更换，如果工艺可以进行停车，则迅速更换；否则，等到下次停车再进行处理。

(2) 正常情况下，一次元件的校验周期是 3~5 年。停车过程中，只要线路没有损坏，可以不做特殊处理。

(3) 对于关键的检测点，需要短期内进行校验和标定的，可以和计量部门取得联系，并委托其专职人员进行有效地检定。

第三节 流量仪表

一、总则

1. 主题内容与适用范围

1) 主题内容

本节规定了中石油江苏 LNG 接收站(含如东分输站)常用流量检测仪表的维护检修内容及方法。本节对节流装置、电磁流量计、质量流量计的原理进行了概述，规定了其技术标准、检查校验、使用维护以及检修的内容和方法。

2）适用范围

本节适用于中石油江苏 LNG 接收站(含如东分输站)各类流量仪表的维护及检修。

2. 编写修订依据

本节依据《中华人民共和国国家计量检定规程汇编——流量》以及有关的《仪表校验规程》、各类流量计操作手册编写修订而成。

二、节流装置

1. 概述

节流装置是设在管道中能使流体产生局部收缩的节流元件和取压装置的总称，基于伯努利方程和流体连续性原理设计而成。当流体经节流元件时，流通截面减小或突然收缩，流体流速增大，使节流元件前后产生压差。流量越大，压差越大，从而可通过测量压差来测量流量大小。

应用及特点：节流件的形式较多，常用的有孔板、喷嘴、文丘利管等。有些场合也采用变形节流件，如 1/4 圆孔板、圆缺孔板、双重孔板等。节流装置最常用的取压方法有法兰取压和角接取压两种。现以标准孔板为例说明。

流量测量用的节流装置结构简单、使用寿命长、适应性广，几乎能够测量各种工况下的单相流体和高温、高压下的流体的流量。标准节流装置已经不需要单独标定，精确度可达±1%，与其配套的差压计系列齐全、品种较多并有标准产品，和其他单元仪表组合可实现流量的指示、记录和积算调节等。

节流装置的设计、加工和安装要求严格，上、下游需要有足够的直管段长度，其测量范围较窄(一般为 3∶1)，压力损失较大，仪表刻度为非线性，有时维护工作量较大。

2. 技术标准

(1) 圆筒形开孔直径 d：应等角距不少于 4 个单侧值，任何一个测量值平均值之差不得超过 0.05%。

(2) 孔板开孔圆筒形部分长度 e：其尺寸为 $0.005D \leqslant e \leqslant 0.02D$。

在两点或多点上测得的 e 值之间的最大偏差不得超过 $0.001D$。其表面的粗糙度不应高于 $Ra=0.80\mu m$、$Rz=3.20\mu m$、其中，D 为管道内径。

(3) 孔板厚度 E：其尺寸为 $e \leqslant E \leqslant 0.05D$。

当 $E>0.02D$ 时，出口处应有一个向下游扩散的光滑锥面，其圆锥角应在 30°~50°，其表面粗糙度为 Δ。各处测得 E 值之间的最大偏差不得超过 $0.005D$。

(4) 孔板上游侧端面上连接任意两点的直线与垂直中心平面之间的斜率应小于 1%。粗糙度如下：

$50mm \leqslant D \leqslant 500mm$ 时，$Ra=1.6\mu m$，$Rz=6.3\mu m$ 。

$500mm \leqslant D \leqslant 750mm$ 时，$Ra=3.2\mu m$，$Rz=6.3\mu m$。

$750mm \leqslant D \leqslant 1000mm$ 时，$Ra=6.3\mu m$，$Rz=25\mu m$。

(5) 孔板开孔入口边缘和出口边缘，应无毛刺、划痕和可见损伤。

(6) 法兰取压孔板的手柄，应刻有表示孔板安装方向的符号即流体由“+”流向“-”、孔板出厂编号、安装位号、管道内径 D 和孔板开孔 d 的实际尺寸值。环室取压孔板，上述各种符号和数据应刻在下游侧端面的边缘上。

(7) 角接取压时，上、下游侧取压孔的轴线与孔板(或喷嘴)上、下侧端面的距离分别等于取压孔径的一半或取压环隙宽度的一半。

(8) 法兰取压时，上、下游侧取压孔的轴线分别与孔板上、下游侧端面距离等于(25.4±0.8)mm。钻孔直径应符合表18-3要求。

表18-3 钻孔直径表

管道公称通径(DN)/mm	25~40	50~80	100
钻孔直径(ϕ)/mm	≤6	≤10	≤12

3. 检查安装

1) 检查

(1) 检查直径、节流装置孔径是否符合设计要求。

(2) 节流装置加工精度是否符合要求，“+”“-”标记是否正确。

(3) 节流装置安装时所用垫片的内径，应比管道内径大2~3mm，可避免紧固时产生突出部分，影响测量精度。

(4) 节流装置所用法兰焊接后必须与管道垂直，不得歪斜。焊接缝应无焊接部分，平整光滑，不产生节流作用。

(5) 节流装置前后，直管段应符合安装标准。在1倍于管道直径的距离内无明显不光滑的突出部分，无电(气)焊的熔渣，无露出的管接头、铆钉等。

(6) 节流装置安装在管道中应保持节流装置前段面与管道轴线垂直，不垂直度不超过±1%。

(7) 节流装置安装在普通管道中，其中心线必须与管道同心，其允许的最大不同心度(不同轴度)，不得超过公式(18-1)计算值：

$$e \leqslant 0.015D(1/\beta-1) \tag{18-1}$$

式中 e——不同心度；

D——管道内径；

β——直径比(d/D)。

(8) 环室取压时，环室内径不得小于管径内径，可比管道直径稍大。

(9) 孔板、环室及法兰安装前，应清洗积垢和油污，并注意保护节流孔锐边不得碰伤，节流装置安装，应在管道吹洗干净后及试压前进行，以免管道内污物将节流装置损坏或将节流孔堵塞。

2) 安装

(1) 节流装置安装的方向必须使孔板的圆柱形锐孔端面对着流体的流向，不能装反。

(2) 节流装置取压口一般设置在法兰、环室或夹紧环上。法兰、环室和夹紧环的安装，应考虑被测流体为液体时防止气体进入导压管；被测介质为气体时防止水和脏污进入导压管。为此，安装时取压孔的方向应符合下列规定：

① 测量液体流量时，取压孔应位于管道下半部与管道水平中心线成0°~45°夹角。

② 测量蒸汽流量时，取压孔应位于管道上半部与管道水平中心线成0°~45°夹角。

③ 测量气体流量时，取压孔应位于管道上半部与管道垂直中心线成0°~45°夹角。

在流体由下向上流动的垂直管道上，两个差压取压口可在管道的同一侧或分别位于两侧。

（3）节流装置与垫片的中心必须与管道的中心重合，垫片不得突入管道内。其偏心度不得超过如下规定：

① 当 $d/D>0.6$ 时，应小于 $0.01D$。

② 当 $d/D>0.4$ 时，应小于 $0.015D$。

③ 当 $d/D<0.4$ 时，应小于 $0.02D$。

4. 使用和维护

（1）导压管、附件、阀门确保无泄漏。

（2）定期排污，排污周期视物料状况而定。带调节的回路，排污时应切手动。

（3）伴热状况应符合设计要求。只需要冬季伴热或保温的回路，在气温变化之前，对伴热和保温应做一次全面检查。

（4）运行中发现指示不正常时，在确认仪表、导压管、阀门等无异常情况后，才能对孔板进行检查。

（5）对有隔离罐或冷凝罐配套安装的流量计，进行零位校对检查时，必须严格按照先关闭 高压侧阀，然后打开平衡阀，再关闭低压侧阀的顺序进行。零位校正正确后，则先打开高压侧阀，然后关闭平衡阀，最后打开低测压阀，仪表开启使用。切不可先打开平衡阀操作，否则会使高压侧的隔离（冷凝）液冲向低压侧，仪表造成两侧隔离（冷凝）液不平衡，给测量带来误差。

（6）每3个月对导压管、隔离罐、冷凝罐进行1次吹洗。

（7）重要的节流装置每年或装置的一个运转周期都应检查、清洗1次。一般的节流装置则需3~5年检查1次。

5. 检修

（1）清除孔板污垢，在清除时应保护上、下游侧的尖锐边缘不受损伤。因此，不得用砂纸、锉刀等工具进行打磨。

（2）几何形状检查。几何形状应满足原设技要求。当开孔面有毛刺、伤痕或边缘不尖锐等缺陷时，可以经研磨后使用。孔径超差时，应进行核算，必要时应对仪表的示值加以修正。

（3）直管段的检查按节流装置安装标准。

（4）节流元件严重腐蚀时，应该检查使用材质是否恰当；当有严重冲蚀时，应检查、分析介质有无气化现象，必要时更换节流元件。

（5）节流元件不需要标定，但如被测介质的工况有变化时，必须重新计算，进行修正。

（6）节流装置的取压口或环室被脏污或胶状物堵塞，可用铁丝疏通取压口，取出环室内脏物，再用煤油或合适的溶剂进行清洗。

（7）孔板发生弯曲变形时，仪表的指示将产生明显的误差。这时，应该对变形的节流装置进行更换，并查出原因，采取相应的措施，防止变形再次发生。

三、电磁流量计

1. 概述

1）适用范围

本规程适用于中石油江苏液化天然气接收站在线使用的电磁流量计。其他同类型仪表参照使用。

2）工作原理及特点

电磁流量计是基于电磁感应定律而工作的流量测量仪表。当导电的被测介质垂直于磁力线方向流动时，在与介质流动和磁力线都垂直的方向上产生一个感应电动势 E_X，它与被测介质在磁场中运动的速度成正比，其关系式(18-2)如下：

$$E_X = BDv \tag{18-2}$$

式中 B——磁感应强度，T；

D——导管直径，即导体垂直切割磁力线的长度，m；

v——被测介质在磁场中运动的速度，m/s。

流体流速 v 与管道截面积 A 相乘，即可得体积流量 Q。因此，它是一种速度式流量计。它由检测和转换两个单元组成。被测介质流经检测单元变换成感应电势，然后再由转换单元将感应电势放大，转换成 4～20mA DC 的直流标准信号输出，或转换成脉冲信号输出。

电磁流量计适用于导电液体的测量，不能测量气体和导电率极低的油类、有机溶剂。采用涂层或耐腐蚀衬里，可用于测量各种腐蚀性液体的流量，也可用来测量含有固体颗粒或纤维液体的流量。

电磁流量计测量时不受流体的温度、压力、密度、黏度及流动状态等参数的影响；检测部分无可动部件和突出于管道的部件；几乎没有压力损失；没有测量滞后现象，反应灵敏；输出信号与流量大小呈线性；测量范围宽，可测正反方向流体的流量。

2. 技术标准

(1) 测量精度：±0.5%；±2.5%(与流速有关)。

(2) 流速范围：0～10m/s。

(3) 通径范围：2.5 ～3000mm。

(4) 流体电导率：5～20μS/cm(标准型)；>0.1μS/cm(低导电率型)。

(5) 输出信号：4～20mA DC 或脉冲信号。

(6) 环境温度：-20～60℃。

(7) 电源电压：24V DC、100～240V AC/48～63Hz。

上述技术指标及其他技术指标，如使用温度和压力、电缆线长度、电极和衬里材料、外壳密封类型、防暴等级以及电源电压等，根据不同型号制造厂均有具体规定。

3. 检查校验

电磁流量计若安装不妥，会明显影响测量精度和其他性能，甚至使仪表不能正常工作。因此，安装时应严格按规定进行。

（1）仪表应避免安装在有较强的交、直流磁场或有剧烈振动的场所。环境温度、湿度应符合制造厂的规定。

（2）流量计最好安装在垂直管道上，流体方向自下而上，以保证流量计导管内充满被测液体或不致产生气泡，确保测量精度。特别是对于液固两相介质，垂直安装可以使衬里磨损比较均匀和防止被测介质互相分离，不容易使杂质在测量管底部产生沉淀。若需水平安装时，必须使电极处于水平方向，以防止沉淀物堆积于电极上而影响测量精度。同时，应使流量计安装位置稍低于流体出口管道或使流量计具有一定的背压。

（3）对使用在易产生气泡的场合，须在流量计前安装放气孔。

（4）整体化流量计水平安装使用在高温、热辐射的场合，转换部分朝下安装，防止转换器的线路板过热。

（5）为了检修和校验，流量计的两端应装设阀门和设置旁路及旁通阀。

（6）当工艺管道和流量计口径不一致时，流量计两端应安装渐缩管，渐缩管的圆锥角应不大于15°。

（7）为避免流速分布及对测量的影响，流量调节阀应设置在流量计的下游。流量计上游有一定的直管段长度；对于90°弯头、三通、扩大管或全开截止阀，直管段长度$L=10D$，下游直管段无严格要求，一般有(2~3)D即可。

（8）电磁流量计必须有良好的接地，以减少干扰信号引入。接地有两个方面的要求：一是传感器与转换器的接地线必须与被测介质导通。二是要以大地为零电位。

① 传感器外壳与金属管道两端应有良好的接触并接地，转换器外壳亦应接地。在不能保证传感器外壳与金属管道接触良好的情况下，应用金属导线把它们连接起来，再可靠接地。

② 当工艺管道为非金属或其他绝缘管时，应在传感器外壳与工艺管道之间装上接液环(又称接地环)，接液环内径略小于传感器口径，以保证其内径与液体接触。接液环的柄应接地良好，传感器外壳与接液环之间要用导线接通。

③ 接地点应单独设置，不允许与其他电气设备的地线共用，以避免漏电流的影响。接地的位置与电磁流量计的距离愈短愈好，接地电阻应不大于10Ω。

④ 接地装置可用ϕ(12~16)mm，长度为1~1.5m的铜棒，打入潮湿的地里，接地线采用截面积大于4mm^{2}的多股铜线。

（9）对分体型电磁流量计，为了避免干扰信号，传感器与转换器之间的信号线必须采用专用屏蔽导线，并应单独穿在接地钢管内。严格按要求连接导线和屏蔽线，不允许把信号电线和电源线安装在同一根钢管内。接线后，应将传感器和转换器出线孔的密封橡皮圈用螺纹接头旋转压紧，把盖板盖严，防止潮气、腐蚀性气体及积水进入仪表。

（10）当电磁流量传感器需要安装在地下管线上时(如给排水和污水处理系统的地下管线)，需要设置仪表井。

（11）在流量变化幅度较大的场合，为满足大小流量均能测量，又能在仪表合适的测量范围内(指示值最好在50%以上)，以提高测量精度，可选用多量程流量计或两台传感器并联安装的方法。

（12）标定：

① 流量计检定周期为1~3年或一个装置运转周期。由于电磁流量计输出的感应电势与流体的温度、密度、黏度等参数无关，仅取决于流速。因此，仪表在进行标定时，无论被测介质种类如何，都可用水作介质，不必用实际流体进行实流标定。

② 流量计应在其流量上限值70%~100%范围内，至少运行5min后方可进行正式示值标定。

③ 标定的方法一般采用容积法。在稳定流量下，用实验介质通过被校流量计，当输出为模拟信号时，测得注满标准容器的体积V和所需的时间t，求得实际流量，与被校仪表的指示值比较，即可算出仪表误差；当输出为脉冲信号时，测得一定容积内被检仪表输出的脉冲数，再计算仪表系数、流量计的基本误差和重复性。

④ 标定装置的误差不应超过被检流量计基本误差限的1/2。每次测量时间应不少于标定装置允许的最短测量时间。

⑤ 输出模拟信号时，对准确度不高于2.0级的流量计，检定点应包括流量计最小流量q_{min}和最大流量q_{max}在内的至少3个检定点，且均匀分布。对准确度高于2.0级的流量计，检定点应包括流量计最小流量q_{min}和最大流量q_{max}在内的至少5个检定点，且均匀分布。输出频率信号时，检定点包括q_{min}、$0.07q_{max}$、$0.15q_{max}$、$0.25q_{max}$、$0.4q_{max}$、$0.7q_{max}$和q_{max}；当后6个检定点流量小于q_{min}时，此检定点可不计。

⑥ 每个检定点至少检定3次。

4. 使用和维护

1）仪表使用前的检查

（1）核实流量计的测量范围、耐温、耐压值是否与被测流体相符；当测量腐蚀性介质时，应注意流量计的材质是否符合要求，对于分体式流量计，检查传感器和转换器型号、编号，确认必须配套。

（2）检查流量计安装是否符合规定要求，流量计壳体上的箭头方向是否与流体流向相符，接线是否正确牢靠。

（3）仪表的密封点是否有泄漏，上、下游直管段的长度是否符合要求。

（4）检查仪表的零件，并按制造厂规定的调整方案进行调零。调零前，要注意测量管完全注满液体，并使液体完全出于静止状态。

（5）检查被测介质的电导率是否在规定范围内。对于分体式流量计检查传感器与转换器之间的电缆线是否超过规定长度。

2）仪表的投运

打开流量计的前、后阀门，关闭旁路阀门，使仪表投入运行，运行中，仪表各参数不得随意改变。

3）仪表投运后维护

（1）测量有附着沉淀物的流体，或由于长期使用后，导管内壁有积垢层，电极表面受到污染，从而引起仪表零位漂移，严重时电极会被积垢层短路，因此必须定期清洗内壁和电极。清洗措施如下：

① 用增加流体流速的方法（流速控制在2m/s以上），除去积垢。

② 在流量计下游端安装清洗口进行清洗。

③ 选用带有清洗装置的电极（如机械清洗、超声波或电压清洗），进行定期或连续清洗。

（2）对长期工作在酸、碱、盐雾较浓的场所的仪表，必须加强防腐保养，避免仪表、信号插座等被腐蚀，绝缘被破坏，造成仪表故障，缩短使用寿命。

（3）应注意不能在流量计内部产生负压。例如，在测量较高温度的流体时，应等流体冷却后才能关闭流量计上、下游阀门，以免流量计内介质冷却收缩成负压，导致衬里变形或剥落。严重时，电极短路，造成仪表损坏。

（4）仪表显示出现异常，查找原因时，可以从三个方面来分析、检查：

① 工艺管道中流体的流动状态、介质性质和周围环境、干扰对测量的影响。例如，流量计内部未充满介质；流体中含有气泡、油污黏附在电极的表面；流量计接地不可靠；周围有强电磁场干扰；管道上有较强的漏电流等。

② 传感器故障对测量的影响。例如，传感器受潮或信号线破损，使信号对地短路或信号线断路；电极泄漏或衬里损坏时电极绝缘损坏；传感器电路方面出现故障，等等。

③ 转换器故障对测量的影响。例如，转换器内部电路故障，输出开路或与地短路。

5. 检修

（1）拆装和检修时，应注意防止传感器衬里层破坏。

（2）应注意仔细清除传感器内壁衬里和电极上的结垢。

（3）当发现传感器电极渗漏、激磁绕组与外壳绝缘不好或衬里损坏，不能可靠地修复时，应予以更换，更换后要重新标定。

（4）在传感器内部充满液体的情况下，检查电极、各绕组对传感器外壳的绝缘电阻，应符合制造厂规定（一般绝缘电阻大于 50MΩ，转换器任一接线端对地电阻应超过 10MΩ）。

（5）常见故障及排除：

① 当流量计显示出错信息时，根据所显示的故障代码，确定故障内容，并加以排除。

② 流量计无指示：保险丝是否熔断；流量计传感器壳体上的箭头是否与流体流向一致；传感器是否充满液体；接地是否良好；电极是否粘有污物。

③ 零点不稳定：传感器是否充满液体；液体中是否混有气泡；阀是否泄漏；流量计接地是否良好。被测介质的电导率是否过小；电极上是否粘有污物；流量计是否靠近马达、变压器等其他电器设备。

④ 流量计指示与实际流量不一致：

转换器中是否在正常方式；传感器中被测介质是否满管，有无气泡；接地是否良好；零位及量程是否正确；被测介质的电导率是否过小；电极上是否粘有污物；上游阀门是否全开。旋涡频率波形是否异常（如异常时可检查直管段长度、流体条件、旋涡发生体和流路表面有无大量附着物、采蒸汽时有无冷凝水等）；当波形无异常而误差较大时，可检查实际雷诺数与流量；若为插入式探头，应对仪表常数进行修正；若被测介质温度较高或较低，会引起探头尺寸的变化，应对仪表常数进行修正。

第四节 轴振动和轴位移检测仪

一、总则

1. 主题内容与适用范围

（1）本规程规定了中石油江苏液化天然气接收站转动机械的轴振动与轴位移检测仪表的维护检修要求。

（2）本规程适用于本特利公司（Bently-Nevada）7200、3300 系列探头直径为 5mm、8mm、11mm、14mm、非接触趋近电涡流式轴振动和轴位移监测仪表和 3500 监测系统。其他系列非接触趋近电涡流式仪表可参照执行。

2. 编写修订依据

美国石油学会 API 标准 670 第二版。《振动、轴向位置和轴承温度监测系统》；《3500/40 位移监测器模块》；《3500/20 框架接口模块》；本特利公司产品操作和维修手册；中国石化《工程建设施工标准规范汇编》（第六分册）。

二、3300 系列

1. 概述

1）系统组成

本特利 3300 系列仪表是由趋近式探头、延伸电缆、前置器（振荡-解调器）、信号电缆、监测器所组成的系统。

2）工作原理

仪表测量采用趋近电涡流原理。探头由通有高频信号的线圈构成，被测轴金属表面与探头相对位置变化时，形成的电涡流大小改变，使探头内高频信号能量损失大小变化，这个变化信号通过前置器转换成位置变化相对应的电压信号送到监测器显示或报警。

2. 技术标准

轴振动通道的灵敏度为 7.874V/mm，在 2mm 的工作范围内，误差不大于±5%。

轴位移通道的灵敏度为 7.874V/mm，在 2mm 的工作范围内，非线性偏差不大于 25.4μm。

在下列允许工作温度范围内，温度变化影响的最大附加误差不大于仪表使用范围的 5%。

工作温度范围：

（1）探头和延伸电缆：-34～177℃。

（2）前置器：-34～66℃。

（3）监测器和电源：-29～66℃。

3. 检查校验

1）检查项目

（1）探头及组成电缆组件完整无损，接头无氧化锈蚀，端部的保护层不应有碰伤或剥落的痕迹，紧固件齐全好用，接线盒无损坏。

（2）延伸电缆完整、无短路、无开路、接头无氧化锈蚀，保护层无破损。

（3）前置器完整无损，安装盒无脱漆、变形和密封不良现象，前置器与安装盒之间需有良好的绝缘层。

（4）信号电缆屏蔽层接地良好，用500V兆欧表检查信号线间及对地绝缘电阻应大于5MΩ，并要求单点接地。

（5）监测器部件完好，其电源单元监测指示、报警、复位、实验功能正常，零位准确。

2）校验用仪器

（1）本特利公司的TK3-2E校验仪。

（2）41/2位数字电压表。

（3）24V直流稳压电源。

（4）函数发生器。

3）传感器校验

（1）将探头组成电缆与延伸电缆连接；延伸电缆另一端接到前置器上；前置器电源端(-24V DC)、公共端(common)接入-24V DC电源；公共端(common)、输出端(output)接入数字电压表。

（2）用合适的探头夹把探头固定在探头座上，使探头顶端接触到校验靶片。

（3）将-24V DC送到前置放大器的电源端和公共端，调节TK3-2E校验仪上的螺旋千分尺，使示值对准0mm处，然后将千分尺的示值增加到0.25mm，记录数字电压表的电压值(此值为前置器输出电压)。以每次0.25mm的数值增加间隙，直到示值为2.5mm为止，并记录每一次的输出电压值(校验点不少于10点)。

（4）根据所记录的数据，绘制出被校探头传感器系统的间隙-电压曲线，它反映了传感器的特性。

（5）根据所绘制的间隙-电压曲线，确定出传感器系统的线性范围，应小于2mm。计算出传感器系统的灵敏度应为7.874V/mm，在线性范围内的非线性偏差不大于20μm。电压增量除以间隙增量为灵敏度。传感器线性范围的中心为轴位移传感器的静态设定点。

（6）振动传感器的校验方法与数据记录同轴位移传感器一样，同时也要绘制出传感器系统间隙-电压曲线，并计算出灵敏度，在2mm的线性范围内传感器系统的误差不大于±5%。传感器线性范围的中心为振动传感器安装的参考点。

4）轴振动监测器校验(适用于3300/15/16)

（1）检查并校准监测器零位：

① 打开前面板，将A通道调整开关(AA)置于左边，左边侧液晶柱显示的A通道振动信号将开始闪亮，按下并按住前面板上的GAP键。

② 当间隙键(GAP)被按下时，短接两个自检针头(ST)，此时的间隙电压值则作为新的零位存储下来。

③ 重新将AA置于右边(OFF)，关上前面板。

④ 重复以上内容，AB代替AA，完成对B通道的校验。

（2）接通电源，检查电源单元及实验和复位功能应正常。

（3）振动监测器通道校验：

① 用函数发生器，从监测器 A 通道输入端 COM 和 IN 加入一个具有-7V DC 偏置电压 100Hz 的正弦波形的校验信号，信号幅值用 41/2 位数字交流电压表测量。

例：探头的灵敏度为 7.874V/mm，表头满量程为 0.125mm，则满量程电压＝7.874×0.125＝0.984$V^{p-p(峰-峰)}$。

调整函数发生器幅值等于满量程电压。用万用表在 A 通道实验点(TA)上，测量电压是否满足+5V DC。若电压值不符，调整增益电位计(GA)，达到+5V DC。

② 重复以上内容，用 TB 代替 TA，GB 代替 GA，完成对 B 通道的校验。

3300 系列的允许误差为满量程的±0.33%，最大允许误差为±1%。

③ 对每台监测器通道逐一进行校验，并做好原始校验数据记录，保存校验数据。

5）轴位移监测器校验(适用于 3300/20)

（1）检查并校准监测器零位：

① 从信号输入模块上，A 通道的公共端(COM)及信号输入端(IN)拆下电缆线。

② 把监视器前面板拉出并往右挪，在通道 A 上的实验点(BPPLA)处，通过调整通道 A 零位电位开关(ZA)把电源电压调到+2.5V DG。测量并记录该电源电压，用作零点电压。3300 的 5mm 和 8mm 传感器系列的零点电压为(-10±0.2) V DC，并确认监视器指示为 0μm(0mm)。

（2）检查并校准监测器量程：

改变电源电压使其达到满刻度值(FULL VALUE)。对于正方向——在通道实验点上，调整电位开关(GA)使其为+5V DC，对于反方向在通道 A 实验点上，调整电位开关(GA)使其为+5V DC，对于反方向--在通道 A 实验点上，调整电位开关(GA)使其为 0V DG。

例如：探头的灵敏度为 7.874V/mm；表头满量程为 1～0～1mm，则电压变化应为 7.874×1＝7.874V DC。正方向靠近探头，则满值为零点电压减去满量程电压。

满值输入为-10-(-7.874)＝-2.126 V DC，反方向为远离探头，则满值为零点电压加上满量程电压，满值输入为-10+(-7.874)＝-17.874V DC。

（3）重复以上内容，用 B 通道代替 A 通道，完成对 B 通道的校验。

（4）通过调整表体内零位、量程、报警和危险报警调整钮，使位移监测器满足精度要求。3300 系列允许误差为满量程的±0.33%，最大允许误差为±1%。

（5）对每台位移监测器分别进行校验，并做好原始校验数据记录，保存校验数据。

三、3500 系列

1. 概述

（1）系统组成。一个最基本的 3500 系统须由 3500/05 仪表框架、一个或两个 3500/15 电源、3500/20 框架接口模块、一个或多个 3500/XX 监测器模块或其他可选项模块、3500 组态软件、计算机组成。3500 组态、监测软件等安装在这台主计算机中，通过串行通信或通过网关模块，把 3500 连接到计算机上。3500/40 是一个通用监测器模块，3500/40 模块是一种四通道监测器，它接受由非接触式传感器输入信号，并可用此输入驱动报警。3500/40 可由 3500 框架组态软件组态，具有如下功能：径向振动、轴向位移、偏心及差胀。此模块可接受许多种位移传感器输入的信号，其中包括本特利内华达公司的非接触式涡流传感器：7200 的 5mm、8mm、11mm 和 14mm 探头和 3300 的 8mm 探头。

（2）所需测试设备：电源、41/2 数字显示万用表、函数发生器。

（3）传感器的校验按本节传感器校验方法执行。

2. 径向振动通道校验、报警测试、OK 灯测试

通过将电源、信号发生器和万用表与 COM 和 SIG 端连模拟传感器信号，函数发生器模拟振动信号和键相位信号，通过变化振动信号(峰-峰值和直流偏置电压)来校验、测试计算机校验屏上显示结果。

（1）通频值校验、报警测试、OK 灯测试：

① 连接测试设备并运行软件。

② 按公式(18-3)，计算满量程电压值。

$$满量程电压=满度值\times传感器灵敏度 \tag{18-3}$$

例：满度值：200μm；传感器的灵敏度：7.874V/mm；

满量程电压 $=200\times0.007874$

$= 1.5748V^{p-p}$。

对于均方根的输入 $=0.707/2\times(V^{p-p})$ 正弦波输入

$= 0.707/2\times1.5748$

$= 0.5566V$。

③ 调节信号函数发生器使其输出一个具有-7V DC 偏置电压 100Hz 的正弦波。调整幅值使之等于与所计算的值一致，检验通频值棒图显示、当前框内显示值为满量程电压±1%。

④ 调节函数发生器的幅值，使得读数低于通频值的报警点。按下 RESET 开关，校验 OK 发光二极管亮，棒图指示为绿色，当前值为非报警指示。

⑤ 调节函数发生器的幅值让它刚巧超过一级报警点，报警延迟 2~3s 后，观察棒图指示是否由绿色成为黄色，这时当前值为 A 状态(即警告状态)。按框架接口模块上的 RESET 开关，验证棒图指示仍为黄色，当前值状态为 A。

⑥ 调节函数发生器的幅值使信号刚巧超过通频二级报警点报警延迟 2~3s 后，观察棒图指示通频值从黄色成为红色，当前值状态成为 D(即危险状态)。按下 RESET 开关，验证棒图指示仍为红色，当前值状态为 D。

⑦ 调节函数发生器使信号低于报警点，观察棒图指示变为绿色，当前值状态为非报警状态。

⑧ 若监测模块不符合技术要求或不能通过测试，则更换卡件，更换后重新进行校验测试。

⑨ 重复步骤①到步骤⑧对所组态的通道进行校验，并作好记录。

（2）间隙电压校验、报警测试、OK 灯测试：

① 连接测试设备并运行软件。

② 调节电源使电压值为-18.00V DC，观察棒图显示和当前框内值显示为-18.00V DC±1%。

③ 调节电源使电压值等于-9.00V DC，观察棒图显示和当前框内值读数为-9.00V DC±1%。

④ 调节电源以致产生一个在报警点内的电压。按下框架接口模块上的复位开关，验证 OK 发光二极管发光，棒图指示为绿色，当前值显示正常状态。

⑤ 调节电源电压使信号略超过一级报警值。观察棒图指示颜色由绿变黄，当前值显示状态为 A。按下复位开关，验证间隙的棒图显示保持黄色，当前值显示为 A。

⑥ 调节电源电压使信号略超过间隙二级报警值，观察棒图指示颜色由黄变为红并且当前值显示状态为 D。按下 RESET 开关，验证棒图指示仍保持为红色并且当前值显示状态为 D。

⑦ 重复步骤①到步骤⑥对所组态的通道进行校验，并作好记录。

3. 轴向位移校验、报警测试、OK 灯测试

通频值的校验、报警测试、OK 灯测试：

① 连接测试设备并运行软件。

② 按公式(18-4)和举例计算满量程电压。

$$满量程电压 = 零位置电压 \pm 传感器灵敏度 \times 量程范围 \tag{18-4}$$

例：传感器灵敏度：7.874V/mm；标尺范围：1 ~ 0 ~ 1mm；零位置电压：-10.16V DC：

正向量程电压值 = -10.16+7.874×1 = -2.286V DC。

反向量程电压值 = -10.16-7.874×1= -18.034V DC。

③ 调节电源电压至零位置电压，通频棒图显示和当前框值应为 0±1%。

④ 调节电源电压至所计算出的正向量程电压值，通频棒图显示和当前框值为正向量程±1%。

⑤ 调节电源电压至所计算出的反向量程电压值，通频棒图显示和当前框值为反向量程±1%。

⑥ 调节电源电压使信号略超过一级报警点，观察棒图是否由绿色变为黄色，按下复位开关后，仍为黄色。

⑦ 调节电源电压使信号略超过二级报警点，观察棒图是否由黄色变为红色，按下复位开关后，仍为红色。

⑧ 调节电源电压使信号低于报警点，观察检测器 OK 灯亮及通道状态框内的通道 OK 状态为 OK。

⑨ 重复步骤⑥至⑧，测试反向一级报警和反向二级报警。

⑩ 若监测模块不符合技术要求或不能通过测试，则更换卡件，更换后重新进行校验测试。

⑪ 重复步骤①至⑩对所组态的通道进行校验，并作好记录。

四、日常维护

1. 使用注意事项

(1) 整套仪表的安装应符合设计总成及相应产品规范要求。

(2) 安装的每一振动、位移通道都应有间隙——电压校验曲线和校验记录。

(3) 转机轴承的每一监测点应安装两个互成 90°的振动探头，分别安装在与轴垂直中心线成 45°±5°的上方。

(4) 振动探头应安装在轴承75mm以内的位置，并有大于探头半径大小的侧间隙，探头工作轴表面应光洁，无划痕，并经消磁处理，探头不应受目标区以外任何金属的影响，总的机械和电的综合偏移振幅不超过6μm。

(5) 探头应固定牢固，除非有特殊要求，振动探头间隙电压应选在间隙——电压校验曲线线性范围中部，在同一转机上，探头间隙电压的标准应基本一致。

(6) 轴位移探头应有大于探头半径的侧间隙，工作表面光洁无划痕，经消磁处理，探头不应受目标区以外任何金属的影响，总的机械和电的综合偏移振幅不超过13μm。

(7) 使转机转子处于推力偏移中心时，调整轴位移探头间隙，使位移监测器的指示在中间位置，即零位。

(8) 振动和位移探头的安装方式应便于检修和维护。

(9) 仪表送电后，检查各探头间隙电压、报警点、危险报警点的设置应正常。

(10) 检查监测器电压、实验、复位功能均应正常。

(11) 检查在危险场所安装的仪表应符合相应防爆要求。

(12) 转机在正常运转时，严禁调整和拆卸探头。

(13) 安装在含氨环境中的探头，应对接头加保护层。

2. 仪表维护

(1) 定时进行巡回检查，及时进行维护。

(2) 保持探头、电缆整洁，应无破损，安装无松动，每个通道“OK”灯均亮。

(3) 定期检查间隙电压、报警及危险报警设定点、实验、复位功能应正常。

(4) 采用充气防爆监测系统的应检查充气设施。

(5) 检查计算机风扇是否正常，若不工作则须更换风扇。

(6) 发现异常情况应及时处理，并作好记录。

五、检修

(1) 振动和位移监测系统仪表随转机同时检修。

(2) 探头应在转机解体前拆下。

(3) 按本节检查校验的各项要求进行检查校验。

(4) 转机检修结束后，按使用要求进行安装调试。

(5) 盘车检查振动，测量总的机械和电的综合偏移振幅不超过6μm。

(6) 检查仪表指示的轴位移量与机械位移量之误差应满足精度要求。

第三篇　电气设备维修技术

第十九章　电 动 机

第一节　同步电机

增压压缩机电机：

(一) 综述

作电动机运行的同步电机由于可以通过调节励磁电流使它在超前功率因数下运行，有利于改善电网的功率因数，因此，大型设备，如大型鼓风机、水泵、球磨机、压缩机、轧钢机等，常用同步电动机驱动。低速的大型设备采用同步电动机时，这一优点尤为突出。此外，同步电动机的转速完全决定于电源频率。频率一定时，电动机的转速也就一定，它不随负载而变。这一特点在某些传动系统，特别是多机同步传动系统和精密调速稳速系统中具有重要意义。同步电动机的运行稳定性也比较高。同步电动机一般是在过励状态下运行，其过载能力比相应的异步电动机大。异步电动机的转矩与电压平方成正比，而同步电动机的转矩决定于电压和电机励磁电流所产生的内电动势的乘积，即仅与电压的一次方成比例。当电网电压突然下降到额定值的80%左右时，异步电动机转矩往往下降至64%左右，并因带不动负载而停止运转；而同步电动机的转矩却下降不多，还可以通过强行励磁来保证电动机的稳定运行。

无刷励磁同步电动机是目前国际上已广泛应用的动力拖动设备，具有结构紧凑、电路简单、运行可靠、控制方便、维护量小等优点。尤其是相对于我国目前工业现场广泛应用的励磁电流需通过碳刷和滑环这一对"动接触部件"供给的有刷励磁同步电动机而言优势明显，杜绝了因碳刷和滑环接触不良、碳刷长期磨损而发生的各种电机故障，尤其是取消了需要定期维护更换且易产生拉弧、电火花的碳刷和滑环结构，使无刷励磁同步电动机能够在有防爆、防尘、防腐蚀等要求的特殊场合使用，故在矿山选矿、石油、化工等行业的应用中日趋广泛，是同步电机应用选型的发展趋势(图19-1)。

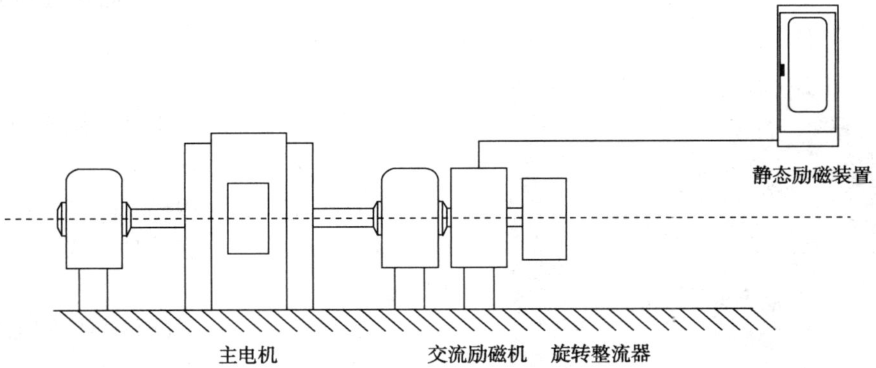

图19-1　无刷励磁同步电机结构图

江苏 LNG 增压压缩机通过一台产自中核的 WLK 系列无刷励磁同步电机驱动，无刷励磁同步电动机由主电机、交流励磁机、旋转整流器、静态励磁装置四个部分组成。

（二）无刷静态励磁装置

1. 型号及使用条件

江苏 LNG 无刷励磁系统型号为 WLK-03SC/N1，装置有失步保护及不减载自动再整步功能。

使用条件如下：

（1）海拔不超过 1800m。

（2）周围空气介质温度-10～+40℃。

（3）周围空气相对湿度不大于 85%（20℃±5℃时）。

（4）无腐蚀性气体、导电尘埃及爆炸危险的场所。

（5）无剧烈振动冲击，倾斜角度不超过 5°。

（6）户内安装，且安装地点有良好的通风。

2. 主要技术性能

（1）具有完善的保护功能，除一般常规保护外，本装置还具有欠励、过励时延时报警并自动调节至正常值的功能，具有高压断路器拒跳、PT 断线、直流失压等报警功能。

（2）具有手动/自动调节励磁功能。手动调节范围为额定励磁电压值的 20%～130%，此时采用增/减磁按钮来调节励磁，取消了以往故障率高的励磁调节电位器。

（3）具有恒电流、恒功率因数自动调节功能。

（4）具有失步保护及不减载自动再整步功能。当电机因负载突增、电压剧降、励磁电源短时消失等原因导致电机带励、失励失步时，在故障源消除后，本装置会实现自动带载再整步，使电机恢复稳定同步运行；如因故障时间、电机特性或负载等原因无法实现再整步时，失步保护装置会自动动作于跳闸。

（5）在运行期间，电网电压降到额定电压的 80%时（定值可设定），励磁系统可提供不小于额定励磁电压 1.4 倍的强励电压，强励时间不大于 50s。

（6）本装置控制系统采用交直流电源双路供电，当任一路电源消失后，另一路电源仍可保证本装置正常工作。控制用直流电源为 220V/2A。

（7）装置采用三相半控桥式整流电路，选用优质器件，能满足长周期连续运行的要求。即使在少有的双套控制插件故障时仍可保证电机稳定同步运转。

图 19-2　旋转整流器

3. 装置的组成

无刷静态励磁系统由交流励磁机、静态励磁装置以及旋转整流器组成。

旋转整流器（图 19-2）：由盘体、控制模块、整流功率模块、启动功率模块、电阻模块构成。

控制模块是整流器的核心控制器件，完成电机启动投励，输出触发脉冲，开通功率模块，并控制启动模块对启动电阻的投入与切除。

启动功率模块：在电机异步驱动过程中，投入启动电阻，改善主电机异步驱动力矩，实现电机的平稳迅速无脉振启动，并通过控制模块完成启动电阻的自动退出。

图 19-3 为无刷励磁系统主回路电气原理图。

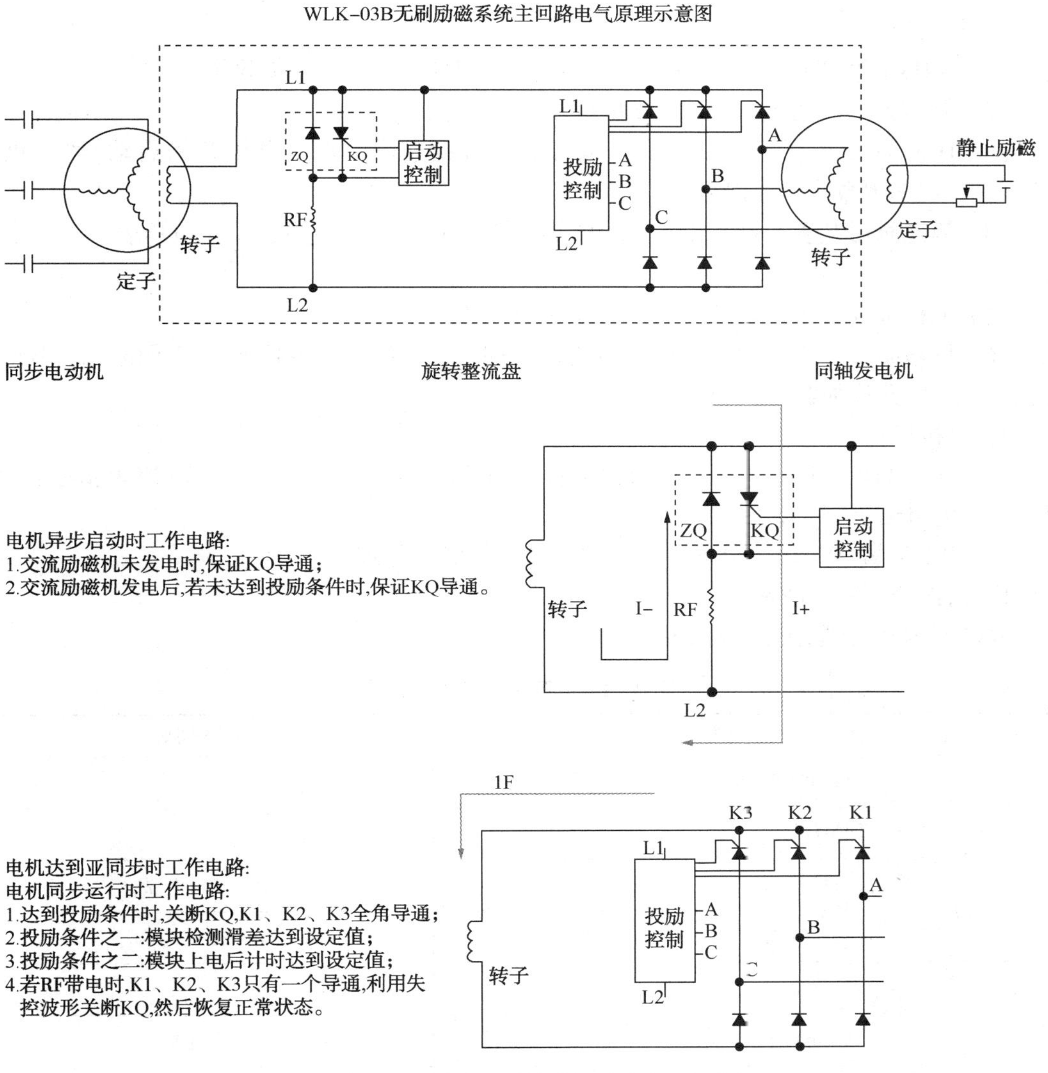

图 19-3　无刷励磁系统主回路电气原理图

静态励磁装置：为交流励磁机提供直流励磁，同时也对同步电机提供相应的保护。

4. 开停机

江苏 LNG 无刷直流励磁系统开停机操作步骤：

1）励磁设备完好性检查

（1）开机前给励磁装置送入交流电源、直流电源，励磁装置“交流电源”“直流电源”灯亮。

（2）调节方式旋钮置“手动”位。

(3) 合空气开关 LZK，WHK 置“调试”位，触摸屏上“ COM”灯闪烁，有正常数据显示；经延时自动投励，励磁电压表、电流表出现指示，励磁电流为初始值。

(4) 按“ 增磁”“ 减磁”按钮，观察励磁电压表、电流表指示应随之均匀变化。

(5) 将 WHK 置“0”位，励磁电压表、电流表回零，触摸屏关。

2) 开机操作

(1) WHK 置“工作”位，触摸屏上“COM”灯闪烁，有正常数据显示。

(2) 调节方式旋钮置“自动”位(也可在“手动”位)。

(3) DL(1DL)开关合闸后，定子电流表指针摆向满刻度，电机开始启动，“电机运行”灯亮，功率因数表严重滞后。

(4) 静态励磁装置自动投励(延时方式或定子电流降低方式)，励磁电压表、电流表有指示。

(5) 电机加速并进入亚同步状态，定子电流表指示减小。

(6) 旋转整流器控制模块投励，电机进入同步，功率因数表超前，定子电流减小到额定值以下，“ 允许加载”灯亮启动结束。

3) 停机操作

(1) DL(1DL)开关分闸后，励磁装置会自动灭磁，励磁电压表、电流表指示回零，仪表板“ 电机运行”灯灭。

(2) WHK 置“0” 位，分断空气开关 LZK。故障及处理

1) 只报警不跳闸故障

故障原因及处理方法见表 19-1。

表 19-1　故障原因及处理方法

报警显示	可能原因及现象	处理方法
计算机故障	CPU 自检时出错，一上电就报警	更换 CPU 板
	同步信号时有时无	检查同步信号接线
无同步信号	无同步信号输入	检查同步变压器、交流电源
	同步信号处理电路故障	检查 IO 板、CPU 板
直流失压	直流电源掉电后又恢复	信号复归
	直流电源消失	检查直流熔断器、直流电源
	直流开关电源故障	检查直流开关电源
	CPU 板输入口故障	检查 CPU 板“开入量”
	接口板 JKB 或连线故障	检查接口板，连线
系统切换	电机运行时，人为进行系统切换	信号复归
	电机运行时，主系统故障引起系统切换	检查故障系统的控制板，或更换故障系统控制板

续表

报警显示	可能原因及现象	处理方法
旋转整流器缺相	当旋转整流器内部发生失控、缺相、可控硅短路等故障时，电机及静态励磁的工况要相应变化。在负载不变时，要保持功率因数正常，必须增大静态励磁电流；保持静态励磁电流不变时，功率因数将变为滞后	立即停机检查旋转整流器
旋转整流器故障	旋转整流器故障检测板故障或灵敏度过高	更换或调整旋转整流器故障检测板
	CPU 板输入口故障	检查 CPU 板“开入量”
静态励磁主桥失控或缺相	主桥电压波形异常：可能引起失控缺相的原因有 IO 板故障、CPU 板故障、同步信号消失、主桥可控硅故障、脉冲变压器故障。用示波器观察	1. 替换法检查 IO 板、CPU 板。 2. 检查同步信号、主桥可控硅、接口板
	电源或变压器相序错	检查接线及电源相序
	励磁电压显示异常，一般为很小的值，且不随电流变化而变化	1. 检查综合传感器板。 2. 替换法检查 IO 板、CPU 板
	励磁电压过低，误报警	减小 P09 参数或 Uff 重调零
交流失压报警	交流开关电源故障	检查交流开关电源
	交流开关电源熔断器故障	检查交流开关电源熔断器
	CPU 板输入口故障	检查 CPU 板“开入量”
	接口板 JKB 或连线故障	检查接口板，连线
PT 断线	PT 输入断线或短时下降后又恢复	信号复归
	定子电压显示异常，IO 板故障、CPU 板故障	替换法检查 IO 板、CPU 板
	定子电压显示异常，PT 传感器故障	检查综合传感器板
过励报警	参数设置不当，运行值与报警值之差过小	重新设置相应参数
	励磁电流传感器故障或连接线松动	检查励磁电流显示值
	励磁电流显示异常，12V、-12V 电源故障	检查 DY 电源板
	励磁电流显示异常，IO 板故障、CPU 板故障	替换法检查 IO 板、CPU 板
	励磁电流输出回路短路	检查线路
欠励报警	参数设置不当，运行值与报警值之差过小。	重新设置相应参数
	励磁电流传感器故障或连接线松动	检查励磁电流显示值
	励磁电流显示异常，12V、-12V 电源故障	检查 DY 电源板
	励磁电流显示异常，IO 板故障、CPU 板故障	替换法检查 IO 板、CPU 板
	励磁电流输出回路开路	检查线路

续表

报警显示	可能原因及现象	处理方法
失步保护动作	电机负载过重或负载突变	检查负载
	供电系统短路或母线电压过低	检查供电系统
	励磁电流过小	检查励磁装置
	转子引线开路或短路	检查转子引线
	电机转子故障	检查电机转子

2）故障跳闸或跳闸报警

故障原因及处理方法见表 19-2。

表 19-2　故障原因及处理方法

报警显示	可能原因	处理方法
快熔空开跳闸	快熔熔断并跳闸	检查主回路
	空开分离并跳闸	检查主回路
	快熔、空开正常，并未跳闸	检查 CPU 板“开入量”
交流失压跳闸	交流电源故障	检查交流电源
	空开故障	检查空开
长时不投励跳闸	投励接触器 LC 未吸合或 LC 辅助触点故障，CPU 发出跳闸指令	检查接触器、MCJ 继电器、CPU 板、DY 电源板
	CPU 的开入量故障	检查 CPU 板“开入量”
后备保护跳闸	电机启动后一定时间内未进入同步	检查静态励磁装置及旋转整流器
	再整步不成功	
断电失步动作	断电装置动作	
	CPU 板输入口故障	检查 CPU 板“开入量”
旋转整流器失控跳闸	旋转整流器主桥缺二相触发脉冲	立即停机检查旋转整流器
	旋转整流器启动电阻带电	立即停机检查旋转整流器
	旋转整流器主桥出现其他严重故障	立即停机检查旋转整流器
	旋转盘故障检测单元误动或 CPU 板故障	替换法
断路器拒动	断路器故障或跳闸回路故障	检查线路
	CPU 板输入口故障	检查 CPU 板“开入量”

3）不报警也不跳闸故障

故障原因及处理方法见表 19-3。

表 19-3　故障原因及处理方法

触摸屏无显示或通信中断	通信电缆线未接牢	检查电缆
	CPU 板通信接口或触摸屏通信接口损坏	替换法查 CPU 板、触摸屏
A/B 系统不能互相切换	备用系统板卡故障	替换法检查板卡
	切换电路故障	检查母板切换电路

（三）主电机(同步电机)

同步电机和异步电机的定子绕组是相同的，主要区别在于转子的结构。同步电机的转子上有直流励磁绕组，所以需要外加励磁电源，而励磁电源来自旋转整流器，无刷励磁部分维护内容前面已介绍，主电机维护内容可参照下节感应电机。

第二节 感应电机

一、高压电机

（一）概述

江苏 LNG 有多台高压电动机，额定电压 6kV，功率由几百至 2000kW 不等，其中重要设备拖动用高压电机均为 ABB 公司生产，如高压泵、低压泵、BOG 压缩机、海水泵以及浸没燃烧式汽化器风机用电动机，其中海水泵电机为立式电动机，其余为卧式电动机。

（二）结构特征

由于防爆电机的结构相对复杂，下面以防爆电机为例分析高压电机结构(图 19-4)。

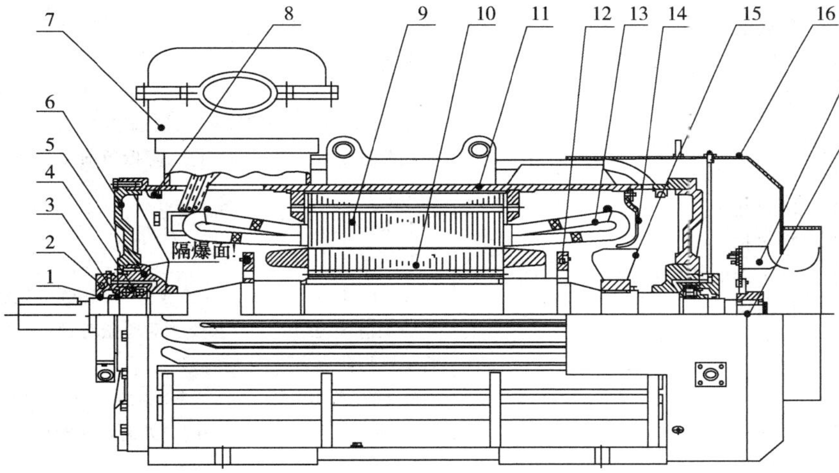

图 19-4 高压隔爆型电动机结构示意图

1—密封圈；2—轴承外盖；3—甩油盘；4—轴承；5—轴承套；6—端盖；7—接线盒；8—加热器；9—定子铁心；10—转子铁心；11—机座 ；12—平衡环；13—定子线圈；14—挡风板；15—内风扇；16—风扇罩；17—外风扇；18—轴

（三）故障分析及排除

故障原因及处理方法见表 19-4。

表 19-4　故障原因及处理方法

故障现象	原因分析	排除方法
电动机不能启动	通常为线路故障——供电系统问题或起动器造成的单相负荷太大	1. 检查电源，切记不要带电！检查过控制及保险丝，检查电压值，并与铭牌上的额定值比较。 2. 将电动机与负荷脱开，查看无负荷起动，降低负荷或换一个大容量电动机
过大交流声	1. 电压过高。 2. 转子不平衡。 3. 滑动轴承磨损大	1. 检查输入电压及连线的正确性。 2. 重新平衡转子。 3. 在出现刮擦声表明定-转子相碰之前，就应更换轴承，检查对中情况
规则的咔哒声	外物存于气隙之中	抽出转子，取出外物
快速撞击	1. 轴承不好。 2. 润滑剂脏	1. 换轴承。 2. 清洗油腔，更新润滑剂
振动	1. 联轴器对中有问题。 2. 风扇积灰。 3. 被驱动设备振动。 4. 系统共振。 5. 转子不平衡，转子上的平衡重量或风扇发生了变化	1. 重新对中。 2. 清理电动机。 3. 将电动机与被驱动设备分开检查，查出并排出振源。 4. 改变基础结构刚度。 5. 重新平衡转子
电动机过热（用热电阻或热电偶测温，不要用手）	1. 过载。 2. 单相运行。 3. 电动机或通风管积灰。 4. 电压不平衡。 5. 转子与定子摩擦	1. 测量负荷，与铭牌额定值比较，检查电动机或整个驱动装置是否有过大的摩擦，降低负荷或更换大容量电动机。 2. 检查各相电流。 3. 检查空气流量。 4. 如果装了过滤器，也要检查吹扫电动机及通风管，用溶剂清理绕组，如有必要，对通条对管形壳电动机的管道进行清理。 5. 检查各相电压。 6. 清理气隙，检查同心度，如需要换轴承
电动机连续过热	1. 定子线圈开路。 2. 过电压/低电压。 3. 接地问题。 4. 接线不对	1. 将电动机与负荷分开，检查空载时的各相电流是否平衡，检查定子各相电阻是否平衡。 2. 检查电压与额定值比较。 3. 用实验灯或摇表来检查并修理并重新检查接线
对中问题、联轴器问题	电动机在运行时联轴器有细微的灰尘（非金属弹性元件挠性联轴器）	1. 重新对中。 2. 检查联轴器

续表

故障现象	原因分析	排除方法
轴承过热	1. 对中问题。 2. 轴向力过大。 3. 润滑脂太多(滚动轴承)。 4. 油环阻塞(滑动轴承)。 5. 油环不圆(滑动轴承)。 6. 润滑不足(滑动轴承)。 7. 润滑脂或润滑油使用不当	1. 重新对中。 2. 减小来自负载的轴向力，重新检查安装和找正情况。 3. 按使用说明书或轴承铭牌要求适当减少润滑脂。 4. 清理、修理或更换，重新检查安装情况。 5. 修理或更换油环。 6. 增加油使达到正確的油位。 7. 更换润滑脂或润滑油
漏油或耗油太多	1. 气封管堵塞。 2. 回油不畅。 3. 轴承间隙过大。 4. 密封有问题。 5. 气封管松弛。 6. 气封圈松动。 7. 浮动迷宫环与轴之间间隙过大。 8. 气封圈与轴之间间隙过大	1. 清理气封管。 2. 检查回油管路。排除回油不畅原因。 3. 换轴承，检查同心度。 4. 检查密封件。 5. 修复气封管。 6. 安紧气封圈。 7. 修理或更换浮动迷宫环。 8. 更换气封圈

(四) 维修

1. 以海水泵电机解体维修为例讲述高压电机维修方案

(1) 首先将海水泵拆下来，下面用支架托好，然后用吊车将海水泵横放。

(2) 横放前，首先拆卸电机的弯曲部分，然后拆卸电机的散热部分，用吊车拆卸散热部分、很重(图 19-5)。

图 19-5 电机拆卸图

(3) 横放：(大钩用 4 根款吊带吊住电机上侧 4 个吊耳，用 10t 吊带呈环形围绕电机前侧端盖部分，再用 2 个吊带接起来，因吊带不够长度，然后用小钩吊住此吊带后慢升大小两个钩子 1m 左右后，升小钩子，慢慢将电机放平，下面用枕木垫平。

(4) 拆卸尾侧轴承：首先将尾侧外部挡板拆掉，能看到尾侧风扇(风扇两侧各有一个卡簧，切记不可以忘记)，先拆卸前卡簧(图 19-6)。

① 用两根 M12 长度 130mm 的螺纹杆，挨着轴的位置垫上一块厚的方铁(因为轴上的预留孔大，拉力的丝杠细，所以要垫上一块方铁，免得丝杠进入预留孔，丝杠长度不够，链接拉力的时候，连接螺栓尽量短，免得拉力摇摆。)将拉力链接上，然后用千斤顶，给予一定的压力后，用火焊给风扇加热，然后取下风扇(图 19-7)。

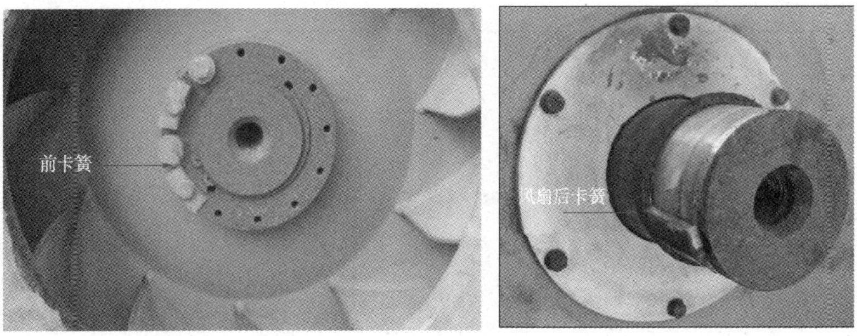

图 19-6　电机拆卸图

② 风扇拆下后，将风扇后面的卡簧拿掉，然后拆卸风扇防雨罩(四角各有一个螺栓)，如图 19-8 所示。

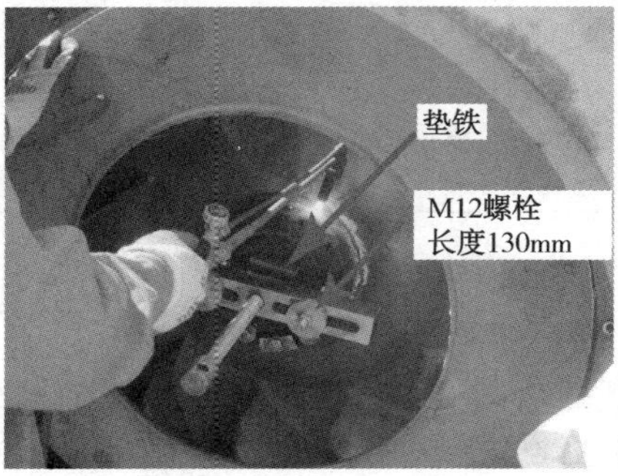

图 19-7　电机拆卸图

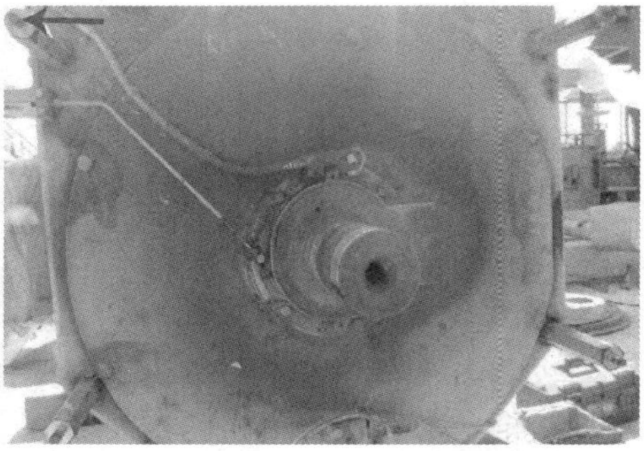

图 19-8　电机拆卸图

③ 拆除注油管、仪表探头(图 19-9)。

④ 拆卸封油挡板，封油挡板前有一卡簧，需要首先拆下(图 19-10)。

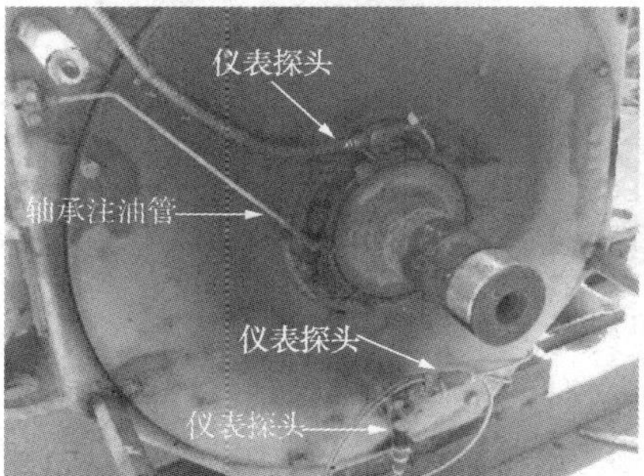

图 19-9　电机拆卸图

图 19-10　电机拆卸图

⑤ 然后用液压千斤顶拆卸，如图 19-11 所示。

⑥ 然后拆排污挡板，也应该当作外端盖用。图 19-12 为拆卸排污挡板前图片。

图 19-11 电机拆卸图

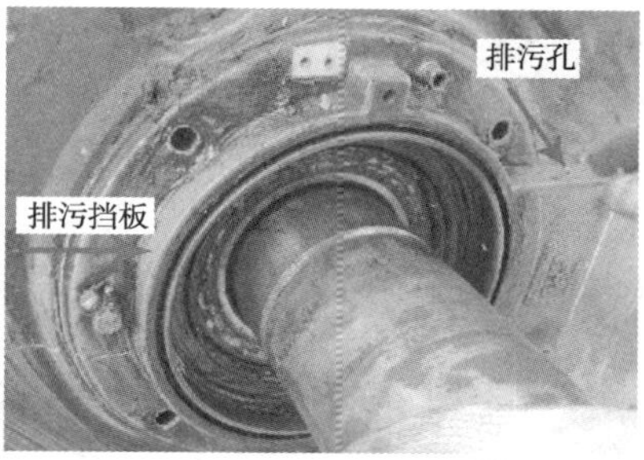

图 19-12 电机拆卸图

⑦ 图 19-13 为拆卸挡板后图片(挡板应该兼作外端盖用)。

⑧ 然后拆卸外大盖，拆卸大盖后的效果如图 19-14 所示。

图 19-13 电机拆卸图

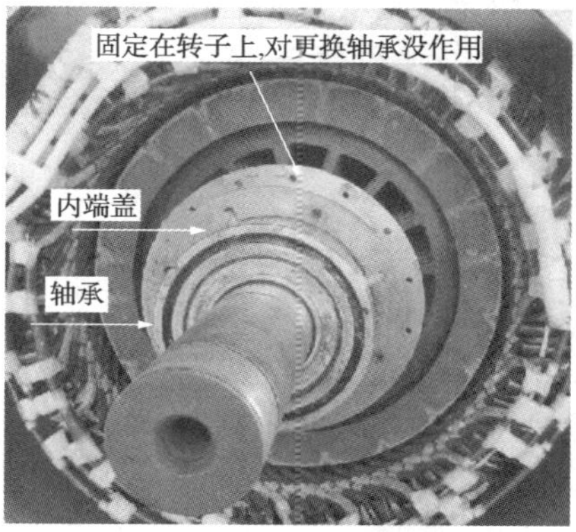

图 19-14 电机拆卸图

⑨ 拆卸轴承所用工具如图 19-15 所示：液压三角抓。

⑩ 至此，轴承拆卸完毕：需要注意的是，电机的前、后轴承不同，后轴承安装时有字的一面对着线圈一侧，此处需要切记。回装是拆卸的反过程。

(5) 前侧(驱动端)轴承拆卸。

① 特别注意：用焊枪烤时，要用两把焊枪同时烤，避免温升过慢，导致轴也跟着发热膨胀，拉联轴器时要趁热拉(图 19-16)。

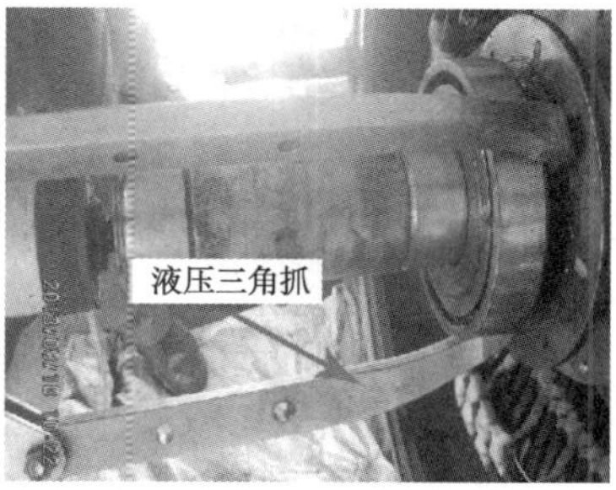

图 19-15 电机拆卸图

图 19-16 电机拆卸图

② 拆卸时首先拆卸联轴器，如图 19-17 所示。

③ 如图 19-17 所示，千斤顶给予一定压力后，给联轴器加热，然后取下联轴器（由于半环形拉马靠近主轴、键，主轴和键都有损伤，下次注意两个半环形拉马间距适当增大些，以避开轴和键）。

④ 联轴器取下后的效果如图 19-18 所示。

图 19-17　电机拆卸图

图 19-18　电机拆卸图

⑤ 用力矩扳手拆卸外面的螺栓，如图 19-19 所示。

图 19-19　电机拆卸图

⑥ 将图 19-19 两个卡簧全部去掉后，用顶丝先将防反转卡盘和电机分开，然后用千斤顶取下，如图 19-20 所示。

⑦ 然后拆卸轴承注油管、仪表探头、排污口等部件，如图 19-21 所示。

⑧ 拆卸完毕后如图 19-22 所示。

图 19-20 电机拆卸图

图 19-21 电机拆卸图

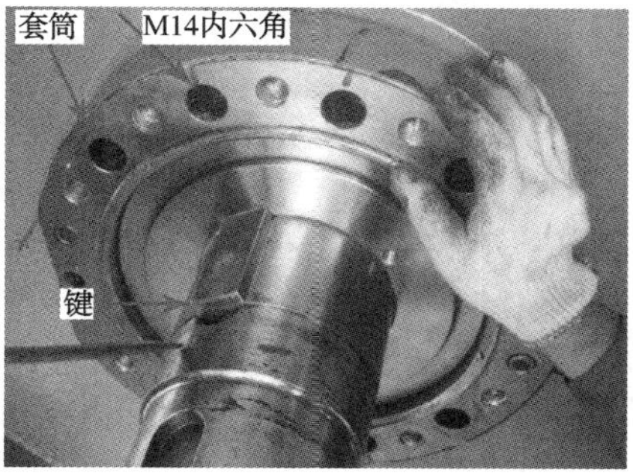

图 19-22 电机拆卸图

⑨ 取下键后，用套筒和 M14 内六角拧下如图 19-23 所示的紧固螺栓。

图 19-23 电机拆卸图

⑩ 取下封油挡板后效果如图 19-24 所示。

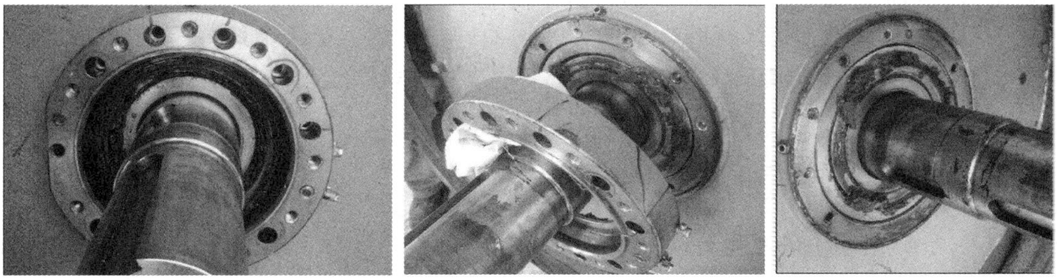

图 19-24 电机拆卸图

⑪ 拆开大盖螺栓后，取下大盖，如图 19-25 所示。

⑫ 拆卸轴承时，由于轴承与后面挡板的间距小，无法放入拉拔轴承设备，所以采用将螺杆焊接在轴承外套上将轴承取下，如图 19-26 所示。

图 19-25　电机拆卸图

图 19-26　电机拆卸图

至此，轴承取下，安装轴承过程相反。

(6) 回装完毕后，进行电机绝缘电阻和直流电阻测试；

2. 滚动轴承润滑

滚动轴承的润滑周期及每次加润滑脂的量取决于转速和运行情况。推荐的润滑周期见表 19-5。

表 19-5　润滑周期表

电动机速度/(r/min)	润滑周期
3000	运行半个月或 360h
≤1500	运行 1 个月或 720h

二、低压电机

(一) 安装拆换

电动机因发生故障或维护保养等原因，经常需要拆卸和装配。如果拆装过程中操作不当，会造成机件的损坏。

1. 拆卸步骤

安装在设备上的电动机，首先应切断电源，拆除电动机与电源的连接线，做好电源线头的绝缘处理。拆除电动机与设备的机械连接。使电动机与设备分离，再进行电动机的拆卸。

(1) 皮带轮(或联轴器)的拆卸。拆卸时，应在皮带轮(或联轴器)的轴伸端上做好尺寸标记，然后松脱销子的压紧螺栓，慢慢拉下皮带轮（或联轴器）。

(2) 风罩、风扇叶的拆卸。松脱风罩固定螺栓，取下风罩。然后松脱风扇的固定螺栓，用木锤在风扇四周均匀轻敲，取下风扇。

(3) 拆卸端盖、抽出转子。拆卸前，应先在端盖与机座的接缝处做好标记，以便装配时复位。一般小型电动机应先拆前轴外盖、端盖以及后盖螺栓，然后用手将转子带着后端盖一起慢慢抽出。注意，抽出转子时，不要碰伤绕组。对于较大型电动机，拆下前后端盖后，用起重设备将转子吊起，慢慢平移抽出。

（4）轴承的拆卸、清洗与一般检查。拆卸电机轴承时，拆卸器的大小选用要合适，拆卸器的脚应尽量紧扣轴承的内圈将轴承拉出。也可用铜棒敲打的方法拆卸滚动轴承。清洗轴承时，应先刮去轴承和轴承盖上的废油，用煤油洗净残存油污，然后用清洁布擦拭干净。

注意，不能用棉纱擦拭轴承。轴承洗净擦拭后，用手旋转轴承外圈，观察其转动是否灵活，若遇卡或过松，需再仔细观察滚道间、保持器及滚珠（或滚柱）表面有无锈蚀。

2. 装配步骤

电动机的装配步骤与拆卸步骤相反。在装配时，除各配合处要清理除锈和按部件标识复位外，还应注意以下几个方面问题：

（1）轴承装配有冷套和热套两种方法：

① 冷套法：把轴承套在清洗干净并加润滑脂的轴上，对准轴颈，用一般内径略大于轴颈直径且外径略小于轴承内圈外径的套管，套管的一端顶住轴承内圈，套管的另一端垫上木板，用锤子敲打木板，把轴承敲进去。

② 热套法：将轴承放置在 80～100℃变压器油中加热 30min 左右。加热时，油面要超过轴承，且轴承要放在网架上不要与底壁接触。加热要均匀把握好温度和时间。热套时，要趁热迅速将轴承一直推到轴颈。套好后用皮老虎吹去轴承内的变压器油，并擦拭干净。

（2）装润滑脂。轴承的润滑脂应保持清洁和够量，塞装时要均匀，但不宜过量。润滑脂的用量不宜超过轴承及轴承盖容积的 2/3；对于转速在 2000r/min 以上的电动机，润滑脂的用量应减少为轴承盖容积的 1/2。

（3）端盖紧固螺栓时，要按对角线上、下、左、右逐步拧紧。装配完毕，转动转子应转动灵活、均匀、无停滞或偏重现象。

（4）皮带轮（或联轴器）安装时，要注意对准键槽或定位螺孔。在皮带轮（或联轴器）的端面垫上木块用锤子打入。在安装较大型电动机的皮带轮（或联轴器）时，可用千斤顶将皮带轮（或联轴器）顶入。

（二）维护与故障处理

故障原因及处理方法见表 19-6。

表 19-6 故障原因及处理方法

序号	故障现象	故障原因	处理方法
1	电动机不能启动或达不到额定参数	1. 熔断器内熔丝烧断，开关或电源有一相在断开状态，电源电压过低。 2. 定子绕组中有一相断线。 3. 绕线型异步电动机转子绕组及其外部电路（滑环、电刷、线路、变阻器等）有断路、接触不良或焊点脱焊。 4. 鼠笼转子断条或脱焊，电动机能空载启动，但不能带负荷正常运行。 5. 应接成“△”接线的电动机接成“Y”接线，因此能空载启动，但不能满载启动。 6. 电动机的负荷过大或所驱动的机械中有卡住的故障	1. 检查电源电压和开关的工作情况。 2. 用兆欧表检查定子绕组。 3. 用兆欧表检查转子绕组及其外部电路中有无断路，并检查各连接点是否接触紧密、可靠。 4. 将电动机接到电压较低（约为额定电压的 15%～30%）单相或三相交流电源，同时测量定子电流，如果转子绕组有断裂或脱焊，随着转子位置不同，定子电流也会变化。 5. 按正确接线改变接线。 6. 检查电动机所驱动的负荷情况

续表

序 号	故障现象	故障原因	处理方法
2	电动机启动初期响声大，启动电流大，三相电流相差很大	定子三相绕组的六根引出线中有一相接反了	先用兆欧表确定每相绕组的两根引出线，再将任何两相绕组串联起来，接入电压较低的单相交流电源（电压约为电动机额定电压的40%左右），在第三相绕组的两个引出线口接一只交流电压表或白炽灯，灯泡的电压不应低于第三相绕组的感应电压，如果电压表指示读数或灯亮，即表示第一相绕组的末头和第二相绕组的起头接在一起；如果电压表无读数，灯也不亮，即表示第一相绕组的起头与第二相绕组的起头接在一起
3	电动机空载或加负载时，三相电流不平衡	1. 三相电源电压不平衡。 2. 定子绕组中有部分线圈短路。 3. 大修后，部分线圈匝数有错误。 4. 大修后，部分线圈接线有错误	1. 测量电源电压。 2. 测量三相电流，检查过热线圈。 3. 可用双臂电桥测量各相绕组的直流电阻。 4. 按正确的接线法改变接线
4	电动机全部或局部过热	1. 电动机过载。 2. 电源电压较电动机的额定电压过高或过低。 3. 定子铁芯部分硅钢片之间绝缘漆不亮或铁芯有毛刺。 4. 转子运转时和定子相摩擦致使定子局部过热	1. 降低负载或换一台容量大的电动机。 2. 应调整电源电压，允许波动范围-5%～+10%。 3. 检修定子铁芯。 4. 抽出转子检查铁芯是否变形，轴是否弯曲，端盖的止口是否过松，轴承是否磨损
5	电刷冒火、滑环过热	1. 电刷的牌号或尺寸不符。 2. 电刷的压力不足或过大。 3. 电刷与滑环的接触面磨得不好。 4. 滑环表面不平，不圆或不清洁电刷的质量不好	1. 按规定更换电刷。 2. 调整各电刷压力。 3. 仔细研磨电刷。 4. 修理滑环。 5. 换电刷
6	电动机内部冒火或冒烟	1. 电枢绕组有短路。 2. 电动机内部各引线的链接点不紧密或有短路、接地。 3. 电动机过载。 4. 鼠笼式两级电动机在启动时，由于启动时间长，启动电流较大，转子绕组中感应电压较高，因而鼠笼与铁芯之间产生微小的火花，启动完毕后，火花也就消失了	1. 检查电枢绕组的发热情况或当电动机不转时，测量其直流电阻并与出厂时数据相比较。 2. 抽芯检查处理故障点。 3. 减小负荷。 4. 这种火花对电动机的正常运行是没有妨碍的

续表

序号	故障现象	故障原因	处理方法
7	电动机有不正常的振动和响声	1. 电动机的基础不平或地脚螺丝松动，电动机安装得不好。 2. 滑动轴承的电动机轴径与轴承的间隙过小或过大。 3. 滚动轴承装配不良或滚动轴承有缺陷。 4. 电动机的转子和轴上所附有的皮带轮、飞轮、齿轮等平衡不好。 5. 转子铁芯变形和轴弯曲。 6. 绕线型转子绕组有局部短路故障。 7. 定子铁芯硅钢片压得不紧	1. 检查基础情况及电动机安装情况。 2. 检查滑动轴承的情况。 3. 检查滚动轴承的装配情况或更换轴承。 4. 调整静平衡、动平衡。 5. 将转子在车床上用千分表找正，直轴或换轴换转子。 6. 可将转子绕组开路，在定子绕组上加以三相额定电压，使转子不动，测量转子绕组的三相开路电压，与电动机铭牌数值相比较。 7. 在机座外部向定子铁芯钻螺孔，加固定螺栓
8	电动机修理后未更换线圈，空载损耗变大	1. 滚动轴承的转配不良，润滑脂的牌号不适合或装得过多。 2. 滑动轴承与转轴之间的摩擦阻力过大。 3. 电动机的风扇或通风管道有故障	1. 检查滚动轴承的情况。 2. 检查轴径和轴承的表面光洁度、间隙及润滑油的情况。 3. 检查电动机的风扇或通风管道的情况
9	电动机空载电流较大	1. 电源电压过高。 2. 硅钢片腐蚀或老化，使磁场强度减弱或片间绝缘损坏。 3. 定子绕组匝数不够或 Y 形接线误接成△形接线	1. 调整电源电压。 2. 检修铁芯。 3. 重绕定子绕组或改正接线
10	轴承过热	1. 轴承损坏。 2. 轴与轴承配合过紧或过松。 3. 轴承与端盖配合过紧或过松。 4. 新换轴承装的不好，有歪扭卡住等现象。 5. 润滑油脂过多或过少或油质不好。 6. 两侧端盖或轴承盖未装平	1. 更换轴承。 2. 过紧时重新加工，过松时转轴镶套或镀处理。 3. 过紧时端盖重新加工，过松时端盖镶盖。 4. 拆下重装。 5. 加润滑油脂要适量或换油。 6. 将端盖或轴承盖装平并旋紧螺丝
11	运行中电流表指针来回摆	1. 绕线式转子一相电刷或短路片一相接触不良。 2. 绕线转子一相断线。 3. 笼形转子断条	1. 调整电刷压力或研磨电刷与集电环；修理或更换短路片。 2. 查出短路点加以修复、修补或更换转子断条
12	外壳带电	未接地(零)或接地不良，绕组受潮绝缘有损坏，有脏污或引出线碰壳	1. 按规定接好地线或消除接地不良处。 2. 进行干燥修理或更换绝缘，消除脏污

第二十章　电力电缆

第一节　电力电缆的结构

电力电缆的基本结构由线芯(导体)、绝缘层、屏蔽层和保护层四部分组成。

1. *线芯*

线芯是电力电缆的导电部分，用来输送电能，是电力电缆的主要部分。

2. *绝缘层*

绝缘层是将线芯与大地以及不同相的线芯间在电气上彼此隔离，保证电能输送，是电力电缆结构中不可缺少的组成部分。

3. *屏蔽层*

15kV 及以上的电力电缆一般都有导体屏蔽层和绝缘屏蔽层。

4. *保护层*

保护层的作用是保护电力电缆免受外界杂质和水分的侵入，以及防止外力直接损坏电力电缆。

第二节　高压电力电缆

(一) 高压电缆的型号

我们常用的三芯高压电缆型号是 ZR-YJV22-3×50(70、95、120、150 等)。常用的单芯高压电缆型号是 ZR-YJV62-300(400)，其中的“62”表示铠装不是钢带而是防磁性材料，如铝皮、铝合金等。切记：使用单芯电缆一定要用防磁型，不可穿钢管敷设。否则容易造成电缆发热甚至烧毁。

(二) 高压电缆的结构

以阻燃型交联聚乙烯绝缘三相电力电缆为例，从内到外的组成部分是：三相导体、分相半导体层(内含半导体屏蔽、XLPE 绝缘层、绝缘屏蔽层)、分相铜带屏蔽层、阻燃 PVC 扇形填充条、高阻燃隔火层(系无纺带+XQT-3 高阻燃涂胶玻璃布带)、阻燃型交联聚乙烯内套，正反绞制的铠装钢带、阻燃型聚氯乙烯外护套。

铠装高压电缆主要用于地埋，可以抵抗地面上高强度的压迫，同时可防止其他非暴力性外力损坏。

(三) 高压电缆故障原因

电缆是供电设备与用电设备之间的桥梁，起传输电能的作用，得到广泛应用，但故障也经常发生。简要地分析高压电缆故障产生的原因，大致分为以下几类：厂家制造原因、施工质量原因、设计单位设计原因、外力破坏四大类。

1. 厂家制造原因

厂家制造原因根据发生部位不同，又分为电缆本体、电缆接头、电缆接地系统三类。

2. 电缆本体制造原因

一般在电缆生产过程中容易出现的问题有绝缘偏心、绝缘屏蔽厚度不均匀、绝缘内有杂质、内外屏蔽有突起、交联度不均匀、电缆受潮、电缆金属护套密封不良等，有些情况比较严重，可能在竣工试验中或投运后不久出现故障，大部分在电缆系统中以缺陷形式存在，对电缆长期安全运行造成严重隐患。

1）电缆接头制造原因

电缆接头分为电缆终端接头和电缆中间接头，不管什么形式的接头，故障一般都出现在电缆绝缘屏蔽断口处，因为这里是电场应力集中的部位。因制造原因导致电缆接头故障的有：应力锥本体制造缺陷、绝缘填充剂问题、密封圈漏油等原因。

2）电缆接地系统

电缆接地系统包括电缆接地箱、电缆带护层保护器的接地保护箱、电缆交叉互联箱、护层保护器等部分。一般容易发生的问题主要是因为箱体密封不好容易进水导致多点接地，引起金属护层感应电流过大。另外，护层保护器参数选取不合理或质量不好，氧化锌晶体不稳定也容易引发护层保护器损坏。

3）施工质量原因

因为施工质量不高导致高压电缆系统故障的案例很多，主要原因有以下几个方面：

（1）现场条件比较差，电缆和接头在工厂制造时环境和工艺要求都很高，而施工现场温度、湿度、灰尘都不好控制。

（2）电缆施工过程中在绝缘表面难免会留下细小的划痕，半导电颗粒和砂布上的沙粒也有可能嵌入绝缘中，另外接头在施工过程中由于绝缘暴露在空气中，会吸入水分，这些都给长期安全运行留下隐患。

（3）施工安装时没有严格按照工艺施工，或者是工艺规定没有考虑到可能出现的问题。

（4）竣工验收采用直流耐压试验造成接头内形成反电场导致绝缘破坏。

（5）因密封处理不善导致。中间接头必须采用金属铜外壳，外加 PE 或 PVC 绝缘防腐层的密封结构，在现场施工中保证封裹密实，这样才能有效地保证接头有良好的密封防水性能。

（6）电缆放线方法不当，违规施工。放线时没有将电缆盘搁置在可转动的转盘上，而是将电缆从线盘投放在地上而后直拉，造成绞劲，损伤电缆。严重的会造成电缆抽芯，即三相缆芯不在同一平面，有进有出。

（7）设计原因。因电缆受热膨胀导致的电缆挤伤以致击穿。设计选型时电缆截面小，负荷高，运行中线芯温度升高，电缆受热膨胀，降低绝缘；图纸未标明特殊位置的敷设方法，如敷设时转弯处电缆顶在支架立面上或紧贴着直角处，长期大负荷运行的电缆蠕动力量很大，导致支架立面或直角处压破电缆外护套、金属护套，挤破电缆绝缘层而导致电缆绝缘击穿。

（8）外力破坏。是指运输、装卸、敷设方法不当，埋入地下后遭到人力挖掘或机械挖掘而使电缆损坏。

（四）电缆屏蔽层的作用及铠装和屏蔽层接地的作用

电缆的屏蔽层是由铜、铝等非磁性材料制成，厚度很薄。电缆的“屏蔽”结构，是改善电场分布的一项极其重要的措施。

高压电缆输送电力时需要将铠装和屏蔽接地。单芯电缆在运行中电缆线芯和屏蔽层可以看成是变压器的初、次级绕组，流经电流时会产生感应电压。感应电压的大小和电缆长度与流过导体的电流成正比。也就是说，假如不接地线，在屏蔽层上将集聚很高的感应电压；当线路出现故障，遭受过电压或雷电冲击，更会形成很高的感应电压，这将使得电缆的护套绝缘层击穿。

屏蔽层的良好接地会增强电缆工作的稳定性。

（五）铠装和屏蔽接地方式

高压电缆铠装和屏蔽要分开接地，即用两根扁铜线分别引出与接地体连接，可以接在同一个接地体上。这样做是为了分别完成以下试验：电缆外护层绝缘电阻试验；电缆内衬层绝缘电阻试验；铜屏蔽电阻和导体电阻吸收比试验。

（六）铠装和屏蔽层的一端接地和两端接地的区分

（1）一般电缆的钢铠（如低压电力电缆），只需要在电源侧一端接地即可，这样可以减少容性涡流。

（2）电缆仅有单层屏蔽时，屏蔽层只需要一端接地。

（3）当电缆双层绝缘隔离屏蔽时，最外层屏蔽需要两端接地，内层屏蔽只需要一端接地。

（4）当电缆用于干扰严重、鼠害频繁，以及有防雷、防爆要求的场所时，宜采用铠装双绞屏蔽型电缆；使用时，外铠装层要两端接地，最内层屏蔽只需要一端接地。注意：接地电阻不应大于10Ω。

（5）三芯35kV及以下电压等级的电缆屏蔽层接地。电力安全规程规定：35kV及以下电压等级的电缆铝包或金属屏蔽层都采用两端接地。这是因为这种电缆都是三芯电缆，在正常运行中，流过三个线芯的电流总和为零，在铝包或金属屏蔽层外基本上没有磁链存在，因而在铝包或金属屏蔽层两端就不会产生感应电压，所以两端接地后不会有感应电流流过铝包或金属屏蔽层。

（6）单芯高压电缆的铠装接地。35kV大截面电力电缆和66kV、110kV及以上电压等级的电力电缆均为单芯电缆。随着电压等级的升高，电缆金属外护层的感应电压问题也越加明显。为了减轻电缆外护层感应电荷的影响，应该将电缆按照品字形敷设。而由于实际原因，如电缆沟过于狭窄、电缆过硬难以弯曲等，很难按照品字形敷设。此时，金属护层两端的感应电压则不会为零，单芯电缆的导线与金属护套的关系，类似于一个变压器的初级绕组与次级绕组。当电缆导线通过电流时，电缆周围产生的一部分磁力线将在金属护套进行交链感应，使护套产生感应电压，感应电压的大小与电缆的长度和流过导线的电流成正比。由于电磁感应，长距离高压电力电缆的金属屏蔽层或金属护套会产生较高的感应电压，护套上的感应电压叠加起来可达到危及人身安全的程度。此时，如果将电缆两端金属护套同时接地，而大地又是导体，较高的感应电压就会在金属护套上形成较大电流。这种状态下，因为缆芯导体电阻小，导体和金属护套将同时发热使得电缆的绝缘老化，降低了绝缘等级，缩短了电缆寿命，也浪费了电能；更严重的是，当线路发生短路故障、遭受操作过电压或雷电冲击时，屏蔽上会形成更高的感应电压，一旦感应电压超过电缆外护套击穿电压值，会导致外护套击穿，形成单芯电缆接地故障。因此，35kV 以上等级的单芯大容量电缆护层绝对不能两端接地。而是将电缆金属护层一端三相互连并联接地，另一端不接地。但是，当雷电波或内部过电压沿电缆线芯流动时，电缆金属护层不接地端会出现较高的冲击电压，或者当系统短路事故电流流经电缆线芯时，其护层的不接地端也会出现很高的工频感应电压。这种过电压可能击穿电缆外护层绝缘，造成电缆金属护层多点接地，形成环流。严重影响电力电缆的正常运行，甚至大幅减少电缆使用寿命。为解决这个问题，电力行业标准 DL/T 401—2002《高压电力电缆选用导则》的规定：要选用电缆护层保护器以限制电力电缆金属护层(或金属护套)上的感应电压和故障过电压。通常，为限制电力电缆金属护层上的感应电压和故障过电压避免在护层中形成环流，电缆金属护层一端直接接地，另一端用护层保护器接地的形式运行。电缆护层保护器的作用是当护层上的电荷逐渐积累，电压达到一定值时，护层保护器瞬间动作，释放电流，使电缆安全运行，如果线路较长，还应将电缆护层分三段或三的倍数段，段间相互绝缘，分段处的护层交叉互联后通过保护器接地(相当于换相，均衡感应电压)。规程规定：严禁单芯电缆穿钢管敷设。单芯电缆的护套必须是防磁材料(铝、不含铁磁材料的合金材料)制成。

电缆护层保护器。保护器一般采用无间隙金属氧化物制成，相当于小的避雷器，使用前应测量其绝缘电阻、作泄漏试验等，确保其各项指标正常。这点很重要，因为如果它的绝缘损坏，等同于将电缆两端直接接地，会形成环流。运行中的护层保护器应严密监视其运行温度，测量其接地电流，发现异常尽快处理。特别注意的是，电缆护层与接地保护箱连接的电缆，若采用电力电缆，电缆头的制作应严格按照规程，半导体层与电缆头的距离不能过近，否则感应电压易将其击穿引发火灾。电缆护层保护器的制作应由有资质的专业人员去做。再次，接地保护箱的门应锁好，这是因为在保护器未动作前，积累的电荷会对人身安全造成威胁。进行带电检修时，检修人员务必穿绝缘鞋、戴高压绝缘手套，要用绝缘良好接地棒对地放电，以防伤害他人和自己，确无剩余电压后才能工作。

(七) 高压电缆的耐压试验

高压电缆的耐压试验有直流和交流两种方式。

用兆欧表摇测各相之间、各相对地绝缘符合国家标准 1MΩ/kV。

用直流发生器对各相之间、各相对地施加直流电压 35kV 持续 15min，泄漏电流符合标准。从理论上说，直流耐压试验对电缆的破坏性小，但直流耐压试验不真实。规程上规定：对还在运行中的油浸式电缆可作直流耐压试验。

对于交联聚乙烯绝缘高压电缆，需要做交流耐压试验，而且只能是变频谐振式交流耐压试验。因为电缆本身就是一个大电容器，用 50Hz 工频交流电去做电缆的交流耐压试验，电压难以升到试验的规定值。

变频谐振交流耐压试验的原理：当交流回路中频率 $f=1/2\pi\sqrt{LC}$ 时，就会产生谐振，此时试验品上的电压是试验用的励磁变压器高压端输出电压的 Q 倍。Q 为系统品质因素，即电压谐振倍数，一般为几十到一百倍以上。先调节变频电源的输出频率，使回路发生串联谐振，再在回路谐振的条件下调节变频电源输出电压使被试品电压达到试验值，完成试验。由于是谐振回路，变频电源输出较小的电压就可在试验品上产生较高的试验电压。

第三节　低压电力电缆

（一）低压电缆的破损维修

低压电缆的绝缘层损伤后，绝缘层的损伤深度在绝缘层厚度的10%及以上时必须进行绝缘补强处理，进行绝缘修补时，首先要清洁损伤处的污秽，然后可用绝缘自黏带缠绕修补，缠绕时要注意防尘埃和防水分。用自黏带缠绕时每圈绝缘自黏带间相互搭压为带宽的1/2，其修补厚度要大于绝缘层的损伤深度，且不得少于两层，损伤严重部位不得少于5层，修补长度为需要修补部位的两端各外伸20mm。也可以用专用的绝缘护罩将导线的绝缘层损伤部位罩好，并将开口部位用绝缘自黏带缠绕封好。在同一档距内，单根绝缘导线绝缘层的损伤修补部不宜超过3处。剥离导线的绝缘层和半导体层时应使用专用的切削工具，不得损伤导线，切口处绝缘层与线芯应有45°倒角。所有绝缘线的接点端头、接头和绝缘导线的切口部位都必须进行绝缘封护，不得有导线、接头裸露，防止进水。

（二）维修方案

（1）对该电缆外表进行细致检查，对发现的所有外皮损伤部位，使用红色塑料带做标识，作为工人维修时的标记。

（2）对外皮受损部位进行处理。在外皮开裂位置、垂直电缆敷设方向将外保护层局部切开，注意不要伤到各相绝缘层。检查电缆各相绝缘是否破损。

（3）对各相绝缘破损的部位，使用塑料绝缘带搭接缠绕，厚度4层，再用防水自黏带搭接缠绕，厚度4层。缠绕时，后一层塑料绝缘带和防水自黏带均应长出前一层10mm以上。

（4）同一部位多相导体出现绝缘破损的，要分别进行绝缘处理，不得将两相缠绕在一起。

（5）处理完各相绝缘。遥测电缆绝缘符合《电气装置安装工程电气设备交接试验标准》GB 50150—2006要求。

（6）整理电缆，具体做法：将原电缆护套梳理平顺，使用白布带将其紧密地缠绕，便于外防护层的包扎。

（7）恢复电缆外保护层，具体做法：使用塑料绝缘带缠绕2层，接着使用防水自黏带缠绕4层，最后再使用塑料绝缘带缠绕4层。外保护层缠绕时，后一层塑料绝缘带和防水自黏带均应长出前一层20mm以上。

（8）缠绕时需要注意的问题有：

① 缠绕时的搭接宽度控制在1/2左右。

② 需将绝缘带用力绷紧缠绕，绝缘带不得打褶。

③ 缠绕第一层时，确保将破损部位全部覆盖。

④ 缠绕时后一层比前一层沿着电缆延长方向两端依次长出，完全覆盖。

⑤ 处理完毕的部位，用尼龙扎带绑上电缆牌，作为受损维修过的标记。再次摇测整个电缆的绝缘电阻(图 20-1)。

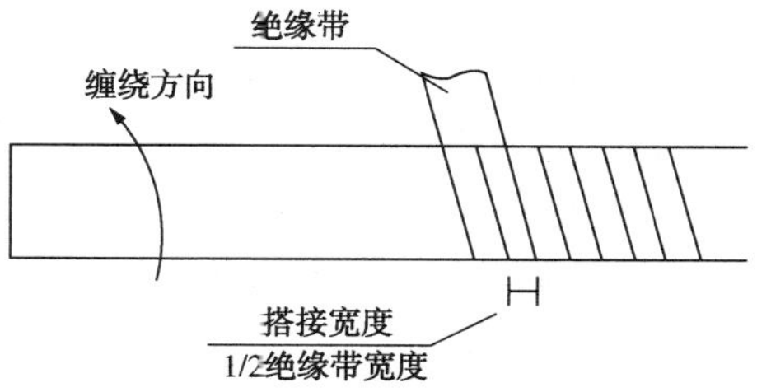

图 20-1 缠绕

(9) 电缆导体损坏的修复：

0.4kV 低压电缆中间头制作演练步骤：

① 准备工作，电缆拉开摆放(电缆头剥开)。

② 接报修，检查电缆，测试绝缘(戴绝缘手套)，确定故障点。

③ 电缆外皮剥开，尺寸一边 50cm，一边 40cm。

④ 电缆芯线锯断，两头相距 15cm，其余为 10cm。

⑤ 电缆芯线标刻度、剥皮、打磨。

⑥ 电缆外皮擦拭，放外热缩管(75cm)、内热缩管(12cm)。

⑦ 涂导电膏、压线鼻子。

⑧ 打磨线鼻子。

⑨ 烘烤内热缩管。

⑩ 裹绝缘胶带两遍。

⑪ 所有芯线一起裹绝缘胶带两遍。

⑫ 烘烤外缩管。

⑬ 裹绝缘胶带两遍。

第四节 高压电缆附件制作工艺

(一) 电缆终端头基本制作工艺

首先强调：有电缆附件制作工艺说明书的应严格按说明书制作，下面内容供参考。

1. 基本要求

电缆头是电缆线路中最薄弱的部分，其安装质量的好坏是电缆线路能否安全运行的关键，应给予足够的重视。

(1) 电缆头在安装时要防潮，不应在雨天、雾天、大风天做电缆头，平均气温低于0℃时，电缆应预先加热。

(2) 施工中要保证手和工具、材料的清洁。操作时不应做其他无关的事，特别是不能吸烟。

(3) 所用电缆附件应预先试装，检查规格是否同电缆一致，各部件是否齐全，检查出厂日期，检查包装(密封性)，防止剥切尺寸发生错误。

(4) 在制作电缆前，先将电缆三相与需要接的设备三相接头进行比划，一般可以使 B 相比 A、C 两相短 50mm 左右，这样可以避免当三相制作一样长时，再接到设备端子上使得电缆很难连接上或有屈弯而影响电缆使用寿命。

2. 电缆头安装的前期工作

(1) 电缆敷设前要检查电缆本体的绝缘，在电缆头上找出色相排列情况，归顺好电缆，避免电缆头安装时相芯交叉。

（2）电缆敷设后要做电缆的绝缘摇测试验，试验后要做好电缆头的密封，防止受潮。

（3）电缆两头要留余量。

（4）掌握电缆基本制作工艺。

3. 剥外护套、铠装和内护套

自电缆端头剥除电缆外护套，长度为户内1200mm，户外1300mm。保留30mm铠装及10mm户内套，其余剥去，如无铠装则该步及后与之相关工序省去。用色相带将每相铜屏蔽带端头临时包好，清理填充物，将三相分开。

1）焊接地线，绕密封填充胶

用锉刀打磨铠装表面，固定接地线，根据不同配套方式，对接地线分别处理。

恒力弹簧配置1：将一根较小截面铜编织带用恒力弹簧抱紧在铠装上，将另一根较大截面铜编织带末端插入三芯电缆分叉处，将铜编织带绕包三相铜屏蔽一周后引出朝上，用恒力弹簧继续绕紧。

焊锡丝配置及恒力弹簧配置2：用铜扎线将一根较小截面铜编织带扎紧在铠装上，用锡焊牢或用恒力弹簧抱紧，将一根较大截面铜编织带分成三股，分别用铜扎线扎紧在内护套上30mm处的三相铜屏蔽上，用锡焊牢或用恒力弹簧抱紧（注：处理时将两铜编织带错开90°固定）。

掀起两铜编织带，在电缆户外套断口上绕两层填充胶，将两铜编织带压入其中，在外面包绕几层填充胶，再分别绕包三岔口，在绕包的填充胶上半部分再包绕一层相色带（注：两铜编织带相互绝缘，绕包后的外径应小于分支手套内径），在离外护套断口50~60mm位置将铜编织带固定。

2）缩冷缩分支手套、确定安装尺寸

将冷缩分支手套套至三岔口的根部，沿逆时针方向均匀抽掉衬管条，先抽掉尾管部分，然后再分别抽掉指套部分，使冷缩分支手套收缩，缩后在手套下端用DJ-10绝缘带包绕4层，再加绕2层胶黏带，加强密封。距电缆端头为户内L+338mm（L为端子孔深），户外L+413mm（L为端子孔深）用相色带做好标记。

3）缩冷缩管

将一根冷缩管套入电缆一相（衬管条伸出的一端后入电缆），一端与分支手套指管搭接20mm，沿逆时针方向均匀抽掉衬管条，收缩该冷缩管。再将另一根冷缩管套入该相电缆（衬管条伸出的一端先入电缆），其上端与标记齐平，另一端与第一根冷缩管自然搭接，从标记处起收缩该冷缩管（冷缩管收缩好后其顶端须与标记齐平）。

4）剥铜屏蔽层、半导电层

自冷缩管端口向上量取15mm长铜屏蔽层，其余铜屏蔽层去掉；自冷缩绝缘管端口向上量取30mm长半导体层，其余半导体层体去掉，将绝缘表面用砂带打磨，以去除吸附在绝缘表面的半导电粉尘，半导电层末端用砂纸或砂布打磨层小斜坡，使之平滑过渡；绕两层半导电带将铜屏蔽层与外半导电层之间的台阶盖住。注意：半导电带不能绕包到半导电端口处，离挤包半导电端口10mm。

5）剥线芯绝缘

自电缆末端剥去线芯绝缘及内屏蔽层，长度 L+28mm（L 为端子孔深）；将绝缘层端头倒角，用砂带将电缆绝缘层表面砂光。复核绝缘长度：户内 280mm，户外 355mm。在半导电层端口以下 70mm 处用相色带做好标记。用相色带将线芯端头临时包好。

6）安装终端、罩帽

用清洁巾从上至下把各相清洗干净，待清洁剂挥发后，在绝缘层表面均匀地涂上一层硅油，将冷缩终端套入电缆，衬管条伸出的一端后入电缆，沿逆时针方向均匀地抽掉衬管条使终端收缩（注意：终端收缩好后，其下端与标记齐平）；抹尽挤出的硅油。将罩帽大端向外翻开，套入电缆，待罩帽内腔台阶顶住绝缘，再将罩帽大端复原罩住终端（注：罩帽的颜色与电缆的相位一致）。

7）压接接线端子、连接地线

除去临时包在线芯端头上的相色带，用砂带将线芯表面打磨，以去除其表面氧化层，将接线端子套在线芯上，压接接线端子，打磨压接产生的尖角、毛刺，在接线端子与罩帽之间绕包 2~3 层 DJ-10 绝缘带，并填平接线端子上的压坑。户内：在绝缘带外面用黑色 PVC 胶黏带包好，加强密封。户外：在接线端子及绝缘带外套入冷缩密封管（衬管条伸出的一端后入），一端与罩帽小段搭接，沿逆时针方向均匀抽掉衬管条，使其收缩（注意：密封管颜色应与电缆相位一致），如密封管盖过接线端子板部上多余的密封管切除。按此工艺处理其他两相。将接地铜编织带与地网连接好；至此本末端安装完毕。

注：各生产厂家电缆制作主要工艺相差无几，但安装前必须熟读各生产厂家电缆制作工艺。

（二）中间电缆接头安装方法

中间头制作方法在准备工作上同终端头是一样的，做钢甲接地线和屏蔽层接地线的（扁铜线）引线方向可不一样（向后也可以，软线可以反过来的），只是电缆芯线尺寸有严格要求（包括铜屏蔽层）。中间头的电缆引线有长（895mm）、短（565mm）之分，这长度包括 30mm 一头的钢铠接地线位置。各段长度如图 20-2 所示。

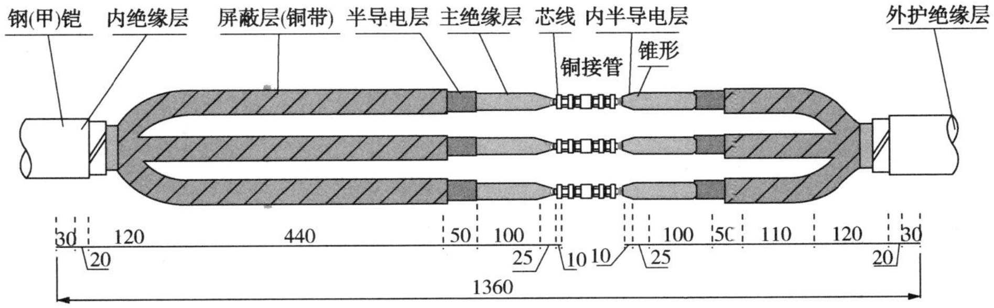

图 20-2　各段长度图（单位：mm）

（1）钢铠接地线：按照尺寸（895mm 和 565mm）处用刀割断外护层，往电缆头 30mm 处再割断外护层，去掉这 30mm 外护层，用砂皮打光（去掉油漆），上好焊锡（要放助焊剂），用铜丝把接地扁铜线绑紧，再用焊锡把扁铜线和铜丝同钢铠焊结实（特别是扁铜线头和铜丝头要焊住），然后擦掉助焊剂（助焊剂有腐蚀性，一定要擦干净），最好在铜丝外层用铁皮打一卡子，最后剥掉外护层和钢带，在钢带断口往外 20mm 割断内护(绝缘)层。把内护层去掉，保护好色相细条，一般用有色胶带绑在引线上。

(2) 安装应力管：把引线分开弯曲好，在引线离头(长 675mm、短 345mm)处用记号笔画一圈，圈外包 2 层胶带(边沿在线上)，擦干净铜带表面，用焊锡固定铜带，再在线上绑 2 圈铜丝，用刀在铜丝与胶带之间把铜带划出痕迹(不能划太深，不能划破半导电层)，去掉胶带，顺铜带绑紧方向撕下铜带，铜屏蔽层断口不留毛刺。离铜带断口 50mm 处扎 2 圈胶带(胶带外沿在 50mm 处)，在胶带外沿用刀把半导电层割一圈，同终端头一样把引线头部半导电层剥去，并处理干净主绝缘层表面，在半导电层断口涂上应力疏散胶。把半导电应力控制管套住铜带 20mm，用喷灯热缩(注意把空气排出)。

(3) 压铜接管：离引线头 60~85mm 处削锥形(铅笔头)，以后留出 5mm 内半导电层，剥出芯线，涂导电膏，把铜接管孔内处理干净，芯线穿进半个(半个不到 1mm)铜接管，压紧铜接管。把 2 支外护套管分别套到两电缆上(过分叉)，把 2 支半导电管和 2 支绝缘管穿在一起套进电缆长引线上，检查 6 支应力控制管全部热缩到位后，14 支套管全部套好后，把芯线对好相位，穿入铜接管(到底)，压紧铜接管(注意：在压铜接管之前，必须把所有套管都套进电缆。)

(4) 缩护套管：处理掉铜接管上的毛刺，在锥形(铅笔头)用半导电带包平，外层包填充胶。按图 20-2 第 1 缩内绝缘管，第 2 缩外绝缘管，第 3 缩外半导电(2 支，保证在铜屏蔽层上长度不小于 20mm)，中间交叉。热缩时要从中间开始，防止套管内留空气。热缩时热量要尽可能均匀，注意火焰喷到另外两相引线上，铜带上要涂硅脂。

(5) 接好屏蔽层：套管缩好后，把 3 根引线并在一起，在半导电管外包紧钢丝网。把两根铜屏蔽层的接地扁铜线绑紧铜丝网后对接，用焊锡焊住接头。

(6) 钢铠接地和外护套：当钢铠接地与屏蔽层接地有分开要求时，要把钢铠接地的扁铜线做绝缘处理，然后对接，接头处绝缘要求更高些。外护套(2 个)对接处不小于 100mm，电缆外护层与外护套连接处要打毛，涂上密封胶，最后把外护套缩紧。

第二十一章　高压真空断路器

第一节　概　　述

江苏 LNG 变电所高压断路器有 20kV 和 6kV 两种，均为西门子公司生产的 3AH3 系列真空断路器。20kV 真空断路器具体型号为 3AH3264，6kV 具体型号为 3AH3116。

第二节　维　　修

一、维护

真空断路器在正常运行环境条件下可每 6~9 年进行一次常规维护；操作次数满 1200 次后应进行一次维护，断路器开断 50 次短路故障电流或开断 15000 次额定电流，应更换真空灭弧室，3AH3/3 AF 断路器操作满 30000 次，断路器运行满 20 年后应进行设备评估，确定是否需要调换。

出现下列情况之一时，应退出运行，进行维护：

（1）出现绝缘不良、放电、闪络或击穿时。

（2）出现元器件损坏如合、分闸线圈烧坏时。

（3）因断路器零件损坏造成不能分、合闸时。

（4）出现其他影响安全运行的异常现象时。

（一）维护检查项目

（1）目测检查所有元件和机械连接件有否损坏。如有损坏，应及时进行更换。

（2）检查各连接件的紧固螺栓、螺母是否松动；开口销、挡卡有无在运动中断裂、脱落。

（3）检查机构内部传动及摩擦部位并润滑清洁，若有零部件更换，对拆卸下来的零部件，重新装上时，应在其运动及摩擦部位涂润滑脂。

（4）检查计数器动作是否正确。

（5）检查断路器与手车间的联锁是否正常。

（6）检查油缓冲器是否漏油，运动有无卡滞，必要时进行更换。

（7）检查辅助开关、微动开关螺栓是否紧固，触点是否良好，动作位置是否正确。

（8）检查储能电机电刷与转子接触是否良好，否则应调整或更换电刷。

（9）检查分、合闸线圈是否完好，否则应更换线圈。

（10）检查二次回路接线端子是否松动，必要时紧固端子。

（11）检查连接部分的挡卡、销等有无振动断裂、脱落。

（12）检查连接部分，较脏时须擦拭并重新涂润滑脂。

（13）检查并擦拭真空灭弧室外亮 、绝缘子、绝缘罩，紧固有关螺栓。

（14）测量断路器的开距及超程。

（15）对断路器进行分（合）闸时间、分（合）闸速度、分（合）闸同期性及触头合闸弹跳时间测试。

（16）检查导电回路连接部件螺栓是否紧固，测试断路器每相主回路直流电阻（测试电流应不小于 100A ）。

（17）测量断路器绝缘电阻。

（18）对断路器进行耐压试验。

（19）检查断路器低电压分合闸特性。

（20）对检修中拆卸下来的螺栓、螺母，重新装上时应在螺纹上涂厌氧胶。

（21）对断路器进行继保整组试验。

（二）维护工艺及质量标准

维护前须确定断路器处于分闸状态，机构处于释能状态，并切断辅助回路电源。

外观维护内容如下：

1. 测检查

目测检查主要是观察手车内有无其他杂物；手车内部的清洁状况；绝缘件表面的完好状况；导电体是否有因过热而引起的表面变色或变形；各传动联锁部分是否有变形现象；触头接触状况；静、动触头上是否有烧损，如果有烧损应更换；动触头上的弹簧是否挂紧（检查其间距是否均匀）。

2. 清洁

对绝缘件的清洁一般用干净的布擦拭，必要时可用少量的酒精。

故障现象及排除方法见表 21-1。

表 21-1　断路器故障及分析表

问题描述			原因分析	处理方法
拒合	电气方面	电动合闸拒合，合闸电磁铁铁芯不能动作	合闸电磁铁线圈断线、烧毁	检查线圈烧毁原因，并更换合闸线圈
			合闸电磁铁铁芯脱落	更换合闸电磁铁
			辅助开关 S1、S3 触点接触不良	用万用表测量辅助开关 S1、S3 的应接点，必要时更换辅助开关 S1
			二次控制回路接线松动	用螺丝刀将有关松动的接头接好

续表

问题描述			原因分析	处理方法
拒合	电气方面	电动合闸拒合，合闸电磁铁铁芯动作无力，手动合闸成功	合闸电压过低	从合闸电磁铁线圈两端测量电压信号、检测电压是否低于额定值的65%，恢复电源电压
	机械方面	电动合闸拒合，手动合闸也拒合	储能未到位，电机已停止运转	将机构前面板打开，检查玉动微动关的压板，是否需调整
			机构内活动部位有异物卡滞，主拐臂卡死	需将机构打开，小心检查并清除机构内异物（如脱落的螺栓）
			分闸机构上棘爪位置未调整好，使得断路器合闸后立刻分闸	在分闸机构中，调节棘爪位置螺栓的螺母向下（或向后）调整，使分棘爪保持住滚轮，不使断路器跳闸
拒分	电气方面	电动分闸拒分，分闸电磁铁铁芯不能动作	分闸电磁铁线圈断线、烧毁	检查线圈烧毁原因，更换分闸电磁铁
			辅助开关S1触点接触不良	用万用表测量辅助开关S1的23、24接点，更换辅助开关S1
			二次控制回路接线松动	用螺丝刀将有关松动的接头接好
		电动分闸拒分，分闸电磁铁铁芯动作无力	分闸电压过低	从分闸电磁铁线圈两端测量电压信号、检测电压是否低于额定值的65%，检修恢复电源电压
	机械方面	手动、电动分闸拒分，分闸电磁铁铁芯动作正常	合闸主拐臂转动过头	用大号螺丝刀或撬棒放在主轴中间部位铜制轴销上并使主拐臂顺时针转动，使主拐臂恢复正常位置
			机构内活动部位有异物卡滞，主拐臂卡死	需将机构打开，小心检查并清除机构内异物（如脱落的螺栓）
不能储能	电气方面	电动不能储能，手动可以储能	微动开关S21及S22接触不良或烧毁	用万用表测量辅助开关S21及S22的常闭接点，必要时调换
			储能电机线圈烧坏	用万用表测量储能电机的线圈阻值，更换储能电机
			二次控制回路接线松动	用螺丝刀将有关松动的接头接好

二、10kV真空断路器预防性试验

真空断路器预防性试验见表21-2。

表 21-2 真空断路器预防性试验表

序号	试验项目	试验方法	安全措施及注意事项	试验标准
1	辅助和控制回路的绝缘电阻和交流耐压	辅助和控制回路交流耐压值为 2000V，采用 500V 或 1000V 兆欧表	试验中回路中不应有其他工作进行，使用兆欧表测量后应充分放电	1. 绝缘电阻不低于 2MΩ。 2. 交流耐压不应有击穿情况，且耐压试验后的绝缘电阻值不应降低
2	合闸接触器和分、合闸电磁铁线圈的直流电阻和绝缘电阻	使用单臂电桥测量合闸接触器和分、合闸电磁铁线圈的直流电阻，使用 1000V 兆欧表测量绝缘电阻	测量后应充分放电	1. 绝缘电阻不低于 2MΩ。 2. 直流电阻应符合制造厂规定
3	断路器整体和断口间绝缘电阻	使用 2500V 兆欧表测量断路器整体和断口间绝缘电阻	测量后充分放电	1. 对整体绝缘电阻参照制造厂规定。 2. 断口和有机物制成的提升杆的绝缘电阻不应低于 300 MΩ
4	导电回路电阻	将断路器合闸，将导电回路测试仪试验线接至断路器一次接线端上，电压线接在内侧，电流线接在外侧。如采用直流压降法测量，则电流应不小于 100A	接线时应注意保持与带电设备距离	不大于制造厂规定值的 120%
5	断路器的时间参数	1. 将断路器特性测试仪的合、分闸控制线分别接入断路器二次控制线中，用试验接线将断路器一次各断口的引线接入测试仪的时间通道。 2. 将可调直流电源调至额定操作电压，通过控制断路器特性测试仪，在额定操作电压及额定机构压力下对断路器进行分、合操作，得出各相合、分闸时间。三相合闸时间中的最大值与最小值之差即为合闸不同期；三相分闸时间中的最大值与最小值之差即为分闸不同期	1. 测试断路器的合闸时间和分闸时间应在额定操作电压(气压、液压)下进行。 2. 试验时也可采用站内直流电源作为操作电源，如果存在第二分闸回路，则应测量第二分闸的分闸时间、同期性和同相各断口的分闸 2 的同期性。 3. 采用外接直流电源时，应防止串入站内运行直流系统	符合制造厂规定

续表

序号	试验项目	试验方法	安全措施及注意事项	试验标准
6	合、分闸电磁铁的最低动作电压	将直流电源的输出经刀闸分别接入断路器二次控制线的合闸或分闸回路中，在一个较低电压下迅速合上并拉开直流电源出线刀闸，断路器不会动作，逐步提高此电压值，重复以上步骤，当断路器正确动作时，记录此前的电压值。则分别为合、分闸电磁铁的最低动作电压值	采用外接直流电源时，应防止串入站内运行直流系统	操动机构分、合闸电磁铁或合闸接触器端子上的最低动作电压应在操作额定电压值的30%~65%
7	断路器合闸对地、断口间交流耐压	断路器在分、合状态下分别进行，试验电压值按DL/T 593规定值	1. 试验设备周围设围栏并有专人监护，试验过程应有人监护并呼唱，负责升压的人要随时注意周围的情况，一旦发现异常应立刻断开电源停止试验，查明原因并排除后方可继续试验。 2. 在试验过程中，如果发现电压表指针摆动很大，电流表指示急剧增加，绝缘烧焦气味或冒烟或发生响声等异常现象时，应立即降低电压，断开电源，被试品进行接地放电后再对其进行检查	1. 耐压42kV 1min。 2. 试验中无击穿、闪络
8	检查动触头上的软连结夹片有无松动			连结夹片无松动，无断裂

第二十二章　变 压 器

第一节　概　　述

变压器是站内重要的电气设备，站内各个电压等级电气设备电能的供应源头。变压器的运行稳定与否直接关系到站内能否安全运行，因此对变压器的日常检查及维护维修都提出更高的要求。站内变压器分为干式和油浸两种。

第二节　油浸式变压器

一、综述

江办 LNG 接收站现有两台 20kV/30kV 油浸式主变压器，单台容量 为 2500kV · A，能够满足接收站所有用电负荷。具体参考图 22-1。

图 22-1　油浸变压器

二、检修

(一) 大修周期

在投入运行后的 10 年大修一次。运行中的变压器发现异常状态或经试验判明有内部故障时应提前大修。当承受出口短路后，应考虑提前大修。事故泄油池每 5 年清理一次。

(二) 小修周期

油浸式主变压器应每年进行一次小修。

(三) 附属装置的检修周期

保护装置和测温装置的校验，每年一次。冷却风扇电机分解检修，每年一次。自动装置及控制回路的校验、检查、清扫，每年一次。

(四) 有载分接开关的检修周期

取样时发现油质低于标准时应更换油或过滤。即使油耐压超过 30kV，每年应更换新油一次。

(五) 电容套管检修周期

应根据介损试验及密封材料老化情况确定。

(六) 检修项目

检修开始前，需要将检修工具逐一登记，扳手等小工具要用绳绑扎，另一头系在固定物体上，防止脱落掉进变压器油箱内，检修完毕以后根据登记工具逐一核对，确保没有遗漏。

1. 小修项目

检查并消除已发现的缺陷。检查并拧紧套管引出线的接头螺栓。放出储油柜集污器中的油泥，检查油位计，必要时对套管、变压器本体和有载开关加油。检查各部密封胶垫，处理渗漏油。冷却器、储油柜、呼吸器、压力释放阀的检修。套管密封、顶部连接帽密封垫的检查更换、瓷套的检查、清扫。各种保护装置、测量装置及操作控制箱的检修、试验。各部油阀和油堵的检查处理。有载分接开关的检修和操作试验。检查接地系统、检测高压套管的屏蔽线。油箱及附件的清扫、检修，必要时进行补漆。按规定要求进行测量和试验。有载分接开关在变压器大修时的检查和测试项目有测量触头接触电阻值、测量限流电阻值、检查分接开关动作顺序、传动装置和控制装置的检查、绝缘油试验。

2. 大修项目

1）分解检修和组装顺序

（1）办理并完成停电工作手续，进行修前电气试验，对变压器进行一次全面外观检查，并做好记录。

（2）拆除变压器引线和二次回路，放油后拆卸套管、升高座、储油柜、冷却器（包括潜油泵和风扇）、净油器、防爆器、联管、温度计、瓦斯继电器等附属装置，分别进行校验、检查和修理。在储油柜放油时，应检查油位计指示是否正确。拆除部件后及时用封板封好孔洞，以防尘防潮。油全部放出并进行过滤处理并做耐压试验及色谱分析。

（3）拆除无载分接开关操作杆（有载分接开关顶盖），拆卸大盖后吊钟罩（器身）。

（4）检查器身状态，拆除各部件操作杆（有载分接开关顶盖），拆卸大盖后吊钟罩（器身）。

（5）清洗、检修铁芯、线圈及箱壳。

（6）装回钟罩（器身），更换密封胶垫，检修油门，紧固螺栓后真空注油。

（7）安装冷却器等附属装置。

（8）安装套管并装好内部引线。

（9）注变压器到规定的油位线。

（10）油压试漏。

（11）大修后试验。

2）分解和组装时应注意的问题

（1）拆卸的螺栓零件应用去污剂清洗（油箱内的除外），如有损坏应修理或更换，然后妥善保管，防止丢失或损坏。

（2）拆卸时应先拆小型仪表和套管，后拆大型铁件，组装时顺序相反。

（3）冷却器、防爆器、净油器及储油柜等部件拆下后，应用盖板密封。

（4）对易损部件（套管、油位计、温度计等）拆下后应妥善保管，以防损坏，套管应垂直放置，并且用新塑料布包扎好防潮防尘。

（5）组装后要检查冷却器、净油器和瓦斯继电器油门位置。

（6）对套管升高座、上部孔盖、冷却器和净油器等上部的放气孔进行多次排气。

（7）拆卸无载分接开关操作杆时，务必记住分接开关的位置并做好标记，对于有载分接开关必须置于整定位置。

（8）认真做好现场记录工作。

3）变压器的检修工艺及质量要求

（1）器身检修。

应全面检查器身的完整性，有无缺陷存在（如过热、弧痕、松动、线圈变形、开关接点变色等）。对异常情况要查找原因并进行检修处理，同时要做好记录。

器身暴露在空气中的时间（从开始抽油至开始注油止，放完油的时间越短越好）：相对湿度≤65%（16h），相对湿度≤75%（12h），当器身温度低于周围气温时，宜将变压器加热，一般高出10℃。

器身检查时，场地周围应清洁，并应有防尘措施。

检查工作应由专人进行，不得携带与工作无关的物件，应着专用工作服和软底鞋，戴清洁手套（防汗），禁止用手接触线圈与绝缘物，寒冷天气应戴口罩。油箱底应保持洁净无杂质。

（2）线圈检修。

检查相间隔离板和围屏，检查有无破损、变色、变形、放电痕迹，如发现异常，应做针对处理。检查线圈表面是否清洁，匝绝缘有无破损。检查线圈各部垫块有无位移和松动情况。

如果线圈在外面比较容易处理的地方有破损或放电现象，可依据干式变压器线圈处理方法进行处理。检查线圈油道，有无被油垢或其他物质堵塞情况，必要时可用软毛刷（白布或泡沫塑料）轻轻擦洗。用手指按压线圈表面，检查其绝缘状态，有无凹陷和松弛现象。

（3）铁芯检修。

检查铁芯外表是否平整，有无片间短路或变色、放电烧伤痕迹、有无松脱，上铁轭的顶部和下铁轭的底部是否积聚油垢杂物，可用白布或洁净和泡沫塑料进行清扫擦拭，若迭片有翘起或不规则之处，可用木锤或铜锤敲打平整。检查铁心，上下夹件、方铁、线圈压板（包括压铁）的紧固度和绝缘情况。检查穿铁心和夹件的油道，应畅通，油道垫块无脱落和堵塞现象。

（4）引线检修。

检查引线及引锥的绝缘包扎情况，有无变形、变脆、破损，引线有无断股，引线与引线接头处焊接是否良好，有无过热现象。少数情况下出现断骨的情形，可以用酒精擦拭断骨部位，清除油脂，然后用500W电烙铁进行焊接，冷却后即可恢复。检查线圈至分接开关的引线，其长度、绝缘包扎的厚度、引线接头的焊接情况是否良好，有无过热现象。这里一般不会出现过热现象，如果有，基本就是开焊，需要重新焊接。检查绝缘支架有无松动和裂纹、位移情况，检查引线在绝缘支架内固定情况。检查引线与各部位之间的绝缘距离，如果有位移，需要用绝缘物体固定，并绑扎牢固，不产生位移。检查套管将军帽密封是否良好，套管与引线的连接是否紧固。如果松动，需要用扳手拧紧。检修时需要对所有紧固件进行紧固，防止松脱。

(5) 油箱及钟罩检修。

检查油箱内部清洁度。清扫强油管路，并检查强油管路的密封情况。检查套管的升高座，一般升高座的上部应设有放气塞，对于大电流套管，为防止产生涡流发热，三相之间采用隔磁措施。检查油箱的强度和密封性能。进行检修时，大盖上的密封条必须更换新密封条，一般密封条按着原来的密封条尺寸切割，也可以按着大盖螺栓内侧围一圈。密封条连接时以立切口 45°为宜，两个斜面可铜线穿孔连接，大盖压紧后密封条变形可起到很好的密封效果。检查油箱及大盖等外部，进行清扫除锈(特别是焊缝)，如有砂眼渗漏应进行补焊，重新喷漆。

(6) 冷却装置检修。

清扫冷却器(散热器)表面，用盖板将管接头法兰密封，加压进行试漏。扁管 0.1~0.15MPa10h。如果有泄漏，需要进行除锈、除漆，然后进行补焊。之后再进行加压试漏。最后进行刷漆处理。用合格的变压器油对内部进行循环冲洗，须加热油进行。内部油排净后加垫密封。

(7) 油浸式套管检修。

瓷套外观检查并清扫。套管分解时，应依次逐个松动法兰螺丝，防止受力不匀损坏套管。拆卸套管前应先轻轻晃动，检查套管松动情况。拆导杆和法兰螺丝前，应防止导杆摇晃损坏瓷套。对于大型套管起吊，应注意吊绳挂与起吊角度。擦拭油垢，检查瓷套内部。组装过程中，注意胶垫位置应放正。整体进行介损试验。

(8) 套管型电流互感器检修。

检查引线标志是否齐全。更换引出线线柱的密封胶垫。必要时进行伏安特性试验。测量线圈的绝缘电阻。

(9)分接开关检修。

检查开关各部件是否齐全完整。松开上方定位螺栓，转动操作手柄，检查动触头是否灵活，上部指示位置是否一致。检查动静触头间接触是否良好，触头表面状态是否良好。检查触头分接线是否紧固、有无松动。检查分接开关绝缘件状况是否良好。拆装前后指示位置必须一致，三相手柄及操作机构不得互换。检查绝缘操作杆 U 形拔叉接触是否良好。发现开关绝缘受潮或在空气中暴露时间过长，应进行干燥。

有载分接开关检修按规定时间间隙对切换开关进行检查与维修(50000 次)。检修时，切换开关本体暴露在空气中的时间不得超过 10h，相对湿度不大于 65%，否则应做干燥处理。取油样进行化验，油不合格应换油。吊出切换开关清洗干净。检查切换开关各紧固件是否松动、快速机构的主弹簧、复位弹簧爪卡是否变形或断裂，各触头编织软连结有无损坏，动静触头的烧损程度，过渡电阻扁线是否有断裂及其阻值是否与铭牌相同，以及测量有关接触电阻和动静触头的变换程序。复装。注油，也可同本体一起真空注油。

(10) 电动机构的检修。

箱子的防水性，齿轮盒的密封，所有的接地部分。

逐级控制操作试验。凸轮开关动作检查试验。误相序的安全线路检查。电气和机械限位的动作检查。安全保护开关检查。空气开关的检查。电热器的检查。其他附件检查。

（11）储油柜的检修。

普通式储油柜：打开侧盖，清洗检查内、外表面，清扫积污器、油位计、油塞等零部件。更换各部密封垫圈。

胶囊式储油柜：其检修程序与普通式储油柜基本相同。安装程序为：放出储油柜的存油，将其内部清扫干净。检查胶囊的密封性能。用干净布擦净胶囊外壁，从人孔把胶囊放入储油柜。将胶囊用尼龙绳挂在挂钩上，连接好引出口，然后拧紧人孔法兰。隔膜式储油柜：分解检修前可先充油进行密封试验。拆下各部连管（呼吸器、注油器、排气管、瓦斯继电器连管等）。拆下指针式油位计连杆，卸下指针式油位计。分解中节法兰螺丝、卸下储油柜上节油箱。清扫上、下节油箱。更换密封垫圈。检查后分解程序相序程序组装。

（12）呼吸器检修。

倒出内部吸湿主剂，检查剥离罩完好，进行清扫。把干燥的吸湿剂装入。更换胶垫。

（13）净油器检修。

倒出硅胶（活性氧化铝）用干燥清洗的变压器油净油器内部和联管清洗干净。

检查各部件完整无损并进行清扫。检查下部滤网有无堵塞、洗净后更换胶垫，装下盖板和滤过网，密封完好。

（14）压力释放阀检修。

清扫更换密封垫。上部爆膜片应完整无裂纹。

（15）瓦斯继电器检查。

外部检查，检查容器、玻璃窗、放气阀、放油塞、接线端盒、小套管是否完整，接线端子及盖板上箭头标志是否清楚，各接合处是否渗漏油。

（16）蝶阀、油门及塞子的检修。

检查蝶阀的转轴、挡板是否完整灵活和密封，更换密封垫圈。

油门应拆下分解检修，研磨并更换密封填料。

对放气（油）塞全面检查并更换密封圈。

（17）测温装置的校验。

每 2 年校验一次。

（18）变压器的整体组装及注油。

组装前应彻底清理散热器（冷却器）、储油柜、防爆器（安全气道）、油管、不带电流互感器的升高座、套管及所有零件、部件组件，用合格的变压器油冲洗与变压器直接接触的零件、部组件。变压器附属的油、水管路也须进行彻底清理，并做记录。安装上节油箱前、水管路也须进行彻底清理，并做记录。有安装标志的零件与部件，须按照安装标志指示的部位组装。变压器引线的根部不得受拉扭及弯曲。在装配套管前，须检查无励磁分接开关连杆是否已插入分接开关轴上。组装组件时，应按有关制造厂的“安装使用说明”的规定进行。油箱顶部若干上部定位件，应按外形尺寸图及技术要求进行定位或密封。所有密封胶垫换新品，尺寸符合要求，受力压缩均匀，压缩量为 2/3 为宜。大型变压器采用真空注油工艺注油。

注：储油柜不参加抽真空。冷却器连同主体一同抽真空。

在 1h 内均匀提高真空度，达 8×10^4Pa 维持 1h，如无异常，则将真空度逐渐加至

9.75×10^4Pa 维持 1h，检查油箱有无变形与异常现象。如无异常，在真空状态下注油，油应先经过真空滤油机进行脱气、脱水，滤油机及管路最好是完全密封的；注油过程中应使真空度维持在 $9.75\times10^4\pm6.7\times10^2$Pa 真空度，油面接近顶盖 200mm 时停止注油；注油时间大于 6h。在该真空度下继续维持 6h 即可解除真空。将储油柜上部的放气塞打开，从储油柜加添油管加油至储油柜放气塞有油溢出为止并拧紧放气塞，再从加油管放油，使油面过到略高于要求高度，最后将呼吸器装好。从二次注油结束开始，静置 24h，此期间多次放气(并起动潜油泵)，检查有无渗漏及油位下降。

第三节 干式变压器

一、技术参数

公司大多投产及新建电站的干式变压器多由明珠电气及特变电工生产，具体结构可参考图 22-2。

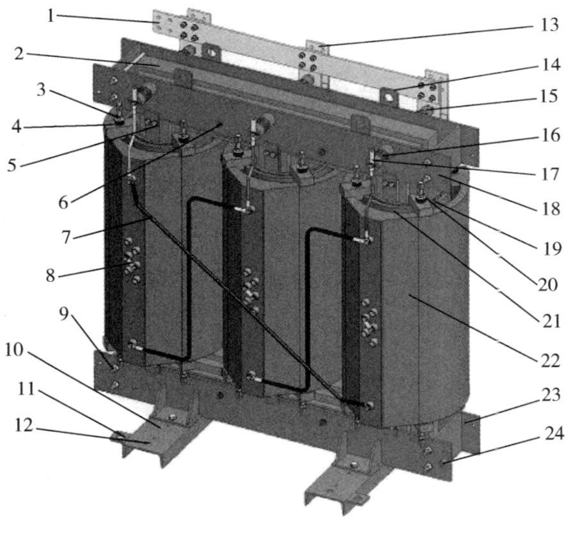

图 22-2 干式变压器结构图

1—零线导电排；2—铁芯；3—弹簧压钉；4—压板；5—拉板；6—穿轭夹紧螺杆；7—高压 A 接引线；8—分接连接片；9—旁轭夹紧螺杆；10—底座；11—牵引板；12—安装孔；13—低压导电排；14—吊环；15—低压绝缘子；16—高压绝缘子；17—高压导电排；18—上夹件；19—低压冷却气道；20—主气道；21—低压线圈；22—高压线圈；23—下夹件；24—接地螺母

二、检修

首先要了解变压器在运行中有无缺陷和异常(事故)情况、出口短路的次数和情况。变压器上次大修的时间及技术资料、档案。了解变压器的运行状况(负荷、温度、其他附属装置的运行情况)。查阅变压器的原试验记录，了解变压器的绝缘状况。干式变压器易出现的内部故障就是高压线圈由于运输过程造成的影响或长期运行缺陷部位对铁芯放电，这时就要对放电部分进行处理。

（一）检修步骤

首先清理放电部位，除去烧焦的绝缘部分，并用酒精清理干净，如果导电部分有缺陷也要进行处理。导电部分缺陷可分为以下几个方面，第一：部分损伤，影响导电效果。针对这种现象，则拆除部分绝缘体，将导体清理出来，然后可以用铜焊条进行焊接。第二：导电部分没有损伤，只是有放电时产生的焊点突起，导体损伤不大。针对这种情况可以用锉或者砂纸除去表面的附着物，然后再用细砂纸抛光。第三：只有放电部位积炭，导体没有影响。针对这样的情况可以剥开放电部位的绝缘体，清理放电附近的积炭。针对上述清理，无论哪种情况最后都需要对放电部位进行处理。首先用环氧树脂和固化剂，一般用1：1的比例，然后搅拌，可以用模具放在处理好的部位，然后把搅拌好的环氧树脂灌进去。如果不是很大的处理面，则不用模具，直接把环氧树脂涂抹上即可。根据作业面可灵活掌握。固化24h后即可(一般来讲，干式变压器外围放电能看得见的地方是可以这样处理的，如果是内部无法处理的，一是不能发现及时，待到发现故障已经很严重了，也无法修复了。二是即便发现及时，由于线圈都是固化成一个整体，也是无法拆卸的，那就只好更换变压器了，因为维修和更换也差不多，所以不建议维修)。

如果没有上述放电现象，可做常规检修。检修步骤见下：

拆卸的螺栓零件应用去污剂清洗，如有损坏应修理或更换，然后妥善保管，防止丢失或损坏。拆卸时应先拆小型仪表和套管，后拆大型铁件，组装时顺序相反全面检查器身的完整性，有无缺陷存在(如过热、弧痕、松动、线圈变形、接点变色等)。对异常情况要查找原因并进行检修处理，同时要做好记录。全面检查器身的完整性，有无缺陷存在(如过热、弧痕、松动、线圈变形、接点变色等)。对异常情况要查找原因并进行检修处理，同时要做好记录。检查相间隔离板和围屏，检查有无破损、变色、变形、放电痕迹，如发现异常，应做针对处理。由于现在工艺线圈除去引线之外，是全封闭的，故线圈的具体情况是看不到的。所以，就检查线圈各部垫块有无位移和松动情况。检查线圈冷却风道，有无被污垢或其他物质堵塞情况，必要时可用软毛刷(白布或泡沫塑料)轻轻擦洗。检查铁芯外表是否平整，有无片间短路或变色、放电烧伤痕迹、有无松脱，上铁轭的顶部和下铁轭的底部是否积聚污垢杂物，应进行清扫擦拭，若迭片有翘起或不规则之处，可用木锤或铜锤敲打平整。检查铁心，上下夹件、方铁、线圈压板(包括压铁)的紧固度和绝缘情况。检查铁心和夹件的风道应畅通，气道垫块无脱落和堵塞现象。检查铁心接地片的接触及绝缘情况。检查引线的绝缘包扎情况，有无变形、变脆、破损，引线有无断股，引线与引线接头处焊接是否良好，有无过热现象。检查线圈分接头引线的引接情况是否良好，有无过热现象。引线对各部位的绝缘距离、引线的固定情况是否符合要求。检查绝缘支架有无松动和裂纹、位移情况，检查引线在绝缘支架内固定情况。检查引线与各部位之间的绝缘距离。用电吹风或压缩空气从不同角度冲扫变压器内外，以不见灰尘吹出为结束；要注意空气流速不致过大，以免凝结水吹向器身。引出线裸线部分、套管、连接板、外壳等处，可用清洗剂来清洗。更换和检修易损部件，比如绝缘子、接线板、连接线等。

（二）电气预防性试验

对于站内变压器，6kV电压等级的自己做电气预防性试验。尤其是如果有上述放电并处理过的情况下，必须要做交流耐压试验。根据《高压电气设备的工频耐压试验电压标准》，如果是额定电压为6kV的油浸电力变压器，那么出厂试验电压应该是25kV，交接试验电压为21kV；如果是额定电压为6kV的干式电力变压器，那么出厂试验电压应该是20kV，交接试验电压为17kV。可以用谐振，也可以用升压变压器，但是升压变压器容量尽量大一些。根据经验，一般是变压器容量1%以上比较可靠。试验方法：变压器低压侧三相短路并可靠接地，高压侧短路接升压变压器或谐振输出高压上。施加17kV工频电压1min。加压同时，注意倾听变压器声音是否正常，还有无放电声音，尤其处理过的地方是否还存在放电现象，如果一切正常，试验结束。

第二十三章　电源装置

第一节　UPS

一、概述

江苏 LNG 共配备 5 套 UPS 装置，分别为主控室 120kV · A UPS 装置一套，海水变电所 60kV · A UPS 装置一套，码头变电所 60kV · A UPS 装置一套、槽车站配电室 60kV · A UPS 装置一套以及综合楼配电间 20kV · A UPS 一套(图 23-1)。

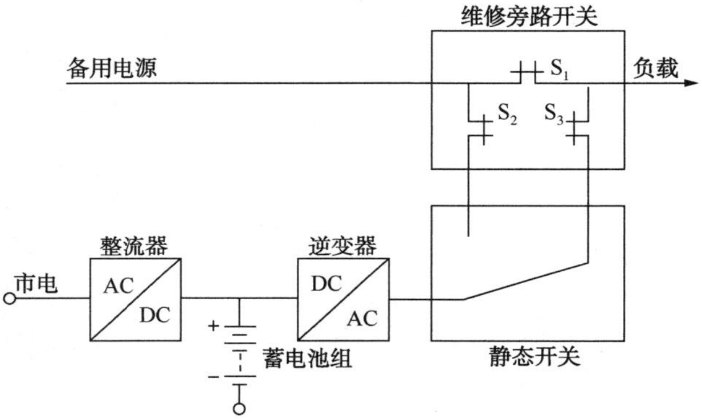

图 23-1　UPS 结构图

二、故障排除

以下介绍为一般简易故障排除方式，故障发生时，应由代理商或工厂的专业、合格工程人员进行维修(表 23-1)。

表 23-1　故障原因及排除方法

异常状况	异常原因及检查要点	排除方法
交流输入正常，但是整流器无法启动	整流器无熔丝开关未启动	启动整流器无熔丝开关
	整流器输入电压在不正常范围	连接正确的整流器输入电源
	交流输入相位错误	更改整流器输入相序，一般将任二相对调即可
	以上问题均排除，仍有异常状态	参考 PCB LED 检修指南，检查 3C 电路板

续表

异常状况	异常原因及检查要点	排除方法
逆变器无法启动	旁路无熔丝开关被启动	切断旁路无熔丝开关
	输出负载有超载现象	减少 UPS 电源负载
在交流市电停电时，UPS 仍然锁机	电池组切换保险丝开关(座)尚未启动	启动电池组切换保险丝开关(座)
UPS 控制电路没有电源	备用电源开关尚未启动	启动备用电源无熔丝开关
中线 N 与地线 G 之压差过大	UPS 以外输出、入各相与 N、G 的配线有误	更改配线
逆变器突然锁机，报警灯亮	维护旁路无熔丝开关被启动	切断旁路无熔丝开关，逆变器自动启动
	输出端有短路现象(包含负载本身短路)	排除短路点，关闭 UPS 逆变器，再重新启动逆变器
	输出负载有超载现象	减少 UPS 电源负载，或将负载平均分配；若超载排除，逆变器自动启动
	散热片温度过高	减少负载，或将负载平均分配；关闭 UPS 逆变器，再重新启动逆变器
	在电池放电状态下，因电池消耗造成低电池电压锁机（低于 295V DC）	在 30min 内，若市电恢复，逆变器自动启动
	动紧急停止开关被启动	关闭 UPS 逆变器，重新启动逆变器输出
	异常原因及检查要点	排除
	备用电源故障灯亮起	更正备用电源配线
	备用市电频率不正常	更正备用电源配线
	电池老化或损害	更换老化或损害的电池

第二节 EPS

一、综述

江苏 LNG 接收站共配备 2 套 EPS，分别为总变电所 40kV · A 1 套和海水变电所 40kV · A1 套，两套电源系统为同一规格型号，输出电压为交流 380V 三相正弦波(图 23-2)。

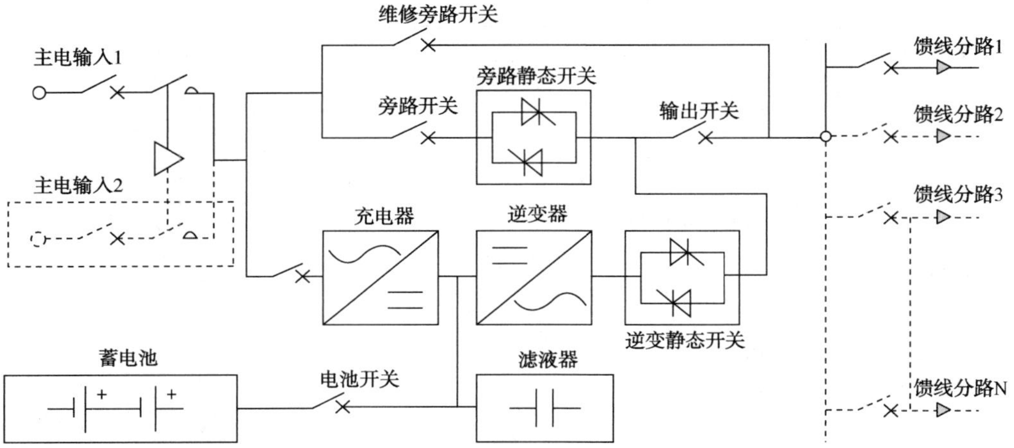

图 23-2　EPS 系统结构图

二、故障分析及排除

故障原因及处理方法见表 23-2。

表 23-2　故障原因及处理方法

故障现象	分析原因	解决方法	备　注
有市电输入，充电指示灯不亮；充电电流表无电流指示	1. 输入缺相。 2. 设备未启动。 3. 充电系统输入开关未合闸	1. 接入正确的电源。 2. 通过界面启动设备。 3. 合上充电系统输入开关	
故障指示灯亮并有报警声（非应急状态下）	1. 输入电压过高。 2. 输入缺相。 3. 电池电压高或低。 4. 单只电池电压高或低	1. 调节输入电压。 2. 接入正确的电源。 3. 停止充电并与销售商联系	
市电停止时应急电源无输出	1. 应急电源输出负载偏相。 2. 应急电源输出负载超载。 3. 电池电压过低	1. 平均输出负载。 2. 去掉部分负载。 3. 检查充电机并与销售商联系	平均负载或去掉部分负载后，须把设备全部断电复位后重新启动设备
应急电源有异声、异味	机内故障	断开应急电源所有断路器并与销售商联系	

三、日常维护

可用吸尘器或清洁的干软布擦拭机壳和通风格栅。

警告：为了安全起见，在清洁工作开始之前，请您切断应急电源的主电源和电池组电源。

建议每隔半年停电一次，测试电池组状态。如果电池老化需要更换，更换方法如下：

（1）确认电池断路器断开。

（2）断开电池组总输出线，并把裸线头用绝缘胶布包好，以防触电。

注意：电池如果 3 个月不使用，请充电 20h 以上，以增加电池使用寿命。如单只电池电压相差太大，必须对电池组进行一次充电→放电→充电，以活化电池，确保其可靠地工作。

第三节　直流屏

一、概述

江苏 LNG 共配备两套 UPS，分别为总变电所和海水变电所各一套，以总变电所 UPS 为例，型号为 MK-M-180AH＊2/220V。

二、运行维护

（1）每天记录直流屏的运行情况，电压、电流值，发现问题及时处理。

（2）电池：

① 已加液和充电的电池组 首次充电以恒流充电 7.5h 以上，如果使用较低的电流，充电时间相应地要延长。

② 必须清洁电池。

③ 定期检修表见表 23-3。

表 23-3　定期检修表

动　作	周　期
电池外观检测	每 6 个月
测量整体电池电压	每 6 个月
清洁电池	每 12 个月
测量所有电池的单只电池电压	每 5 个月
容量测试	每 5 个月

参 考 文 献

[1] 顾安忠，鲁雪生．液化天然气技术手册[M]．北京：机械工业出版社，2010.
[2] 张周卫，汪雅红，郭舜之，等．低温制冷装备与技术[M]．北京：化学工业出版社，2018.
[3] 任晓善，王治方，胡锡章．化工机械维修手册：中卷[M]．北京：化学工业出版社，2003.
[4] 姬忠礼．泵与压缩机[M]．北京：石油工业出版社，2004.
[5] 中国石油化工集团公司，中国石油化工股份有限公司．通用设备[M]．北京：中国石化出版社，2018.
[6] 中国石油化工集团公司，中国石油化工股份有限公司．石油化工设备维护检修规程：仪表(第7册)[M]．北京：中国石化出版社，2018.
[7] 张淑琴．110kV 及以下电力电缆常用附件安装使用手册[M]．北京：中国水利水电出版社．2014.
[8] 于景丰．电力电缆实用新技术[M]．北京：中国水利水电出版社．2014.
[9] 王正茂，阎治安，崔新艺，等．电机学[M]．西安：西安交通大学出版社．2000.
[10] 电气装置安装工程电气设备交接试验标准．GB 50150—2016.
[11] 电气装置安装工程电缆线路施工及验收规范．GB 50168—2006.
[12] 电力变压器运行规程．DL/T 572—2010.